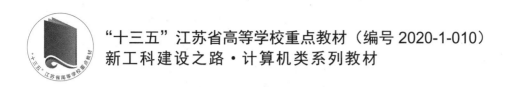

"十三五"江苏省高等学校重点教材（编号 2020-1-010）

新工科建设之路·计算机类系列教材

数据库基础教程

（第3版）

顾韵华　主　编

马　瑞　郑关胜　潘锦基　副主编

U0226191

电子工业出版社

Publishing House of Electronics Industry

北京·BEIJING

内 容 简 介

本书是江苏省精品教材立项建设项目、"十二五"和"十三五"江苏省高等学校重点教材建设项目成果，以基于数据库的应用能力培养为主要目标，面向应用型教学需求，重点突出基础性和应用性，兼顾数据库技术的最新进展。按照"理论、实践、再理论、再实践"的思想关联知识，以一个贯穿全书的商品订购管理系统示例为主线，将数据库基本原理、技术和应用三者有机结合。全书共 8 章，内容包括数据库概览、关系数据模型、关系数据库语言 SQL、数据库设计、关系规范化理论、数据库应用开发、数据库保护和数据库新进展。附录 A 和附录 B 分别是实验指导和课程设计指导。附录 C 是 T-SQL 常用语句与内置函数。本书免费提供配套电子课件、习题参考解答、示例源程序和视频资源。

本书既可作为计算机科学与技术、软件工程、网络工程、信息管理与信息系统及相关专业的教材，也可作为从事信息系统开发的专业人员的参考书和社会培训教材。

图书在版编目（CIP）数据

数据库基础教程 / 顾韵华主编. —3 版. —北京：电子工业出版社，2021.2
ISBN 978-7-121-40589-1

Ⅰ. ①数⋯　Ⅱ. ①顾⋯　Ⅲ. ①关系数据库系统－高等学校－教材　Ⅳ. ①TP311.138

中国版本图书馆 CIP 数据核字（2021）第 030588 号

责任编辑：戴晨辰　　文字编辑：王　炜
印　　刷：三河市君旺印务有限公司
装　　订：三河市君旺印务有限公司
出版发行：电子工业出版社
　　　　　北京市海淀区万寿路 173 信箱　邮编 100036
开　　本：787×1 092　1/16　印张：20.5　字数：525 千字
版　　次：2009 年 12 月第 1 版
　　　　　2021 年 2 月第 3 版
印　　次：2023 年 9 月第 7 次印刷
定　　价：59.90 元

凡所购买电子工业出版社图书有缺损问题，请向购买书店调换。若书店售缺，请与本社发行部联系，联系及邮购电话：（010）88254888，88258888。

质量投诉请发邮件至 zlts@phei.com.cn，盗版侵权举报请发邮件至 dbqq@phei.com.cn。

本书咨询联系方式：dcc@phei.com.cn。

前　　言

本书是江苏省精品教材立项建设项目、"十二五"和"十三五"江苏省高等学校重点教材建设项目的成果。本书保持第 2 版的基本风格，面向应用型教学需求，定位于专业基础、实用数据库教材，重点突出基础性和应用性。本书以基于数据库的应用能力培养为主要目标，兼顾 DBA 基本能力培养的要求和数据库前沿进展来组织内容，按照"理论、实践、再理论、再实践"的思想关联知识，以一个贯穿全书的商品订购管理系统示例为主线，将数据库基本原理技术和应用三者有机结合，并利用丰富的案例进行生动、具体的阐述。同时，本书在修订中注重与时俱进，进一步提升可用性和先进性，主要调整如下。

（1）加强数据库基础概念，包括深化基础概念；增加关系演算，以启发对关系查询和 SQL 执行原理的深入理解；深化关系数据理论，增加关系模式分解的算法等。

（2）加强 SQL 语言的设计应用，增加物化视图、SQL 安全性等方面的内容。

（3）加强数据库设计方法与过程的阐述，包括扩展数据库设计方法，增加 UML 和数据库建模工具的内容。

（4）对数据库应用开发基础知识和开发平台示例进行合并优化、重组，强化对具有复杂工程特性问题的解决能力；增加 Python 数据库访问的内容；增加自主可控国产数据库系统的内容。

（5）针对数据模型和数据库技术的最新进展，扩展 XML 和 NoSQL 内容；增加 NewSQL 和大数据管理的内容，为进一步研究与开发提供基础。

（6）强化实验和习题。增加数据库安全性实验，增加研究性习题、优化课程设计指导。

（7）在讲解每章内容前，增加了"学习目标"版块，可进一步明确本章的学习要求。

（8）更新 SQL Server 数据库和开发工具的版本，保持技术的先进性。

（9）优化"商品订购"主线示例，增加更贴近学生认知的属性，使之更符合信息化社会发展的要求，并更新了全部示例。

全书共 8 章，各章主要内容如下。

第 1 章概括介绍数据管理技术的发展，数据库系统的构成及数据库系统的基本概念和术语。通过一个主线示例数据库的访问过程，讲解数据库系统的构成和处理过程，使读者对数据库系统有一个直观的认识。

第 2 章系统地阐述了关系数据模型的 3 个方面，即关系数据结构、关系操作和数据完整性。主要讲解了关系数据模型有关的定义、概念和性质，关系代数和三类关系完整性约束。

第 3 章以丰富的示例生动、具体地讲解 SQL 的数据定义、数据查询和数据更新操作三部分，这些内容是数据库应用的重要基础。

第 4 章介绍数据库设计过程的 6 个阶段，即需求分析、概念结构设计、逻辑结构设计、物理结构设计、数据库实施和数据库运行与维护，阐述了各阶段的目标、方法和注意事项。

第 5 章阐述关系数据理论，在函数依赖和多值依赖范畴内讨论了关系模式的规范化，介绍 1NF～4NF 范式概念和判定条件、Armstrong 公理系统，并讨论了关系模式分解的无损连接性和依赖保持这两个衡量指标，以及模式分解算法。

第 6 章介绍数据库应用系统的开发过程、应用系统的体系结构、常用的关系数据库系统，以及常用的应用开发工具，讨论过程化 SQL 程序设计、存储过程和触发器、数据库访问接口等数据库应用开发关键技术；详细介绍 C#和 Java 两种开发平台的数据库应用开发技术，并以商品订购管理系统为例，给出系统的需求分析、系统设计和实现技术。

第 7 章讨论数据库管理系统的数据库安全、数据库的完整性、并发控制和数据库恢复，并对 SQL Server 的数据库保护 4 个方面的机制进行讨论。

第 8 章总结近年来数据库领域发展的特点，对数据库领域的发展方向进行了综述，并对数据仓库与数据挖掘、XML 数据管理、NoSQL、NewSQL 和大数据管理等研究热点进行简要介绍。

附录 A 提供实验指导，结合 SQL Server 2019，以数据库基本操作、SQL 应用、数据库应用开发为主要实验内容安排实践教学。通过精心设计的 12 个实验，与理论教学紧密配合，训练学生的数据库应用和设计能力。附录 B 是课程设计指导，阐述课程设计的目的、任务、选题、步骤、考核方式与成绩评定等内容。附录 C 是 T-SQL 常用语句与内置函数。

本书内容全面、案例丰富、通俗易懂。在写作中力求概念严谨、阐述准确；主次分明、重点突出；内容深入浅出，强调可读性。本书既可作为高等学校计算机科学与技术、软件工程、网络工程、信息管理与信息系统及相关专业的教材，也可作为从事信息系统开发的专业人员的参考书和社会培训教材。

本书提供配套电子课件、习题参考解答、示例源程序，任课老师可在华信教育资源网站（http://www.hxedu.com.cn）注册后免费下载，同时为更好地方便老师教学，已将书内关键知识点录制了操作视频，读者通过扫描二维码，可随时查看相关操作视频。本课程推荐参考学时为 48 学时，如下表所示，任课老师也可根据具体情况做出调整。

章　节	学　时
第 1 章　数据库概览——示例、概念与认识	4
第 2 章　关系数据模型——关系数据库基础	4
第 3 章　关系数据库语言 SQL——数据库应用基础	10
第 4 章　数据库设计——数据库应用系统开发总论	6
第 5 章　关系规范化理论——关系数据库设计理论基础	6
第 6 章　数据库应用开发——过程、编程与实例	10
第 7 章　数据库保护——数据库管理基础	4
第 8 章　数据库新进展——领域知识拓展	4

本次修订由顾韵华、马瑞、郑关胜、潘锦基老师完成，李含光老师参加了第 1、2 版的编写工作。本书的出版得到了电子工业出版社和南京信息工程大学教材建设基金资助项目的大力支持，在此表示由衷的感谢！

由于编者水平有限，书中难免存在疏漏之处，敬请读者批评指正。

编　者

目　　录

第1章　数据库概览——示例、概念
　　　　与认识 ···················· 1
1.1　数据管理技术的发展 ········· 1
　　1.1.1　数据、数据处理和数据
　　　　　　管理 ·················· 1
　　1.1.2　人工管理阶段 ·········· 2
　　1.1.3　文件系统阶段 ·········· 2
　　1.1.4　数据库系统阶段 ········ 3
1.2　理解数据库系统 ············· 6
　　1.2.1　示例——商品订购管理
　　　　　　系统 ·················· 6
　　1.2.2　数据库系统的概念 ······ 8
　　1.2.3　数据库系统的组成 ······ 8
1.3　数据库系统的体系结构 ······· 9
　　1.3.1　数据库系统的三级模式
　　　　　　结构 ·················· 9
　　1.3.2　数据库系统的二级映像 ·· 10
　　1.3.3　数据库管理系统 ········ 11
1.4　数据模型 ·················· 12
　　1.4.1　数据模型的概念 ········ 12
　　1.4.2　概念数据模型 ·········· 13
　　1.4.3　逻辑数据模型 ·········· 14
本章小结 ······················ 16
习题1 ························· 16

第2章　关系数据模型——关系数据库
　　　　基础 ··················· 17
2.1　关系数据结构 ·············· 17
　　2.1.1　二维表与关系数据结构 ·· 17
　　2.1.2　关系数据结构的形式化
　　　　　　定义 ················· 19
　　2.1.3　关系的性质 ············ 21
　　2.1.4　关系模式 ············· 21
　　2.1.5　关系数据库 ············ 21
　　2.1.6　码 ··················· 23
2.2　关系操作 ·················· 24

　　2.2.1　基本关系操作 ·········· 24
　　2.2.2　关系数据语言分类 ······ 24
　　2.2.3　关系代数 ············· 24
　　*2.2.4　关系演算 ············· 30
2.3　数据完整性 ················ 31
　　2.3.1　实体完整性 ············ 32
　　2.3.2　参照完整性 ············ 32
　　2.3.3　用户定义完整性 ········ 32
本章小结 ······················ 33
习题2 ························· 33

第3章　关系数据库语言SQL——数据库
　　　　应用基础 ··············· 34
3.1　SQL概述 ·················· 34
　　3.1.1　SQL的特点 ············ 35
　　3.1.2　SQL的基本概念 ········ 35
　　3.1.3　SQL的组成 ············ 36
　　3.1.4　SQL语句的分类 ········ 37
3.2　SQL的数据类型 ············ 37
3.3　数据定义 ·················· 39
　　3.3.1　模式定义 ············· 39
　　3.3.2　基本表定义 ············ 40
　　3.3.3　索引定义 ············· 43
3.4　数据查询 ·················· 45
　　3.4.1　SELECT语句结构 ······· 45
　　3.4.2　单表查询 ············· 45
　　3.4.3　连接查询 ············· 53
　　3.4.4　嵌套查询 ············· 57
　　3.4.5　集合查询 ············· 63
3.5　数据更新 ·················· 64
　　3.5.1　数据插入 ············· 64
　　3.5.2　数据修改 ············· 65
　　3.5.3　数据删除 ············· 65
　　3.5.4　更新操作与数据完整性 ·· 66
3.6　视图 ······················ 66
　　3.6.1　视图的概念 ············ 66

3.6.2 视图定义 ·············· 67

3.6.3 视图查询 ·············· 68

3.6.4 视图更新 ·············· 70

*3.6.5 物化视图 ·············· 71

本章小结 ························ 71

习题 3 ·························· 72

第4章 数据库设计——数据库应用系统开发总论 ·············· 73

4.1 数据库设计的概述 ·········· 73

4.1.1 数据库设计的含义 ······ 73

4.1.2 数据库设计的特点 ······ 74

4.1.3 数据库设计的 6 个阶段 ·················· 75

4.2 需求分析 ················· 76

4.2.1 需求分析的步骤 ········ 77

4.2.2 需求分析的描述 ········ 77

4.3 概念结构设计 ············· 82

4.3.1 概念结构设计的方法 ···· 82

4.3.2 ER 设计方法 ·········· 83

*4.3.3 基本 E-R 模型的扩充 ·· 86

*4.3.4 扩展 E-R 模型 ········ 89

*4.3.5 用 UML 构建数据库概念模型 ················ 90

4.4 逻辑结构设计 ············· 91

4.4.1 E-R 模型转换为关系数据模型 ················ 92

4.4.2 数据模式的优化 ········ 95

4.4.3 设计用户外模式 ········ 95

*4.4.4 常用数据库建模工具 ··· 96

4.5 物理结构设计 ············· 97

4.5.1 确定数据库的物理结构 ··· 97

4.5.2 性能评价 ·············· 98

4.6 数据库实施 ··············· 98

4.6.1 数据库结构定义及数据载入 ················ 98

4.6.2 应用程序编写与调试 ···· 99

4.6.3 数据库试运行 ·········· 99

4.7 数据库运行与维护 ········· 100

4.7.1 数据库的转储和恢复 ··· 100

4.7.2 数据库安全性、完整性的控制 ·············· 100

4.7.3 数据库性能监督、分析和改进 ·············· 100

4.7.4 数据库的重定义、重构和重组 ·············· 100

本章小结 ······················ 101

习题 4 ························· 101

第5章 关系规范化理论——关系数据库设计理论基础 ·············· 103

5.1 数据冗余与操作异常问题 ··· 103

5.1.1 数据冗余与操作异常 ··· 104

5.1.2 问题原因分析 ········· 104

5.2 函数依赖 ················ 105

5.2.1 函数依赖的基本概念 ··· 105

5.2.2 函数依赖的分类 ······· 105

5.2.3 函数依赖与数据冗余 ··· 106

5.3 范式 ···················· 106

5.3.1 关系模式和码 ········· 107

5.3.2 基于函数依赖的范式 ··· 107

*5.3.3 多值依赖与 4NF ····· 111

5.4 数据依赖公理系统 ········· 113

5.4.1 逻辑蕴涵 ············· 113

5.4.2 Armstrong 公理系统 ··· 113

5.4.3 函数依赖集的闭包 ····· 113

5.4.4 最小依赖集 ··········· 115

5.5 模式分解 ················ 116

5.5.1 无损连接性 ··········· 116

5.5.2 函数依赖保持 ········· 119

*5.5.3 模式分解算法 ········· 120

本章小结 ······················ 122

习题 5 ························· 122

第6章 数据库应用开发——过程、编程与实例 ·············· 124

6.1 数据库应用开发概述 ······· 124

6.1.1 数据库应用开发过程 ··· 124

6.1.2 数据库应用系统的体系结构 ················ 126

6.1.3 常用的关系数据库系统 ··· 128

6.1.4 常用数据库应用开发
工具 …………………… 130
6.2 数据库编程基础 …………… 131
6.2.1 在应用系统中使用
SQL ………………… 131
6.2.2 过程化 SQL …………… 132
6.2.3 T-SQL 程序设计基础 … 132
6.2.4 函数 …………………… 136
6.2.5 游标 …………………… 139
*6.2.6 SQL 语句优化和安
全性 ………………… 140
6.3 存储过程和触发器 ………… 141
6.3.1 存储过程 ……………… 141
6.3.2 触发器 ………………… 145
6.4 数据库访问接口 …………… 148
6.4.1 开放数据库连接 ……… 149
6.4.2 ADO.NET ……………… 154
6.4.3 JDBC …………………… 156
6.5 C#数据库应用开发 ………… 157
6.5.1 C#程序设计概述 ……… 157
6.5.2 ADO.NET 数据库应用
技术 ………………… 163
6.5.3 C#数据库应用系统开发
案例——商品订购管理
系统 ………………… 172
6.6 Java 数据库应用开发 ……… 184
6.6.1 JDBC API ……………… 184
6.6.2 JDBC 数据库访问流程 ·· 185
6.6.3 结果集 ………………… 191
6.6.4 JDBC 数据库编程 …… 192
6.6.5 Java 数据库应用系统开发
案例——商品订购管理
系统 ………………… 203
*6.7 Python 数据库访问 ……… 211
本章小结 ……………………… 213
习题 6 ………………………… 213

第7章 数据库保护——数据库管理
基础 ………………………… 215
7.1 数据库保护的概述 ………… 215

7.2 数据库安全 ………………… 216
7.2.1 数据库安全保护范围 …· 216
7.2.2 数据库安全性目标 …… 217
7.2.3 数据库安全控制 ……… 217
7.2.4 SQL Server 的安全机制 ·· 220
7.3 数据库的完整性 …………… 225
7.3.1 数据完整性概念 ……… 225
7.3.2 数据完整性控制 ……… 226
7.3.3 SQL Server 的完整性
机制 ………………… 227
7.4 并发控制 …………………… 232
7.4.1 事务 …………………… 232
7.4.2 事务的并发执行 ……… 233
7.4.3 并发调度的可串行化 … 234
7.4.4 封锁 …………………… 235
7.4.5 活锁与死锁 …………… 237
7.4.6 SQL Server 的事务处理
和锁机制 …………… 237
7.5 数据库恢复 ………………… 242
7.5.1 故障种类 ……………… 242
7.5.2 数据库恢复技术 ……… 243
7.5.3 SQL Server 的恢复技术 · 245
本章小结 ……………………… 247
习题 7 ………………………… 248

第8章 数据库新进展——领域知识
拓展 ………………………… 249
8.1 数据库技术的研究与发展 …… 249
8.1.1 数据库技术的发展 …… 249
8.1.2 数据库发展的特点 …… 250
8.1.3 数据库技术的研究方向 · 252
8.2 数据仓库与数据挖掘 ……… 254
8.2.1 数据仓库 ……………… 255
8.2.2 数据挖掘 ……………… 256
8.2.3 数据仓库和数据挖掘的
联系 ………………… 258
8.3 XML 数据管理 ……………… 258
8.3.1 XML 概述 ……………… 259
8.3.2 XML 数据模型 ………… 259
8.3.3 XML 数据查询 ………… 261

8.3.4　XML 数据库 ············· 262

8.3.5　SQL Server 中 XML 数据

处理 ······················· 262

8.4　移动数据库 ······················ 264

8.4.1　移动数据库概念 ······· 265

8.4.2　移动数据库的特点 ······ 265

8.4.3　移动数据库的关键

技术 ······················· 266

8.5　NoSQL 数据库和 NewSQL

数据库 ······················· 267

8.5.1　NoSQL 数据库的概念 ·· 267

8.5.2　CAP 理论 ··············· 267

8.5.3　BASE 原则 ············· 268

8.5.4　NoSQL 数据库的架构 ·· 268

*8.5.5　NoSQL 数据库的分类 ···269

8.5.6　NewSQL 数据库 ········ 270

*8.5.7　数据库云平台 ·········· 271

*8.6　大数据 ·························· 271

8.6.1　大数据概念 ············· 271

8.6.2　大数据处理 ············· 272

8.6.3　大数据管理面临的

挑战 ······················· 274

本章小结 ····························· 276

习题 8 ································· 276

附录 A　实验指导 ·················· 277

附录 B　课程设计指导 ············· 306

附录 C　T-SQL 常用语句与内置函数···312

参考文献 ····························· 317

数据库概览——示例、概念与认识

随着社会的高度信息化，数据库系统已成为人们工作和生活中不可或缺的部分，大到工农业生产、机关企事业管理、国防军事，小到网上购物、学习选课、课表查询等，其背后都有数据库的强大支撑。数据库是信息化社会中信息资源管理与开发利用的基础，数据库系统的建设规模、处理能力等已经成为衡量信息化程度的重要标志。而随着数据容量急剧增长，数据内容更加复杂，对数据管理的安全性、共享性、存取效率等要求日益提高，如何对这些数据进行科学的组织和存储、高效的获取和处理，是人们面临的复杂课题。在此背景下，数据库理论、方法和技术得到了越来越广泛的重视和发展。本章简要回顾数据管理技术的进展，进而介绍数据库系统的基本概念和常用术语，作为后续章节的准备和基础。

1.1 数据管理技术的发展

1.1.1 数据、数据处理和数据管理

数据、数据处理和数据管理是与数据库密切相关的基本概念，下面介绍这 3 个基本概念。

1. 数据

数据是描述客观事物的符号。例如，在客户订单的管理中，用如下符号表示客户特征：
（100001,张小林,1982-2-1,男,江苏南京,02581334567,13980030075,TRUE,银牌客户）

其中，100001 表示客户编号；张小林是客户姓名；1982-2-1 是客户出生日期，等等，每个数据都具有特定含义。数据的含义称为语义，数据与其语义是密不可分的。

描述客观事物的符号有多种形式，可以是数字、文字，也可以是图像、音频、视频等，它们经过数字化后都能被计算机存储与处理。

2. 数据处理

数据来自科学研究、生产实践和社会经济活动等各个领域，由于客观世界的事物是相互关联的，因此描述客观世界的数据也是复杂的，且存在各种联系。计算机数据处理是对数据进行收集、存储、加工、传播等系列活动的总和，其目的是从大量复杂的，甚至难以理解的数据中抽取有价值、有意义的数据，作为决策的依据。数据处理的基本内容包括数据采集、转换、组织、存储、运算、检索、分析和输出等。例如，使用 Excel 进行数据统计就是一种简单的数据处理。

3. 数据管理

数据管理是指对数据进行收集、整理、组织、存储、检索和维护等操作，其目的在于科学有效地保存和管理大量复杂的数据，以充分发挥数据的作用。数据管理是数据处理的中心活动，它直接影响数据处理的方法和效率，两者密不可分。

随着计算机科学与技术的发展，利用计算机进行数据管理经历了 3 个阶段，即人工管理阶段、文件系统阶段和数据库系统阶段。

1.1.2　人工管理阶段

20 世纪 50 年代以前，计算机主要用于科学计算。从硬件看，外存储器只有纸带、卡片和磁带，没有磁盘等直接存取的设备；从软件看，没有操作系统，也没有管理数据的专门软件。数据处理方式是批处理，数据管理由程序员设计和安排。程序员将数据处理纳入程序设计的过程中，编制程序时需要考虑数据的逻辑结构和物理结构，包括存储结构和存取方法等。人工管理阶段应用程序与数据间的对应关系如图 1.1 所示。

人工管理阶段特点如下。

（1）数据不能长期保存在计算机中。

（2）采用应用程序管理数据，数据与程序结合在一起；若数据的逻辑结构或物理结构发生变化，则必须对程序进行修改，这种特性称为数据与程序不具有独立性。

（3）数据是面向应用的，一组数据对应一个程序，数据不共享。当多个应用程序涉及相同数据时，必须各自定义。

1.1.3　文件系统阶段

20 世纪 50 年代后期至 60 年代中期，计算机开始用于数据处理。从硬件看，外存储器有了磁盘、磁鼓等直接存取设备；从软件看，有了操作系统，且操作系统中有专门的数据管理软件，即文件系统。采用文件系统进行数据管理，其基本思想是由应用程序利用文件系统提供的功能将数据按一定的格式组织成独立的数据文件，然后用文件名访问相应的数据。文件系统阶段应用程序与数据间的对应关系如图 1.2 所示。

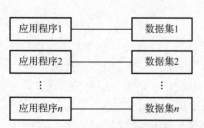

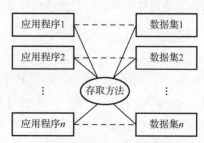

图 1.1　人工管理阶段应用程序与数据间的对应关系　　图 1.2　文件系统阶段应用程序与数据间的对应关系

文件系统的优点如下。

（1）数据能够长期保存，可以反复对其进行查询、修改等操作。

（2）由专门软件对数据进行管理，应用程序与数据之间由文件系统所提供的存取方法进行转换，程序与数据之间有了一定的独立性。

但是，文件系统仍存在以下缺点。

（1）数据共享性差，冗余度大。虽然文件系统能够实现以文件为单位的数据共享，但数据文件是面向应用的，当不同应用程序具有部分相同数据时，仍需建立各自的文件，造成同一数据项可能重复出现在多个文件中，因此数据冗余度大，会导致数据冲突，以及数据一致性维护困难等问题。

（2）数据独立性差。由于数据的组织和管理直接依赖于应用程序，如果数据的逻辑结构发生改变就需要相应地修改应用程序。

由此可见，虽然文件系统记录内有结构，但文件之间是孤立的，整体仍然是一个无结构的数据集合，因此不能反映现实世界事物之间的联系。

1.1.4　数据库系统阶段

20 世纪 60 年代后期，数据处理成为计算机应用的主要领域，数据量急剧增长，数据关系更加复杂，对数据管理提出了更高的要求。为了满足多用户、多应用程序共享数据的需求，实现数据的统一管理，人们开始对数据建模和组织，以及对数据进行统一管理和控制的研究，形成了"数据库"这个计算机科学与技术的重要分支。

数据库系统的目标是实现对数据的统一管理和数据共享，即数据采用统一的数据模型进行组织和存储，由专门的数据库管理系统（DataBase Management System，DBMS）进行统一管理和控制；应用程序在 DBMS 的控制下，采用统一的方式对数据库中的数据进行操作和访问。数据库系统阶段应用程序与数据间的对应关系如图 1.3 所示。

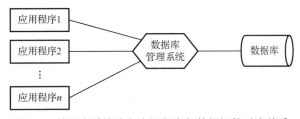

图 1.3　数据库系统阶段应用程序与数据间的对应关系

1. 数据库系统的特点

（1）数据结构化

数据结构化是数据库系统的主要特征之一，也是数据库系统与文件系统的根本区别。在数据库系统中，采用统一的数据模型，将数据组织为一个整体；数据不再仅面向特定应用，而是面向全组织的；数据不仅内部是结构化的，而且整体也是结构化的，能较好地反映现实世界中各事物间的联系。这种整体结构化有利于实现数据共享，保证数据和应用程序之间的独立性。

（2）数据共享性高、冗余度低、易于扩充

由于数据库是面向整个系统而不是面向某个特定应用的，因此数据能够被多个用户、多个应用程序共享。数据库中相同的数据不会多次重复出现，数据冗余度降低，并且可避免由于数据冗余度大而带来的数据冲突问题。同时，当应用需求发生改变或增加时，只需重新选择不同的子集，或者增加数据即可满足要求。

（3）数据独立性高

数据独立性是指数据的组织和存储与应用程序之间互不依赖、彼此独立的特性，它是数据库领域的一个重要概念。数据独立性包括物理独立性和逻辑独立性。物理独立性是指应用程序与存储于外存储器上的数据是相互独立的，即数据在外存储器上的存储结构是由 DBMS 管理的，应用程序无须了解；当数据的物理结构发生变化时，应用程序不需要改变。逻辑独立性是指应用程序与数据库的逻辑结构是相互独立的，当数据的逻辑结构发生变化时，其应用程序可以不改变。

数据独立性是由数据库管理系统（DBMS）的二级映像功能来保证的。数据独立于应用程序，可降低应用程序的维护成本。

（4）数据统一管理与控制

数据库中的数据由 DBMS 统一管理与控制，应用程序对数据的访问均需经 DBMS 进行。DBMS 必须提供以下 4 个方面的数据控制功能。

① 并发（Concurrency）访问控制。数据库的共享是并发共享的，多个用户可同时存取数据库中的数据。当多个用户同时存取或修改数据库中的数据时，可能发生相互干扰，导致得到错误的结果或破坏数据的完整性。因此 DBMS 必须对多用户的并发操作加以控制。

② 数据完整性（Integrity）检查。数据完整性是指数据的正确性、有效性和相容性。数据完整性检查的目的是保证数据为有效的，或者数据之间满足一定的约束关系。

③ 数据安全性（Security）保护。数据安全性是指保证数据不被非法访问、泄密、更改和破坏。

④ 数据库恢复（Recovery）。当计算机系统出现硬件、软件故障，或者操作员失误及他人故意破坏时，均会影响数据库的正确性，还有可能造成数据的丢失。当数据库出现故障后，DBMS 应能将其恢复到之前的某个正常状态，这就是数据库恢复功能。

2. 数据库系统的发展

数据库系统自 20 世纪 70 年代以来得到了迅速发展，成为计算机科学与技术中发展最快和持续受关注的领域之一。按照数据模型发展的阶段划分，数据库系统大致可划分为三代。

（1）第一代数据库系统

采用层次模型或网状模型（统称"格式化模型"）的数据库系统属于第一代数据库系统。它的特点是用存取路径表示实体间的联系，如层次模型用有向树结构表示实体及实体间的联系；网状模型用有向图结构表示实体及实体间的联系。采用导航式的数据操纵语言，应用程序需逐步按照数据库中预先定义的存取路径来访问数据库，最终到达要访问的数据目标；访问数据库时，每次只能存取一条记录。因此对使用者的专业要求较高。

格式化模型的数据库系统在 20 世纪 70 年代至 80 年代初非常流行。层次模型数据库系统的典型代表是 IBM 公司的 IMS（Information Management System）系统；网状模型的典型代表是 DBTG 系统，它是 20 世纪 70 年代数据库系统语言研究会 CODASYL（Conference On Data Systems Language）下属的数据库任务组（Data Base Task Group）提出的一个系统方案。

（2）第二代数据库系统

第二代数据库系统是指支持关系数据模型的关系数据库系统。1970 年，美国 IBM 公司 San Jose 研究室的研究员 E. F. Codd 提出数据库的关系数据模型，之后，又提出了关系代数和关系演算及范式的概念，开始了数据库关系方法和关系理论的研究，这是对数据库技术的一个重大突破。E. F. Codd 的工作奠定了关系数据库的理论基础，为此他获得了 1981 年 ACM 图灵奖。20 世纪 70 年代末，关系数据库的软件系统研制也取得了丰硕成果，最具代表性的实验系统有 IBM 公司研制的 System R 和美国加州大学伯克利分校研制的 INGRES，商用系统则有由 System R 发展而来的 SQL/DS 及由

INGRES 实验系统发展而来的 INGRES 关系数据库软件产品。自 20 世纪 80 年代以来，数据库管理系统产品大多支持关系数据模型，数据库领域的很多研究工作也都是以关系方法为基础的。经过近 40 年的发展历程，关系数据库系统的研究和开发取得了辉煌的成就。关系数据库成为最重要、应用最广泛的数据库系统，如 Oracle、SQL Server、DB2、MySQL 等都是关系数据库系统。

第二代数据库系统的主要特点如下。

① 概念单一，实体与实体之间的联系都用关系表示。

② 以关系代数为基础，形式化基础好。

③ 数据独立性强，数据的物理存取路径对用户屏蔽。

④ 关系数据语言实现了标准化，即创建了结构化查询语言 SQL（Structured Query Language）。关系数据语言是非过程化的，它将用户从数据库记录的导航式检索中解脱出来，大大降低了编程的难度。

通常，将第一代数据库系统和第二代数据库系统称为传统数据库系统。由于传统数据库系统特别是关系数据库系统具有许多优点，所以它们被广泛用于数据管理，并被应用到许多新领域，如计算机辅助设计/计算机辅助制造（CAD/CAM）、计算机辅助工程（CASE）、地理信息处理、智能信息处理等，这些新领域的应用不仅需要传统数据库所具有的快速检索和修改数据的特点，而且还提出了一些新的数据管理需求，如要求数据库能够处理声音、图像、视频等多媒体数据。因此，传统数据库在这些新领域中暴露了其局限性，已经不能完全满足应用的需要。在这种情况下，新一代数据库技术应运而生。

（3）第三代数据库系统

20 世纪 90 年代互联网迅速发展，更复杂的数据类型和更高的处理效率需求，促进了数据库系统的进一步发展。第三代数据库系统是指以更丰富的数据模型、更强大的数据管理能力为特征，可满足更广泛、更复杂的新应用需求的各类数据库系统的大家族。1990 年，高级 DBMS 功能委员会发表了《第三代数据库系统宣言》，提出了第三代数据库管理系统的 3 个基本特征。

① 应支持数据管理、对象管理和知识管理。

② 必须保持或继承第二代数据库系统的技术，即必须保持第二代数据库系统的非过程化数据存取方式和数据独立性等特性。

③ 必须对其他系统开放。数据库系统的开放性表现为支持数据库的语言标准、网络标准，系统具有良好的可移植性、可连接性、可扩展性和互操作性等。

从数据库系统的发展路径来看，主要包括两个方面：一个方面是数据模型不断发展，面向对象模型、半结构化模型、非关系数据模型先后被提出；另一个方面是数据库技术与其他现代信息处理技术（如分布式处理、空间数据处理）结合，产生了若干新的数据库系统，如分布式数据库、空间数据库等。

3. 数据库系统的主要研究领域

随着计算机软件、硬件和计算机网络的发展，数据库技术仍需不断向前发展。数据库系统的研究范围很广泛，概括起来主要包括以下 3 个方面。

（1）DBMS 软件研制。DBMS 是数据库系统的基础与核心，开发可靠性好、效率高、功能齐全的 DBMS 始终是数据库领域研究的重要内容。为了充分发挥数据库的应用功能，还需开发能在 DBMS 上运行的软件系统，包括数据通信软件、报表系统和图形系统等。因此，研制以 DBMS 为核心的一组相互关联的软件系统或工具包也是当前数据库软件产品的发展方向。

（2）数据库应用系统设计与开发。在 DBMS 支持下，设计与开发满足用户要求的数据库应用系统，是数据库领域研究的另一个重要内容。它的目标是按照用户需求，为某个部门或组织设计和开发功能强大、效率高、使用方便和结构优良的数据库及其配套的应用系统。数据库应用系统设计与开发的主要研究课题包括数据库设计方法、自动化设计工具和设计理论的研究、数据建模的研究、计算机辅助设计方法及其软件系统的研究、数据库设计规范和标准等。

（3）数据库基础理论。自关系数据模型提出以来，很长一段时间内，数据库理论研究主要集中在关系数据理论上，包括关系数据模型、规范化理论等。后来面向对象模型的提出，相关理论研究随之开展。近年来随着互联网、人工智能与数据库技术的结合，半结构化数据模型、非关系型数据库被提出，NoSQL 数据库、NewSQL 数据库等成为新的研究热点。本书第 8 章将对数据库技术的新进展进行简要介绍。

1.2 理解数据库系统

本节将以一个简化的"商品订购管理系统"为示例，介绍对商品订购管理数据库中数据的访问过程，使读者对数据库系统有直观的认识，之后再介绍数据库系统的具体内容。

1.2.1 示例——商品订购管理系统

完整的商品订购管理系统是比较复杂的，本节设计了一个简化的"商品订购管理系统"作为

图 1.4 "商品订购管理系统"的主界面

全书的主线示例。本示例创建了一个商品订购数据库，其中包括商品、客户和订单的数据结构及数据值（见表 2.6～表 2.8）。在设计数据库的基础上，要考虑对数据的各种使用操作，包括查询、修改、增加、删除等，这就需要设计应用程序。该"商品订购管理系统"的主界面如图 1.4 所示，包含系统功能的导航菜单，其主要功能包括客户数据维护（增、删、改）、商品数据维护（增、删、改）、订单数据（录入、修改、删除、查询）和用户管理等。商品、客户、订单和用户数据均被存储于数据库系统中。

单击"订单数据"→"订单数据查询"菜单命令，则应用程序向数据库管理系统发出数据查询请求，由数据库管理系统从商品订购数据库中检索出符合条件的数据，并返回给应用程序，应用程序再以特定的形式显示给用户，如图 1.5 所示。

客户编号	商品编号	订购时间	数量	需要日期	付款方式	送货方式
100001	10010001	2020/2/18 12:20	2	2020/2/20	支付宝	客户自提
100001	30010001	2020/2/19 12:30	10	2020/2/22	网银转账	送货上门
100002	10010001	2020/2/18 13:00	1	2020/2/21	微信支付	客户自提
100002	50020001	2020/2/19 13:20	1	2020/2/21	微信支付	客户自提
100004	20180002	2020/2/19 10:00	1	2020/2/28	信用卡	送货上门
100004	30010002	2020/2/19 11:00	2	2020/2/28	信用卡	送货上门
100004	50020002	2020/2/19 10:40	10	2020/2/28	信用卡	送货上门
100005	40010001	2020/2/20 8:00	2	2020/2/27	支付宝	送货上门
100005	40010002	2020/2/20 8:20	3	2020/2/27	支付宝	送货上门
100006	10020001	2020/2/23 9:00	5	2020/2/26	信用卡	送货上门

图 1.5 订单数据查询

若用户向系统中添加数据（如添加客户数据），则单击"客户数据维护"菜单命令，出现如图 1.6 所示的"客户数据维护"界面。

图 1.6 "客户数据维护"界面

在各输入框中录入相应的数据项,单击"增加"按钮,则应用系统向数据库管理系统发出数据插入请求,由数据库管理系统向数据库中提交商品数据表格字段的数据值,DBMS 成功执行数据添加操作后,返回正常状态,应用程序再以对话框的形式提示用户操作成功。此时,在客户数据维护界面中便可查到新增的客户信息,如图 1.7 所示。

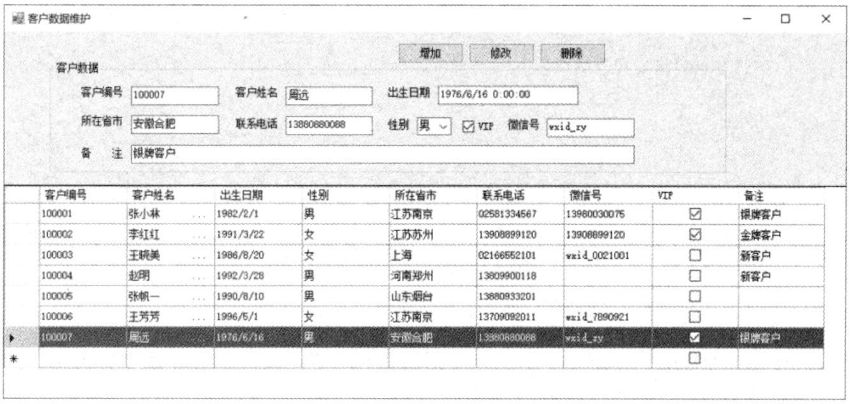

图 1.7 新增的客户信息

以数据库为核心的应用系统也称数据密集型应用。用户对数据库中数据的访问路径为:用户→应用程序→数据库管理系统→数据库,如图 1.8 所示。

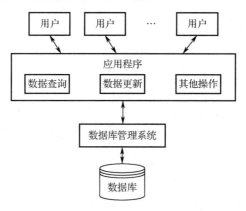

图 1.8 数据访问路径

由于应用程序屏蔽了数据库访问的细节,所以使最终用户不必了解复杂的数据库原理和操作方式就可以轻松地使用数据库。若要设计以数据库为核心的应用系统，则必须深入理解数据库系统的基本原理、数据库的设计和应用系统的设计。有关数据库的理论与设计方法将在后续各章中讨论。

1.2.2　数据库系统的概念

数据库系统（DataBase System，DBS）是指带有数据库并利用数据库技术进行数据管理的计算机系统。数据库系统一般由数据库、数据库管理系统（及其开发工具）、数据库管理员（DataBase Administrator，DBA）、数据库应用系统和用户等组成，如图1.9所示。

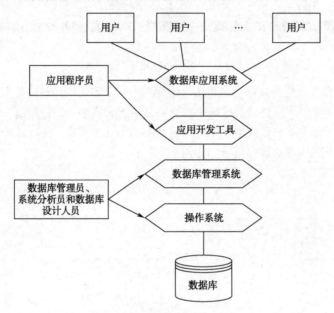

图1.9　数据库系统的组成

数据库（DataBase，DB）是长期存储在计算机内的、有组织的、可共享的数据集合。可将数据库看成一个数据高度集成和共享的、基于计算机系统的持久性数据"容器"。

注意：数据库、数据库管理系统、数据库应用系统是3个不同的概念。数据库强调的是相互关联的数据；数据库管理系统强调的是管理数据库的系统软件；而数据库应用系统强调的是基于数据库技术的计算机系统。

1.2.3　数据库系统的组成

数据库系统的组成见图1.9，下面分别介绍各部分。

1. 数据库

数据库是构成数据库系统的基础，其特点是具有集成性和共享性。集成性指数据库将应用环境域中的各种应用相关的数据及其联系集中地按数据模型进行组织和存储；共享性指数据可为多用户共享。

2. 数据库的软件系统

数据库的软件系统包括操作系统、数据库管理系统（及其应用开发工具）、数据库应用系统。操作系统管理计算机系统的软/硬件资源。数据库管理系统（DBMS）对数据库进行存取、维护和管理，是数据库系统的核心软件。数据库应用系统是开发人员针对特定应用而开发的软件，如本节示例的商品订购管理系统。

3. 数据库系统的人员

开发、管理和使用数据库系统的人员主要包括数据库管理员、系统分析员和数据库设计人员、应用程序员和最终用户。他们各自的职责如下。

（1）数据库管理员（DBA）

DBA 是指对数据库和 DBMS 进行管理的一个或一组人员，负责全面管理和控制数据库系统。其具体职责如下。

① 参与数据库设计。DBA 参与数据库设计的全过程，与用户、系统分析员和应用程序员共同协商，决定数据库的信息内容、逻辑结构和存取策略等；优化数据存储结构和存取策略，以获得较高的存取效率和空间利用率。

② 数据完整性和安全性管理，包括数据不被破坏的安全策略的制定、数据完整性约束管理等。DBA 负责定义对数据库的存取权限、数据安全级别和完整性约束条件。

③ 数据库运行维护和性能评价。DBA 要维护数据库正常运行，及时处理运行过程中出现的问题。编制数据库维护计划，实施数据库备份和恢复策略，遇故障要及时恢复数据库，并尽可能不影响或减少影响计算机系统其他部分的正常运行。DBA 还要负责监控系统的运行情况，监视系统处理效率、空间利用率等性能指标。

④ 数据库改进和重构。DBA 应对运行情况进行统计分析，并对数据库的性能进行评价，提出改进方案。当用户需求增加或改变时，DBA 还要参与数据库的重构。

（2）系统分析员和数据库设计人员

系统分析员负责应用系统的需求分析和规格说明，要和用户及 DBA 协商，确定系统的软/硬件配置，并参与数据库系统的概要设计。

数据库设计人员是数据库设计的核心人员，负责数据库中数据内容及结构的确定、数据库各级模式的设计。数据库设计人员必须参加用户需求调研和系统分析，然后进行数据库设计。通常情况下，数据库设计人员是由 DBA 或系统分析员担任的。

（3）应用程序员

应用程序员负责设计和开发数据库应用程序，并负责进行调试和安装。

（4）最终用户（End User）

最终用户通过应用程序的用户接口使用数据库。常用的接口方式有菜单驱动、表格操作、图形显示等。

需要说明的是，以上是按照工作职责对数据库人员进行的划分，相当于工作角色，而在实际运行中，一个人或一组人可以承担多个角色。

1.3　数据库系统的体系结构

数据库系统的产品有很多，虽然它们建立于不同的操作系统之上，支持不同的数据模型，采用不同的数据库语言，但它们在内部的体系结构上都具有相同的特征，即采用三级模式结构，并提供二级映像功能。

1.3.1　数据库系统的三级模式结构

数据库系统的三级模式结构是指数据库系统是由外模式、模式和内模式三级构成的，如图 1.10 所示。

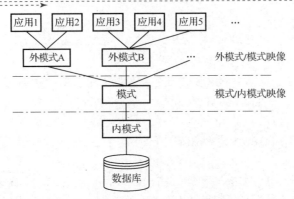

图 1.10　数据库系统的三级模式结构

1．模式（Schema）

模式也称逻辑模式或概念模式，它是数据库中全体数据的逻辑结构和特征的描述。模式是面向所有用户的公共数据视图，是数据库的全局视图。一个数据库只有一个模式，它既不涉及物理存储细节，也不涉及应用程序和程序设计语言。定义模式时，不仅要定义数据的逻辑结构，而且要定义数据之间的联系，以及与数据有关的安全性、完整性要求。

2．外模式（External Schema）

外模式也称子模式或用户模式，它是模式的子集。外模式是具体面向应用的，是数据库用户（包括应用程序员和最终用户）所能使用局部数据的逻辑结构和特征的描述，是数据库用户的数据视图。由于不同的应用有不同的外模式，因此一个数据库可以有多个外模式。

3．内模式（Internal Schema）

内模式也称存储模式，它是数据库的物理结构，是数据库在存储介质上的存储结构。内模式主要描述数据的物理结构和存储方式，如记录是按 B 树结构还是按 Hash 方式进行存储的，以及索引如何组织、数据是否加密等。一个数据库只有一个内模式。

数据库系统的三级模式是对应数据的 3 个抽象层次。外模式是面向用户的，反映了不同用户对所涉及局部数据的逻辑要求；模式处于中间层，反映了数据库设计人员通过综合所有用户的数据需求，并考虑数据库管理系统支持的逻辑数据模型而设计出的数据全局逻辑结构。内模式处于底层，反映了数据在计算机辅助存储器上的存储结构。

数据库系统的这种分层结构把数据的具体组织留给 DBMS 管理，使用户能够逻辑地、抽象地处理数据，而不必关心数据在计算机中的具体表示方式与存储结构。

1.3.2　数据库系统的二级映像

由图 1.8 所描述的数据访问路径和图 1.10 所描述的数据库系统的三级模式结构可知，当通过应用系统访问数据库中的数据时，应用系统调用外模式查找模式中的某个数据；而模式是逻辑上的，对它的访问最终要反映到对外存储器上数据的操作。若要顺利地访问数据，则必须在外模式与模式之间、模式与内模式之间建立映像关系，这就是数据库系统的二级映像（Mapping），即外模式/模式映像、模式/内模式映像。

（1）外模式/模式映像。对于每个外模式，数据库系统都有一个外模式/模式映像，它定义了该外模式与模式的对应关系。外模式/模式映像的描述通常包含在外模式中，它保证了数据的逻辑独立性。当模式发生改变时（如增加新的数据类型或数据项），只要对各外模式/模式映像做相应修改，就可以使外模式保持不变，从而不必修改应用程序。

（2）模式/内模式映像。数据库系统的模式/内模式映像是唯一的，它定义了数据库全局逻辑结构与存储结构之间的对应关系，其描述通常包含在模式定义中。模式/内模式映像保证了数据库的物理独立性。当数据库的存储结构发生改变时，对模式/内模式映像做相应修改，就可以使模式保持不变，从而应用程序也不必修改。

在数据库系统的三级模式和二级映像结构中，模式是数据库的核心和关键，它独立于数据库的其他层次。因此设计数据库模式是数据库设计的核心任务。内模式不需要数据库设计人员设计，它是由 DBMS 定义好的。对设计好的数据库模式，DBMS 会自动按其定义的内模式进行存储。数据库的内模式依赖于其模式而独立于其外模式，也独立于具体的存储介质。数据库的外模式是面向具体的应用程序的，需要根据用户需求进行设计。它定义在模式之上，但独立于内模式和存储介质。当用户需求发生变化，相应外模式又不能满足应用要求时，该外模式就必须进行相应修改，所以设计外模式时应充分考虑到应用的扩展性。应用程序依赖于特定的外模式，不同的应用程序可以共同使用一个外模式。

数据库系统的三级模式与二级映像具有以下优点。

① 保证数据独立性。将外模式与模式分开，保证了数据的逻辑独立性；将内模式与模式分开，保证了数据的物理独立性。

② 有利于数据共享，减少数据冗余。

③ 有利于数据的安全性。不同用户在各自的外模式下，只能对限定的数据进行操作。

④ 简化用户接口。用户按照外模式编写应用程序或输入命令，而无须了解数据库全局的逻辑结构和内部存储结构，方便用户使用。

1.3.3 数据库管理系统

数据库中的数据具有海量级别，并且结构复杂，需要进行科学的组织与管理。数据库管理系统（DBMS）就是对数据进行统一管理与控制的专门系统软件。它是用户与操作系统之间的一个十分重要的系统软件，其在计算机系统中的地位如图 1.11 所示。对数据库的所有管理，包括定义、查询、更新等各种操作都需要通过 DBMS 实现。DBMS 是数据库管理的中枢机构，是数据库系统具有数据共享、并发访问和数据独立性的根本保证。

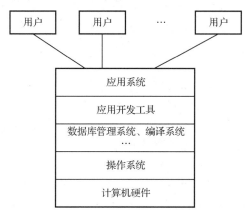

图 1.11 数据库管理系统在计算机系统中的地位

数据库管理系统的功能包括以下 6 个方面。

① 有效地组织、存取和维护数据。

② 数据定义功能。DBMS 通过数据定义语言（Data Definition Language，DDL）定义数据库

的各类数据对象，包括数据的结构、数据约束条件等。

③ 数据操纵功能。DBMS 提供数据操纵语言（Data Manipulation Language，DML），用户使用 DML 可实现对数据库进行查询、增加、删除和修改等操作。

④ 数据库的事务管理和运行管理。DBMS 提供数据控制语言（Data Control Language，DCL），数据库管理员使用 DCL 可实现对数据库的安全性保护、完整性检查、并发控制、数据库恢复等数据库控制功能。

⑤ 数据库的建立和维护功能。

⑥ 其他功能。包括数据库初始数据输入与转换、数据库转储、数据库重组、数据库性能监视与分析、数据通信等，这些功能通常由 DBMS 提供的实用程序或管理工具完成。

DDL、DML 和 DCL 统称为数据库子语言（Data Sublanguage）。它们都是非过程性语言，具有以下两种表现形式。

① 交互型命令语言。这种方式的语言结构简单，可以在终端上实时操作。

② 宿主型语言。通常将数据库子语言嵌入在某些宿主语言（Host Language）中，如嵌入 C、C++、C#、Java 和 Python 等程序设计语言中。

1.4　数据模型

1.4.1　数据模型的概念

模型是现实世界特征的抽象与模拟。模型可分为实物模型和抽象模型。建筑模型、汽车模型等都是实物模型，它们是客观事物的某些外观特征或内在功能的模拟与刻画。而数学模型是一种抽象模型，它揭示了客观事物的固有规律，如公式 $s = \pi r^2$ 就抽象了圆面积与半径之间的数量关系。

数据模型（Data Model）是一种抽象模型，是对现实世界数据特征的抽象。数据模型为数据库系统的信息表示和操作提供必需的抽象框架。计算机上实现的各种数据库管理系统都要基于某种确定的数据模型，因此，数据模型是数据库系统的灵魂，理解和掌握数据模型是学习数据库技术与理论的基础。

数据模型的选择应满足 3 个方面的要求：①能较真实地模拟现实世界；②易于理解；③便于在计算机上实现。然而用一种模型同时满足上述要求是较困难的，因此，在数据库系统中一般针对不同对象和应用目的而采用不同的数据模型。通常，根据实际问题的需要和应用目的不同，有 3 种层面上的数据模型，如图 1.12 所示。

（1）概念数据模型（Conceptual Data Model），也称概念模型或信息模型。它是面向用户的模型，是现实世界到机器世界的一个中间层次，其基本特征是按用户观点对信息进行建模，与具体的 DBMS 无关。概念数据模型的作用和意义在于描述现实世界的概念化结构，使数据库设计人

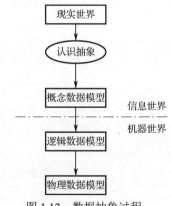

图 1.12　数据抽象过程

员在设计的初始阶段能够摆脱计算机系统和 DBMS 具体技术的约束，集中精力分析数据及其联系。最常用的概念数据模型是实体-联系（E-R）模型。

（2）逻辑数据模型（Logical Data Model），指从计算机系统的体系出发，提供数据的表示和组织方法。逻辑数据模型可分为结构化数据模型和半结构化数据模型，前者要求模型中同一类型的数据项必须包含相同的属性集，后者则可以无此要求。结构化数据模型包括层次模型、网状模型、关系数据模型等，而 XML 被用来表示半结构化数据模型。

（3）物理数据模型（Physical Data Model），用于描述数据在存储介质上的组织结构，它与具体的 DBMS 有关，也与操作系统和硬件有关，是物理层次上的数据模型。

1.4.2 概念数据模型

概念数据模型是现实世界到信息世界的抽象，是数据库设计人员与用户进行交流的工具。因此，概念数据模型的选择应具有较强的语义表达能力，同时还应简单、清晰、用户易于理解。使用较多的概念数据模型有 E-R 模型、UML 等。在此以 E-R 模型为例介绍概念数据模型。

P. P. S. Chen 于 1976 年提出了实体-联系方法（Entity Relationship Approach），简称 E-R 方法。它简单实用，因而得到了广泛应用。E-R 方法使用的工具是 E-R 图，它所描述的现实世界的信息结构称为 E-R 模型。

1. E-R 模型的三要素

（1）实体（Entity）。实体是指客观存在并可相互区别的事物。实体可以是人、事或物，也可以是抽象的概念，如一件商品、一个客户、一份订单等。

（2）属性（Attribute）。实体通常有若干特征，每个特征称为实体的一个属性。属性刻画了实体在某方面的特性，如商品实体的属性包括商品编号、商品类别、商品名称、生产商等。

（3）联系（Relationship）。现实世界中事物之间的联系反映在 E-R 模型中就是实体间的联系，如订单就是客户和商品之间的联系。

2. 实体型、实体值和实体集

在数据库系统中，引入的基本对象通常都有"型"（Type）和"值"（Value）之分。"型"是对象特性的抽象描述；"值"是对象的具体内容。

实体型（Entity Type）是指对某类数据结构和特征的描述。通常实体型由实体名和属性名的集合来抽象和刻画同类实体，如商品(商品编号, 商品类别, 商品名称, 品牌, 单价, 生产商, 库存量, 保质期)是一个实体型。

实体值（Entity Value）是实体型的内容，由描述实体的各个属性值组成，如(50020003, 体育用品, 足球, 美好, 65, 美好体育用品公司, 20, 2000-1-1)是实体值。

实体集（Entity Set）是指具有相同实体型的若干实体构成的集合，如全部商品构成一个实体集。实体集既包含实体的"值"，也隐含实体的"型"。

通常为了叙述方便，在不引起混淆的情况下，也可以不仔细区分实体"型"和"值"，而都称为"实体"。

3. 联系的分类

从联系的不同层面看，存在实体内部的联系和实体之间的联系。实体内部的联系是指实体集内部各个实体间的联系，如职工实体内部有领导与被领导的关系。实体之间的联系是指一个实体集中的实体与另一个实体集中实体之间的联系。

从联系的表现形式看，联系又分为存在性联系、功能性（也称事件性）联系。

存在性联系，如学校有教师、工厂有车间。

功能性联系，如教师授课、学生选课、客户订购商品。

两个实体之间的联系有 3 种：一对一联系、一对多联系、多对多联系。

（1）一对一联系（1:1）。如果对于实体集 A 中的任一实体，在实体集 B 中至多有一个实体与之联系；反之亦然，则称实体集 A 与实体集 B 具有一对一联系，记为 1:1。例如，在公司中，一个部门只有一个经理，而一个经理只在一个部门任职，则部门与经理之间具有一对一联系。

（2）一对多联系（1:n）。如果对于实体集 A 中的任一实体，在实体集 B 中有 n（$n\geq1$）个实体与之联系；而对于实体集 B 中的每一个实体，实体集 A 中至多有一个实体与之联系，则称实体集 A 与实体集 B 具有一对多联系，记为 1:n。例如，在公司中，一个部门可有多名职工，而一名职工只在一个部门任职，则部门与职工之间具有一对多联系。

（3）多对多联系（m:n）。如果对于实体集 A 中的任一实体，在实体集 B 中有 n（$n\geq1$）个实体与之联系；而对于实体集 B 中的每一个实体，实体集 A 中有 m（$m\geq1$）个实体与之联系，则称实体集 A 与实体集 B 具有多对多联系，记为 m:n。例如，在商品订购中，一个客户可订购多种商品，而一种商品也可被多个客户订购，则客户与商品之间具有多对多联系。

由定义可知，一对一联系是一对多联系的特例，一对多联系是多对多联系的特例。

通常，两个以上的实体之间也存在一对一、一对多、多对多联系。例如，对于课程、教师、参考书3个实体，如果一门课程可以由多个教师讲授，而一个教师只能讲授一门课程，每本参考书仅为一门课程参考，则课程与教师、参考书之间的联系是一对多的。

4. E-R 模型

E-R 模型中使用 E-R 图描述实体之间的联系。在 E-R 图中，用矩形框表示实体，矩形框内标明实体名；用椭圆框表示实体的属性；用无向线段连接实体与属性。

【例 1.1】   商品实体具有商品编号、商品类别、商品名称、生产商、单价、库存量、保质期等属性，如图 1.13 所示。

E-R 图中用菱形框表示联系，在菱形框内写出联系名，用无向边分别与有关实体连接，同时在无向边旁标注联系的类型（1:1，1:n，m:n），如图 1.14 表示。

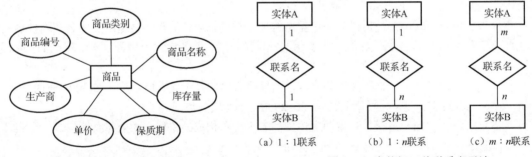

图 1.13　实体及属性表示法　　　　图 1.14　实体间三种联系表示法

若一个联系具有属性，则这些属性也要用无向边与联系连接起来。

【例 1.2】   客户订购某类商品均有数量，则实体"客户"与实体"商品"之间的联系就具有属性"数量"，如图 1.15 所示。

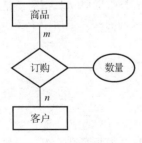

图 1.15　联系的属性

这里只介绍 E-R 图的要点，有关如何认识和分析现实世界，从中抽取实体、实体间联系，建立概念模型等内容将在第 4 章讲述。

1.4.3　逻辑数据模型

概念数据模型是独立于计算机系统的，表示一种特定组织或机构所关心的"概念数据结构"，完全不涉及信息在计算机中的表示。逻辑数据模型是数据库管理系统呈现给用户的数据模型，即用户从数据库中看到的数据组织形式，它与 DBMS 直接相关。用概念数据模型描述的数据，必须用逻辑数据模型表示才能由 DBMS 管理。为叙述简便，在下面的讨论中，除非特殊说明，术语"逻辑数据模型"均以"数据模型"表示。

1. 数据模型的三要素

数据模型是严格定义的一组概念的集合，主要由数据结构、数据操作和数据完整性约束三部分组成，通常称之为数据模型的三要素。

（1）数据结构。数据结构是对系统静态特性的描述，主要描述数据库组成对象及对象之间的联系。数据结构是刻画数据模型最重要的方面。因此在数据库系统中，通常按照其数据结构的类型来命名数据模型，主要的数据模型有层次模型、网状模型和关系数据模型。

（2）数据操作。数据操作是指对数据库中各种对象（型）的实例（值）允许执行的操作及有关操作规则，它是对数据库动态特性的描述。数据库中的数据操作主要分为查询、更新两大类，其中数据更新主要是指对数据记录的增、删、改。数据模型需要定义这些操作的语义、操作符号、操作规则及实现操作的相关语句。

（3）数据完整性约束。完整性约束是数据的一组完整性规则的集合。完整性规则是给定的数据模型中数据及其联系所具有的制约和存储规则，用以限定符合数据模型的数据库状态及状态的变化，保证数据的正确、有效、相容。

2. 数据模型的类型

数据模型的发展带动了数据库系统的更新换代。自 20 世纪 60 年代末数据库技术产生以来，先后出现了层次模型、网状模型、关系数据模型、面向对象模型、对象关系数据模型等数据模型，其中层次模型和网状模型统称为格式化模型。

由于格式化模型现已不是主导，所以本书不再讨论。下面简要介绍关系数据模型，后续章节讨论的重点将是关系数据库系统。

3. 关系数据模型

关系数据模型源于数学，以完备的关系理论为基础，自 20 世纪 80 年代以来，关系数据模型的数据库系统得到了广泛应用。

（1）数据结构。关系数据模型建立在严格的数学概念之上，有关定义将在第 2 章给出，这里仅非形式化地讨论。关系数据模型的基本数据结构是表格，它使用二维表来表示实体及其联系。

（2）数据操作。关系数据模型的数据操作主要包括查询和更新，数据操作具有两个显著特点：一个是集合操作，即操作的对象和结果均为集合；另一个是将操作中的存取路径向用户屏蔽起来，用户只需说明做什么，而不必指出怎样做。

（3）数据完整性约束。对关系数据模型中的数据操作必须满足关系完整性约束规则。关系完整性约束规则包括 3 类：实体完整性、参照完整性和用户定义完整性。关系完整性的内容将在后续相关章节中详细讨论。

关系数据模型主要有以下特点。

（1）建立在严格的数学理论基础之上。

（2）数据结构简单清晰，用户易懂易用，能较好地表达丰富的语义，描述现实世界的实体及实体间的各种联系。

（3）数据物理存取路径对用户是透明的，有更高的数据独立性、更好的数据安全性。

关系数据库在各个领域的广泛应用推动了数据库技术的发展。但关系数据模型描述能力也存在不足，如难以直接描述超文本、图像、声音等复杂对象；难以表达工程、地理、测绘等领域一些非格式化的数据语义；不能提供用户定义复杂类型及数据抽象的功能等。因此，人们又提出了面向对象模型和对象关系数据模型等新的数据模型。

本章小结

　　本章简要介绍了数据管理技术发展的三个阶段，使读者对数据库技术的产生背景，以及所要解决的问题有了初步认识。以对一个商品订购数据库中内容的访问过程为例，讲解数据库系统的构成和处理过程，使读者对数据库系统有一个直观的认识。简要介绍了数据库系统的组成，使读者了解数据库系统不仅是一个计算机系统，而且是一个"人-机"系统。

　　阐述了数据库系统的一些基本但重要的概念和术语，包括数据库系统的三级模式结构、数据库系统、数据库、数据库管理系统、模式、内模式、外模式、二级映像、数据独立性、视图、用户、DBA 等，使读者初步认识数据库领域的常用概念和术语。

　　数据模型是数据库系统的核心和基础。本章介绍了数据模型的概念，突出数据模型在数据库技术中的重要作用；阐述概念数据模型、逻辑数据模型，重点讲解了 E-R 模型和关系数据模型的特点。使读者对数据结构化这个数据库系统的基本特征有所认识。

　　简单介绍了数据库系统的发展历程，给出数据库领域研究的主要方面，包括数据库理论、数据库管理系统研制、数据库应用系统设计与开发等，使读者对数据库的主要领域有所了解。

习题 1

1. 试述数据、数据库、数据库系统的含义。
2. 简述文件系统、数据库系统的特点。
3. 数据库系统由哪几部分组成？各部分的作用分别是什么？
4. 试举出 1～2 个你身边的数据库应用实例。
5. 解释外模式、模式、内模式的概念。
6. 试述数据库系统的三级模式结构及其优点。
7. 解释数据的物理独立性与逻辑独立性的概念，并说明其重要性。
8. 数据库管理系统的功能主要有哪些方面？
9. 调查业界常用的数据库管理系统软件，简要叙述其中 1～2 个产品的情况。
10. 数据库系统的人员主要包括哪几类？各自的职责主要是什么？
11. 简述数据模型的概念及其在数据库系统中的作用。
12. 简述概念数据模型、E-R 模型的含义，并说明 E-R 模型的三要素内容。
13. 举例说明联系的 3 种类型。
14. 解释逻辑数据模型的概念的含义，并说明其三要素的内容。
15. 简述关系数据模型的特点。

第 2 章

关系数据模型
——关系数据库基础

关系数据库是目前应用最广泛的数据库，它建立在严格的关系数学理论基础之上。关系数据模型的提出，使数据的组织、管理和使用等技术有了科学理论的支持，它是数据库发展史上最重要的事件。目前，数据库管理系统产品多数支持关系数据模型，数据库领域的很多研究工作也是以关系方法为基础的。关系数据库系统在今后的一段时间内仍将是较重要的数据库。

根据数据模型的三要素（结构、操作、完整性约束），关系数据模型由关系数据结构、关系操作集合和关系完整性约束三部分组成。第 1 章已初步介绍了关系数据模型和关系数据库的一些基本特性，本章将深入讨论关系数据模型的三部分内容，它们是学习关系数据库的基础，其中关系代数是学习的重点和难点。

2.1 关系数据结构

关系数据模型采用单一的数据结构，即用"关系"来表示实体和实体之间的联系。从本质上讲，关系是集合论中的一个数学概念。基于此，可以对关系数据结构从集合论的角度给出形式化的定义。本节将从二维表入手给出关系的非形式化描述，使读者对关系数据结构有直观的认识，然后再给出关系数据结构的形式化定义。

2.1.1 二维表与关系数据结构

在日常工作中，我们经常会见到各种二维表格，如商品信息表、学生登记表等。这些二维表的共同特点是由多个行和列组成的，其中每列有列名，表示内容某个方面的属性；每行由多个值组成。例如，某公司的商品信息表就是一个二维表，如表 2.1 所示。

二维表具有如下特点。

（1）具有表名，如"商品信息表"。

（2）由表头和若干行数据两部分构成。

（3）有若干列，每列都有列名。

（4）同一列的值必须取自同一个域，如商品类别只能取自该公司能够经营的类别。

（5）每一行的数据代表一个实体的信息。

表名 → 表 2.1 商品信息表

表头 →

数据

商品编号	商品类别	商品名称	品牌	单价	生产商	保质期	库存量
10010001	食品	咖啡	宇一	50	宇一饮料公司	2021-08-31	100
10010002	食品	苹果汁	宇一	5.2	宇一饮料公司	2020-12-31	500
20180001	服装	运动服	天天	200	天天服饰公司	2000-01-01	5
30010001	文具	签字笔	新新	3.5	新新文化用品制造厂	2000-01-01	100

对二维表可以进行如下操作。

（1）查询数据。例如，在“商品信息表”中按某些条件查找能够满足条件的商品。

（2）增加数据。例如，向“商品信息表”中增加一件商品的数据(50020003,体育用品,足球,美好,65,美好体育用品公司,2000-01-01,20)。

（3）修改数据。例如，将编号为“20180001”的商品库存量改为 4。

（4）删除数据。例如，从“商品信息表”中删掉一件商品的数据。

从用户角度看，一个关系就是一个规范化的二维表。这里“规范化”的含义是指表中每列都是原子项，即没有“表中表”。关系数据模型就是用关系这种二维表格结构来表示实体及实体之间联系的模型。

一个关系由关系名、关系模式和关系实例组成。通常，它们分别对应于二维表的表名、表头和数据。若将表 2.1 所示的“商品信息表”表示成关系，如图 2.1 所示。

关系模式 GoodsInfo	（商品编号	商品类别	商品名称	品牌	单价	生产商	保质期	库存量）
关系实例	10010001	食品	咖啡	宇一	50	宇一饮料公司	2021-08-31	100
	10010002	食品	苹果汁	宇一	5.2	宇一饮料公司	2020-12-31	500
	20180001	服装	运动服	天天	200	天天服饰公司	2000-01-01	5
	30010001	文具	签字笔	新新	3.5	新新文化用品制造厂	2000-01-01	100

图 2.1 二维表的关系表示

在人们的日常理解中，商品是一个抽象的概念，而“咖啡”是一种具体的产品。第 1 章已介绍过实体型和实体值的概念。在这里“商品”为实体“型”，“咖啡”则为一个实体“值”。在关系数据模型中，关系模式描述了一个实体型，而关系实例则是关系数据模型的“值”，关系实例通常由一组实体组成。

下面以非形式化的描述，介绍关系数据模型中常用的一些术语。

（1）关系。一个关系（Relation）指一张二维表，如“商品信息表”就是一个关系。

（2）元组。一个元组（Tuple）指二维表中的一行。例如，(10010001,食品,咖啡,宇一,50,宇一饮料公司,2021-08-31,100)就是一个元组。

（3）属性。一个属性（Attribute）指二维表中的一列，表中每列均有名称，即属性名。例如，“商品信息表”有 8 列，对应 8 个属性：商品编号、商品类别、商品名称、品牌、单价、生产商、保质期、库存量。

（4）码。码（key）也称键、关键字、关键码，指表中可唯一确定元组的属性或属性组合。例如，“商品信息表”中的“商品编号”属性即为码。

（5）域。域（Domain）指属性的取值范围。例如，按照公司对商品编号的编排方法，商品编号具有一定的范围限制。

（6）分量。分量是指元组中的一个属性值。例如，元组(10010001,食品,咖啡,宇一,50,宇一饮料公司,2021-08-31,100)中的"10010001"即为其分量。

（7）关系模式。关系模式是对关系"型"的描述，通常表示为关系名(属性 1,属性 2,…,属性 n)。例如，GoodsInfo (商品编号,商品类别,商品名称,品牌,单价,生产商,保质期,库存量)，关系名为 GoodsInfo，该关系包括 8 个属性，分别是商品编号、商品类别、商品名称、品牌、单价、生产商、保质期、库存量。

表 2.2 是关系与现实世界中的二维表使用的术语对照。

表 2.2　二维表使用的术语对照

关 系 术 语	现实世界术语
关系名	表名
关系模式	表头
关系	二维表
元组	记录
属性	列
属性名	列名
属性值	列值

在关系数据模型中，要求关系必须是规范化的，即关系要满足规范条件。规范条件最基本的一条就是要求关系的每个分量必须是原子项，是不可再分的数据项，即不允许出现表中表的情形。例如，表 2.3 所示的商品情况表中，保质期就是可再分的数据项，因此不符合关系数据模型的要求。

表 2.3　商品情况表

商 品 编 号	商品类别	商 品 名 称	品 牌	单 价	生 产 商	保 质 期			库 存 量
						年	月	日	
10010001	食品	咖啡	宇一	50	宇一饮料公司	2021	08	31	100
10010002	食品	苹果汁	宇一	5.2	宇一饮料公司	2020	12	31	500
20180001	服装	运动服	天天	200	天天服饰公司	2000	01	01	5
30010001	文具	签字笔	新新	3.5	新新文化用品制造厂	2000	01	01	100

2.1.2　关系数据结构的形式化定义

在关系数据模型中，数据是以二维表的形式存在的，这个二维表就称为关系，这是一种非形式化的定义。而关系数据模型是建立在集合代数基础上的，这里从集合论的角度给出关系数据结构的形式化描述。为此，需要先引入域和笛卡儿积的概念。

1. 域（Domain）

定义 2.1　域是一组具有相同数据类型的值的集合，又称值域（用 D 表示）。

例如，整数、实数和字符串的集合都是域。

域中所包含值的个数称为域的基数（用 m 表示）。域表示了关系中属性的取值范围。例如，

$D_1 = \{10010001,10010002,20180001,30010001\}$

$D_2 = \{食品,服装,文具\}$

$D_3 = \{咖啡,苹果汁,运动服,签字笔\}$

其中，D_1、D_2、D_3 为域名，分别表示商品关系中的商品编号、商品类别和商品名称的集合。这三个域的基数分别是 4、3、4。

2. 笛卡儿积（Cartesian Product）

定义 2.2　给定一组域 $D_1, D_2, \cdots, D_n$（它们可以包含相同的元素）。$D_1, D_2, \cdots, D_n$ 的笛卡儿积为：

$$D_1 \times D_2 \times \cdots \times D_n = \{(d_1, d_2, \cdots, d_n) \mid d_i \in D_i, i=1, 2, \cdots, n\}$$

其中，

（1）每一个元素$(d_1, d_2, \cdots, d_n)$称为一个 n 元组，简称元组（Tuple）。

注意： 元组中的每个分量 d_i 都是按序排列的，如(10010001,食品,咖啡)≠(食品,10010001,咖啡)≠(咖啡,食品,10010001)。

（2）元组中的每个值 d_i 就称为一个分量（Component），分量来自相应的域($d_i \in D_i$)。

（3）笛卡儿积也是一个集合。若 $D_i(i=1, 2, \cdots, n)$ 为有限集，其基数为 $m_i(i=1, 2, \cdots, n)$，则笛卡儿积 $D_1 \times D_2 \times \cdots \times D_n$ 的基数 M（元素$(d_1, d_2, \cdots, d_n)$的个数）为所有域的基数的累积，即

$$M = \prod_{i=1}^{n} m_i$$

例如，上述商品关系中商品编号、商品类别两个域的笛卡儿积为

$D_1 \times D_2$={(10010001,食品), (10010001,服装), (10010001,文具), (10010002,食品), (10010002,服装), (10010002,文具), (20180001,食品), (20180001,服装), (20180001,文具), (30010001,食品), (30010001,服装), (30010001,文具)}

其中，(10010001,食品)、(10010001,服装)等是元组；10010001、10010002、20180001、30010001、食品、服装、文具等都是分量。该笛卡儿积的基数 $M=m_1 m_2$=4×3=12，即 $D_1 \times D_2$ 的元组个数为 12。

笛卡儿积也可用二维表的形式表示，如表 2.4 所示。

表 2.4　笛卡儿积

D_1	D_2	D_1	D_2
10010001	食品	20180001	食品
10010001	服装	20180001	服装
10010001	文具	20180001	文具
10010002	食品	30010001	食品
10010002	服装	30010001	服装
10010002	文具	30010001	文具

可见，笛卡儿积实际上是一个二维表，表的任意一行就是一个元组，表中的每一列都来自同一个域，如表 2.4 中第一个分量来自 D_1，第二个分量来自 D_2。

3. 关系（Relation）

定义 2.3　笛卡儿积 $D_1 \times D_2 \times \cdots \times D_n$ 的任一子集称为域 $D_1, D_2, \cdots, D_n$ 上的关系。

关系可用 $R(D_1, D_2, \cdots, D_n)$ 的形式表示，其中 R 为关系名，n 是关系的度（Degree），也称目。

通常，笛卡儿积 $D_1 \times D_2 \times \cdots \times D_n$ 的许多子集是没有实际意义的，只有其中的某些子集才有实际意义，代表了现实世界中真实的事物。例如，表 2.4 所示的 $D_1 \times D_2$ 笛卡儿积中的许多元组都是没有实际意义的，因为一个商品只属于一种商品类别。如表 2.5 所示，表示了商品所属的类别，将其取名为 R_1。

表 2.5　R_1 关系

D_1	D_2
10010001	食品
10010002	食品
20180001	服装
30010001	文具

下面是对定义 2.3 进行三点说明。

（1）关系中元组个数是关系的基数，如关系 R_1 的基数为 4。

（2）关系是一个二维表，表的任意一行对应一个元组，表的每一列都来自同一域。由于域可以相同，为了加以区分，必须为每列起一个名字，称为属性（Attribute）。n 元关系有 n 个属性，属性的名字唯一。

（3）在数学上，关系是笛卡儿积的任意子集；但在数据库系统中，关系是笛卡儿积中所取的

有意义的有限子集。

2.1.3　关系的性质

关系是规范化的二维表中行的集合。为了使相应的数据操作得到简化，在关系数据模型中，对关系进行了种种限制，因此关系具有以下性质。

（1）列是同质的（Homogeneous），即每列中的分量必须是同一类型的数据。

（2）不同的列可以出自同一个域，但不同的属性必须赋予不同的属性名。

（3）列的顺序可以任意交换，交换时，应连同属性名一起交换。

（4）任意两个元组不能完全相同。

（5）关系中元组的顺序可任意，即可任意交换两行的次序。

（6）分量必须取原子值，即要求每个分量都是不可再分的数据项。

2.1.4　关系模式

在 2.1.1 节中已提到，关系模式是对关系"型"的描述，这里给出关系模式的形式化描述。

定义 2.4　关系的描述称为关系模式（Relation Schema）。它可形式化地表示为：

$R(U, D, \text{dom}, F)$

其中，R 为关系名，U 为组成关系的属性名集合（属性集），D 为属性集 U 中属性所来自的域，dom 为属性与域之间的映像集合，F 为属性间依赖关系的集合。

由定义 2.4 可以看出，关系模式是关系的框架，是对关系结构的描述。它指出了关系由哪些属性构成，属性所来自的域及属性之间的依赖关系等。关于属性间的依赖关系 F 将在第 5 章讨论，本章中关系模式仅涉及关系名 R、属性集 U、域 D、属性与域之间的映像集合 dom 这四部分，即 $R(U, D, \text{dom})$。

关系模式通常可简记为 $R(U)$ 或 $R(A_1, A_2, \cdots, A_n)$，其中 R 为关系名，$A_1, A_2, \cdots, A_n$ 为属性名。而域名、属性到域的映像则常以属性的类型、数据长度来说明。

例如，在商品订购数据库中，有商品信息（GoodsInfo）、客户信息（CustomerInfo）、订单表（OrderList）3 个关系，其关系模式分别为：

GoodsInfo (商品编号,商品类别,商品名称,品牌,单价,生产商,保质期,库存量,备注)

CustomerInfo (客户编号,客户姓名,出生日期,性别,所在省市,联系电话,微信号,VIP,备注)

OrderList (客户编号,商品编号,订购时间,数量,需要日期,付款方式,送货方式)

关系模式是静态的、稳定的，而关系是动态的、随时间不断变化的。因为关系是关系模式在某一时刻的状态或内容，而关系的各种操作将不断地更新数据库中的数据。

2.1.5　关系数据库

在关系数据模型中，实体、实体之间的联系都是以关系来表示的。例如，在商品订购数据库中，商品和客户关系是用于表示实体的，而订单则用于表示"商品"实体与"客户"实体之间的联系。

定义 2.5　在给定应用领域，所有实体及实体之间联系的关系集合构成一个关系数据库。

例如，在研究商品订购管理的问题域中，商品、客户、订单这 3 个关系的集合就构成商品订购数据库。

关系数据库也区分"型"和"值"。关系数据库的型即关系数据库模式，它是对关系数据库结构的描述。关系数据库模式包括若干域的定义，以及在这些域上定义的若干关系模式。通常以关系数据库中包含所有关系模式的集合来表示关系数据库模式。例如，商品订购数据库模式即为商品、客户、订单这 3 个关系模式构成的集合。

关系数据库的值是关系数据库模式中各关系模式在某个时刻对应的关系的集合。

例如，若商品订购数据库模式中各关系模式在某个时刻对应的关系分别如表 2.6～表 2.8 所示，那么它们就是商品订购数据库的值。

表 2.6　GoodsInfo 关系

商品编号	商品类别	商品名称	品牌	单价	生产商	保质期	库存量	备注
10010001	食品	咖啡	宇一	50	宇一饮料公司	2021-08-31	100	NULL
10010002	食品	苹果汁	宇一	5.2	宇一饮料公司	2020-12-31	500	NULL
10020001	食品	大米	健康	35	健康粮食生产基地	2020-12-20	100	NULL
10020002	食品	面粉	健康	18	健康粮食生产基地	2021-01-20	20	NULL
20180001	服装	运动服	天天	200	天天服饰公司	2000-01-01	5	有断码
20180002	服装	T恤	天天	120	天天服饰公司	2000-01-01	10	NULL
30010001	文具	签字笔	新新	3.5	新新文化用品制造厂	2000-01-01	100	NULL
30010002	文具	文件夹	新新	5.6	新新文化用品制造厂	2000-01-01	50	NULL
40010001	图书	营养菜谱	新华	38	食品出版公司	2000-01-01	12	NULL
40010002	图书	豆浆的做法	新华	20	食品出版公司	2000-01-01	20	NULL
50020001	体育用品	羽毛球拍	美好	30	美好体育用品公司	2000-01-01	30	NULL
50020002	体育用品	篮球	美好	80	美好体育用品公司	2000-01-01	20	NULL
50020003	体育用品	足球	美好	65	美好体育用品公司	2000-01-01	20	NULL

表 2.7　CustomerInfo 关系

客户编号	客户姓名	出生日期	性别	所在省市	联系电话	微信号	VIP	备注
100001	张小林	1982-02-01	男	江苏南京	02581234678	13980030075	TRUE	银牌客户
100002	李红红	1991-03-22	女	江苏苏州	13908899120	13908899120	TRUE	金牌客户
100003	王晓美	1986-08-20	女	上海市	02166552101	wxid_0021001	FALSE	新客户
100004	赵明	1992-03-28	男	河南郑州	13809900118	NULL	FALSE	新客户
100005	张帆一	1990-08-10	男	山东烟台	13880933201	NULL	FALSE	NULL
100006	王芳芳	1996-05-01	女	江苏南京	13709092011	wxid_7890921	FALSE	NULL

表 2.8　OrderList 关系

客户编号	商品编号	订购时间	数量	需要日期	付款方式	送货方式
100001	10010001	2020-02-18 12:20:00	2	2020-02-20	支付宝	客户自提
100001	30010001	2020-02-10 12:30:00	10	2020-02-20	网银转账	送货上门
100002	10010001	2020-02-18 13:00:00	1	2020-02-21	微信支付	客户自提
100002	50020001	2020-02-18 13:20:00	1	2020-02-21	微信支付	客户自提
100004	20180002	2020-02-19 10:00:00	1	2020-02-28	信用卡	送货上门
100004	50020002	2020-02-19 10:40:00	2	2020-02-28	信用卡	送货上门
100004	30010002	2020-02-19 11:00:00	10	2020-02-28	信用卡	送货上门
100005	40010001	2020-02-20 08:00:00	2	2020-02-27	支付宝	送货上门
100005	40010002	2020-02-20 08:20:00	3	2020-02-27	支付宝	送货上门
100006	10020001	2020-02-23 09:00:00	5	2020-02-26	信用卡	送货上门

注意：关系中元组分量取空值的问题。在关系元组中允许出现空值，空值表示信息的空缺，即表示未知的值或不存在值。例如，在 GoodsInfo 关系中，某个商品没有备注信息，则该商品元组的"备注"分量值即为空值。空值一般用关键词 NULL 表示。

2.1.6 码

在 2.1.1 节中已给出了码（Key）的非形式化定义，下面将更深入地讨论码的概念。

1. 候选码

能唯一标识关系中元组的一个属性或属性集，称为候选码（Candidate Key），也称候选关键字或候选键。例如，GoodsInfo 关系中的"商品编号"能唯一标识每一件商品，则属性"商品编号"是 GoodsInfo 关系的候选码。

下面给出候选码的形式化定义。

定义 2.6　设关系 $R(A_1, A_2, \cdots, A_n)$，其属性为 $A_1, A_2, \cdots, A_n$，属性集 K 为 R 的子集，$K=(A_i, A_j, \cdots, A_k)$，$1 \leq i, j, \cdots, k \leq n$。当且仅当满足下列两个条件时，$K$ 被称为候选码。

（1）唯一性。对关系 R 的任两个元组，其在属性集 K 上的值是不同的。

（2）最小性。属性集 $K=(A_i, A_j, \cdots, A_k)$ 是最小集，即若删除 K 中的任一属性，K 都不满足最小性。

例如，OrderList 关系包含属性：客户编号、商品编号、订购时间、数量、需要日期、付款方式、送货方式，其中属性集(客户编号,商品编号,订购时间)为候选码，删除"客户编号""商品编号"和"订购时间"中的任一属性，都无法唯一标识商品的订购记录。

2. 主码

若一个关系有多个候选码，则从中选择一个作为主码（Primary Key）。

例如，假设在 CustomerInfo 关系中各个客户的姓名都不重名，那么"客户编号"和"客户姓名"都可作为 CustomerInfo 关系的候选码，可指定"客户编号"或"客户姓名"作为主码。

通常，为表示方便，在主码所包含的属性下方用下画线标出。例如，

GoodsInfo(商品编号,商品类别,商品名称,品牌,单价,生产商,保质期,库存量,备注)

定义 2.7　包含在候选码中的各属性称为主属性（Prime Attribute）。而非主属性（Non-Prime Attribute）是指不包含在任何候选码中的属性。

最简单的情形是，一个候选码只包含一个属性，如 CustomerInfo 关系中的"客户编号"、GoodsInfo 关系中的"商品编号"。

若所有属性组合是关系的候选码，则称为全码（All-key）。

例如，设有"教师授课"关系，包含三个属性：教师号、课程号和学号。一个教师可讲授多门课程，一门课程可有多个教师讲授，一个学生可选修多门课程，一门课程可被多个学生选修。在这种情况下，教师号、课程号、学号三者之间是多对多关系，（教师号,课程号,学号）三个属性的组合是"教师授课"关系的候选码，称为全码，教师号、课程号、学号都是主属性。

3. 外码

定义 2.8　如果关系 R_1 的属性或属性集 K 不是 R_1 的主码，而是另一个关系 R_2 的主码，则称 K 为关系 R_1 的外码（Foreign Key），并称关系 R_1 为参照关系（Referencing Relation），关系 R_2 为被参照关系（Referenced Relation）。

例如，OrderList(客户编号,商品编号,订购时间,数量,需要日期,付款方式,送货方式)关系中，"客户编号"属性与 CustomerInfo 关系的主码"客户编号"相对应，"商品编号"属性与 GoodsInfo 关系的主码"商品编号"相对应。因此，"客户编号"和"商品编号"属性是 OrderList 关系的外码。CustomerInfo 关系和 GoodsInfo 关系为被参照关系，OrderList 关系为参照关系。

2.2　关系操作

关系数据模型给出关系操作应达到的能力说明，但不对关系数据库管理系统如何实现操作能力做具体的语法要求。因此，不同的关系数据库管理系统可以定义和开发不同的语言来实现关系操作。关系操作的特点是集合操作，即操作的对象和结果都是关系。

2.2.1　基本关系操作

和一般数据模型一样，关系数据模型的基本操作也包括查询和更新两大类。

（1）数据查询操作用于对关系数据进行各种检索。它是一个数据库最基本的功能，通过查询，用户可以访问关系数据库中的数据。查询可以在一个关系内或多个关系间进行。关系查询的基本单位是元组分量，查询就是定位符合条件的元组。

（2）数据更新操作包括删除、插入和修改三种方式。数据删除的基本单位为元组，其功能是将指定关系内的指定元组删除。数据插入的功能是在指定关系中插入一个或多个元组。数据修改是在一个关系中修改指定的元组属性值。

2.2.2　关系数据语言分类

早期的关系操作通常用代数方式或逻辑方式来表示，分别称为关系代数和关系演算，两者的区别在于表达查询的方式不同。关系代数通过对关系的运算来表达查询要求，而关系演算则使用谓词来表达查询要求。关系演算又可按谓词变量的不同分为元组关系演算和域关系演算两类。

关系代数语言的代表是 ISBL（Information System Base Language），它是由 IBM 公司在一个实验系统上实现的一种语言。元组关系演算语言的代表是 APLHA 和 QUEL。域关系演算语言的代表是 QBE 语言。

关系代数、元组关系演算和域关系演算三种语言都是抽象的查询语言，它们在表达能力上是等价的。这三种语言是评估实际数据库管理系统中的查询语言表达能力的标准和依据。实际的关系数据库管理系统的查询语言除了提供关系代数或关系演算的功能，往往还提供更多附加功能，包括集函数、算术运算等，因此，实际的关系数据库管理系统的查询语言功能更为强大。

关系数据库的标准语言是结构化查询语言（Structured Query Language，SQL）。SQL 是用于关系数据库操作的结构化语言，是一种介于关系代数和关系演算之间的语言，具有丰富的查询功能，同时具有数据定义和数据控制功能，是集数据定义、数据查询和数据控制于一体的关系数据语言。

关系数据语言是高度非过程化的语言，存取路径的选择由关系数据库管理系统的优化机制来完成。

2.2.3　关系代数

关系代数是一种抽象的查询语言，是关系数据操纵语言的一种传统表达方式。它是用对关系的运算来表达查询的，其运算对象是关系，运算结果也是关系。

关系代数用到的运算符主要包括 4 类：集合运算符、专门的关系运算符、比较运算符和逻辑运算符，其中比较运算符和逻辑运算符是用来辅助专门的关系运算符进行操作的。这 4 类运算符的含义如表 2.9 所示。

关系代数的运算可分为两类。

① 传统的集合运算，其运算是以元组作为集合中元素来进行的。从关系的"水平"方向，即行的角度进行，包括并、差、交和笛卡儿积。

表 2.9　关系代数的 4 类运算符及含义

运算符类别	记　号	含　义
集合运算符	∪	并
	−	差
	∩	交
	×	笛卡儿积
专门的关系运算符	σ	选择
	Π	投影
	⋈	连接
	÷	除法
比较运算符	<	小于
	≤	小于或等于
	>	大于
	≥	大于或等于
	=	等于
	<>	不等于
逻辑运算符	┐	非
	∧	与
	∨	或

② 专门的关系运算，其运算不仅涉及行也涉及列。这类运算是为数据库的应用而引进的特殊运算，包括选择、投影、连接和除法等。

1. 传统的集合运算

传统的集合运算是二目运算，包括并、差、交和笛卡儿积 4 种运算。除笛卡儿积外，都要求参与运算的两个关系满足"相容性"条件。

定义 2.9　设两个关系 R、S，若 R、S 满足以下两个条件：①具有相同的度 n；②R 中第 i 个属性和 S 中第 i 个属性来自同一个域，则称关系 R、S 满足"相容性"条件。

设 R、S 为两个满足"相容性"条件的 n 目关系，t 为元组变量，$t \in R$ 表示 t 是关系 R 的一个元组，则可定义如下关系的并、差、交运算。

（1）并（Union）。关系 R 和关系 S 的并由属于 R 或属于 S 的元组组成，即 R 和 S 的所有元组合并，删去重复元组，组成一个新关系，其结果仍为一个 n 目关系。记为

$R \cup S = \{t \mid t \in R \lor t \in S\}$

对于关系数据库，记录的插入可通过并运算实现。

（2）差（Difference）。关系 R 与关系 S 的差由属于 R 而不属于 S 的所有元组组成，即 R 中删去与 S 中相同的元组，组成一个新关系，其结果仍为一个 n 目关系。记为

$R - S = \{t \mid t \in R \land \neg\, t \in S\}$

通过差运算可实现关系数据库记录的删除。

（3）交（Intersection）。关系 R 与关系 S 的交由既属于 R 又属于 S 的元组（R 与 S 中相同的元组）组成一个新关系，其结果仍为一个 n 目关系。记为

$R \cap S = \{t \mid t \in R \land t \in S\}$

两个关系的并和差运算是基本运算（不能用其他运算表示），而交运算是非基本运算，它可

以用差运算来表示如下：

$$R \cap S = R-(R-S)$$

笛卡儿积对参与运算的两个关系 R、S 没有"相容性"条件要求。因为参与运算的是关系的元组，因此这里的笛卡儿积实际上指的是广义笛卡儿积。

（4）广义笛卡儿积（Extended Cartesian Product）。设有 n 目关系 R 和 m 目关系 S，R 与 S 的广义笛卡儿积是一个 $n+m$ 列的元组的集合，元组的前 n 列是关系 R 的一个元组，后 m 列是关系 S 的一个元组。若 R 有 k_1 个元组，S 有 k_2 个元组，则关系 R 与关系 S 的广义笛卡儿积有 $k_1 k_2$ 个元组，记为

$$R \times S = \{\widehat{t_R t_S} \mid t_R \in R \wedge t_S \in S\}$$

关系的广义笛卡儿积可用于两个关系的连接操作。

【例2.1】 如表2.10、表2.11所示的两个关系 R 与 S 为相容关系，表2.12所示为 R 与 S 的并，表2.13所示为 R 与 S 的差，表2.14所示为 R 与 S 的交，表2.15所示为 R 与 S 的广义笛卡儿积。

表2.10 关系 R

A	B	C
a_1	b_1	c_1
a_2	b_2	c_2
a_3	b_3	c_3

表2.11 关系 S

A	B	C
a_1	b_2	c_2
a_2	b_2	c_2

表2.12 关系 $R \cup S$

A	B	C
a_1	b_1	c_1
a_2	b_2	c_2
a_3	b_3	c_3
a_1	b_2	c_2

表2.13 关系 $R-S$

A	B	C
a_1	b_1	c_1
a_3	b_3	c_3

表2.14 关系 $R \cap S$

A	B	C
a_2	b_2	c_2

表2.15 关系 $R \times S$

$R.A$	$R.B$	$R.C$	$S.A$	$S.B$	$S.C$
a_1	b_1	c_1	a_1	b_2	c_2
a_1	b_1	c_1	a_2	b_2	c_2
a_2	b_2	c_2	a_1	b_2	c_2
a_2	b_2	c_2	a_2	b_2	c_2
a_3	b_3	c_3	a_1	b_2	c_2
a_3	b_3	c_3	a_2	b_2	c_2

2. 专门的关系运算

传统的集合运算只是从行的角度对关系进行运算，而要灵活地实现关系数据库的多样化的查询操作，还必须引入专门的关系运算。

为方便叙述，在介绍专门的关系运算之前，先引入几个概念或记号。

（1）设关系模式为 $R(A_1, A_2, \cdots, A_n)$，它的一个关系为 R，$t \in R$ 表示 t 是 R 的一个元组，$t[A_i]$ 则表示元组 t 中相对于属性 A_i 的一个分量。

（2）若 $A=\{A_{i1}, A_{i2}, \cdots, A_{ik}\}$，其中 $A_{i1}, A_{i2}, \cdots, A_{ik}$ 是 $A_1, A_2, \cdots, A_n$ 中的一部分，则 A 称为属性列或域列，$t[A]=\{t[A_{i1}], t[A_{i2}], \cdots, t[A_{ik}]\}$ 表示元组 t 在属性列 A 上各分量的集合。$\overline{A}$ 则表示 $\{A_1, A_2, \cdots, A_n\}$ 中去掉 $\{A_{i1}, A_{i2}, \cdots, A_{ik}\}$ 后剩余的属性组。

（3）设 R 为 n 目关系，S 为 m 目关系，$t_R \in R$，$t_S \in S$，$\widehat{t_R t_S}$ 称为元组的连接（Concatenation），它是一个 $n+m$ 列的元组，前 n 个分量为 R 的一个 n 元组，后 m 个分量为 S 中的一个 m 元组。

（4）给定一个关系 $R(X, Z)$，设 X 和 Z 为属性组，定义当 $t[X]=x$ 时，x 在 R 中的像集（Image Set）

为 $Z_X=\{t[Z]|t\in R, t[X]=x\}$，它表示 R 中的属性组 X 上值为 x 的各元组在 Z 上分量的集合。

以下定义选择、投影、连接和除法这 4 个专门的关系代数运算。

（1）选择运算

选择运算是单目运算，指根据一定的条件在给定的关系 R 中选取若干元组，组成一个新关系，记为

$$\sigma_F(R)=\{t\,|\,t\in R\wedge F(t)='真'\}$$

其中，σ 为选择运算符，F 为选择的条件，它是由运算对象（属性名、常数、简单函数）、算术比较运算符（>、≥、<、≤、=、≠）和逻辑运算符（∨、∧、¬）连接起来的逻辑表达式，结果为逻辑值"真"或"假"。

选择运算实际上是从关系 R 中选取使逻辑表达式为真的元组，是从行的角度对关系进行的操作。

以下例题均是以表 2.6、表 2.7 和表 2.8 所示的 3 个关系为例进行的运算。

【例 2.2】　查询江苏南京的所有客户。

$\sigma_{所在省市='江苏南京'}(CustomerInfo)$

或者

$\sigma_{5='江苏南京'}(CustomerInfo)$（其中 5 为"所在省市"属性的列号）

运算结果如表 2.16 所示。

表 2.16　江苏南京的所有客户

客户编号	客户姓名	出生日期	性别	所在省市	联系电话	微信号	VIP	备注
100001	张小林	1982-02-01	男	江苏南京	02581234678	13980030075	TRUE	银牌客户
100006	王芳芳	1996-05-01	女	江苏南京	13709092011	wxid_7890921	FALSE	NULL

【例 2.3】　查询库存量小于 50 且单价高于 10 元的商品。

$\sigma_{(库存量<50)\wedge(单价>10)}(GoodsInfo)$

运算结果如表 2.17 所示。

表 2.17　库存量小于 50 且单价高于 10 元的商品

商品编号	商品类别	商品名称	品牌	单价	生产商	保质期	库存量	备注
10020002	食品	面粉	健康	18	健康粮食生产基地	2021-01-20	20	NULL
20180001	服装	运动服	天天	200	天天服饰公司	2000-01-01	5	有断码
20180002	服装	T恤	天天	120	天天服饰公司	2000-01-01	10	NULL
40010001	图书	营养菜谱	新华	38	食品出版公司	2000-01-01	12	NULL
40010002	图书	豆浆的做法	新华	20	食品出版公司	2000-01-01	20	NULL
50020001	体育用品	羽毛球拍	美好	30	美好体育用品公司	2000-01-01	30	NULL
50020002	体育用品	篮球	美好	80	美好体育用品公司	2000-01-01	20	NULL
50020003	体育用品	足球	美好	65	美好体育用品公司	2000-01-01	20	NULL

（2）投影运算

投影运算也是单目运算，关系 R 上的投影是从 R 中选择若干属性列组成新的关系，它是对关系在垂直方向进行的运算，从左到右按照指定的若干属性及顺序取出相应列，删去重复元组。记为

$$\prod_A(R)=\{t[A]\,|\,t\in R\}$$

其中，A 为 R 中的属性列，$\prod$ 为投影运算符。

从其定义中可以看出，投影运算是从列的角度进行的运算。

【例 2.4】 查询客户的编号、姓名及所在省市。

$\Pi_{客户编号,\ 客户姓名,\ 所在省市}$（CustomerInfo）

运算结果如表 2.18 所示。

（3）连接运算

连接运算是二目运算，指从两个关系的笛卡儿积中选取满足连接条件的元组，组成新的关系。

表 2.18　客户编号、客户姓名及所在省市

客户编号	客户姓名	所在省市
100001	张小林	江苏南京
100002	李红红	江苏苏州
100003	王晓美	上海市
100004	赵明	河南郑州
100005	张帆一	山东烟台
100006	王芳芳	江苏南京

设有两个关系 $R(A_1, A_2, \cdots, A_n)$ 及 $S(B_1, B_2, \cdots, B_m)$，连接属性集 X 包含 $\{A_1, A_2, \cdots, A_n\}$，$Y$ 包含 $\{B_1, B_2, \cdots, B_m\}$，$X$ 与 Y 中属性列数目相等，且对应属性有共同的域。关系 R 和 S 在连接属性 X 和 Y 上的连接，就是在 $R \times S$ 笛卡儿积中，选取 X 属性列上的分量与 Y 属性列上的分量满足"θ 条件"的那些元组组成的新关系。记为：

$$R \underset{X \theta Y}{\bowtie} S = \{\widehat{t_R t_S} | t_R \in R \wedge t_S \in S \wedge t_R[X] \theta t_S[Y] 为真\}$$

其中，$\bowtie$ 是连接运算符，θ 是算术比较运算符，也称θ连接；$X \theta Y$ 为连接条件，即

θ 为"="时，称为等值连接；

θ 为"<"时，称为小于连接；

θ 为">"时，称为大于连接。

【例 2.5】 设有如表 2.19 和表 2.20 所示的两个关系 R 与 S，则表 2.21 为 R、S 进行等值连接（$R.B = S.B$）的结果。

表 2.19　关系 R

A	B	C
a_1	b_1	c_1
a_2	b_2	c_2
a_3	b_3	c_3
a_3	b_4	c_4

表 2.20　关系 S

B	D
b_1	d_1
b_2	d_2
b_2	d_3
b_3	d_3
b_5	d_5

表 2.21　R 与 S 的等值连接

A	$R.B$	C	$S.B$	D
a_1	b_1	c_1	b_1	d_1
a_2	b_2	c_2	b_2	d_2
a_2	b_2	c_2	b_2	d_3
a_3	b_3	c_3	b_3	d_3

连接运算为非基本运算，可以用选择运算和广义笛卡儿积运算来表示：

$$R \underset{X \theta Y}{\bowtie} S = \sigma_{X \theta Y}(R \times S)$$

在连接运算中，一种最常用的连接是自然连接（Natural Join）。自然连接就是在等值连接的情况下，当连接属性 X 与 Y 具有相同属性组时，把在连接结果中重复的属性列去掉，即如果 R 与 S 具有相同的属性组 Y，则自然连接可记为：

$$R \bowtie S = \{\widehat{t_R t_S}[U-Y] | t_R \in R \wedge t_S \in S \wedge t_R[Y] = t_S[Y]\}$$

其中，U 为 S 的全部属性，$[U-Y]$ 表示结果中去除重复列。可见，自然连接是在广义笛卡儿积 $R \times S$ 中选出同名属性上符合相等条件的元组，再进行投影，去掉重复的同名属性，组成新的关系。

【例 2.6】 设有如表 2.19 和表 2.20 所示的两个关系 R 与 S，则表 2.22 为 R、S 进行自然连接运算的结果。

结合例 2.5 和例 2.6 可以看出，等值连接与自然连接的区别如下。

① 等值连接中不要求相等属性值的属性名相同，而自然连接则要求相等属性值的属性名必

须相同，即两个关系只有同名属性才能进行自然连接。

② 等值连接不将重复属性去掉，而自然连接则去掉重复属性。也可以说，自然连接是去掉重复列的等值连接。

如果进行自然连接时把舍弃的元组也保存在结果中，而在其他属性上填空值，则这种连接称为外连接（Outer Join）。如果只把左边关系 R 中舍弃的元组保存在结果中，则这种连接称为左外连接（Left Outer Join 或 Left Join）。相应地，如果只把右边关系 S 中舍弃的元组保存在结果中，则这种连接称为右外连接（Right Outer Join 或 Right Join）。

表 2.22　R 与 S 的自然连接

A	B	C	D
a_1	b_1	c_1	d_1
a_2	b_2	c_2	d_2
a_2	b_2	c_2	d_3
a_3	b_3	c_3	d_3

【例 2.7】　设有如表 2.19 和表 2.20 所示的两个关系 R 与 S，则表 2.23、表 2.24、表 2.25 分别为 R、S 进行外连接、左外连接、右外连接运算的结果。

表 2.23　R 与 S 的外连接

A	B	C	D
a_1	b_1	c_1	d_1
a_2	b_2	c_2	d_2
a_2	b_2	c_2	d_3
a_3	b_3	c_3	d_3
a_4	b_4	c_4	NULL
NULL	b_5	NULL	d_5

表 2.24　R 与 S 的左外连接

A	B	C	D
a_1	b_1	c_1	d_1
a_2	b_2	c_2	d_2
a_2	b_2	c_2	d_3
a_3	b_3	c_3	d_3
a_4	b_4	c_4	NULL

表 2.25　R 与 S 的右外连接

A	B	C	D
a_1	b_1	c_1	d_1
a_2	b_2	c_2	d_2
a_2	b_2	c_2	d_3
a_3	b_3	c_3	d_3
NULL	b_5	NULL	d_5

（4）除法运算

除法运算是二目运算，设有关系 $R(X, Y)$ 与关系 $S(Y, Z)$，其中 X、Y、Z 为属性集合，R 中的 Y 与 S 中的 Y 可以有不同的属性名，但对应属性必须出自相同的域。关系 R 除以关系 S 所得的商是一个新关系 $P(X)$，P 是 R 中满足下列条件的元组在 X 上的投影：元组在 X 上分量值 x 的像集 Y_x 包含 S 在 Y 上投影的集合。记为：

$$R \div S = \{t_R[X] \mid t_R \in R \land \prod_Y(S) \subseteq Y_x\}$$

其中，Y_x 为 x 在 R 中的像集，$x = t_R[X]$。

除法运算为非基本运算，可以表示为：

$$R \div S = \prod_X(R) - \prod_X(\prod_X(R) \times \prod_Y(S) - R)$$

【例 2.8】　已知关系 R 和 S 分别如表 2.26、表 2.27 所示，则 $R \div S$ 如表 2.28 所示。

除法运算同时从行和列的角度进行运算，适合于包含"全部"之类的短语查询。

表 2.26　关系 R

A	B	C
a_1	b_1	c_1
a_2	b_2	c_2
a_3	b_3	c_3
a_1	b_2	c_1

表 2.27　关系 S

B	C
b_1	c_1
b_2	c_1

表 2.28　关系 $R \div S$

A
a_1

【例 2.9】　查询订购全部商品的客户编号。

$\prod_{客户编号,\ 商品编号}(\text{OrderList}) \div \prod_{商品编号}(\text{GoodsInfo})$

本节介绍了 8 种关系代数运算，其中并、差、笛卡儿积、选择和投影是基本运算，交、连接和除法都可以用 5 种基本运算来表达。在关系代数中，运算经过有限次复合之后形成的式子称为关系代数表达式。

【例 2.10】 查询订购了"咖啡"的客户编号、客户姓名和数量。

$$\prod_{\text{客户编号, 客户姓名, 数量}}(\text{CustomerInfo} \bowtie (\sigma_{\text{商品名称=咖啡}}(\text{GoodsInfo} \bowtie \text{OrderList})))$$

运算结果如表 2.29 所示。

表 2.29 例 2.10 的运算结果

客 户 编 号	客 户 姓 名	数 量
100001	张小林	2
100002	李红红	1

*2.2.4 关系演算

关系演算是由数理逻辑的谓词演算引入到关系数据库中的，用谓词演算来表示数据库查询。根据谓词变量的不同，关系演算分为元组关系演算和域关系演算，分别简称为元组演算和域演算。

1. 元组演算

元组演算以元组为变量，即谓词中的变量为关系中的元组，变量的变化范围是整个关系。元组演算表达式一般表示的是使谓词公式为真的所有元组的集合。

元组演算表达式为：$\{ t \mid \Phi(t) \}$

其中，t 为元组变量，$\Phi(t)$ 为元组演算公式。

以下是原子公式：

（1）$R(t)$：R 是关系名，t 是元组变量；$R(t)$ 表示 t 是 R 的元组。

（2）$t[i] \theta s[j]$：t、s 是元组变量，θ 是比较运算符；表示元组 t 的第 i 个分量与元组 s 的第 j 个分量满足比较关系 θ。

（3）$t[i] \theta c$ 或 $c \theta t[i]$：c 是常量；表示元组 t 的第 i 个分量与常量 c 满足比较关系 θ。

元组演算的归纳定义如下：

① 原子公式是公式；

② 若 Φ_1、Φ_2 是公式，则 $\neg \Phi_1$、$\Phi_1 \vee \Phi_2$、$\Phi_1 \wedge \Phi_2$、$\Phi_1 \rightarrow \Phi_2$ 是公式；

③ 若 Φ 是公式，则 $\forall t(\Phi)$、$\exists t(\Phi)$ 是公式；

④ 当且仅当有限次运用规则①～③构成的公式为原子演算公式。

【例 2.11】 用元组演算表示"查询江苏南京的所有客户"，表达式如下：

$\{ t \mid \text{CustomerInfo}(t) \wedge t[5] = \text{'江苏南京'} \}$

【例 2.12】 用元组演算表示"查询客户的编号、姓名及所在省市"，表达式如下：

$\{ t \mid \exists u(\text{CustomerInfo}(u) \wedge t[1] = u[1] \wedge t[2] = u[2] \wedge t[3] = u[5]) \}$

【例 2.13】 用元组演算表示"查询订购了咖啡的客户编号、客户姓名和数量"，表达式如下：

$\{ t \mid \exists u \exists v \exists w(\text{CustomerInfo}(u) \wedge \text{GoodsInfo}(v) \wedge \text{OrderList}(w) \wedge u[1] = w[1] \wedge v[1] = w[2] \wedge v[3] = \text{'咖啡'} \wedge t[1] = u[1] \wedge t[2] = u[1] \wedge t[3] = w[4]) \}$

2. 域演算

域演算和元组演算类似，只是它以域为变量，即谓词中的变量为关系中表示元组的各个分量，变量的变化范围是某个属性域。

域演算表达式为：$\{ t_1, t_2, \cdots, t_k \mid \Phi(t_1, t_2, \cdots, t_k) \}$

其中，$t_1, t_2, \cdots, t_k$ 为域变量，$\Phi(t_1, t_2, \cdots, t_k)$ 为域演算公式。

以下是原子公式：

（1） $R(t_1, t_2, \cdots, t_k)$： R 是关系名，$t_1, t_2, \cdots, t_k$ 是域变量；$R(t_1, t_2, \cdots, t_k)$ 表示 $(t_1, t_2, \cdots, t_k)$ 是 R 的元组。

（2） $t_i \theta s_j$： t_i、s_j 是域变量，θ 是比较运算符，表示 t_i、s_j 满足比较关系 θ。

（3） $t_i \theta c$ 或 $c \theta t_i$： c 是常量，表示 t_i 与常量 c 满足比较关系 θ。

域演算的归纳定义类似于元组关系演算。

【例 2.14】 用域演算表示"查询客户的编号、姓名及所在省市"，表达式如下：

$\{t_1, t_2, t_3 | \exists u_1 \exists u_2 \exists u_3 \exists u_4 \exists u_5 \exists u_6 \exists u_7 \exists u_8 \exists u_9 (\text{CustomerInfo}(u_1, u_2, u_3, u_4, u_5, u_6, u_7, u_8, u_9) \wedge t_1 = u_1 \wedge t_2 = u_2 \wedge t_3 = u_5)\}$

3. 一些讨论

（1） 3 种关系运算体现的思维特点

3 种关系运算都是抽象的数学运算，体现了 3 种不同的思维方式：关系代数是以集合为对象的操作思维，由集合到集合的变换；元组演算是以元组变量为对象的操作思维，取出关系的每个元组进行验证；域演算是以域变量为对象的操作思维，取出域的每一个变量进行验证。

（2） 关系运算的安全性

把不产生无限关系和无穷验证的关系运算称为是安全的。

关系代数是安全的。因为参与运算的集合是有限的，所以有限元素集合的有限次运算仍是有限的。

而关系演算不一定是安全的，如 $\{t | \neg (\text{GoodsInfo}(t))\}$ 可能表示无限关系。因此需要对关系演算施加约束条件，即关系演算公式都在一个集合范围内操作，而不是在无限范围内操作，这样就可以保证其安全性。

（3） 3 种运算之间是等价的

关系代数与安全的元组演算表达式及安全的域演算表达式是等价的，即一种形式的表达式可以被等价地转换为另一种形式。例如，以下为 5 种基本关系代数运算与元组演算之间的转换：

$R \cup S \equiv \{t | R(t) \vee S(t)\}$

$R - S \equiv \{t | R(t) \wedge \neg S(t)\}$

$R \times S \equiv \{t^{m+n} | \exists u^m \exists v^n (R(u) \wedge S(v) \wedge t[1] = u[1] \wedge t[2] = u[2] \wedge \cdots \wedge t[m] = u[m] \wedge t[m+1] = v[1] \wedge t[m+2] = v[2] \wedge \cdots \wedge t[m+n] = v[n])\}$

$\sigma_F(R) \equiv \{t | R(t) \wedge F\}$

$\Pi_{i1, i2, \cdots, ik}(R) \equiv \{t^k | \exists u (R(u) \wedge t[1] = u[i_1] \wedge t[2] = u[i_2] \cdots \wedge t[k] = u[i_k])\}$

由于其他关系代数运算可以由基本运算表示，因此也可以转换为等价的元组关系演算。同样，关系代数运算可以转换为等价的域关系演算，反之亦然。

3 种关系运算是抽象的，其主要作用是衡量关系数据语言的完备性。若一个关系数据语言能够等价实现这 3 种运算的操作，则该语言查询表达能力是完备的，否则就是不完备的。在实现方面，元组关系演算语言的代表是 E. F. Codd 提出的 ALPHA 语言，但这个语言并没有实际实现。域关系演算语言的代表是 QBE 语言，由 M. Zloof 于 1975 年提出，1978 年在 IBM370 上得以实现。而实际应用中的多数关系数据库语言是以 SQL 为标准的，都是关系完备的语言。

2.3 数据完整性

数据完整性是指数据库中的数据在逻辑上的正确性、有效性和相容性。例如，商品编号必须唯一、性别只能是男或女等。数据完整性是通过定义一系列的完整性约束条件，由 DBMS 负责检查约束条件来实现的。在关系表中，完整性约束可通过两种方式表现出来：一种是对属性取值范围的限定，如人的年龄不能为负数，一般也不能大于200；另一种是对属性值之间相互关系的说明，如属性值相等与否。

关系数据模型的完整性规则是对关系进行某种规范化了的约束条件。关系数据模型有三类完整性约束规则：实体完整性、参照完整性和用户定义完整性，其中，实体完整性、参照完整性是关系数据模型必须满足的完整性约束规则，由关系系统自动支持，用户定义完整性是应用领域需要遵循的约束条件。

2.3.1　实体完整性

实体完整性规则是指关系 R 的主属性不能取空值，否则就无法区分和识别元组。实体完整性主要考虑一个关系内部的约束。根据实体完整性约束，一个关系中不允许存在两类元组：①无主码值的元组；②主码值相同的元组。例如，GoodsInfo 中不允许出现商品编号为空值的元组，也不允许出现商品编号相同的元组。

2.3.2　参照完整性

由定义 2.8 给出的外码、参照关系和被参照关系的描述可知，不同关系之间相关属性的取值存在相互制约。参照完整性约束主要考虑不同关系之间的约束。

参照完整性规则是指被参照关系的主码和参照关系的外码必须定义在同一个域上，并且参照关系的外码取值只能是以下两种情形之一：①取空值；②取被参照关系的主码所取的值。

【例 2.15】　在商品订购数据库中有 3 种关系，各种关系的主码用下画线表示，例如，

GoodsInfo(商品编号,商品类别,商品名称,品牌,单价,生产商,保质期,库存量,备注)

CustomerInfo(客户编号,客户姓名,出生日期,性别,所在省市,联系电话,微信号,VIP,备注)

OrderList(客户编号,商品编号,订购时间,数量,需要日期,付款方式,送货方式)

这里 CustomerInfo、GoodsInfo 是被参照关系，OrderList 是参照关系。由参照完整性约束规则可知，OrderList 关系中"客户编号"与 CustomerInfo 关系的主码"客户编号"必须定义在同一个域上，"商品编号"属性与 GoodsInfo 关系的主码"商品编号"必须定义在同一个域上。而在 OrderList 关系中，客户编号、商品编号都是主属性，因此客户编号只能取在 CustomerInfo 关系中出现的客户编号值，商品编号只能取在 GoodsInfo 关系中出现的商品编号值。

【例 2.16】　设商品与类别用以下两个关系表示，各关系的主码用下画线表示：

Goods(商品编号,商品类别号,商品名称)

GoodsType(商品类别号,类别名)

这两个关系也存在着属性引用关系。商品类别号在 Goods 和 GoodsType 关系中均出现，且为 GoodsType 关系的主码，但不是 Goods 关系的主码。所以，商品类别号是 Goods 关系的外码。该属性的取值可以为：①空值，表示商品尚未分类；②非空值，只能取在 GoodsType 关系中出现的商品类别号的属性值，表示该商品不可能属于一个不存在的商品类别。

2.3.3　用户定义完整性

根据应用的环境，不同的数据库系统往往还有一些特殊的约束条件。用户定义完整性规则就是针对数据的具体内容定义的数据约束条件，并提供检验机制。这些约束条件反映了具体应用所涉及的数据必须满足的应用语义要求。例如，定义 CustomerInfo 中联系电话必须由数字字符构成，并且限制特定的长度。

本章小结

关系数据库是目前数据库领域占主导地位的数据库系统，是本书讨论的重点。在关系数据模型中，实体与联系都用关系来描述。关系数据模型具有严格的数学基础，它有数据结构简单清晰、存取路径对用户透明等优点。关系模式是对关系数据模型的描述。

本章是关系数据模型的理论基础，系统地介绍了关系数据模型的 3 个方面，即关系数据结构、关系数据操作和关系数据完整性约束。重点讲解了关系数据模型有关的定义、概念和性质，关系代数和 3 类关系完整性约束。

关系代数和关系演算是关系数据模型的两类查询语言，是 SQL 形成的基础。关系代数以集合论中的代数运算为基础；关系演算以数理逻辑中的谓词演算为基础。关系代数和关系演算都是简洁的形式化语言，主要适用于理论研究，也是评价实际数据查询语言的依据。

习题 2

1. 解释以下术语：关系、元组、属性、码、域、分量、关系模式。
2. 说明关系数据模型的 3 个方面的含义。
3. 解释关系数据库的"型"和"值"的含义。
4. 解释空值的含义。
5. 候选码应满足哪两个性质？
6. 关系操作的特点是什么？关系数据模型的基本操作包括哪些内容？
7. 关系代数的运算主要包含哪些内容？
8. 关系代数的选择运算和投影运算的含义是什么？各有什么特点？
9. 两个关系进行并、交、差、连接的运算要求是什么？
10. 两个关系进行自然连接的要求是什么？等值连接与自然连接有什么区别和联系？
11. 解释内连接和外连接的含义，并分别举例说明。
12. 说明数据完整性及其实现方法，试述 3 类关系数据完整性规则的含义。
13. 有如下学生成绩数据库：

Student(学号,姓名,专业名,性别,出生时间,总学分,备注)

Course(课程号,课程名,开课学期,学时;学分)

StuCourse(学号,课程号,成绩)

试用关系代数表示如下查询：

（1）求专业名为"计算机科学与技术"的学生学号与姓名；

（2）求开课学期为"2"的课程号与课程名；

（3）求修读"计算机基础"的学生姓名。

*14. 简要说明关系演算表达查询的特点。

*15. 元组关系演算与域关系演算的区别是什么？

第 3 章

关系数据库语言 SQL
——数据库应用基础

学习目标

1. 了解 SQL 特点，掌握基本表、视图、存储文件、索引等基本概念；
2. 理解 SQL 的组成：DDL、DML、DCL；
3. 掌握数据定义语句，能熟练运用 DDL 进行数据库、表、索引的定义；
4. 掌握 SELECT 查询结构、各子句功能；能熟练运用 SELECT 查询结构，根据查询要求，设计单表查询、连接查询和嵌套查询 SQL 语句；能对查询结果进行分组、排序、筛选等进一步处理；能针对复杂查询要求设计高效 SQL 语句；
5. 掌握 SQL 数据操作语句，能熟练使用 UPDATE 语句和 DELETE 语句进行数据更新操作；
6. 掌握视图概念，能熟练运用 SQL 语句进行视图的定义、查询和更新操作。

SQL 是结构化查询语言（Structured Query Language）的缩写，是关系数据库的标准语言。虽然 SQL 字面含义是查询语言，但其功能包括数据定义、数据操纵和数据控制 3 部分，它是功能极强的关系数据库语言。SQL 是应用最广的关系数据库语言，目前所有的关系数据库系统都支持 SQL，许多软件厂商对 SQL 基本命令集还进行了不同程度的扩充。

数据库开发人员应掌握和熟练使用 SQL 对关系数据库进行数据定义、操作和控制。本章内容是关系数据库应用的基础，也是本课程学习的重点之一。

3.1 SQL 概述

早在 20 世纪 70 年代，IBM Jose 研究中心就研制了一个关系 DBMS 原型系统 System R。System R 在发展数据库技术方面做出了一系列的重要贡献，其中之一就是发展了一种非过程化的关系数据语言，当时被称为 SEQUEL（Structured English QUEry Language）。1981 年，IBM 公司在 System R 的基础上推出了商品化的关系数据库管理系统 SQL/DS，并用 SQL 取代了 SEQUEL。正是由于这个历史原因，现在仍有许多人将 SQL 发音读作"sequel"。而根据 ANSI SQL 委员会的规定，SQL 的正式发音应为"ess-cue-ell"。

1986 年 10 月，美国国家标准化组织 ANSI（American National Standard Institute）将 SQL 作为关系数据库语言的美国标准。1987 年 6 月，国际标准化组织 ISO 也将其采纳为国际标准。此后 SQL 标准化工作不断推进，相继推出了 SQL-89（1989 年）、SQL-92（也称 SQL2，1992 年）、SQL:99（也称 SQL3，1999 年）、SQL:2003（2003 年）、SQL:2006（2006 年）、SQL:2008（2008 年）、SQL:2011（2011 年）等版本，目前最新的版本是 SQL:2016。随着版本的更迭，SQL 的功能也在不断扩展与丰富，以

适应数据库技术发展与应用领域不断拓展的需求。同时，SQL 对其他领域也产生了很大的影响力，许多软件产品都将 SQL 数据查询与图形图像功能、人工智能算法，以及软件工程工具进行结合。

目前各 RDBMS 都采用 SQL，支持 SQL2 和 SQL3 的大部分概念和功能，以及后续标准版本的部分概念与功能，但各 RDBMS 也都在标准 SQL 上有所扩展。因此要注意的是，各个 RDBMS 产品在实现标准 SQL 时各有差别，与 SQL 标准的符合程度也不相同。在具体使用某个 RDBMS 产品时，应参阅系统提供的用户手册。本书主要选择 Microsoft 公司的 SQL Server 数据库管理系统使用的 Transact-SQL（T-SQL）来介绍 SQL 的基本功能，包括数据定义、查询、操纵和控制等。本章示例的调试运行环境是 MS SQL Server 2019，也可以在 MS SQL Server 2008/2012/2014/2016 等版本下运行。

3.1.1　SQL 的特点

SQL 具有以下特点。

1. 综合统一

SQL 集数据定义语言 DDL、数据操纵语言 DML、数据控制语言 DCL 的功能于一体，是功能齐全的"一体化语言"，可以完成数据库生命周期中的全部活动。它包括定义关系模式、建立数据库、对数据库中数据进行查询、更新、维护，以及重构数据库、数据库安全性控制等一系列操作，为数据库应用系统开发提供了良好的环境。

2. 高度非过程化

非关系数据模型的数据操纵语言是面向过程的语言，用其完成某项请求，必须指定存取路径。而用 SQL 进行数据操作，用户只需提出"做什么"，而不必指明"怎么做"，整个操作过程和存取路径的确定由系统自动完成，因此极大地降低了应用难度，并有利于提高数据独立性。

3. 面向集合的操作方式

非关系数据模型采用的是面向记录的操作方式，任何一个操作其对象都是一条记录。用户必须说明完成该请求的具体处理过程。SQL 采用集合操作方式，不仅查找结果可以是元组的集合，而且一次插入、删除、更新操作的对象也可以是元组的集合。

4. 以同一种语法结构提供两种使用方式

SQL 既是自含式语言，又是嵌入式语言。

作为自含式语言，它能够独立地用于联机交互方式，用户在终端键盘上可以直接输入 SQL 语句对数据库进行操作。作为嵌入式语言，SQL 能够嵌入到高级语言（如 C、C++、C#、Java、Python 等）程序中。在这两种不同的使用方式下，SQL 的语法结构基本上是一致的，这就为用户提供了极大的便利性。

5. 语言简洁，易学易用

SQL 本身接近英语自然语言，为完成其核心功能只用了 9 个动词：SELECT、INSERT、UPDATE、DELETE、CREATE、DROP、ALTER、GRANT、REVOKE，其语言简洁、语义明显、语法结构简明、直观易懂。

3.1.2　SQL 的基本概念

SQL 支持数据库的三级模式结构，如图 3.1 所示。

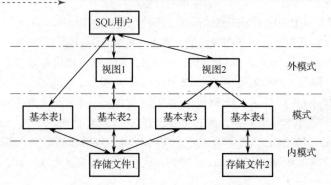

图 3.1　SQL 支持数据库的三级模式结构

1. 基本表（Base Table）

基本表是独立存在于数据库中的表，是"实表"。一个关系对应一个基本表，一个或多个基本表对应一个存储文件。

2. 视图（View）

视图是从一个或几个基本表（或视图）导出的表，是"虚表"。数据库中只保存视图的定义，而将相应数据保存在导出视图的基本表中。当基本表中的数据发生变化时，从视图中查询出来的数据也随之改变。关于视图的定义和操作，将在 3.6 节中详述。

3. 存储文件

数据库的所有信息都保存在存储文件中。数据库是逻辑的，存储文件是物理的。用户操作的数据库实际上最终都是对存储文件的操作。一个基本表可以用一个或多个存储文件存储，存储文件的物理结构对用户是透明的。

4. 索引

基本表中记录在外存储器上存放的顺序称为记录的物理顺序。为了实现对表记录的快速查询，可以对文件中的记录按某个或某些属性进行排序，称之为逻辑顺序。索引即是根据索引表达式的值进行逻辑排序的一组指针，是可以实现对数据的快速访问而在磁盘上组织数据记录的一种数据结构。索引是关系数据库的内部实现技术，属于内模式。

5. 模式

关系数据模型中关系的描述称为关系模式。在图 3.1 的三级模式中，外模式对应于视图，模式对应于基本表，内模式对应于存储文件。

3.1.3　SQL 的组成

SQL 的组成包括以下 3 个方面。

（1）数据定义语言 DDL（Data Definition Language）用于定义数据库结构，包括定义表、视图和索引等。

（2）数据操纵语言 DML（Data Manipulation Language）用于查询、插入、删除和修改数据库中数据的操作。

（3）数据控制语言 DCL（Data Control Language）用于对数据库的安全性控制、完整性控制，以及对事务的定义、并发控制和恢复等。

此外，SQL 还规定了嵌入式与会话规则，相关内容如下。

① 嵌入式与主语言接口。定义嵌入式和动态 SQL 规则，以解决 SQL 与主语言之间因数据不匹配所引起的接口问题。嵌入式和动态 SQL 规则规定了 SQL 在主语言中使用的规范和标准。

② 调用与会话规则。SQL 提供远程调用功能，在远程方式下客户可通过网络调用数据库服务器中的存储过程。存储过程将在 6.3 节中介绍。

3.1.4　SQL 语句的分类

SQL 语句按其功能可分为 4 类，具体内容如下。

（1）数据定义。它的功能是创建、更新和撤销模式及其对象，包含的语句动词有 CREATE、DROP、ALTER。

（2）数据查询。它的功能是进行数据库的数据查询，包含的语句动词有 SELECT。

（3）数据操纵。它的功能是完成数据库的数据更新，包含的语句动词有 INSERT、UPDATE、DELETE。

（4）数据控制。它的功能是进行数据库的授权、事务管理和控制，包含的语句动词有 GRANT、REVOKE、COMMIT、ROLLBACK 等。

3.2　SQL 的数据类型

SQL 在定义表中各属性时，要求指明其数据类型。SQL 标准规定了数值、字符串、日期时间等预定义数据类型，而不同的 RDBMS 所支持的数据类型不完全相同，在使用时要注意具体的 RDBMS 规定。T-SQL 提供的常用数据类型如表 3.1 所示。

表 3.1　T-SQL 提供的常用数据类型

数 据 类 型	含 义
int	整数，范围为-2^{31} (-2147483648) $\sim 2^{31}$-1(2147483647)；4 字节
smallint	短整数，范围为-2^{15} (-32768)$\sim 2^{15}$-1(32767)；2 字节
bigint	大整数，范围为-2^{63} (-9223372036854775808)$\sim 2^{63}$-1(9223372036854775807)；8 字节
decimal(p,q) numeric(p,q)	定点数，由 p 位数字（不包括符号、小数点）组成，小数后面有 q 位数字，q 的默认值为 0
float	浮点数，范围为-1.79E + 308～1.79E + 308；8 字节
real	浮点数，范围为-3.40E + 38～3.40E + 38；4 字节
bit	位型，取值为 0、1；1 字节
char(n)	定长字符串，n 为字符串的长度；n 取值范围为 1～8000，默认值为 1
varchar(n)	变长字符串，n 为字符串的最大长度；n 取值范围为 1～8000，默认值为 1
nchar(n)	n 个字符的固定长度 Unicode 字符型数据，n 取值范围为 1～4000，默认值为 1。存储长度为 2n
nvarchar(n)	最多包含 n 个字符的可变长度 Unicode 字符型数据，n 取值范围为 1～4000，默认值为 1。存储长度是所输入字符个数的 2 倍
text	文本型，可以表示最大长度为 2^{31}-1(2147483647)个字符，其数据的存储长度为实际字符数个字节
ntext	最大长度为 2^{30}-1(1073741823)个 Unicode 字符，其数据的存储长度是实际字符个数的 2 倍（以字节为单位）
datetime	日期时间类型，占 8 字节
smalldatetime	短日期时间类型，占 4 字节
binary(n)	定长二进制数据，n 为数据长度，n 取值范围为 1～8000
varbinary(n)	可变长度的二进制数据，n 为数据最大长度，n 取值范围为 1～8000
image	图像数据类型，用于存储多种格式文件，包括 word、excel、bmp、gif、jpg 等，实际存储的是可变长度二进制数据，长度介于 0 与 2^{31}-1 (2147483647)字节之间，约 2GB

由表 3.1 可知，T-SQL 常用数据类型包括数值型、字符型、Unicode 字符型、文本型、日期时间型和二进制型等。

（1）数值型。数值型包括整型（bigint、int、smallint、tinyint、bit）、定点数（numeric、decimal）、浮点数（float、real），各数值类型的取值范围、存储字节数都有差异，表中已详细列出，可在使用时参考。要注意，bit 类型数据相当于其他语言中的逻辑型数据，它只存储 0 和 1。当为 bit 类型数据赋值 0 时，其值为 0；而赋非 0（如 100）值时，其值为 1。

（2）字符型。字符型数据用于存储字符串。字符串中可包括字母、数字和其他特殊符号（如 #、@、&等），也可包含汉字。字符串型包括两类：定长字符串 char 和变长字符串 varchar。

① char(n)。当表中的列定义为 char(n)类型时，若实际要存储的串长度不足 n 时，则在串的尾部添加空格以达到长度 n，所以 char(n)的长度为 n。例如，某列的数据类型为 char(20)，而输入的字符串为 "ahjm1922"，则存储的是字符 ahjm1922 和 12 个空格。若输入的字符个数超出了 n，则超出的部分被截断。

② varchar(n)。这里 n 表示字符串可达到的最大长度。varchar(n)的长度为输入的字符串的实际字符个数，而不一定是 n。例如，表中某列的数据类型为 varchar(100)，而输入的字符串为 "ahjm1922"，则存储的就是字符 ahjm1922，其长度为 8 字节。

当列中的字符数据值长度接近一致时，如姓名，可使用 char；而当列中的数据长度显著不同时，使用 varchar 较为恰当，可以节省存储空间。

（3）Unicode 字符型。Unicode 是 "统一字符编码标准"，用于支持国际上非英语语种的字符数据的存储和处理。SQL Server 的 Unicode 字符型可以存储 Unicode 标准字符集定义的各种字符。

Unicode 字符型包括 nchar(n)和 nvarchar(n)两类。nchar 是固定长度 Unicode 数据的数据类型，nvarchar 是可变长度 Unicode 数据的数据类型，二者均使用 Unicode UCS-2 字符集。nchar、nvarchar 与 char、varchar 的使用方法相似，只是字符集不同（前者使用 Unicode 字符集，后者使用 ASCII 字符集）。

（4）文本型。当需要存储大量的字符数据，如较长的备注、日志信息时，字符型数据最长 8000 个字符的限制不能满足应用需求，此时就可使用文本型数据。文本型包括 text 和 ntext 两类，分别对应 ASCII 字符和 Unicode 字符。

（5）日期时间型。日期时间型数据用于存储日期和时间信息，包括 datetime 和 smalldatetime 两类。

① datetime。表示从 1753 年 1 月 1 日到 9999 年 12 月 31 日的日期和时间数据。

② smalldatetime。表示从 1900 年 1 月 1 日到 2079 年 6 月 6 日的日期和时间数据。

用户以字符串形式输入日期时间型数据，系统也以字符串形式输出日期时间型数据。用户给出日期时间型数据值时，日期部分和时间部分可分别给出。

日期部分的常用格式如下：

Oct 10 2019	/*英文数字格式*/
2019-10-10	/*数字加分隔符*/
20191010	/*纯数字格式*/

输入时间部分可采用 24 小时格式或 12 小时格式。使用 12 小时格式要加上 AM 或 PM。在时与分之间用 ":" 分隔。例如：

2019-10-10 8:18:18 PM	/*12 小时格式*/
2019-10-10 20:18:18	/*24 小时格式*/

（6）二进制型。二进制型数据表示位数据流，包括 binary（固定长度）、varbinary（可变长度）和 image 3 种。

① binary(n)。固定长度的 n 字节二进制数据。n 取值范围为 1～8000，默认值为 1。binary(n)

数据的存储长度为 $n+4$ 字节。若输入的数据长度小于 n，则不足部分用 0 填充；若输入的数据长度大于 n，则多余部分被截断。

输入二进制值时，在数据前面要加上 0x，可以用的数字符号为 0～9、A～F（字母大小写均可）。因此，二进制数据有时也被称为十六进制数据。例如，0xFF、0x12A0 分别表示值 FF 和 12A0。因为每字节的数最大为 FF，故在"0x"格式的数据每两位占 1 字节。

② varbinary(n)。n 字节可变长度的二进制数据。n 取值范围为 1～8000，默认值为 1。varbinary(n) 数据的存储长度为实际输入数据长度+4 字节。

③ image。用于存储大容量的、可变长度的二进制数据，介于 0 与 $2^{31}-1$ (2147483647)字节之间。常用于存储图像数据。

3.3　数据定义

SQL 的数据定义包括数据库模式定义、基本表定义、视图定义和索引定义。注意，这里所说的"定义"实际上包括创建（CREATE）、删除（DROP）和更改（ALTER）三部分内容。

3.3.1　模式定义

模式定义即定义一个存储空间。一个 SQL 模式由模式名、用户名或账号来确定。在这个空间中可以进一步定义该模式包含的数据库对象，如基本表、视图、索引等。

SQL3 标准的模式定义语句是 CREATE SCHEMA。但由于"模式"这个名称较抽象，多数 RDBMS 不采用该名称，而采用"数据库"这一名称。这里的"数据库"概念将数据库视为许多对象的容器。在 SQL 标准中没有 CREATE DATABASE 语句，但多数 SQL 产品都支持 CREATE DATABASE 创建数据库的语句。创建数据库任务的复杂度依赖于所选用的数据库管理系统。因此不同的 RDBMS 中 CREATE DATABASE 语句的语法差异很大。现以 T-SQL 为例，说明相关语句（关于如何在 SQL Server 中执行 T-SQL 命令，可参见附录 A 的实验 1）。

1. 定义数据库

T-SQL 定义数据库的语句是 CREATE DATABASE，该语句的基本格式为：

```
CREATE DATABASE <数据库名>
```

【例 3.1】　定义"商品订购数据库"，数据库名为 GoodsOrder。

```
CREATE DATABASE GoodsOrder
```

说明：① T-SQL 语句通常还包含各种子句，如 CREATE DATABASE 语句包含 ON 子句、LOG ON 子句等。为把主要精力集中在 SQL 的基本结构上，避免陷入具体 SQL 实现的细节中，本书仅介绍 T-SQL 各语句的基本格式。在实际使用中，如需了解更详细的 T-SQL 子句，可查阅 T-SQL 参考资料或 SQL Server 联机丛书。

② SQL Server 的大多数数据库操作都有两种方式：命令方式和图形界面方式。例如，定义数据库既可采用这里介绍的 CREATE DATABASE 语句，也可通过 SQL Server Management Studio 界面操作实现。本章所介绍的是通过 T-SQL 命令方式实现数据库的操作。

③ SQL 不区分大小写。

2. 使用数据库

语句格式为：

```
USE <数据库名>
```

使用 USE 语句将<数据库名>选择为当前操作的数据库。一旦选定，若不对当前操作的数据库对象加以限定，则其后的命令均是针对当前数据库中的表或视图进行的。

3. 修改数据库

修改数据库的基本语句格式为：

ALTER DATABASE <数据库名>

该语句可以对指定数据库的数据文件和日志文件等进行修改。

4. 删除数据库

删除数据库的基本语句格式为：

DROP DATABASE <数据库名>

3.3.2 基本表定义

定义基本表的实质就是定义表结构及约束等。在定义表之前，先要设计表结构，即确定表名、所包含的列名、列的数据类型、长度、是否可为空值、默认值情况、是否要使用及何时使用约束、默认设置或规则及所需索引的类型，以及哪里需要索引、哪些列是主码、哪些列是外码等。

本章以"商品订购数据库"为例讲解 SQL。该数据库名为 GoodsOrder，包括 3 个基本表，即客户信息表（表名：CustomerInfo）、商品信息表（表名：GoodsInfo）和商品订购表（表名：OrderList），这 3 个基本表结构分别如表 3.2、表 3.3 和表 3.4 所示。

表 3.2 客户信息表（表名：CustomerInfo）

列 名	数据类型	是否可取空值	含 义	说 明
客户编号	char(6)	否	客户编号	主码
客户姓名	char(20)	否	客户姓名	
出生日期	datetime	可	出生日期	
性别	char(2)	可	客户性别	
所在省市	varchar(50)	可	所在地省市	
联系电话	varchar(12)	可	联系电话	
微信号	varchar(30)	可	客户微信号	
VIP	bit	可	是否有 VIP 的标识	默认值 FALSE（否）
备注	text	可	有关客户的说明	

表 3.3 商品信息表（表名：GoodsInfo）

列 名	数据类型	是否可取空值	含 义	说 明
商品编号	char(8)	否	商品编号	主码
商品类别	char(20)	否	商品类别	
商品名称	varchar(50)	否	商品名称	
品牌	varchar(30)	可	商品品牌	
单价	float	可	该商品的单价	
生产商	varchar(50)	可	商品生产商的名称	
保质期	datetime	可	商品的保质期	默认值为'2000-1-1'，表示该商品无保质期
库存量	int	可	该商品的库存量	
备注	text	可	关于商品的说明	

表 3.4 商品订购表（表名：OrderList）

列 名	数据类型	是否可取空值	含 义	说 明
客户编号	char(6)	否	客户编号	外码
商品编号	char(8)	否	商品编号	外码

列　　名	数据类型	是否可取空值	含　　义	说　　明
订购时间	datetime	否	客户订购商品的时间	
数量	int	可	客户订购商品的数量	
需要日期	datetime	可	客户指出的需要获得该商品的日期	
付款方式	varchar(40)	可	客户的支付方式	
送货方式	varchar(50)	可	客户获取商品的方式	

注：本关系的主码是(客户编号,商品编号,订购时间)。

1. 定义基本表

定义基本表的语句是 CREATE TABLE，该语句的基本格式为：

```
CREATE TABLE <基本表名>
    (
        <列名> <数据类型> [<列级完整性约束>]
    {, <列名> <数据类型> [<列级完整性约束>] }
    [, <表级完整性约束> ]
    )
```

说明： 本书语法说明采用"巴科斯范式"（Backus-Naur Form，BNF），主要记号含义如下：尖括号<>表示必选项。

方括号[ ]表示可出现一次或不出现。

花括号{ }表示可不出现或出现多次。

竖号|表示可在多个选项中选择一个，如 NOT NULL | NULL，则表示在 NOT NULL 和 NULL 中任选一项。

双引号中的字符（"word"）表示字符本身，但为简洁起见，在语法定义中，关键字和小括号不加双引号，如本语句中的"CREATE TABLE"。

由 CREATE TABLE 的语法格式可知，在定义基本表的同时还可定义该表有关的完整性约束。其中列级完整性约束的作用范围仅限于该列，而表级完整性约束的作用范围是整个表。列级完整性约束可进行如下定义。

① NOT NULL：非空约束，限制列取值不能为空。

② DEFAULT：默认值约束，指定列的默认值。

③ UNIQUE：唯一性约束，限制列的取值不能重复。

④ CHECK：检查约束，限制列的取值范围。

⑤ PRIMARY KEY：主码约束，指定本列为主码。

⑥ FOREIGN KEY：外码约束，指定本列为引用其他表的外码，其格式为：

[FOREIGN KEY (<外码列名>)] REFERENCE <外表名>(<外表列名>)

在上述列级完整性约束中，除 NOT NULL、DEFAULT 外，其余均可在表级完整性约束处定义。但要注意，如果表的主码是由多个列组成的，则只能在表级完整性约束处定义。

本章所涉及的完整性约束只包括非空约束、主码约束、外码约束和默认值约束。**7.3** 节将详细介绍数据完整性的概念和实现方法。

【例 3.2】 定义表 3.2、表 3.3 和表 3.4 所示的三个基本表，其 SQL 语句如下：

```
CREATE TABLE CustomerInfo (
    客户编号    char(6)    PRIMARY KEY,      --主码约束
    客户姓名    char(20)   NOT NULL,         --非空约束
    出生日期    datetime,
```

```
    性别        char(2),
    所在省市     varchar(50),
    联系电话     varchar(12),
    微信号       varchar(30),
    VIP         bit   DEFAULT '0',              --默认值约束
    备注        text
    )

CREATE TABLE GoodsInfo (
    商品编号     char(8)         PRIMARY KEY,
    商品类别     char(20)        NOT NULL,
    商品名称     varchar(50)     NOT NULL,
    品牌        varchar(30),
    单价        float,
    生产商      varchar(50),
    保质期      datetime        DEFAULT '2000-1-1',
    库存量      int,
    备注        text
    )

CREATE TABLE OrderList (
    客户编号     char(6)     NOT NULL,
    商品编号     char(8)     NOT NULL,
    订购时间     datetime    NOT NULL,
    数量        int,
    需要日期     datetime,
    付款方式     varchar(40),
    送货方式     varchar(50),
    PRIMARY KEY (客户编号,商品编号,订购时间),
    FOREIGN KEY (客户编号) REFERENCE CustomerInfo(客户编号),     --外码约束
    FOREIGN KEY (商品编号) REFERENCE GoodsInfo(商品编号)
    )
```

说明：① "--"为 SQL 语句的单行注释符。如本例中的"--主码约束"。
　　　② SQL 语句的多行注释符为"/* 注释内容（可包含多行） */"。

2. 修改基本表

ALTER TABLE 语句用于更改基本表的结构，包括增加列、删除列、修改已有列的定义等。该语句的基本格式为：

```
ALTER TABLE <基本表名>
ALTER COLUMN <列名> <新数据类型>[NULL | NOT NULL]        --修改已有列定义
|  ADD <列名> <数据类型> [约束]                          --增加新列
|  DROP COLUMN <列名>                                   --删除列
|  ADD [CONSTRAINT <约束名>] <约束定义>                  --添加约束
|  DROP CONSTRAINT <约束名>                              --删除约束
```

【例 3.3】 在表 GoodsInfo 中增加 1 个新列——商品图片。

```
ALTER TABLE GoodsInfo
ADD 商品图片  image
```

【例 3.4】 将表 GoodsInfo 中"保质期"列的数据类型改为 smalldatetime。

```
ALTER TABLE GoodsInfo
    ALTER COLUMN 保质期 smalldatetime
```

【例 3.5】　删除表 GoodsInfo 中"商品图片"列。

```
ALTER TABLE GoodsInfo
    DROP COLUMN 商品图片
```

3. 删除基本表

当确定不再需要某个基本表时，可删除它。DROP TABLE 语句用于删除基本表，其语法格式为：

```
DROP TABLE <基本表名>
```

例如，删除表 GoodsInfo 的 SQL 语句为：

```
DROP TABLE GoodsInfo
```

删除一个表时，表的定义、表中的所有数据，以及表的索引、触发器、约束等内容均被删除。

注意： 不能删除系统表和有外码约束所参照的表。

3.3.3　索引定义

在数据库中建立索引是为了提高数据查询速度。查询是数据库使用最频繁的操作，如何能更快地找到所需数据是数据库的一项重要任务。本节将介绍索引的概念，以及如何定义和删除索引。

1. 索引的概念

索引类似于图书的目录，利用目录可以快速地查找所需的信息，而无须从头开始翻阅整本书。在数据库中，索引使数据的查找不需要对整个表进行扫描即可找到所需数据。图书目录是一本书的附加部分，它注明了各部分内容所对应的页码。与之类似，数据库索引也是一个数据表的辅助结构，它注明了表中各行数据所在的存储位置，可以为表中的单个列建立索引，或者为多个列建立索引。建立索引所基于的列名称为索引关键字。

通常，索引由索引项组成，而索引项由来自表中每一行的索引关键字组成。例如，在 GoodsInfo 表的"商品编号"列上建立索引，则在索引部分就有指向每个商品编号所对应商品存储位置的信息，如图 3.2 所示。

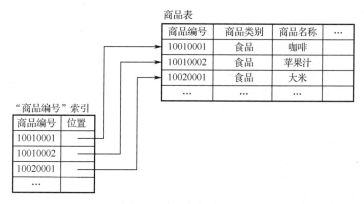

图 3.2　索引的概念示意

当 DBMS 执行一个在 GoodsInfo 表上根据"商品编号"查询该商品信息的操作时，首先在索引部分找到该商品编号，再根据索引中的存储位置，到 GoodsInfo 表中直接检索出所需的信息。若没有索引，DBMS 就要从 GoodsInfo 表的第一行开始，逐行检索指定的商品编号值。由此可见，索引能够提高查找的效率。

然而索引在提高检索效率的同时，也需要付出相应的代价：①索引需要占用一定的存储空间；②在对数据表进行插入、删除或修改操作时，为了使索引与数据保持一致，则必须对索引进行维护。因此，是否使用索引取决于表中数据量的大小，以及用户对查找效率的需求。

2. 索引的分类

对索引的分类可按照构建索引的数据结构进行，也可根据索引的操作特性进行。关系数据库主要采用 B+树、散列等结构来构建索引。根据索引的操作特性，不同的关系数据库系统有不同的分类方法，如 SQL Server 的索引通常分为两类，即聚簇索引和非聚簇索引，MySQL 分为主索引、候选索引、普通索引和唯一索引。

这里简要介绍 SQL Server 的聚簇索引和非聚簇索引。聚簇索引（Clustered Index）对表的物理数据页中的数据按索引关键字进行排序，然后重新存储到磁盘上，即聚簇索引与数据是一体的。非聚簇索引（Nonclustered Index）具有完全独立于数据的索引结构，图 3.2 所示即为非聚簇索引。它不将物理数据页中的数据按索引关键字排序。

聚簇索引对经常搜索连续范围值的列特别有效，但由于要对数据进行物理排序，因此不适宜建立在频繁更改的列上。

注意：一个数据表只能建立一个聚簇索引，且系统默认在主关键字上创建聚簇索引。非聚簇索引不改变数据的物理存储位置，一张表上可建立多个非聚簇索引。

当索引关键字能保证其所包含的各列值不重复时，该索引是唯一索引。例如，在 GoodsInfo 表的"商品编号"列上所建的索引即为唯一索引。聚簇索引和非聚集索引都可以是唯一的。

3. 建立索引

建立索引使用语句 CREATE INDEX，其基本格式为：

```
CREATE   [ UNIQUE ] [ CLUSTERED | NONCLUSTERED ]
INDEX <索引名>
ON <基本表名>(<列名> [ ASC | DESC ] [ { ,<列名> [ ASC | DESC ] }... ] )
```

其中，<基本表名>是要建立索引的基本表的名称。当索引建立在多个列上时，该索引称为复合索引。复合索引各列之间要用逗号（,）分隔，每个列后面还可以用 ASC 或 DESC 表示按索引值、按升序或降序排列。默认排序方式为 ASC（升序）。UNIQUE 表示创建的是唯一索引。CLUSTERED 用于指定创建聚簇索引，NONCLUSTERED 用于指定创建非聚簇索引。默认创建的是非聚簇索引。

【例 3.6】　在 CustomerInfo 表的"客户编号"列上建立一个非聚簇索引 CustomerID_ind。

```
CREATE INDEX CustomerID_ind
    ON CustomerInfo(客户编号)
```

【例 3.7】　在 GoodsInfo 表的"商品编号"列上建立一个唯一的聚簇索引 GoodsID_ind。

```
CREATE UNIQUE CLUSTERED INDEX GoodsID_ind
    ON GoodsInfo(商品编号)
```

【例 3.8】　在 OrderList 表上按"客户编号"升序、"商品编号"升序、"订购时间"降序建立一个唯一的非聚簇索引 OrderList_ind。

```
CREATE UNIQUE INDEX OrderList_ind
    ON OrderList(客户编号 ASC, 商品编号 ASC, 订购时间 DESC)
```

4. 删除索引

索引一经建立就由 DBMS 自动使用和维护，无须用户干预。当不需要某个索引时，可使用

DROP INDEX 语句将其删除。DROP INDEX 语句的格式为：

    DROP INDEX <基本表名>.<索引名>

【例 3.9】　删除 CustomerInfo 表"客户编号"列的索引 CustomerID_ind。

    DROP INDEX CustomerInfo.CustomerID_ind

3.4　数据查询

数据查询是数据库的核心操作，SQL 用 SELECT 语句进行数据库查询，其查询表达综合了关系代数与关系演算的思想。SELECT 语句具有强大的功能和十分灵活的使用方式。

3.4.1　SELECT 语句结构

SELECT 语句的基本格式如下：

    SELECT [ALL | DISTINCT] <目标列表达式> [, <目标列表达式>]...
    FROM <表名或视图名> [, <表名或视图名>]...
    [WHERE <条件表达式>]   --WHERE 子句，指定查询条件
    [GROUP BY <列名 1>]   --GROUP BY 子句，指定分组表达式
    [HAVING <条件表达式>]   --HAVING 子句，指定分组过滤条件
    [ORDER BY <列名 2> [ASC | DESC]] --ORDER BY 子句，指定排序表达式和顺序

SELECT 语句也称"SELECT 查询块"，其中，"SELECT...FROM...WHERE..."构成基本的 SELECT 查询块，含义是：根据 WHERE 子句的条件表达式，从 FROM 子句指定的基本表或视图中找出满足<条件表达式>所表示条件的元组，再按 SELECT 子句中的目标列表达式，选出元组中的分量形成结果表。例如，以下是对 CustomerInfo 表的查询语句：

    SELECT 客户编号, 客户姓名, 联系电话
        FROM CustomerInfo
        WHERE 所在省市='江苏南京'

该查询语句表达的语义为：查找所在省市为江苏南京的客户的编号、姓名和联系电话。

SELECT 语句结构中各子句的作用如下。

（1）SELECT 子句：指出输出的分量。

（2）FROM 子句：指出数据来源于哪些表或视图。

（3）WHERE 子句：指出对元组的过滤条件。

（4）GROUP BY 子句：将查询结果集按指定列分组。

（5）HAVING 子句：指定分组的过滤条件。

（6）ORDER BY 子句：将查询结果集按指定列排序。

在 SELECT 子句中，<目标列表达式>的定义格式如下：

    *   --选择当前表或视图的所有列
    | <表名>.* | <视图名>.* | <表的别名>.* --选择指定的表或视图的所有列
    | 列名 [AS <列别名>]   --选择指定的列
    | <表达式>   --选择表达式

其中，<表的别名>和<列别名>是表或列的临时替代名称。如"SELECT a.*, 商品编号 FROM CustomerInfo a, OrderList b"，其中的 a 和 b 分别是 CustomerInfo 和 OrderList 的别名。

下面以 GoodsOrder 数据库为例说明 SELECT 语句的各种用法，表结构及示例数据参见表 2.6、表 2.7 和表 2.8。

3.4.2　单表查询

单表查询指仅涉及一个表的查询。下面从选择列、选择行、对查询结果排序、使用聚合函数、

对查询结果分组、使用 HAVING 子句进行筛选等方面说明单表的查询操作。

1. 选择列

SELECT 子句的目标列用于选择表的部分或全部列，相当于关系代数的投影运算。

（1）选择表中指定的列

【例 3.10】 查询 GoodsInfo 表中的商品编号、商品名称和库存量。

```
SELECT 商品编号,商品名称,库存量
    FROM GoodsInfo
```

（2）选择表中全部列

选择表中全部列，可在 SELECT 语句中指出各列的名称，更简便的方法是在指定列的位置上使用"*"。

【例 3.11】 查询 GoodsInfo 表中的所有列。

```
SELECT 商品编号,商品类别,商品名称,生产商,品牌,单价,保质期,库存量,备注
    FROM GoodsInfo
```

或者

```
SELECT *
    FROM GoodsInfo
```

（3）查询经过计算的值

使用 SELECT 对列进行查询时，不仅可以直接以列的原始值作为结果，而且还可以将对列值进行计算后所得的值作为查询结果，即 SELECT 子句可使用表达式作为结果。

【例 3.12】 将 GoodsInfo 表中各商品的编号及其打 8 折后的单价输出。

```
SELECT 商品编号, 单价*0.8
    FROM GoodsInfo
```

（4）更改结果列标题

当希望查询结果中的某些列或所有列显示时使用自己选择的列标题，可以在列名之后使用 AS 子句来更改查询结果的列标题名。

【例 3.13】 查询 CustomerInfo 表中的客户编号、客户姓名和联系电话，将结果中各列的标题分别指定为 CNO、CNAME 和 TEL。

```
SELECT 客户编号 AS CNO, 客户姓名 AS CNAME, 联系电话 AS TEL
    FROM CustomerInfo
```

其中，关键字"AS"可以省略，也可用等号（=），但此时列名必须在等号的右边（可参见例 3.14）。执行结果如图 3.3 所示。

注意：当自定义的列标题中含有空格时，必须使用引号将标题括起来。

【例 3.14】 查询 CustomerInfo 表中的客户编号、客户姓名和联系电话，将结果中各列的标题分别指定为 Customer number、Customer name 和 TEL。

```
SELECT 'Customer number' = 客户编号, 'Customer name' = 客户姓名, TEL = 联系电话
    FROM CustomerInfo
```

该语句的执行结果如图 3.4 所示。

CNO	CNAME	TEL
100001	张小林	02581334567
100002	李红红	13908899120
100003	王晓美	02166552101
100004	赵明	13809900118
100005	张帆一	13880933201
100006	王芳芳	13709092011

Customer number	Customer name	TEL
100001	张小林	02581334567
100002	李红红	13908899120
100003	王晓美	02166552101
100004	赵明	13809900118
100005	张帆一	13880933201
100006	王芳芳	13709092011

图 3.3 例 3.13 的执行结果　　　　图 3.4 例 3.14 的执行结果

（5）替换查询结果中的数据

在对表进行查询时，有时对所查询的某些列希望得到一种概念而不是具体数据。例如，查询 GoodsInfo 表的单价时，希望知道价格的高低情况，这时就可以用等级来替换单价的具体数字了。

若替换查询结果中的数据，则要使用 CASE 表达式，其格式如下：

```
CASE
    WHEN  条件 1 THEN  表达式 1
    WHEN  条件 2 THEN  表达式 2
    …
    ELSE  表达式
END
```

【例 3.15】 查询 GoodsInfo 表中各商品的商品编号、商品名称和单价，对其单价按以下规则进行替换：若单价为空值，则替换为"尚未定价"；若单价小于 20 元，则替换为"低"；若单价在 20～50 元，则替换为"中"；若单价在 51～100 元，则替换为"较高"；若单价大于 100 元，则替换为"高"。列标题更改为"价格等级"。所用的 SELECT 语句为：

```
SELECT  商品编号, 商品名称, 价格等级=
    CASE
        WHEN  单价  IS NULL THEN '尚未定价'
        WHEN  单价< 20 THEN '低'
        WHEN  单价>=20 AND  单价<=50 THEN '中'
        WHEN  单价>50 AND  单价<=100 THEN '较高'
        ELSE '高'
    END
    FROM GoodsInfo
```

该语句的执行结果如图 3.5 所示。

（6）去除重复行

一个表中本来并不完全相同的元组，当投影到指定的某些列上时就可能变成相同的行。用 DISTINCT 语句可以取消它们。

【例 3.16】 在 OrderList 表中查询订购了商品的客户编号。

```
SELECT  客户编号
    FROM OrderList
```

执行该语句所得的结果如图 3.6（a）所示，可见结果中包含了多个重复的行。若要去掉重复的行，就要指定 DISTINCT 关键字：

```
SELECT DISTINCT  客户编号
    FROM OrderList
```

执行该语句所得的结果如图 3.6（b）所示，结果中已消除了重复行。

商品编号	商品名称	价格等级
10010001	咖啡	中
10010002	苹果汁	低
10020001	大米	中
10020002	面粉	低
20180001	运动服	高
20180002	T恤	高
30010001	签字笔	低
30010002	文件夹	低
40010001	荞麦菜谱	中
40010002	豆浆的做法	中
50020001	羽毛球拍	中
50020002	篮球	较高
50020003	足球	较高

图 3.5　例 3.15 的执行结果

客户编号
100001
100001
100002
100002
100004
100004
100004
100005
100005
100006

（a）

客户编号
100001
100002
100004
100005
100006

（b）

图 3.6　例 3.16 的执行结果

注意：关键字 DISTINCT 的含义是对结果集中的重复行只选择一个，即保证行的唯一性。与 DISTINCT 相反，当使用关键字 ALL 时，将保留结果集的所有行。当 SELECT 语句中省略 ALL 与 DISTINCT 时，默认值为 ALL。

2. 选择行

WHERE 子句用于筛选表中满足条件的元组，相当于关系代数的选择运算。

（1）查询满足条件的元组

WHERE 子句必须紧跟 FROM 子句之后。构成 WHERE 子句中条件表达式的运算符包括比较运算、指定范围、确定集合、字符匹配、空值比较和逻辑运算这 6 类，如表 3.5 所示。这些运算符也可称为谓词。SQL 中返回逻辑值的运算符或关键字都可称为谓词，可以将多个判定运算的结果通过逻辑运算符再组成更为复杂的查询条件。

表 3.5　常用查询条件

查 询 条 件	谓　　词
比较运算	<=、<、=、>=、>、<>、!=（不等于）、!<（不小于）、!>（不大于）
指定范围	BETWEEN AND、NOT BETWEEN AND
确定集合	IN、NOT IN
字符匹配	LIKE、NOT LIKE
空值比较	IS NULL、IS NOT NULL
逻辑运算	AND、OR、NOT

① 比较运算。比较运算符用于比较两个表达式值。比较运算的格式如下：

<表达式 1> { = | < | <= | > | >= | <> | != | !< | !> } <表达式 2>

当两个表达式值均不为空值（NULL）时，比较运算返回逻辑值 TRUE（真）或 FALSE（假）；当两个表达式中有一个为空值或都为空值时，比较运算将返回 UNKNOWN。

【例 3.17】 查询 GoodsInfo 表中单价在 50 元以上的商品情况。

```
SELECT *
FROM GoodsInfo
WHERE 单价 !< 50
```

该语句执行结果如图 3.7 所示。

商品编号	商品类别	商品名称	品牌	单价	生产商	保质期	库存量	备注
10010001	食品	咖啡	宇一	50	宇一饮料公司	2021-08-31 00:00:00.000	100	NULL
20180001	服装	运动服	天天	200	天天服饰公司	2000-01-01 00:00:00.000	5	有断码
20180002	服装	T恤	天天	120	天天服饰公司	2000-01-01 00:00:00.000	10	NULL
50020002	体育用品	篮球	美好	80	美好体育用品公司	2000-01-01 00:00:00.000	20	NULL
50020003	体育用品	足球	美好	65	美好体育用品公司	2000-01-01 00:00:00.000	20	NULL

图 3.7　例 3.17 的执行结果

RDBMS 执行该查询的过程：对 GoodsInfo 表从头开始进行全表扫描，取出当前元组，检查该元组在"单价"列上的值是否不小于 50。如果是，则取出该元组并加入结果表中；否则跳过该元组，去下一元组继续处理。

如果 GoodsInfo 表中有大量元组（假设有数万个），而单价在 50 元以上的只占很小一部分（如 10%），那么可以在"单价"列上建立索引。RDBMS 会利用该索引找出单价"!< 50"的元组，而形成结果表，这就避免了对 GoodsInfo 表的全表扫描，提高了查询效率。但如果 GoodsInfo 表中只有少量元组，那么使用索引查询就不一定会提高效率（因其涉及索引的查找和表的查找），RDBMS 将仍采用全表扫描。查询执行方案是由 RDBMS 的查询优化器按某些规则或估算执行代价来决定的。

② 指定范围。用于范围比较的关键字有两个：BETWEEN AND 和 NOT BETWEEN AND，用于查找字段值是否在指定的范围内。BETWEEN（NOT BETWEEN）关键字格式如下：

<表达式> [NOT] BETWEEN <表达式 1> AND <表达式 2>

其中，BETWEEN 关键字之后是范围的下限（低值），AND 关键字之后是范围的上限（高值）。当不使用 NOT 时，若表达式的值在<表达式 1>与<表达式 2>之间（包括这两个值），则返回 TRUE，否则返回 FALSE；使用 NOT 时，返回值则相反。

【例 3.18】　查询 GoodsInfo 表中单价在 20～50 元的商品情况。

```
SELECT *
    FROM GoodsInfo
    WHERE  单价  BETWEEN 20 AND 50
```

【例 3.19】　查询 CustomerInfo 表中不是 1990 年出生的客户情况。

```
SELECT *
    FROM CustomerInfo
    WHERE  出生日期  NOT BETWEEN '1990-1-1' and '1990-12-31'
```

③ 确定集合。使用 IN 关键字可以指定一个值表集合，值表中列出了所有可能的值。当表达式与值表中的任一个匹配时，即返回 TRUE，否则返回 FALSE。使用 IN 关键字指定值表集合的格式如下：

<表达式> IN (<表达式 1> [, …<表达式 n>])

【例 3.20】　查询 GoodsInfo 表中类别为"食品""服装"和"体育用品"的商品情况。

```
SELECT *
    FROM GoodsInfo
    WHERE  商品类别  IN ('食品' , '服装' , '体育用品')
```

与 IN 相对的是 NOT IN，用于查找列值不属于指定集合的行。

④ 字符匹配。LIKE 谓词用于进行字符串的匹配，其运算对象可以是 char、varchar 等类型的数据，返回逻辑值 TRUE 或 FALSE。LIKE 谓词表达式的格式如下：

<表达式> [NOT] LIKE <匹配串>

其含义是查找指定列值与匹配串相匹配的行。匹配串可以是一个完整的字符串，也可以含有通配符（%）和下画线（ _ ）。其中，

%：代表任意长度（包括 0）的字符串。例如，a%c 表示以 a 开头、以 c 结尾的任意长度的字符串，abc、abcc、axyc 等都满足此匹配串。

_：代表任意一个字符。例如，a_c 表示以 a 开头、以 c 结尾、长度为 3 的字符串，abc、acc、axc 等都满足此匹配串。

LIKE 语句使用通配符的查询也称模糊查询。如果没有%或 _ ，则 LIKE 运算符等同于=运算符。

【例 3.21】　查询 CustomerInfo 表中所在省市为江苏的客户情况。

```
SELECT *
    FROM CustomerInfo
    WHERE  所在省市  LIKE '江苏%'
```

【例 3.22】　查询 CustomerInfo 表中姓"赵"且单名的客户情况。

```
SELECT *
    FROM CustomerInfo
    WHERE  客户姓名  LIKE '赵_'
```

若需要查询的条件中包含通配符，则要使用转义序列"ESCAPE \"对通配符进行转义。

【例 3.23】　查询 CustomerInfo 表中微信号格式如"wxid_"的全部客户情况。

```
SELECT *
FROM CustomerInfo
WHERE 微信号  LIKE 'wxid\_%' ESCAPE '\'
```

⑤ 空值比较。当需要判定一个表达式的值是否为空值时，使用 IS NULL 关键字，其格式如下：

```
<表达式>  IS [ NOT ] NULL
```

【例 3.24】　查询 GoodsInfo 表中单价尚未确定的商品情况。

```
SELECT *
    FROM GoodsInfo
    WHERE 单价 IS NULL
```

⑥ 逻辑运算。它包括非（NOT）、与（AND）、或（OR）3 个运算符；逻辑运算符 AND 和 OR 可用来连接多个查询条件，其优先级排序为 NOT、AND、OR，但使用括号可以改变优先级的排序。

【例 3.25】　查询所在省市为"江苏"、性别为"男"的客户编号和客户姓名。

```
SELECT 客户编号,客户姓名
    FROM CustomerInfo
    WHERE 所在省市  LIKE   '江苏%'   AND 性别 ='男'
```

3. 对查询结果排序

应用中常要对查询结果进行排序输出，如按单价的高低对商品排序、按所在省市对客户排序等。SELECT 语句的 ORDER BY 子句可用于对查询结果按照一个或多个列、表达式或序号进行升序（ASC）或降序（DESC）排列，默认值为升序（ASC）。ORDER BY 子句的格式如下：

```
ORDER BY <列名 1> [ASC | DESC] [, <列名 2> [ASC | DESC] …]
```

当按多个列排序时，前面列的优先级高于后面的列。

【例 3.26】　将 CustomerInfo 表中的所有客户按所在省市的汉语拼音顺序排序。

```
SELECT *
    FROM CustomerInfo
    ORDER BY 所在省市
```

该语句的执行结果如图 3.8 所示。

客户编号	客户姓名	出生日期	性别	所在省市	联系电话	微信号	VIP	备注
100004	赵明	1992-03-28 00:00:00.000	男	河南郑州	13809900118	NULL	0	新客户
100001	张小林	1982-02-01 00:00:00.000	男	江苏南京	02581334567	13980030075	1	银牌客户
100006	王芳芳	1996-05-01 00:00:00.000	女	江苏南京	13709092011	wxid_7890921	0	NULL
100002	李红红	1991-03-22 00:00:00.000	女	江苏苏州	13908899120	13908899120	1	金牌客户
100005	张帆一	1990-08-10 00:00:00.000	男	山东烟台	13880933201	NULL	0	NULL
100003	王晓美	1986-08-20 00:00:00.000	女	上海	02166552101	wxid_0021001	0	新客户

图 3.8　例 3.26 的执行结果

【例 3.27】　将 CustomerInfo 表中所有客户按姓名的汉语拼音升序，以及年龄由小到大排序。

```
SELECT *
    FROM CustomerInfo
    ORDER BY 客户姓名 ASC，出生日期 DESC
```

该语句的执行结果如图 3.9 所示。

客户编号	客户姓名	出生日期	性别	所在省市	联系电话	微信号	VIP	备注
100002	李红红	1991-03-22 00:00:00.000	女	江苏苏州	13908899120	13908899120	1	金牌客户
100006	王芳芳	1996-05-01 00:00:00.000	女	江苏南京	13709092011	wxid_7890921	0	NULL
100003	王晓美	1986-08-20 00:00:00.000	女	上海	02166552101	wxid_0021001	0	新客户
100005	张帆一	1990-08-10 00:00:00.000	男	山东烟台	13880933201	NULL	0	NULL
100001	张小林	1982-02-01 00:00:00.000	男	江苏南京	02581334567	13980030075	1	银牌客户
100004	赵明	1992-03-28 00:00:00.000	男	河南郑州	13809900118	NULL	0	新客户

图 3.9　例 3.27 的执行结果

4. 使用聚合函数

对数据进行查询时,常要对结果进行计算或统计,如统计商品库存总量、求最高或最低单价、平均订购数量等。SELECT 子句中的表达式可以包含聚合函数,用来增强查询功能。

聚合函数(Aggregate Function)是指对集合进行操作,但只返回单个值的函数,也称统计、组、集合、聚集或列函数。

常用的聚合函数如表 3.6 所示。

表 3.6 常用的聚合函数

函 数 名	说 明
AVG	求组中值的平均值
COUNT	求组中项数,返回 int 类型整数
MAX	求最大值
MIN	求最小值
SUM	返回表达式中所有值的和

(1) SUM 和 AVG

SUM 和 AVG 分别用于求表达式中所有值项的总和与平均值,语法格式如下:

    SUM | AVG ([ALL | DISTINCT] <表达式>)

其中,<表达式>可以是常量、列、函数或表达式,其数据类型只能是数值类型(int、smallint、decimal、numeric、float、real)。ALL 表示对所有值进行运算,DISTINCT 表示去除重复值,默认为 ALL。

【例 3.28】 查询 GoodsInfo 表中所有商品的平均单价。

    SELECT AVG(单价)AS '平均单价'
        FROM GoodsInfo

使用聚合函数作为 SELECT 的选择列时,若不为其指定列标题,则系统将对该列输出标题"(无列名)"。

(2) MAX 和 MIN

MAX 和 MIN 分别用于求表达式中所有项的最大值与最小值,语法格式如下:

    MAX | MIN ([ALL | DISTINCT] <表达式>)

其中,<表达式>可以是常量、列、函数或表达式,其数据类型可以是数字、字符和日期时间类型。ALL、DISTINCT 的含义及默认值与 SUM/AVG 相同。

【例 3.29】 查询 GoodsInfo 表中最高单价和最低单价。

    SELECT MAX(单价) AS '最高单价', MIN(单价) AS '最低单价'
        FROM GoodsInfo

(3) COUNT

COUNT 用于统计组中满足条件的行数或总行数,格式如下:

    COUNT ({ [ALL | DISTINCT] <列名> } | *)

ALL、DISTINCT 的含义及默认值与 SUM/AVG 相同。COUNT(*)表示统计总行数,COUNT(列名)表示统计列中非 NULL 值的个数。

【例 3.30】 查询客户总数。

    SELECT COUNT(*) AS '客户总数'
        FROM CustomerInfo

【例 3.31】 查询订购了编号为"10010001"商品的客户数。

    SELECT COUNT(客户编号) AS '客户数'
        FROM OrderList
        WHERE 商品编号 ='10010001'

聚合函数遵循以下规则:

① 带有一个聚合函数的 SELECT 语句仅产生一行作为结果。

② 聚合函数不允许嵌套。

③ SUM、AVG、COUNT、MAX 和 MIN 忽略空值，而 COUNT(*) 不忽略。

④ 聚合函数只能用在 SELECT 子句、GROUP BY 子句和 HAVING 子句中。

5. 对查询结果分组

SELECT 语句的 GROUP BY 子句用于将查询结果表按某一列或多列值进行分组，值相等的为一组。对查询结果分组的主要目的是细化聚合函数的作用对象。GROUP BY 子句的基本格式如下：

GROUP BY < 表达式 >

注意：使用 GROUP BY 子句后，SELECT 子句列表中只能包含 GROUP BY 中指出的列或包含聚合函数的表达式。

【例 3.32】 查询各种商品的订购客户数。

```
SELECT 商品编号,COUNT(*)  AS  '订购客户数'
    FROM OrderList
    GROUP BY 商品编号
```

【例 3.33】 统计每类商品的种数。

```
SELECT 商品类别,COUNT(商品编号)  AS  '种数'
    FROM GoodsInfo
    GROUP BY 商品类别
```

例 3.32 和例 3.33 的语句执行结果分别如图 3.10、图 3.11 所示。

图 3.10 例 3.32 的执行结果　　　图 3.11 例 3.33 的执行结果

6. 使用 HAVING 子句进行筛选

如果查询结果集在使用 GROUP BY 子句分组后，还需要按条件进一步对这些组进行筛选，最终只输出满足指定条件的组，那么可以使用 HAVING 子句来指定筛选条件。

HAVING 子句的目的类似于 WHERE 子句，差别在于 WHERE 子句在 FROM 子句被处理后选择行，而 HAVING 子句在执行 GROUP BY 子句后选择行。因此 HAVING 子句只能与 GROUP BY 子句结合使用。例如，若要查找订购客户数超过 1 的商品（这是针对本书的样本数据所做的假设），就是在 OrderList 表上按商品编号分组后筛选出符合条件的商品编号。

HAVING 子句的格式如下：

[HAVING <查询条件 >]

其中，查询条件与 WHERE 子句的查询条件类似，并且可以使用聚合函数。

【例 3.34】 查找订购客户数超过 1 的商品。

```
SELECT 商品编号,COUNT(*)  AS  '订购客户数'
    FROM OrderList
    GROUP BY 商品编号
    HAVING COUNT(*)>1
```

在 SELECT 语句中，当 WHERE、GROUP BY 与 HAVING 子句都使用时，要注意它们的作用和执行顺序：WHERE 子句用于筛选由 FROM 指定的数据对象；GROUP BY 子句用于对 WHERE 的结果进行分组；HAVING 子句则是对 GROUP BY 以后的分组数据进行过滤。

【例3.35】　查找同一省市且在 1980 年以后出生、客户数不少于 2 的省市。

```
SELECT  所在省市
    FROM CustomerInfo
    WHERE  出生日期>'1980-1-1'
    GROUP BY  所在省市
    HAVING COUNT(客户编号) >= 2
```

分析：本查询将 CunstomerInfo 表中"出生日期"列值大于'1980-1-1'的记录按"所在省市"列进行分组；对每组记录计数，选出记录数大于 2 的各组的"所在省市"列值形成结果表。

例 3.34 和例 3.35 语句执行结果分别如图 3.12、图 3.13 所示。

商品编号	订购客户数
10010001	2

所在省市
江苏南京

图 3.12　例 3.34 的执行结果　　　　图 3.13　例 3.35 的执行结果

3.4.3　连接查询

单表查询是针对一个表进行的。若一个查询同时涉及两个或两个以上的表，则称为连接查询。连接是二元运算，类似于关系代数中的连接操作，可以对两个或多个表进行查询，结果通常是含有参加连接运算的两个表（或多个表）的指定列的表。

连接查询是关系数据库中最主要的查询方式之一。连接查询有两种形式：一种是采用连接谓词，另一种是采用关键词 JOIN。

1. 连接谓词

当 SELECT 语句的 WHERE 子句中查询条件使用比较谓词或指定范围谓词，所涉及的列来源于两个或两个以上的表时，则该 SELECT 查询将涉及多个表，即为连接查询。将连接查询的这种表示形式称为连接谓词形式。连接谓词又称连接条件，其格式如下：

[<表名 1.>] <列名 1> <比较运算符> [<表名 2.>] <列名 2>
[<表名 1.>] <列名 1> BETWEEN [<表名 2.>] <列名 2>AND[<表名 2.>] <列名 3>

其中，谓词主要有<、<=、=、>、>=、!=、<>、!< 和 !>。当谓词为 "=" 时，就是等值连接；若在目标列中去除相同的字段名，则为自然连接。

连接谓词中出现的列名称为连接字段。连接条件中的各连接字段类型必须是可比的。

（1）等值连接

【例3.36】　查找 GoodsOrder 数据库中，每个订购了商品的客户及其订单情况。

```
SELECT CustomerInfo.* , OrderList.*
    FROM CustomerInfo , OrderList
    WHERE CustomerInfo.客户编号  = OrderList.客户编号
```

该语句执行结果如图 3.14 所示。

客户编号	客户姓名	出生日期	性别	所在省市	联系电话	微信号	VIP	备注	客户编号	商品编号	订购时间	数量	需要日期	付款方式	送货方式
100001	张小林	1982-02-01 00:00:00.000	男	江苏南京	02581334567	13980030075	1	银牌客户	100001	10010001	2020-02-18 12:20:00.000	2	2020-02-20 00:00:00.000	支付宝	客户自提
100001	张小林	1982-02-01 00:00:00.000	男	江苏南京	02581334567	13980030075	1	银牌客户	100001	30010001	2020-02-19 12:30:00.000	10	2020-02-22 00:00:00.000	网银转账	送货上门
100002	李红红	1991-03-22 00:00:00.000	女	江苏苏州	13908899120	13908899120	1	金牌客户	100002	10010001	2020-02-18 13:20:00.000	1	2020-02-21 00:00:00.000	微信支付	客户自提
100002	李红红	1991-03-22 00:00:00.000	女	江苏苏州	13908899120	13908899120	1	金牌客户	100002	50020001	2020-02-19 13:20:00.000	1	2020-02-21 00:00:00.000	微信支付	客户自提
100004	赵明	1992-03-28 00:00:00.000	男	河南郑州	13809900118	NULL	0	新客户	100004	20180002	2020-02-19 11:00:00.000	2	2020-02-28 00:00:00.000	信用卡	送货上门
100004	赵明	1992-03-28 00:00:00.000	男	河南郑州	13809900118	NULL	0	新客户	100004	30010001	2020-02-19 11:00:00.000	2	2020-02-28 00:00:00.000	信用卡	送货上门
100004	赵明	1992-03-28 00:00:00.000	男	河南郑州	13809900118	NULL	0	新客户	100004	50020002	2020-02-19 10:40:00.000	10	2020-02-28 00:00:00.000	信用卡	送货上门
100005	张帆一	1990-08-10 00:00:00.000	男	山东烟台	13880933201	NULL	0	NULL	100005	40010001	2020-02-20 08:20:00.000	3	2020-02-27 00:00:00.000	支付宝	送货上门
100005	张帆一	1990-08-10 00:00:00.000	男	山东烟台	13880933201	NULL	0	NULL	100005	40010002	2020-02-20 08:20:00.000	3	2020-02-27 00:00:00.000	支付宝	送货上门
100006	王芳芳	1996-05-01 00:00:00.000	女	江苏南京	13709092011	wxid_7890921	0	NULL	100006	10010001	2020-02-23 09:00:00.000	5	2020-02-26 00:00:00.000	信用卡	送货上门

图 3.14　例 3.36 的执行结果

本查询为等值连接查询，涉及 CustomerInfo 和 OrderList 两个表，它们之间的联系是通过公共属性"客户编号"实现的，查询结果表包含了 CustomerInfo 表和 OrderList 表的所有列。

本例中，SELECT 子句与 WHERE 子句中的列名前都加有表名前缀，这是为了避免列名混淆。表名前缀的格式是表名.列名，或表名.*，如本例中 CustomerInfo.*、OrderList.*、CustomerInfo.客户编号、OrderList.客户编号都是限定形式的列名。

当连接查询涉及多个表中的同名列时，均要加上表名前缀。否则，如果在查询语句中不指定是哪个表中的该列，那么语句执行就会出错。下面是一个执行时出错的 SELECT 语句：

```
SELECT *
    FROM CustomerInfo , OrderList
    WHERE 客户编号 = 客户编号
```

表 CustomerInfo 和 OrderList 都包含"客户编号"列，上述语句中连接条件"客户编号=客户编号"表示出错，系统将无法判断"客户编号"列来自哪个源表。

表名前缀除直接使用表名外，也可使用表的别名。如本例的查询也可如下表达：

```
SELECT a.* , b.*
    FROM CustomerInfo a , OrderList b
    WHERE a.客户编号 = b.客户编号
```

在 FROM 子句中为 CustomerInfo 表和 OrderList 表分别取了别名 a 和 b，因此在 SELECT 子句与 WHERE 子句中就可以使用 a、b 来代表 CustomerInfo 表和 OrderList 表。当表名较长且多处需要使用表名前缀，或者查询嵌套较深时，使用表别名前缀将使表达更加简洁。

（2）自然连接

【例3.37】 查找 GoodsOrder 数据库中每个订购了商品的客户及其订单情况，去除重复的列。

```
SELECT a.*, b.商品编号, b.订购时间, b.数量, b.需要日期, b.付款方式, b.送货方式
    FROM CustomerInfo a , OrderList b
    WHERE a.客户编号 = b.客户编号
```

本例所得的结果表包含以下字段：客户编号、客户姓名、出生日期、性别、所在省市、联系电话、商品编号、订购时间、数量、需要日期、付款方式、送货方式。这种在等值连接中把重复列去除的情况称为自然连接查询。

若选择的列名在各个表中是唯一的，则可以省略表名前缀，如本例的 SELECT 子句也可写为：

```
SELECT a.*, 商品编号, 订购时间, 数量, 需要日期, 付款方式, 送货方式
    FROM CustomerInfo a , OrderList b
    WHERE a.客户编号 = b.客户编号
```

（3）复杂条件查询

可用逻辑运算符 AND 和 OR 来连接多个连接谓词，以实现复杂条件的连接查询。这相当于将关系代数的连接、选择与投影运算进行综合运用。

【例3.38】 查找 GoodsOrder 数据库订购了编号为"10010001"商品的客户编号、姓名、所在省市及其联系电话、微信号。

```
SELECT DISTINCT a.客户编号, 客户姓名, 所在省市, 联系电话, 微信号
    FROM CustomerInfo a , OrderList b
    WHERE a.客户编号 = b.客户编号  AND  商品编号 = '10010001'
```

该语句执行结果如图3.15所示。

客户编号	客户姓名	所在省市	联系电话	微信号
100001	张小林	江苏南京	02581334567	13980030075
100002	李红红	江苏苏州	13908899120	13908899120

图3.15 例3.38 的执行结果

由于每个客户可订购多次同一商品编号的商品，所以在 OrderList 表中可能存在客户编号与商品编号值相同的多个记录，因此在 SELECT 中可使用 DISTINCT 消除重复行。

（4）多表连接

当用户所需要的列来自两个以上的表时，就要对多个表进行连接，这称为多表连接查询。

【**例 3.39**】 查找订购了"体育用品"类别商品的客户编号、客户姓名、联系电话和所订购商品的需要日期，并按需要日期排序。

```
SELECT DISTINCT a.客户编号, 客户姓名, 联系电话, 需要日期
FROM CustomerInfo a, GoodsInfo b, OrderList c
WHERE a.客户编号=c.客户编号  AND b.商品编号=c.商品编号
        AND  商品类别='体育用品'
ORDER BY  需要日期
```

该语句执行结果如图 3.16 所示。

客户编号	客户姓名	联系电话	需要日期
100002	李红红	13908899120	2020-02-21 00:00:00.000
100004	赵明	13809900118	2020-02-28 00:00:00.000

图 3.16 例 3.39 的执行结果

（5）自连接

不仅可将不同表进行连接，还可将一个表与它自身进行连接，这称为自连接。使用自连接时需要为该表指定两个别名，且对所有列的引用均用别名限定。

【**例 3.40**】 在 CustomerInfo 表中查询具有相同姓名的客户信息。

```
SELECT CInfo1.*
FROM CustomerInfo CInfo1, CustomerInfo CInfo2
WHERE CInfo1.客户姓名= CInfo2.客户姓名  AND CInfo1.客户编号<> CInfo2.客户编号
```

假设已向 CustomerInfo 表中加入了一条记录：('100007', '赵明', '1990-10-19', '男', '江苏南京', '13019901101', 'wxid_zm', 'FALSE', '新客户')，则该语句执行结果如图 3.17 所示。

客户编号	客户姓名	出生日期	性别	所在省市	联系电话	微信号	VIP	备注
100007	赵明	1990-10-19 00:00:00.000	男	江苏南京	13019901101	wxid_zm	0	新客户
100004	赵明	1992-03-28 00:00:00.000	男	河南郑州	13809900118	NULL	0	新客户

图 3.17 例 3.40 的执行结果

在一个表中查找具有相同列值的行就可以使用自连接。自连接就是将一个表处理成逻辑上的两个表。

当连接查询涉及两个表且未建立任何索引时，连接查询的一种可能执行过程：①在表 1 中找到第 1 行后，从头开始扫描表 2，逐一查找满足连接条件的行，找到后就将表 1 中的第 1 行与该行拼接起来，形成结果表中的一行。②将表 2 的全部行都扫描完后，再找表 1 的第 2 行，然后从头开始扫描表 2，逐一查找满足连接条件的行，找到后就将表 1 的第 2 行与该行拼接起来，形成结果表中的一行。③重复上述操作，直到表 1 的全部行都处理完为止。

若被查询的源表在连接字段上建立了索引，则不必扫描全表，可提高查询速度。

注意：若查询涉及多表且表数据较多时，连接查询方式的查询效率将较低，此时，可考虑采用子查询的方式进行查询设计，详见 3.4.4 节的嵌套查询。

2. 以 JOIN 关键字指定的连接

在 FROM 子句的扩展定义中 INNER JOIN 表示内连接；OUTER JOIN 表示外连接。

（1）内连接

内连接按照 ON 所指定的连接条件合并两个表，返回满足条件的行，其语法格式如下：

```
FROM <表名 1> JOIN <表名 2> ON <表名 1.列名>=<表名 2.列名>
```

【例3.41】 查找 GoodsOrder 数据库每个订购了商品的客户及其订单情况。

```
SELECT *
    FROM CustomerInfo INNER JOIN OrderList ON CustomerInfo.客户编号= OrderList.客户编号
```

本例的执行结果表将包含 CustomerInfo 表和 OrderList 表的所有字段，而不会去除重复列"客户编号"。若要去除重复的"客户编号"列，就要如例3.37中一样指出目标列名称，将语句改为：

```
SELECT a.*, 商品编号, 订购时间, 数量, 需要日期, 付款方式, 送货方式
    FROM CustomerInfo a INNER JOIN OrderList b ON a.客户编号 = b.客户编号
```

内连接是默认的，可以省略 INNER 关键字。使用内连接后仍可使用 WHERE 子句指定条件。

【例3.42】 用 FROM 的 JOIN 关键字表达下列查询：查询订购了商品编号为"10010001"的客户姓名及联系电话。

```
SELECT DISTINCT 客户姓名, 联系电话
    FROM CustomerInfo JOIN OrderList ON CustomerInfo.客户编号= OrderList.客户编号
    WHERE 商品编号 = '10010001'
```

内连接也可以用于表示多表连接。

【例3.43】 用 FROM 的 JOIN 关键字表达下列查询：在 GoodsOrder 数据库中查询订购了类别为"体育用品"的客户的客户编号、客户姓名、联系电话，以及商品的需要日期。

```
SELECT DISTINCT CustomerInfo.客户编号, 客户姓名, 联系电话, 需要日期
    FROM CustomerInfo JOIN GoodsInfo JOIN OrderList
        ON GoodsInfo.商品编号 = OrderList.商品编号
        ON CustomerInfo.客户编号 = OrderList.客户编号
    WHERE 商品类别 =' 体育用品'
```

本例的执行结果与例3.39相同。当用内连接表示多表连接时，要注意"ON 主码=外码"形式表示的连接条件中的顺序，通常各表出现的顺序应与 JOIN 部分中各表出现的顺序相反。如本例中的两个连接条件：对 GoodsInfo 表和 OrderList 表中主码与外码的判断，应先于对 CustomerInfo 表和 OrderList 表中主码与外码的判断。

（2）外连接

第2章已经介绍了外连接的概念。在用连接谓词和 JOIN 内连接表示的连接查询中，只有满足连接条件的行才能作为结果输出。例如，在例3.36中，编号为"100003"的客户没有订购商品，所以结果表中就没有这个客户的信息。但在有些情况下需要列出相应表的所有情况。例如，在"商品订购数据库"中查询客户信息，若客户订购了商品，则列出该客户信息及其订购商品的信息；若某客户没有订购商品，就只输出其基本信息，而其订购商品信息为空值即可。这时就需要使用外连接（OUTER JOIN）。外连接的结果表不但包含满足连接条件的行，还包括相应表中的所有行。

外连接包括3种：①左外连接（LEFT OUTER JOIN），结果表中除包括满足连接条件的行外，还包括左表的所有行；②右外连接（RIGHT OUTER JOIN），结果表中除包括满足连接条件的行外，还包括右表的所有行；③完全外连接（FULL OUTER JOIN），结果表中除包括满足连接条件的行外，还包括两个表的所有行。其中 OUTER 关键字均可省略。

注意：外连接只能对两个表进行，同时要求两个表具有相同列（取自相同域，而非必须同名）。

【例3.44】 查找所有客户情况，及他们订购商品的编号。若客户没有任何订购商品记录，也要包括其基本信息。

```
SELECT CustomerInfo.*, 商品编号
    FROM CustomerInfo LEFT JOIN OrderList ON CustomerInfo.客户编号=OrderList.客户编号
```

该语句执行结果如图3.18所示。

客户编号	客户姓名	出生日期	性别	所在省市	联系电话	微信号	VIP	备注	商品编号
100001	张小林	1982-02-01 00:00:00.000	男	江苏南京	02581334567	13980030075	1	银牌客户	10010001
100001	张小林	1982-02-01 00:00:00.000	男	江苏南京	02581334567	13980030075	1	银牌客户	30010001
100002	李红红	1991-03-22 00:00:00.000	女	江苏苏州	13908899120	13908899120	1	金牌客户	10010001
100002	李红红	1991-03-22 00:00:00.000	女	江苏苏州	13908899120	13908899120	1	金牌客户	50020001
100003	王晓美	1986-08-20 00:00:00.000	女	上海	02166552101	wxid_0021001	0	新客户	NULL
100004	赵明	1992-03-28 00:00:00.000	男	河南郑州	13809900118	NULL	0	新客户	20180002
100004	赵明	1992-03-28 00:00:00.000	男	河南郑州	13809900118	NULL	0	新客户	30010002
100004	赵明	1992-03-28 00:00:00.000	男	河南郑州	13809900118	NULL	0	新客户	50020002
100005	张帆一	1990-08-10 00:00:00.000	男	山东烟台	13880933201	NULL	0	NULL	40010001
100005	张帆一	1990-08-10 00:00:00.000	男	山东烟台	13880933201	NULL	0	NULL	40010001
100006	王芳芳	1996-05-01 00:00:00.000	女	江苏南京	13709092011	wxid_7890921	0	NULL	10020001

图 3.18　例 3.44 的执行结果

与例 3.36 的执行结果相比，本例结果表中包含了编号为"100003"的客户，而其商品编号列为 NULL，表示该客户没有订购商品。

右外连接可以表示与左外连接同样的查询，只要将两个表的顺序颠倒即可。

【例 3.45】　用右外连接实现例 3.44 的查询。

```
SELECT CustomerInfo.*, 商品编号
    FROM OrderList RIGHT JOIN CustomerInfo ON CustomerInfo.客户编号= OrderList.客户编号
```

3.4.4　嵌套查询

在 SQL 中一个"SELECT-FROM-WHERE"语句称为一个查询块。从理论上说，在查询语句中可出现表名之处均可出现 SELECT 查询块。在 WHERE 子句或 HAVING 子句所表示的条件中，可以使用另一个查询的结果（一个查询块）作为条件的一部分，如判定列值是否与某个查询结果集中的值相等，这种将一个查询块嵌套在另一个查询块的 WHERE 子句或 HAVING 子句的条件查询称为嵌套查询。例如：

```
SELECT 客户姓名                        --外层查询块或父查询
    FROM CustomerInfo
    WHERE 客户编号 IN
        (SELECT 客户编号               --内层查询块或子查询
            FROM OrderList
            WHERE 商品编号='10010001')
```

本例中，内层查询块"SELECT 客户编号 FROM OrderList WHERE 商品编号='10010001'"是嵌套在外层查询块"SELECT 客户姓名 FROM CustomerInfo WHERE 客户编号 IN"的条件中的。外层查询块又称为父查询，内层查询块又称为子查询。

SQL 允许 SELECT 多层嵌套使用，即一个子查询中还可以嵌套其他子查询，用来表示复杂的查询，从而增强 SQL 的查询表达能力。以这种层层嵌套的方式来构造查询语句正是 SQL 中"结构化"的含义所在。

注意：子查询的 SELECT 语句中不能包含 ORDER BY 子句，ORDER BY 子句只能对最终查询结果进行排序。

子查询除了可用在 SELECT 语句中，还可用在 INSERT、UPDATE 语句及 DELETE 的语句中。

子查询通常与 IN、EXISTS 谓词及比较运算符结合使用，这体现了关系演算的思想。

1. 嵌套查询的分类

根据子查询的条件是否与父查询相关，嵌套查询可分为不相关子查询和相关子查询两类。

不相关子查询（Non-correlated Subquery）：指子查询的条件不依赖于父查询。

相关子查询（Correlated Subquery）：指子查询的条件依赖于父查询，如例 3.46。

【例 3.46】 查找与"张小林"在同一个省市的其他客户情况。

```
SELECT *
FROM CustomerInfo a
WHERE 所在省市 IN
( SELECT 所在省市
        FROM CustomerInfo b
        WHERE b.客户姓名='张小林' AND a.客户编号<>b.客户编号
    )
```

例 3.46 是一个相关子查询。子查询的条件"b.客户姓名='张小林' AND a.客户编号<>b.客户编号"与父查询当前记录相关。

不相关子查询一般的执行过程是由内向外处理的，即每个子查询在其上一层查询处理之前执行，子查询的结果用于建立其父查询的查找条件。例 3.47 将详细说明不相关子查询的执行过程。

而相关子查询的执行较为复杂，子查询的条件须根据父查询表的当前记录值确定。一般执行过程如下：首先取父查询表的第一条记录，根据其与子查询相关属性值确定子查询条件是否为TRUE，若为 TRUE，则将父查询当前记录放入结果表；然后再取父查询表的下一条记录；重复这个过程，直到父查询表记录全部处理完为止。例 3.50 将详细说明相关子查询的执行过程。

2. 带 IN 谓词的子查询

在嵌套查询中，子查询的结果往往是一个集合，所以 IN 是嵌套查询中最常使用的谓词。IN子查询用于进行一个给定值是否在子查询结果集中的判断，格式如下：

```
<表达式> [ NOT ] IN (子查询)
```

当<表达式>与<子查询>的结果表中的某个值相等时，IN 谓词返回 TRUE，否则返回 FALSE；若使用了 NOT，则返回的值刚好相反。

注意： IN 和 NOT IN 子查询只能返回一列数据。

【例 3.47】 查找与"张小林"在同一个省市的客户情况。

先分步来完成此查询，然后再构造嵌套查询。

第一步，确定"张小林"所在省市：

```
SELECT 所在省市
FROM CustomerInfo
WHERE 客户姓名='张小林'
```

该查询的结果如图 3.19 所示。

第二步，查找所在省市为"江苏南京"的客户情况：

```
SELECT *
FROM CustomerInfo
WHERE 所在省市='江苏南京'
```

所在省市
江苏南京

图 3.19　例 3.47 的第一步查询结果

结果如图 3.20 所示。

客户编号	客户姓名	出生日期	性别	所在省市	联系电话	微信号	VIP	备注
100001	张小林	1982-02-01 00:00:00.000	男	江苏南京	02581334567	13980030075	1	银牌客户
100006	王芳芳	1996-05-01 00:00:00.000	女	江苏南京	13709092011	wxid_7890921	0	NULL

图 3.20　例 3.47 的第二步查询结果

现在构造嵌套查询，把第一步查询嵌入到第二步查询的条件中，则嵌套查询语句如下：

```
SELECT *
FROM CustomerInfo
```

```
        WHERE 所在省市 IN
            (SELECT 所在省市
                    FROM   CustomerInfo
                    WHERE 客户姓名='张小林')
```

在执行包含不相关子查询的 SELECT 语句时，系统实际上也是分步进行的，即先执行子查询，产生一个结果表，再执行父查询。

本例的查询也可以用自连接来完成：

```
SELECT CInfo1.*
    FROM CustomerInfo CInfo1，CustomerInfo CInfo2
    WHERE CInfo1.所在省市= CInfo2.所在省市  AND CInfo2.客户姓名='张小林'
```

可见，实现同一个查询可以有多种方法，有的查询既可以使用子查询来表达，也可以使用连接表达。通常使用子查询表达时，可以将一个复杂的查询分解为一系列的逻辑步骤，其条理清晰，易于构造。

有些嵌套查询可以用连接查询替代，但有些则不能。

【例 3.48】　查找未订购“食品”类商品的客户情况。

```
SELECT *
      FROM CustomerInfo
      WHERE 客户编号 NOT IN
          ( SELECT 客户编号
                  FROM OrderList
                  WHERE 商品编号 IN
                      ( SELECT 商品编号
                            FROM GoodsInfo
                            WHERE 商品类别 ='食品'   )
          )
```

本例的执行过程如下：

首先，在 GoodsInfo 表中找到商品类别为“食品”的商品编号，即(10010001,10010002,10020001,10020002)，如图 3.21（a）所示。

其次，在 OrderList 表中找到订购了商品编号在(10010001,10010002,10020001,10020002)集合中的客户的编号，即(100001,100002,100006)，如图 3.21（b）所示。

最后，在 CustomerInfo 表中取出客户编号不在集合(100001,100002,100006)中的客户情况，作为结果表如图 3.21（c）所示。

商品编号
10010001
10010002
10020001
10020002

（a）

客户编号
100001
100002
100006

（b）

客户编号	客户姓名	出生日期	性别	所在省市	联系电话	微信号	VIP	备注
100003	王晓美	1986-08-20 00:00:00.000	女	上海	02166552101	wxid_0021001	0	新客户
100004	赵明	1992-03-28 00:00:00.000	男	河南郑州	13809900118	NULL	0	新客户
100005	张帆一	1990-08-10 00:00:00.000	男	山东烟台	13880933201		0	

（c）

图 3.21　例 3.48 的执行结果

当子查询的结果返回的是一个集合时，这样的子查询往往难以用连接查询替代。

3. 带比较运算符的子查询

比较子查询是指父查询与子查询之间用比较运算符进行关联。如果能够确切地知道子查询返回的是单个值，就可以使用比较子查询。这种子查询可认为是 IN 子查询的扩展，它使表达式的值与子查询的结果进行比较运算，基本格式如下：

<表达式> { < | <= | = | > | >= | != | <> | !< | !> } （子查询）

如在例 3.47 中，由于一个客户只能属于一个省市，即子查询的结果是一个值，因此可以用"="
代替 IN，其 SQL 语句如下：

```
SELECT *
    FROM CustomerInfo
    WHERE 所在省市 =                              --用 "=" 代替 "IN"
        (SELECT 所在省市
            FROM  CustomerInfo
            WHERE 客户姓名='张小林')
```

【例 3.49】 在 OrderList 表中查找订购了商品编号为 "10010001" 的商品，且订购数量超过
全表中该商品平均订购数的记录。

```
SELECT *
FROM OrderList
WHERE 商品编号='10010001' AND 数量 >
    ( SELECT AVG(数量)
        FROM OrderList
        WHERE 商品编号='10010001' )
```

该语句的执行结果如图 3.22 所示。

客户编号	商品编号	订购时间	数量	需要日期	付款方式	送货方式
100001	10010001	2020-02-18 12:20:00.000	2	2020-02-20 00:00:00.000	支付宝	客户自提

图 3.22 例 3.49 的执行结果

【例 3.50】 找出每个客户超过自身订购商品平均数量的商品编号。

```
SELECT 客户编号, 商品编号
    FROM OrderList a
    WHERE 数量 >
        (SELECT AVG(数量)
            FROM OrderList b
            WHERE b.客户编号 = a.客户编号)
```

这是一个相关子查询、内层查询的条件：a.客户编号=b.客户编号，与外层查询有关。内层查
询是求一个客户订购商品数量的平均值，至于要求的是哪个客户的平均值，则是由外层查询当前
正处理的元组来决定的。该语句一种可能的执行过程如下。

① 从外层查询中取 OrderList 表的第一个元组，将该元组的客户编号值 "100001" 传递给内
层查询，形成的子查询如下：

```
SELECT AVG(数量)
    FROM OrderList b
    WHERE b.客户编号 = '100001'
```

② 执行该子查询，得到值 6（"100001" 号客户订购商品的平均数量），用该值代替内层查询，
得到外层查询如下：

```
SELECT 客户编号, 商品编号
    FROM OrderList a
    WHERE 数量 > 6
```

③ 执行该查询，得到结果：(100001, 30010001)。

然后外层查询取下一个元组，重复上述 3 个步骤，直到外层 OrderList 表的所有元组都处理
完为止。整个语句的执行结果如图 3.23 所示。

客户编号	商品编号
100001	30010001
100004	50020002
100005	40010002

图 3.23　例 3.50 的执行结果

由例 3.47 和例 3.50 可知，处理不相关子查询时，可以先将子查询一次处理完成，然后再处理父查询；而处理相关子查询时，由于子查询的条件与父查询有关，因此必须反复求值。读者可参照例 3.50 子查询的分析，自行分析例 3.46 中相关子查询的执行过程。

4. 带 ALL（SOME）或 ANY 谓词的子查询

当子查询返回多个值时，若父查询需与子查询的返回结果进行比较，则不能直接使用比较运算符，而必须在比较运算符之后加上 ALL（SOME）或 ANY 进行限制。格式如下：

<表达式>{ < | <= | = | > | >= | != | <> | !< | !> } { ALL | SOME | ANY }(子查询)

ALL 指定表达式要与子查询结果集中的每个值都进行比较，当表达式与每个值都满足比较关系时，才返回 TRUE，否则返回 FALSE。

ANY 与 SOME 的限制含义相同，通常采用 ANY，表示表达式只要与子查询结果集中的某个值满足比较关系时，就返回 TRUE，否则返回 FALSE。

【例 3.51】　查找比所有食品类的商品单价都低的商品信息。

```
SELECT *
    FROM GoodsInfo
    WHERE 商品类别<>'食品' AND 单价 < ALL
        ( SELECT 单价
            FROM GoodsInfo
            WHERE 商品类别 ='食品')
```

该语句的执行结果如图 3.24 所示。

商品编号	商品类别	商品名称	品牌	单价	生产商	保质期	库存量	备注
30010001	文具	签字笔	新新	3.5	新新文化用品制造厂	2000-01-01 00:00:00.000	120	NULL

图 3.24　例 3.51 的执行结果

【例 3.52】　查找比某个食品类的商品单价低的商品信息。

```
SELECT *
    FROM GoodsInfo
    WHERE 商品类别<>'食品' AND 单价 < ANY
        ( SELECT 单价
            FROM GoodsInfo
            WHERE 商品类别 ='食品')
```

该语句的执行结果如图 3.25 所示。

商品编号	商品类别	商品名称	品牌	单价	生产商	保质期	库存量	备注
30010001	文具	签字笔	新新	3.5	新新文化用品制造厂	2000-01-01 00:00:00.000	120	NULL
30010002	文具	文件夹	新新	5.6	新新文化用品制造厂	2000-01-01 00:00:00.000	50	NULL
40010001	图书	营养菜谱	新华	38	新华图书出版公司	2000-01-01 00:00:00.000	15	NULL
40010002	图书	豆浆的做法	新华	20	新华图书出版公司	2000-01-01 00:00:00.000	20	NULL
50020001	体育用品	羽毛球拍	美好	30	美好体育用品公司	2000-01-01 00:00:00.000	30	NULL

图 3.25　例 3.52 的执行结果

执行该查询时，首先处理子查询，找出"食品"类别所有商品的单价，构成集合(50,5.2,35,18)；然后处理父查询，找出所有不是"食品"类别且单价比上述集合中某一个值低的商品。

本查询也可以用聚合函数实现。首先用子查询找出"食品"类别中"单价"列的最大值，然后在父查询中找出所有非"食品"类别且单价值小于上述最大值的商品。SQL 语句如下：

```
SELECT *
    FROM GoodsInfo
    WHERE  商品类别<>'食品' AND  单价 <
        ( SELECT MAX(单价)
            FROM GoodsInfo
            WHERE  商品类别 ='食品' )
```

通常，使用聚合函数实现子查询比直接用 ANY 或 ALL 查询效率高。

5. 带 EXISTS 谓词的子查询

EXISTS 谓词用于测试子查询的结果集是否为空表。若子查询的结果集不为空，则 EXISTS 返回 TRUE，否则返回 FALSE。EXISTS 还可与 NOT 结合使用，即 NOT EXISTS，其返回值与 EXISTS 刚好相反，其格式如下：

```
[ NOT ] EXISTS (子查询)
```

注意：EXISTS 谓词只返回逻辑值 TRUE、FALSE，不返回结果集。

【例 3.53】 查找订购了编号为"10010001"商品的客户姓名。

分析：该查询要求可理解为找出那些客户的姓名，即在订单中存在其订购了"10010001"商品的记录。本查询涉及 CustomerInfo 表和 OrderList 表，可在 CustomerInfo 表中依次取每行的"客户编号"值，用此值去检查 OrderList 表。若 OrderList 表中存在"客户编号"值等于 CustomerInfo 表中"客户编号"值的元组，并且该元组的"商品编号"等于"10010001"，那么就将 CustomerInfo 表中当前行的"客户姓名"列值送入结果表。SQL 语句如下：

```
SELECT 客户姓名
    FROM CustomerInfo a
    WHERE EXISTS
        ( SELECT *
            FROM OrderList b
            WHERE b.客户编号 = a.客户编号  AND b.商品编号 ='10010001' )
```

本例相关子查询的处理过程是首先查找外层查询中 CustomerInfo 表的第一行，根据该行的客户编号列值处理内层查询，若结果不为空，则 WHERE 条件为真，把该行的客户姓名值取出作为结果集的一行，然后再找 CustomerInfo 表的第 2，3，…，行，重复上述处理过程直到 CustomerInfo 表的所有行都查找完为止。

本例中的查询也可以用连接查询来实现：

```
SELECT 客户姓名
    FROM CustomerInfo a, OrderList b
    WHERE b.客户编号 = a.客户编号  AND b.商品编号 ='10010001'
```

可见，同一查询要求可以有多种设计和实现方法，既可用连接查询，又可用子查询。一般情况下，连接查询的效率较低，尤其对于数据记录较多的表应尽量避免采用该实现方法。

【例 3.54】 查询至少订购了编号为"100001"的客户所订购的全部商品的客户编号。

分析：该查询要求可理解为找出这样的客户，即凡是"100001"号客户订购了的商品，他也订购了。本查询的设计思路是，在 OrderList 表中查询这样的客户编号 x，不存在这样的商品，客户"100001"订购了，而客户 x 没有订购。SQL 语句如下：

```
SELECT DISTINCT 客户编号
    FROM OrderList a
```

```
        WHERE NOT EXISTS
            ( SELECT *
                FROM OrderList b
            WHERE b.客户编号='100001'
                    AND NOT EXISTS
                    ( SELECT *
                        FROM OrderList c
                    WHERE c.客户编号=a.客户编号
                            AND c.商品编号=b.商品编号
                    )
            )
```

先向 OrderList 表中添加 3 条记录：(100002,30010001,2020-2-10,2,2020-2-20,现金,客户自取)、(100004,10010001,2020-5-10,3,2020-6-1,信用卡,送货上门)、(100004,30010001,2020-3-1,2,2020-3-10,支付宝,送货上门)，则该语句的执行结果如图 3.26 所示。

客户编号
100001
100002
100004

图 3.26　例 3.54 的执行结果

3.4.5　集合查询

SELECT 语句执行的结果是元组的集合，因此多个 SELECT 语句的结果集可以进行集合操作。集合操作主要包括并（UNION）、交（INTERSECT）、差（EXCEPT）。与集合代数中的操作一样，这里的集合操作也要求各 SELECT 的查询结果集列数必须相同，并且对应列的数据类型也必须相同。

【例 3.55】　查询订购了编号为"10010001"或"10020001"商品的客户的编号。

```
SELECT  客户编号
    FROM OrderList
    WHERE  商品编号='10010001'
UNION
SELECT  客户编号
    FROM OrderList
    WHERE  商品编号='10020001'
```

【例 3.56】　查询单价小于 50 元的商品与库存量大于 20 的商品的交集。

```
SELECT  商品编号, 商品类别, 商品名称, 品牌, 单价,生产商, 保质期, 库存量
    FROM GoodsInfo
    WHERE  单价<50
INTERSECT
SELECT  商品编号, 商品类别, 商品名称, 品牌, 单价, 生产商, 保质期, 库存量
    FROM GoodsInfo
    WHERE  库存量>20
```

实际上是查询单价小于 50 元且库存量大于 20 的商品，它与以下 SELECT 查询语句等价：

```
SELECT  商品编号, 商品类别, 商品名称, 品牌, 单价, 生产商, 保质期, 库存量
    FROM GoodsInfo
    WHERE  单价<50 AND  库存量>20
```

【例 3.57】　查询单价小于 50 元的商品与库存量大于 20 的商品的差集。

```
SELECT  商品编号, 商品类别, 商品名称, 品牌, 单价, 生产商, 保质期, 库存量
    FROM GoodsInfo
    WHERE  单价<50
EXCEPT
SELECT  商品编号, 商品类别, 商品名称, 品牌, 单价, 生产商, 保质期, 库存量
```

```
FROM GoodsInfo
WHERE  库存量>20
```

实际上是查询单价小于 50 元且库存量不大于 20 的商品，它与以下 SELECT 查询语句等价：

```
SELECT  商品编号, 商品类别, 商品名称, 品牌, 单价, 生产商, 保质期, 库存量
FROM GoodsInfo
WHERE  单价<50 AND  库存量<=20
```

3.5 数据更新

SQL 数据更新操作包括数据插入、数据修改和数据删除 3 类。

3.5.1 数据插入

INSERT 语句的功能是向表中插入由 VALUES 指定的行或子查询的结果。

（1）插入元组

插入元组的 INSERT 语句基本格式如下：

```
INSERT INTO <表名> [(<列 1> [, <列 2>...])]
VALUES (<常量 1>   [, <常量 2>...])
```

该语句的功能是将 VALUES 子句中各常量组成的元组添加到<表名>所指定的表中，其中，新元组的列 1 值为常量 1，列 2 值为常量 2，依此类推。如果某些列在 INTO 子句中没有出现，则新元组在这些列上的值将取空值 NULL。但如果在表定义时说明了属性列不能取空值（NOT NULL），则必须指定一个值。如果 INTO 子句后没有指明任何列，则新插入的元组必须为表的每个列赋值，列赋值的顺序与创建表时列的默认顺序相同。

【例 3.58】 向 GoodsOrder 数据库的 CustomerInfo 表中插入新元组：(客户编号: 100007; 客户姓名: 周远; 出生日期: 1989-8-20; 客户性别: 男; 所在省市: 安徽合肥; 联系电话: 13388080088; 微信号: wxid_zhouyuan; 备注: NULL)。

```
INSERT INTO CustomerInfo
VALUES('100007','周远','1989-8-20','男','安徽合肥','13388080088', 'wxid_zhouyuan' NULL)
```

在 INTO 子句中没有指出属性列，因此在 VALUES 子句中要按照 CustomerInfo 表各列的顺序为每个列赋值。

【例 3.59】 向 GoodsOrder 数据库的 OrderList 表中插入一个新元组：客户编号为 100001，商品编号为 30010002，订购时间为 2020-6-10 14:20:30，其他列取空值。

```
INSERT INTO OrderList(客户编号,商品编号,订购时间)
VALUES('100001','30010002','2020-6-10 14:20:30')
```

在 INTO 子句中指出了需赋值的列，因此在 VALUES 子句中常量的个数应与 INTO 子句中指出列的个数相同，并且一一对应赋值。而新元组在其他属性列上的值默认为空值。需要注意的是，表的列不允许取空值，若未在 INTO 子句中指出其值，将会出错。如以下语句将会出错：

```
INSERT INTO OrderList(客户编号,商品编号)
VALUES('100001','30010002')
```

因 OrderList 表的"订购时间"列不允许取空值。

注意：在执行 INSERT 语句时，如果插入的数据与约束或规则的要求产生冲突，或值的数据类型与列的数据类型不匹配，则 INSERT 语句执行失败。

（2）插入子查询结果

子查询可用在 INSERT 语句中，将生成的结果集插入到指定的表中。插入子查询结果的 INSERT 语句格式如下：

```
INSERT INTO <表名> [(<列 1> [, <列 2>…])]
    <子查询>
```

INTO 子句中的列数要和 SELECT 子句中的表达式个数一致，数据类型也要一致。

【例 3.60】 设在 GoodsOrder 数据库中用如下语句建立一个新表 CInfo_Order：

```
CREATE TABLE CInfo_Order
(    客户编号            char(6) NOT NULL,
     订购商品件数         tinyint
)
```

那么，使用如下 INSERT 语句向 CInfo_Order 表中插入数据：

```
INSERT INTO CInfo_Order
    SELECT  客户编号, COUNT(*)
        FROM OrderList
        GROUP BY 客户编号
```

该 INSERT 语句的功能是将 OrderList 表中各个客户的编号，以及订购的商品件数插入 CInfo_Order 表中。

3.5.2 数据修改

SQL 中用于修改表数据行的 UPDATE 语句，其基本格式如下：

```
UPDATE <表名> [ [ AS ] < 别名> ]
    SET <列名> =<表达式> [, <列名>=<表达式> ]…
    [WHERE <条件表达式>]
```

该语句的功能是修改指定表中满足 WHERE 子句指定条件的元组，其中 SET 子句给出需修改的列及其新值。若不使用 WHERE 子句，则更新所有记录的指定列值。

【例 3.61】 将 GoodsOrder 数据库的 CustomerInfo 表中编号为"100001"客户的联系电话改为 15980080001。

```
UPDATE CustomerInfo
    SET 联系电话 ='15980080001'
    WHERE 客户编号 ='100001'
```

该语句的功能是修改表中某一个元组的一个列值。

【例 3.62】 将 GoodsOrder 数据库的 CustomerInfo 表中编号为"100001"客户的所在省市改为江苏常州，联系电话改为 15980080001，备注改为金牌客户。

```
UPDATE CustomerInfo
    SET 所在省市 ='江苏常州', 联系电话 ='15980080001', 备注 ='金牌客户'
    WHERE 客户编号 ='100001'
```

该语句的功能是修改表中某一个元组的多个列值。

【例 3.63】 将 GoodsInfo 表中各商品的单价降低 10%。

```
UPDATE GoodsInfo
    SET 单价 = 单价*0.9
```

该语句的功能是修改表中多个元组的列值。

3.5.3 数据删除

SQL 中删除数据可以使用 DELETE 语句来实现，其基本格式如下：

```
DELETE   [FROM] <表名>
    [WHERE <条件表达式>]
```

该语句的功能是从指定的表中删除满足条件的元组。若省略 WHERE 子句，则表示删除表中的所有行。

注意：DELETE 语句删除的是表中的数据，而不是表的结构，DROP 删除的不仅是表的内容，还有表的定义。

【例 3.64】 删除 GoodsOrder 数据库的 CustomerInfo 表中编号为"100007"的客户信息。

```
DELETE FROM CustomerInfo
    WHERE  客户编号 = '100007'
```

【例 3.65】 删除所有客户记录。

```
DELETE FROM CustomerInfo
```

该语句的功能是删除 CustomerInfo 表的所有行，使 CustomerInfo 表成为空表。

【例 3.66】 删除 OrderList 表中所有订购了编号为"10010001"商品的订购记录。

```
DELETE FROM OrderList
    WHERE  商品编号 IN
        (SELECT 商品编号
            FROM OrderList WHERE  商品编号 = '10010001'
        )
```

本例采用 SELECT 子查询构造删除操作的条件。

3.5.4　更新操作与数据完整性

如果只能对一个表进行数据更新就会带来一些问题。例如，某个客户记录被删除后，其相应的商品订购信息也应同时删除。这需要使用两条 SQL 语句：

```
DELETE FROM CustomerInfo
    WHERE  客户编号 = '100008'
```

和

```
DELETE FROM OrderList
    WHERE  客户编号 = '100008'
```

在成功执行了第一条语句后，数据库中数据的一致性已经被破坏。只有在成功执行了第二条语句后，数据库才会重新处于一致状态。但如果由于各种原因（计算机突发故障或使用者操作失误等）只执行了第一条语句，而第二条语句无法执行，那么数据库的一致性状态就不可能恢复，这样数据完整性就被破坏了。因此必须保证这两条语句要么都做，要么都不做。这就是事务（Transaction）的概念，相关内容将在第 7 章详细介绍。

对某个基本表进行增、删、改操作有可能会破坏参照完整性。当向参照表中插入元组，如对 GoodsOrder 数据库的 OrderList 表中插入元组('100001','50010002','2020-7-20',6,NULL,NULLNULL) 时，若被参照表 CustomerInfo 中不存在编号为'100001'的客户，或被参照表 GoodsInfo 中不存在编号为'50010002'的商品，则对 OrderList 表的插入操作都不应该执行。若执行了该插入操作则破坏了参照完整性。参照完整性是关系数据模型必须满足的完整性约束，应由 RDBMS 自动支持。

3.6　视图

3.6.1　视图的概念

视图（View）是从一个或多个基本表（或视图）导出的表。视图是数据库系统提供给用户以多种角度观察和使用数据库中数据的重要机制。例如，对于一所学校，其学生情况存于数据库的一个或多个表中，而作为学校的不同职能部门，所关心的学生数据内容是不同的。即使是同样的数据，也可能有不同的操作要求，于是这种可以根据不同需求，在数据库上定义用户所要求的数据结构就是视图。

视图是一个虚表，数据库中只存储视图的定义，而相应的数据仍然存放在原来的基本表中。对视图的数据进行操作时，系统可根据视图的定义去操作与视图相关联的基本表。因此，如果基本表中的数据发生变化，那么从视图查询出的数据也就随之发生变化。可以形象地说，视图就如同一个窗口，透过它可以看到数据库中可操作的数据及其变化。

视图一经定义就可以像表一样用于查询操作，并可进行有限制的更新操作。使用视图有以下优点。

① 屏蔽数据库的复杂性，简化用户操作。定义视图可集中用户需要的数据列，使其不必了解复杂的数据库表结构，可大大降低操作的复杂性。

② 简化用户权限管理，增加数据库的安全性。只需授予用户使用视图的权限，而不必在基本表中进行复杂的权限设定，并且限制用户只能访问其权限内的数据，增加其安全性。

③ 便于数据共享。各用户不必都定义和存储自己所需的数据，可共享数据库的数据，同样的数据只需存储一次。

④ 降低数据库重构对用户的影响。数据库重构时，对于视图涉及的部分，若未发生变化，则相应的用户应用均不受影响，具有一定的逻辑独立性。

使用视图时，要注意的事项如下。

① 视图的命名必须遵循标识符命名规则，不能与表同名，且每个用户的视图名必须是唯一的，对不同用户，即使是定义相同的视图，也必须使用不同的名字。

② 不能在视图上建立任何索引。

③ 对视图的更新操作有一定的限制，相关内容详见 3.6.4 节。

3.6.2 视图定义

1. 创建视图

CREATE VIEW 语句用于创建视图，其基本格式为：

```
CREATE VIEW <视图名>
    [(<列名>[, <列名> ])] AS
        <SELECT 查询语句>
```

当列名省略时，表示取 SELECT 查询返回的所有列。

【例 3.67】 创建视图 Customer_NJview，其内容为"江苏南京"的客户信息。

```
CREATE VIEW Customer_NJview
AS
SELECT *
FROM CustomerInfo
WHERE 所在省市='江苏南京'
```

【例 3.68】 创建视图 OrderList_NJview，其内容为"江苏南京"的客户信息及其订购的"商品编号"。

```
CREATE VIEW OrderList_NJview
AS
SELECT a.*, 商品编号
FROM CustomerInfo a, OrderList b
WHERE a.所在省市='江苏南京' AND a.客户编号=b.客户编号
```

视图不仅可以建立在一个或多个基本表上，也可以建立在一个或多个已有视图上。

【例 3.69】 创建"江苏南京"订购了编号为"10010001"商品的所有客户的客户编号、客户姓名视图 Order_NJview_2。

```
CREATE VIEW Order_NJview_2(客户编号,客户姓名)
AS
SELECT 客户编号,客户姓名
FROM OrderList_NJview
WHERE 商品编号='10010001'
```

2. 修改视图

使用 ALTER VIEW 语句可修改视图的定义，该语句基本格式为：

```
ALTER VIEW <视图名>
    [(<列名>[,<列名> ])]  AS
        <SELECT 查询语句>
```

【例 3.70】 修改视图 Order_NJview_2，使其内容变为选购了编号为"30010001"的所有"江苏南京"客户的客户编号、客户姓名。

```
ALTER VIEW Order_NJview_2
AS
SELECT 客户编号,客户姓名
FROM OrderList_NJview
WHERE 商品编号='30010001'
```

3. 删除视图

删除视图的语句是 DROP VIEW，其基本格式为：

```
DROP VIEW <视图名>
```

删除视图不会影响基本表的数据。但如果被删视图还导出了其他视图，则对由其导出的视图执行操作将会发生错误。

【例 3.71】 删除视图 OrderList_NJview。

```
DROP VIEW OrderList_NJview
```

当删除视图 OrderList_NJview 后，对由其导出的视图 Order_NJview_2 操作将会发生错误。

3.6.3 视图查询

定义视图后就可以如同查询基本表那样对视图进行查询了。

对视图查询时，首先进行有效性检查，检查查询的表、视图是否存在。如果存在，那么从系统表中取出视图的定义，并把定义中的子查询和用户的查询结合起来，转换成等价的对基本表的查询，然后再执行转换以后的查询。

下面先创建 3 个视图 CInfo_JS、LEFT_NUM 和 TOTAL_COST，然后再对所创建的视图进行查询。

① 视图 CInfo_JS。所在省为"江苏"的客户信息，创建视图的语句如下：

```
CREATE VIEW CInfo_JS
AS
SELECT *
    FROM CustomerInfo
    WHERE 所在省市  LIKE '江苏%'
```

② 视图 LEFT_NUM。客户订购之后商品的剩余量，创建视图的语句如下：

```
CREATE VIEW LEFT_NUM(商品编号,剩余量)
AS
```

```
SELECT a.商品编号, a.库存量-x.订购总量
    FROM GoodsInfo a, (SELECT 商品编号, SUM(数量) AS 订购总量
                FROM OrderList
                GROUP BY 商品编号)  x
    WHERE a.商品编号 = x.商品编号
```

注意：本视图的定义中，FROM 子句的第二个表是由 SELECT 语句查询产生的。

③ 视图 TOTAL_COST。客户所订购商品的总价值，创建视图的语句如下：

```
CREATE VIEW TOTAL_COST(客户编号, COST)
AS
SELECT 客户编号, SUM(单价*数量)
    FROM OrderList a, GoodsInfo b
    WHERE a.商品编号 = b.商品编号
    GROUP BY 客户编号
```

【例 3.72】   查找视图 CInfo_JS 的全部信息。

```
SELECT *
    FROM CInfo_JS
```

该语句执行结果如图 3.27 所示。

客户编号	客户姓名	出生日期	性别	所在省市	联系电话	微信号	VIP	备注
100001	张小林	1982-02-01 00:00:00.000	男	江苏南京	02581334567	13980030075	1	银牌客户
100002	李红红	1991-03-22 00:00:00.000	女	江苏苏州	13908899120	13908899120	1	金牌客户
100006	王芳芳	1996-05-01 00:00:00.000	女	江苏南京	13709092011	wxid_7890921	0	NULL

图 3.27   例 3.72 的执行结果

【例 3.73】   查找订购后剩余量在 50 件以上的商品编号及其剩余量。

本例对 TOTAL_COST 视图进行如下查询：

```
SELECT *
    FROM LEFT_NUM
    WHERE 剩余量>=50
```

【例 3.74】   查找所订购商品总价值在 100 元及以上的客户编号及所订购商品总值。

本例对 LEFT_NUM 视图进行如下查询：

```
SELECT *
    FROM TOTAL_COST
    WHERE COST >=100
```

例 3.73 和例 3.74 的执行结果分别如图 3.28 和图 3.29 所示。

商品编号	剩余量
10010001	97
10020001	95
30010001	110

客户编号	COST
100001	135
100004	931.2
100005	136
100006	175

图 3.28   例 3.73 的执行结果   图 3.29   例 3.74 的执行结果

从示例可以看出，创建视图可以向用户隐藏复杂的表连接，简化了用户的 SQL 查询语句。

在创建视图时，可以指定限制条件和指定列来限制用户对基本表的访问。例如，若限定用户只能查询视图 CInfo_JS，实际上就是限制了用户只能访问 CustomerInfo 表的"所在省市"列值包含"江苏"的行；在创建视图时可以指定列，实际上也就是限制了用户只能访问这些列，从而也可以将视图看作是数据库的安全设施。

使用视图时，若其关联的基本表表结构发生变化，则需要对相应视图进行处理。各 RDBMS 的处理方法需要查阅相关技术手册。例如，在 SQL Server 中，若基本表添加了新字段，则必须重新

创建视图才能查询到新字段。若 CustomerInfo 表新增了"优惠等级"列,在其上创建的视图 CInfo_JS 若不重建视图,那么以下查询的结果将不包含"优惠等级"列。

```
SELECT *
    FROM CInfo_JS
```

如果与视图相关联的表或视图被删除,则该视图将不能再使用。

3.6.4 视图更新

视图更新是指通过视图插入、删除和修改数据。由于视图是不实际存储数据的虚表,因此对视图的更新最终要转换为对基本表的操作。

为了防止用户通过视图对数据进行增加、删除或修改,对不属于视图范围内的基本表数据进行操作,可在定义视图时加上 WITH CHECK OPTION 子句。这样在视图上进行增、删、改操作时,系统就会检查视图定义中的条件,若不满足条件,则拒绝执行。

下面的例子中用到了 3.6.3 节定义的如下两个视图:

① 视图 CInfo_JS:所在省为"江苏"的客户信息。

② 视图 LEFT_NUM:客户订购之后商品的剩余量。

1. 插入数据

使用 INSERT 语句通过视图向基本表插入数据。

【例 3.75】 向 GoodsOrder 数据库的视图 CInfo_JS 中插入一个新客户记录,客户编号为 100008,姓名为赵平,性别为女,出生日期为 1993-5-19,所在省市为江苏南京,其他列为空值。

```
INSERT INTO CInfo_JS (客户编号,客户姓名,性别,出生日期,所在省市)
    VALUES('100008','赵平', '女','1993-5-19','江苏南京')
```

使用 SELECT 语句查询视图 CInfo_JS 依据的基本表 CustomerInfo:

```
SELECT * FROM CustomerInfo
```

将看到该表已增加了(100008,赵平,1993-5-19,女,江苏南京,NULL,NULL,FALSE,NULL,NULL)行。

2. 修改数据

使用 UPDATE 语句通过视图修改基本表的数据。

【例 3.76】 将视图 CInfo_JS 中客户编号为"100008"的客户姓名改为"赵小平"。

```
UPDATE CInfo_JS
    SET 客户姓名='赵小平'
    WHERE 客户编号='100008'
```

3. 删除数据

使用 DELETE 语句通过视图删除基本表的数据。

【例 3.77】 删除视图 CInfo_JS 中客户编号为"100008"的记录。

```
DELETE FROM CInfo_JS
    WHERE 客户编号='100008'
```

对视图进行更新操作时,要注意基本表对数据的各种约束和规则要求。

在关系数据库中,并非所有的视图都是可以更新的。

例如,对于视图 LEFT_NUM,若通过以下 SQL 语句把编号为"10010001"的商品剩余量改为 10:

```
UPDATE LEFT_NUM
    SET  剩余量 = 10
    WHERE  商品编号='10010001'
```

这是无法完成的，系统无法将对视图 LEFT_NUM 的更新转换为对基本表 GoodsInfo 的更新，因为系统无法修改与剩余量字段关联的统计值，所以视图 LEFT_NUM 是不可更新的。

目前，各种关系数据库管理系统都只允许对行/列子集视图进行更新。行/列子集视图是指从单个基本表导出，只是去掉了某些行与列，并且保留了主码的视图。例如，CInfo_JS 就是一个行/列子集视图。而例 3.68 所定义的 OrderList_NJview 视图、本章所定义的 LEFT_NUM 视图和 TOTAL_COST 视图都不是行/列子集视图。对于非行/列子集视图是否允许更新，各个具体的 RDBMS 的规定都不尽相同，需要参考相应的技术规定。

*3.6.5　物化视图

在数据库应用中，可能会出现对视图的频繁查询，特别是对汇聚多个表结果的视图的频繁查询。例如，在商品订购数据库中，大量用户需要经常查询其订购商品的总金额，这将会给数据库服务器带来沉重的负担。因此，可将这些由视图定义的查询的结果进行存储，以提高查询效率，这就是物化视图（Materialized View）。

物化视图是保存数据库查询结果的数据库对象。它保存的是相关基本表数据的副本，其目的是提高查询效率。当基本表数据发生变化时，物化视图需要相应更新，以保证数据的一致性，这就需要数据库管理系统提供相应的物化视图更新机制。因此，物化视图是一种以空间换时间的处理策略。

从物化视图概念来看，虽然称为"视图"，但它却是对应有实际数据存储的，这与通常意义上讲的"视图"是有本质不同的。

不同的数据库管理系统，对物化视图的支持机制有所不同，例如，Oracle 称为物化视图，SQL Server 称为快照（Snapshot）。因此在实际应用中需要查阅相应系统的技术资料。

本章小结

SQL 是关系数据库的标准语言，是一种介于关系代数和关系演算之间的语言。SQL 的功能包括数据定义、数据操纵（查询和更新）和数据控制 3 个部分，它是功能极强的关系数据库语言。SQL 简洁实用、功能齐全，是目前应用最广的关系数据库语言之一。

本章主要讲解 SQL 的数据定义、数据查询和数据更新操作 3 个部分。SQL 的数据控制部分将在第 7 章介绍，嵌入式 SQL、存储过程和触发器将在第 6 章介绍。本章内容是数据库应用的重要基础。

SQL 数据定义提供了 3 个命令：CREATE、DROP 和 ALTER，用于定义数据模式，包括数据库、表、视图和索引。SQL 数据查询命令是 SELECT，它是 SQL 功能中最丰富也是最复杂的命令之一，读者应加强练习，掌握用 SELECT 表达查询的方法。SQL 数据更新提供了 3 个命令：INSERT、DELETE 和 UPDATE，分别用于数据的增、删、改。

虽然各 RDBMS 都采用 SQL，但在标准 SQL 上均有所扩展。本书以 SQL Server 的 T-SQL 为主来介绍 SQL 的基本功能，附录 C 提供了 T-SQL 的常用语句和内置函数。

习题 3

1. 试述 SQL 的特点与功能。

2. 什么是基本表？什么是视图？二者有何关系与区别？

3. 简述 SQL 的使用方式。

4. SQL 语句按其功能可分为哪几类？

5. SQL 的数据定义主要包括哪几类对象的定义？

6. 什么是索引？定义索引的目的是什么？

7. 什么是聚簇索引？什么是非聚簇索引？

8. 简述 SELECT 查询语句中各子句的作用。

9. SELECT 查询块中的 WHERE 子句和 HAVING 子句都包含筛选条件，两者有什么不同？

10. 什么是聚合函数？有哪些常用聚合函数？

11. 使用 GROUP BY 子句需要注意什么？试举例说明。

12. 解释相关子查询与不相关子查询的含义。

13. 设有学生成绩数据库 StuScore，其中包含关系如下。

（1）学生关系：名为 Student，描述学生信息。关系模式为 Student(学号,姓名,专业名,性别,出生时间,总学分,备注)。

（2）课程关系：名为 Course，描述课程信息。关系模式为 Course(课程号,课程名,开课学期,学时,学分)。

（3）学生选课关系：名为 StuCourse，描述学生选课及获得成绩信息。关系模式为 StuCourse(学号,课程号,成绩)。

试写出以下操作的 SQL 语句：

（1）查询专业名为"计算机科学与技术"的学生学号与姓名；

（2）查询开课学期为"2"的课程号与课程名；

（3）查询修读"计算机基础"的学生姓名；

（4）查询每个学生已选修课程门数和总平均成绩；

（5）查询所有课程的成绩都在 80 分以上的学生姓名、学号；

（6）删除在 Student 和 StuCourse 中所有学号以"2004"开头的元组；

（7）在学生数据库中建立"计算机科学与技术"专业的学生视图 ComputerStu；

（8）在视图 ComputerStu 中查询姓"王"的学生情况。

14. 当向表中插入的记录里包含部分字段值时，编写 INSERT 语句应注意什么？如果需要向表中插入另一个表的查询结果，应如何构建 INSERT 语句？

15. 试分析在设计 UPDATE 语句和 DELETE 语句时容易出现的问题。

16. 什么是视图？视图有哪些优点？简述什么视图是可以更新的，并分析理由。

第4章

数据库设计——数据库
应用系统开发总论

 学习目标

1. 了解数据库设计的含义和特点；
2. 理解数据库设计的步骤和各阶段的任务；
3. 掌握数据库需求分析的步骤及其说明书的描述方法，并能分析应用需求，绘制数据流图，编写数据字典；
4. 掌握概念设计任务和方法，能根据需求分析结果建立应用系统的 E-R 模型；
5. 掌握逻辑设计过程，能将 E-R 模型转换为关系数据模型，并进行模式优化；
6. 了解数据库物理设计、数据库实施和维护的内容与方法；
7. 掌握数据库设计的过程和方法，具备根据应用需求设计关系数据库的基本能力。

　　信息系统是提供信息和辅助人们对环境进行决策与控制的系统。常见的信息系统有管理信息系统、决策支持系统、办公自动化系统、地理信息系统、电子商务系统等。数据库是信息系统的核心和基础，把信息系统中的数据按一定的模型组织起来，提供数据存储、查询和维护功能，使信息系统可以方便、及时、准确地从数据库中获得所需的数据。

　　通常把使用数据库的各类信息系统统称为数据库应用系统。建立数据库应用系统就是在已有的数据库支撑环境（包括 DBMS、操作系统和硬件）上创建数据库及其应用系统。数据库设计是数据库应用系统建设的基础和重要组成部分。本章将介绍数据库设计的基本概念和方法。

4.1　数据库设计的概述

　　与其他软件系统一样，数据库应用系统也有一个从分析定义、设计与建立、运行与维护到终止的生命周期。数据库设计是数据库生存周期中的一个重要阶段，也是工作量比较大的一项活动，其质量对数据库应用系统影响很大。

4.1.1　数据库设计的含义

　　广义地讲，数据库设计是指数据库及其应用系统的设计，即设计整个的数据库应用系统。狭义地讲，数据库设计是指数据库本身的设计，即设计数据库的各级模式并建立数据库，这是数据库应用系统设计的一部分。本章所涉及的数据库设计是指狭义的含义。整个数据库应用系统的设计包括数据库设计和应用系统的设计，本章主要讨论数据库的设计，第 6 章将重点讨论应用系统的设计。当然，由于数据与处理是密切相关的，数据库设计与应用系统设计也是不能截然分开的，只是两部分设计考虑的侧重点不一样。在一个数据库应用系统的实际构建中，两者需要综合考虑。

数据库设计是指根据用户需求研制数据库结构的过程，具体地说，就是根据用户的信息需求、处理需求和数据库的处理环境，构造最优的数据库模式，建立数据库及其应用系统，使之能有效地存储与访问管理数据，满足用户的信息需求和处理需求。其含义如图4.1所示。

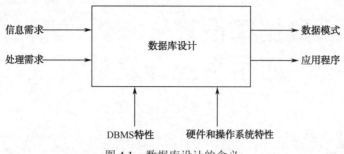

图4.1　数据库设计的含义

数据库设计的目标是为用户和各种应用系统提供一个信息基础设施和高效率的运行环境，包括数据的存取效率、存储空间利用率和系统运行管理效率。数据库设计结果关系到以后整个应用系统的扩展、性能方面的优化，以及后期的维护。

4.1.2　数据库设计的特点

早在20世纪80年代初，人们为了研究数据库设计方法学的便利，曾主张将结构设计和行为设计两者分离。随着数据库设计方法学的成熟和结构化分析、设计方法的普遍使用，人们主张将两者进行一体化考虑，这样可以缩短数据库的设计周期，提高数据库的设计效率。数据库的设计特点是强调结构设计与行为设计相结合，是一种"反复探寻，逐步求精"的过程。首先以数据模型为核心展开，将数据库设计和应用系统设计相结合，建立一个完整、独立、共享、冗余小、安全有效的数据库系统。

与其他工程设计类似，数据库设计具有一般工程设计的反复性（Interative）、试探性（Tenative）和多阶段（Multistage）等特点。反复性指数据库设计不可能"一气呵成"，需要反复推敲和修改才能完成。前阶段的设计是后阶段的基础，后阶段也可向前阶段反馈要求。试探性指数据库设计的过程通常是一个试探的过程，在设计过程中有各式各样的要求和制约因素，它们之间往往是矛盾的。数据库设计者要权衡这些因素来决策，而决策不一定是完全客观的，它往往与用户的观点和偏好有关。多阶段指数据库设计一般要分多个阶段进行。数据库设计常由不同的人员分阶段进行，用户和各类技术人员可以分工合作，保证设计的质量和进度。此外，数据库设计既是一项涉及多学科的综合性技术，又是一项庞大的工程项目，具有其自身的特点。

1. 将技术、管理和基础数据相结合

数据库的建设不仅涉及技术，还涉及管理。要建设好一个数据库系统，技术固然重要，但管理更重要。这里的"管理"包括数据库应用系统建设项目本身的管理和应用单位的业务管理。应用单位的业务管理对数据库设计有着直接影响，这是因为数据库模式是对应用单位的数据及联系的抽象与描述，应用单位的管理模式与数据密切相关。

基础数据的收集、整理和组织是数据库系统投入运行的前提。基础数据的入库是数据库建立初期最重要、工作量最大、最烦琐的工作，应当对于基础数据的收集整理入库工作予以高度的重视。基于数据库建设的上述特点，"三分技术，七分管理，十二分基础数据"是数据库建设的基本规律。

2. 将结构设计与行为设计相结合

数据库设计应该与应用系统设计相结合，即将数据库结构设计与对数据处理的行为设计密切结合起来。实际上，设计数据库应用系统需要考虑应用单位的信息需求和处理需求。信息需求表示一个组织或单位所需要的数据和结构；处理需求表示一个组织或单位需要进行的数据处理，如工资计算、资金统计等。前者表达了对数据库内容及结构的要求，也就是静态要求；后者表达了对基于数据库的数据处理的要求，也就是动态要求。信息需求与处理需求的区分不是绝对的，只是侧重点不同而已。在数据库设计时两者均要考虑。

3. 数据库设计涉及多学科领域

数据库设计要求设计人员具备多方面的技术和知识，主要包括计算机基础知识、软件工程的原理和方法、程序设计方法与技术、数据库的基本知识、数据库设计技术和应用领域的知识，特别是要具有一定的领域知识，这就要求设计人员必须了解业务流程和处理特点。早期数据库设计主要采用手工方法，设计质量与设计人员的经验和水平相关，往往缺乏科学理论和工程方法的支持。为此，数据库设计人员致力于设计方法和辅助设计工具的研究，提出了一些有效的数据库设计方法，如用于设计概念模式的 E-R 设计方法、用于设计逻辑模式的 3NF（第三范式）设计方法，以及面向对象数据库设计方法（Object Definition Language，ODL）。同时开发了用于辅助数据库设计的工具，如 PowerDesigner 等。

4.1.3　数据库设计的 6 个阶段

数据库系统的设计既要满足用户的需求，又要与给定的应用环境密切相关，因此必须采用系统化、规范化的设计方法，按照需求分析、概念结构设计、逻辑结构设计、物理结构设计、数据库实施、数据库运行与维护这 6 个阶段逐步深入展开，如图 4.2 所示。

（1）需求分析阶段。收集并分析用户的需求，包括数据、功能和性能需求。数据库设计必须先准确了解与分析用户需求（包括数据及其处理）。需求分析是整个设计过程的基础，也是最困难、最耗费时间的一步。作为地基的需求分析做得是否充分与准确，决定了在其上构建数据库大厦的速度与质量。需求分析做得不好，甚至会导致整个数据库设计返工重做。

（2）概念结构设计阶段。在需求分析的基础上，用概念数据模型（如 E-R 模型）表示数据及其相互间的联系。概念结构设计是整个数据库设计的关键，它通过对用户需求进行综合归纳与抽象，形成一个独立于具体 DBMS 的概念模型。

（3）逻辑结构设计阶段。将概念结构设计阶段所得的以概念模型表示的数据模式转换为由特定的 DBMS 支持的逻辑数据模式。逻辑结构设计阶段的结果是以数据定义语言（DDL）表示的逻辑模式。

（4）物理结构设计阶段。根据逻辑模式、DBMS 和计算机系统的特点，设计数据库的内模式，即文件结构、各种存取路径、存储空间的分配等。

（5）数据库实施阶段。运用 DBMS 提供的数据库语言（如 SQL）或工具，根据逻辑结构设计和物理结构设计的结果建立数据库，并组织数据入库进行试运行。

（6）数据库运行与维护阶段。在数据库建立并通过了试运行，同时建立应用系统并通过测试和试运行后，数据库即可投入正式运行。在运行过程中必须不断地对其进行评价、调整与修改，当数据需求变化较大时，还需进行数据库的重构。

数据库设计是一项综合运用计算机软件和硬件技术，同时也是结合相关应用领域知识及管理技术的系统工程。它不是某个设计人员凭个人经验或技巧就可以完成的，而是要遵循一定的规律，按步骤实施才可以设计出符合实际要求、实现预期功能的系统。数据库设计人员经过长期探索和实践，已经总结出一些理论体系来对数据库设计进行过程控制和质量、性能评价，其中比较著名的是 1978 年在美国新奥尔良（New Orleans）会议上提出的关于数据库设计的步骤划分，被公认为是比较完整的设计框架。本章将结合软件工程的思想，按照图 4.2 所示来探讨数据库设计的步骤。

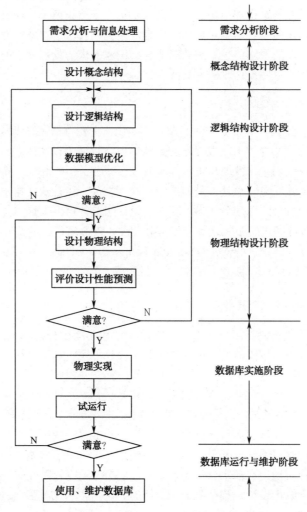

图 4.2　数据库设计的 6 个阶段

4.2　需求分析

　　需求分析的任务是，通过详细调查现实世界要处理的对象（组织、部门等），充分了解原系统（手工系统或计算机系统）工作的概况，明确用户需求，确定新系统的功能。新系统必须充分考虑今后可能的扩充和改变。

　　需求分析的重点是，获取用户的信息需求、处理需求、安全性需求和完整性需求。信息需求指用户需要从数据库中获得信息内容与性质的要求；处理需求指用户对数据处理功能、响应时间及处理方式等的要求；安全性需求指用户对数据的安全保密要求；完整性需求指数据应满足的约束条件。

　　需求分析的难点是，①用户难以准确表达需求，并且需求还会不断地变化；②设计人员缺少用户的专业知识，不易理解用户的真正需求；③新的硬件、软件技术的出现也会使用户需求发生变化。解决方法是，设计人员应采用有效的方法，与用户不断深入地进行交流，逐步得以确定用户的实际需求。

用户需求分析常用方法是，跟班作业、开调查会、请专人介绍、询问、问卷调查、查阅记录等。这些方法是多方面的，需要与用户单位各层次的领导和业务管理人员交谈，了解、收集用户单位各部门的组织机构、各部门的职责，以及业务联系、业务流程、数据需求等。

4.2.1　需求分析的步骤

1. 现系统调查

开发设计人员通过与被调查部门领导和业务人员交谈、询问，以及请专人介绍、跟班作业等方法，详细了解用户的各种相关情况。了解、收集用户单位各部门的组织机构、部门职责、部门间的业务流程、各部门和各业务活动输入和使用什么数据，以及如何加工处理这些数据，输出数据到什么部门，数据格式和形式是什么。由于调查工作量大且烦琐，开发设计人员往往对用户业务不熟悉，而用户对计算机又很陌生，这就需要双方进行不断深入地交流，以逐步确定用户的实际需求。

2. 业务及需求分析

在熟悉用户业务流程后，确定哪些功能由计算机完成，哪些由手工完成，是联机处理还是批处理，存取频率和存取量是多少，有无保密要求。协助用户明确信息要求、处理要求、完整性和安全性要求。通过调查详细了解用户需求后，可采用结构分析方法和自顶向下法描述和分析用户要求。用数据流图 DFD（Data Flow Diagram）和数据字典 DD（Data Dictionary）描述系统。

3. 综合与调整

尽量收集反映单位内信息流的各种档案、报表、计划、单据、账本、资料等原始数据，并明确数据元素的性质、取值范围、使用者、提供者、控制权限及数据之间的联系，了解单位的规模和结构、现有资源、人员水平、技术更新要求等。需求分析不仅应考虑现阶段用户的要求，同时还要考虑将来用户可能提出的扩展和改变。在设计数据库系统时应全面考虑，以便系统后期的扩展。

4. 编写需求分析报告

需求分析报告一般用自然语言并辅之以一定图表书写，包括需求调查原始资料、数据边界、环境及数据内部关系、数据流及分析、数据字典等内容，同时还要确定系统的目标、设计原则及系统应完成的功能，并根据本阶段的成果，从组织落实、技术和效益等方面进行系统的可行性分析。

4.2.2　需求分析的描述

1. 数据流图

数据流图（DFD）是结构分析方法（Structure Analysis，SA）的工具之一，它以图形化方式刻画数据流从输入到输出的变换过程。通常自顶而下逐层绘制数据流图。数据流图有 4 种基本元素：数据流、数据存储文件、加工、数据源点和汇点，如图 4.3 所示。

数据流用箭头表示数据流动的方向，从源流向目标。源和目标可以是其他 3 种基本元素。在箭头上方标明数据名称。

加工用矩形框表示对数据内容或数据结构的处理。对加工可以编号。

数据存储文件用缺口矩形框表示数据暂时或永久保存。图中

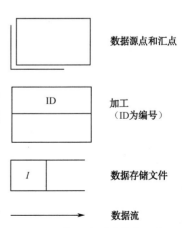

数据源点和汇点

ID　加工（ID为编号）

I　数据存储文件

→　数据流

图 4.3　数据流图的基本元素

"I"为数据存储文件的编号。

数据源点和汇点用加边矩形框表示数据的输入和输出。在矩形框内标注数据源点或汇点的名称。

【例4.1】　销售过程的数据流图，如图4.4所示。用户将订货单交给某企业的业务经理，经检验后，对不合格的订单要由用户重填；合格的订单交仓库保管员做出库处理，即查阅库存台账，如果有货则给用户开票发货；如缺货，则通知采购员采购。当系统功能较复杂时，数据流图可分成多层表示，从而逐步展开数据流和功能的细节，如图4.5所示。

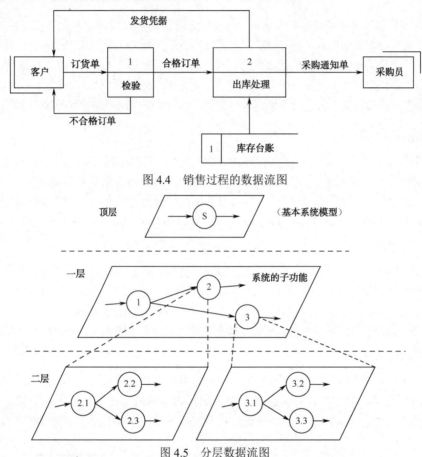

图 4.4　销售过程的数据流图

图 4.5　分层数据流图

2. 数据字典

数据字典是关于数据库中数据的详细描述，是各类数据结构和属性的清单，即关于数据的数据（元数据）。数据流图中出现的所有被命名的图形元素在数据字典中都作为一个词条加以定义。通常，数据字典包含的内容有数据元素、数据结构、数据存储、数据流和加工逻辑。

（1）数据元素。它是数据处理的最小单位，反映事物的某一特征。

数据元素={数据元素名,说明,数据类型,长度,取值范围,与其他数据元素及数据流结构的逻辑关系}

其中，数据元素的取值范围、与其他数据元素及数据流结构的逻辑关系定义了数据的完整性约束条件。

（2）数据结构。它反映了数据间的组合关系，是若干数据元素有意义的集合。

数据结构={数据结构名,说明,组成数据结构的数据元素}

（3）数据存储。它是数据结构暂时或长期保存的地方，是处理过程中存取的数据。

数据存储={数据存储名,说明,输入数据,输出数据,组成数据存储的数据结构,存取方式,存取频率}

（4）数据流。它是数据结构在系统内传播的途径，表示某个处理过程的输入或输出。

数据流={数据流名,说明,数据流来源,数据流去向,组成数据流的数据结构,平均流量,高峰期流量}

（5）加工逻辑。它是加工过程功能的描述说明性信息，即处理过程。

加工逻辑={加工名,编号,说明,输入数据流,输出数据流,加工逻辑简要说明}

其中，"加工逻辑简要说明"主要说明加工顺序、加工功能和处理要求（包括处理频度、响应时间等）。

【例 4.2】　以商品订购系统需求分析为例说明数据流图和数据字典的形成过程。

（1）需求描述

① 商场操作员需建立与统计客户情况、商品情况；建立客户订单；统计商品订购情况。

② 客户需查询与统计订单信息。

③ 商场部门经理需查询客户情况、生产商情况和商品订购情况。

由此可以抽象出的系统功能如下。

① 客户管理：客户基本信息（客户编号、客户名称、出生年月、性别、所在省市、联系电话、微信号、VIP 等）维护，提供查询统计功能。

② 商品管理：商品基本信息（商品编号、商品名称、品牌、单价、生产商、保质期、库存量等）维护，提供查询统计功能。

③ 操作员管理：操作员基本信息（工号、姓名、部门、职务等）维护，提供查询统计功能。

④ 订购管理：客户订购商品的信息（客户编号、商品编号、订购时间、数量、需要时间、付款方式、送货方式等）维护，提供查询统计功能。

（2）系统分析，设计顶层数据流图

根据系统初步需求，管理员、客户、操作员、商场部门经理等都会产生或使用数据，因此，他们都是数据输入的源点和数据输出的汇点。

需存储的信息包括客户信息、商品信息、操作员信息、订单信息。

顶层数据流如图 4.6 所示。

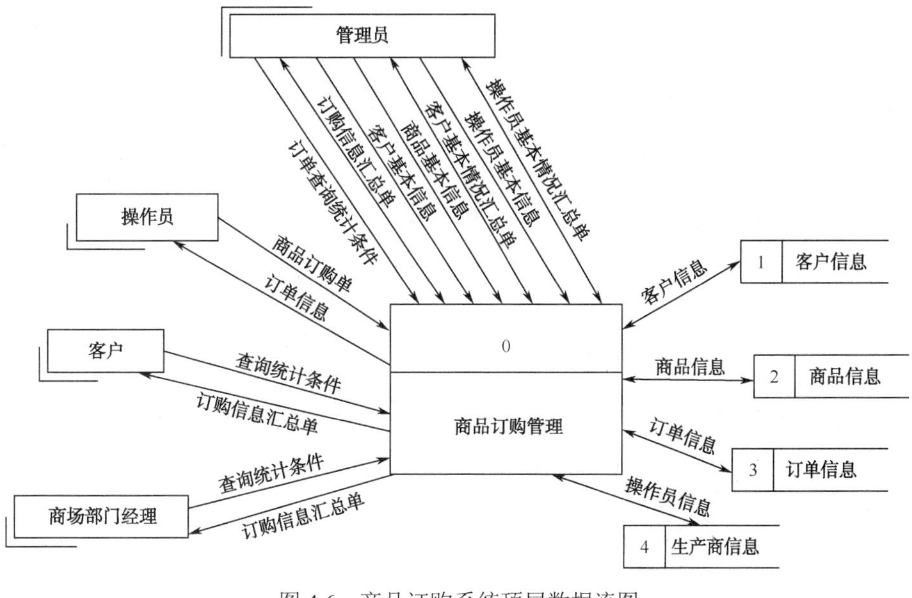

图 4.6　商品订购系统顶层数据流图

（3）逐步细化数据流图

根据需求描述，商品订购系统包括四大管理功能：客户管理、商品管理、操作员管理和订单管理，据此，细化的一层数据流如图4.7所示。

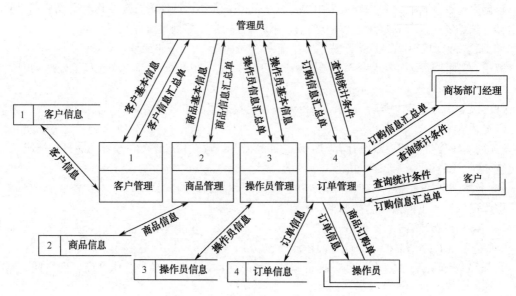

图4.7　商品订购系统一层数据流图

数据流图细化的基本原则是到每个加工逻辑不能再分解为止。以"订单管理"为例，进一步分解形成的订单管理二层数据流如图4.8所示。

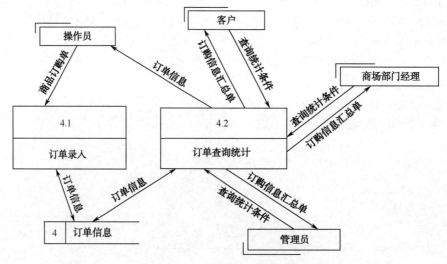

图4.8　商品订购系统二层数据流图

对"4.1 订单录入"进一步分解，形成如图 4.9 所示的三层数据流图，其中的每个加工逻辑不需要再分解。

（4）整理制定数据字典

对所形成的各层数据流图进行分析，整理出数据元素、数据结构、数据流、数据存储和加工逻辑，制定数据字典。以"订单录入"三层数据流图为例，形成的数据字典如下。

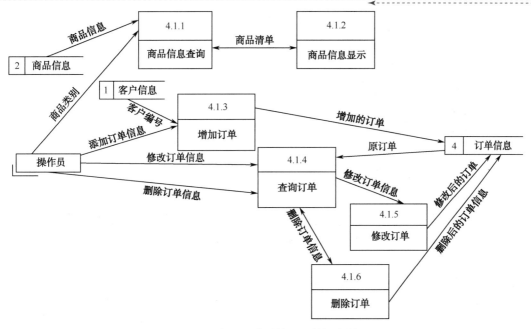

图 4.9 商品订购系统三层数据流图

① 数据元素。本系统中的数据元素包括客户编号、商品编号、订购时间、数量、需要时间、付款方式、送货方式等，它们都是原子项。以"商品编号"为例。

数据项：　　商品编号。

含义说明：唯一标识每个商品。

类型：　　　字符型。

长度：　　　7。

取值范围：0000000 至 9999999。

取值含义：第 1 位标识类别，2～4 位标识小类别，最后 3 位按顺序编号。

② 数据结构。它是该系统中的一个核心数据结构，其主要数据结构是订单。

数据结构：订单。

含义说明：是商品订购系统的主体数据结构，定义订单的有关信息。

组成：客户编号、商品编号、订购时间、数量、需要时间、付款方式、送货方式。

③ 数据存储。涉及的数据存储包括商品信息、订单信息等。以"订单信息"为例描述该数据存储。

数据存储：　订单信息。

说明：　　　保存客户各个订单的信息。

流入数据流：增加的订单、修改后的订单、删除订单后的信息。

流出数据流：原订单。

组成：　　　客户编号、商品编号、订购时间、数量等。

数据量：　　10000（客户）×1000（商品）。

存取方式：　随机存取。

④ 数据流。涉及的数据流包括商品清单、添加订单信息、修改订单信息等。以"商品清单"为例描述该数据流。

数据流名称：商品清单。

说明： 某类商品的清单。

数据流来源：商品信息查询。

数据流去向：商品信息显示。

组成： 商品编号、商品名称。

平均流量： 100 次/小时。

高峰期流量：1000 次/小时。

⑤ 加工逻辑。涉及的加工逻辑包括商品信息查询（4.1.1）、商品信息显示（4.1.2）等 6 项内容。以"增加订单"为例，描述该加工逻辑。

加工名：增加订单。

说明： 录入一个客户某个订单的信息。

输入： 客户编号、商品编号、订购时间、数量等。

输出： 订单。

处理： 在订单信息数据存储中增加一个客户的订购信息。

3. 需求分析说明书

在调查与分析的基础上编写需求分析说明书。它须依据一定规范要求编写，有行业标准、企业标准等、一般用自然语言并辅之以一定图表书写。

需求分析说明书通常包含如下内容：需求调查原始资料，数据边界、环境及数据内部关系，数据流及分析，数据字典等。

4.3 概念结构设计

概念结构设计的重点在于信息结构的设计，它是整个数据库系统设计的关键，是对数据的抽象和分析，是在信息要求和处理要求初步分析的基础上进行的。以数据流图和数据字典提供的信息信息作为输入，运用信息模型工具，发挥开发设计人员的综合抽象能力来建立概念模型。概念模型独立于数据逻辑结构，也独立于 DBMS 和计算机系统，是对现实世界有效而自然的模拟。在此设计过程中逐步形成数据库的各级模式。概念结构设计要求数据模型应具备如下条件。

（1）能够充分反映现实世界的事物；

（2）表达自然、直观、易于理解，便于和不熟悉计算机的用户交换意见，用户易于参与；

（3）易于修改和扩充；

（4）易于向关系、网状、层次等数据模型转换。

理论上可供选择的数据模型很多，如实体-联系 E-R 模型（Entity Relationship Model）、面向对象模型（Object Oriented Model）、多级语义模型（Multi-level Semantic Model）、数据抽象模型（Data Abstract Model）等。目前在实际中广泛采用的是 E-R 模型及其扩展实体-联系模型 EER（Extended E-R）。

4.3.1 概念结构设计的方法

概念结构设计的方法主要有自顶向下设计、自底向上设计、ER 设计和 EER 设计。

（1）自顶向下设计方法。该方法将用户需求说明综合成一个一致、统一的需求说明，在此基础上设计出全局的概念结构，再运用逐步细化求精的方法，为各部门或用户组定义子模式。该方法一般用于规模较小的、不太复杂的单位。

（2）自底向上设计方法。该方法先定义各部门的局部模式，这些局部模式相当于各部分的视图，然后将它们集成为一个全局模式。该方法适合于大型数据库设计。

（3）ER 设计方法。该方法将现实世界抽象成具有某种属性的实体，而实体之间相互联系。通过画出 E-R 图，得到一个对系统信息的初步描述，进而形成数据库的概念模型。该方法对概念模型的描述结构严谨、形式直观。ER 设计方法有以下两种。

① 集中模式设计方法。首先将需求说明综合成统一的需求说明，并在此基础上设计一个全局的概念模型，再据此为各用户或应用定义子模式。该方法强调统一，适合小型的、不太复杂的应用。

② 视图集成法。以各部分需求说明为基础，分别设计各部门的局部模式；然后再以这些视图为基础，集成为一个全局模式，这个全局模式就是所谓的概念模式，也称为企业模式。该方法适合于大型数据库的设计。

（4）EER 设计方法。该方法是对 ER 设计方法的扩展，它包含了 E-R 模型的所有概念，E-R模型由于无法描述复杂实体之间的概括和聚集等抽象关系，而不能描述实体的行为，故难以满足复杂的工程数据库的要求。为此，Teorey 等人在 E-R 模型的基础上增加了新的语义描述机制，如概括和特化等，建立了扩展实体-联系模型（EER）。

4.3.2　ER 设计方法

1.4.2 节已初步介绍了 E-R 模型的基本概念，包括 E-R 模型三要素（实体、属性、联系）、两个实体型之间的三种基本联系（$1:1$，$1:n$，$m:n$）以及 E-R 图。本节将进一步深入介绍 ER 设计方法。

ER 设计方法的流程如图 4.10 所示。首先，抽象数据并设计局部视图，由各分 E-R 图表示；然后，集成局部视图，得到全局概念结构，由基本 E-R 图表示。

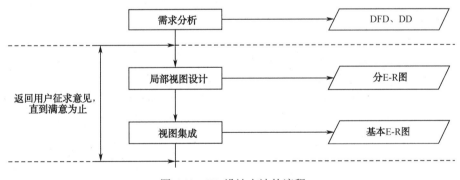

图 4.10　ER 设计方法的流程

1. 数据抽象与局部视图设计

对需求分析阶段收集的数据进行抽象，得到实体、属性，然后设计局部视图。

（1）数据抽象

数据抽象对需求分析阶段收集的数据进行分类组织，得到实体、属性。数据抽象的手段主要是"分类"和"聚集"。

"分类"是将具有某些共同特性和行为的对象抽象为一个实体；"聚集"是将对象类型的组成成分抽象为实体的属性。例如，在学校环境中，所有学生都具有在学校学习的共同特性和行为，可抽象为"学生"实体，学号、姓名、专业、年级等抽象为学生实体的属性。

注意：实体与属性是相对的，它们之间并无绝对的区分标准。

在进行数据抽象时，以下"三原则"有助于进行分析。

① 原子性原则：实体可进一步描述，而属性则不能。

② 依赖性原则：属性仅单向依赖于某个实体，如学号、姓名等均单向依赖于学生实体。

③ 一致性原则：一个实体由若干属性组成，这些属性之间有着内在的关联性与一致性。例如，学生实体有学号、姓名、年龄等属性，它们分别独立表示实体的某种独特个性，并在总体上协调一致，互相配合，构成一个完整的整体。

特别要说明的是，凡能够作为属性对待的，应尽量作为属性。

【例4.3】 "商品订购系统"的数据抽象。根据例4.2所形成的数据流图，"商品订购系统"的信息需求包括客户信息、商品信息、操作员信息、订单信息；根据数据字典，抽象出如下实体、属性和码（带下画线的属性是码）。

客户：<u>客户编号</u>、客户名称、出生年月、性别、所在省市、联系电话、微信号、VIP。

部门：<u>部门编号</u>、部门名称。

操作员：<u>工号</u>、姓名、部门、职务。

部门经理：<u>工号</u>、姓名、部门。

商品类别：<u>商品类别码</u>、类别说明。

商品：<u>商品编号</u>、商品名称、品牌、单价、生产商、保质期、库存量。

（2）局部视图设计

在多级数据流图中选择适当层次的数据流图（一般选择第一层数据流图），使该层次数据流图中的每个部分对应一个局部应用，以此为基础选择局部应用，逐一设计分 E-R 图。其任务是，分析各局部应用所涉及实体间的联系及其类型（1:1，1:n，m:n），并用 E-R 图描述。

【例4.4】 "商品订购系统"局部视图设计。先在"商品管理"局部应用中，抽象出商品实体、商品类别实体，再分析这些实体之间的联系，即一个商品属于一个类别，一个类别可有多个商品（1:n）；每个操作员可管理多个商品，同一类商品只能由一个操作员管理（1:n）。"商品管理"分 E-R 图如图 4.11 所示。

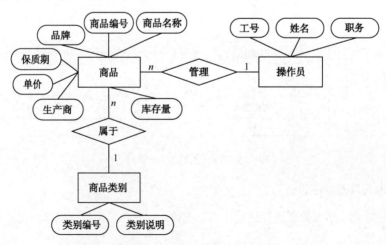

图 4.11 "商品管理"分 E-R 图

2. 集成局部视图，得到全局概念结构

从局部需求出发设计局部视图，即分 E-R 图，还需要通过视图集成设计全局模式，即合并各分 E-R 图形成初步 E-R 图，然后消除冗余形成基本 E-R 图。视图集成策略有"一次集成"和"逐

次集成"两种,如图 4.12 所示。"一次集成"策略即一次性将所有分 E-R 图集成,适合简单系统;"逐次集成"策略即每次合并两个视图,逐步形成总图,适合较复杂系统。

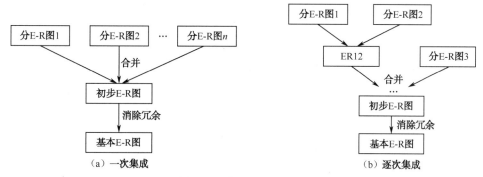

图 4.12 集成策略和步骤

可以看出,集成包括合并和消除冗余两步操作。

(1)合并

合并 E-R 图就是尽量合并对应的部分,保留特殊的部分,着重解决冲突的部分。由于各分 E-R 图面向不同的局部应用,并由不同的开发设计人员进行局部 E-R 图设计,各个分 E-R 图间的冲突是难免的。通常存在三种类型的冲突:命名冲突、属性冲突和概念冲突。

命名冲突。指属性名、实体名和联系名之间的命名存在冲突。冲突有同名异义和异名同义两种。同名异义指不同意义的对象具有相同的名字,异名同义指同一意义的对象具有不同的名字。例如,操作员实体,在"商品管理"中,属性被命名为"工号",而在"操作员管理"中,属性被命名为"职工号",即为异名同义。

属性冲突。它包括属性域冲突和属性取值单位冲突。属性域冲突是指相同的属性在不同视图中属性域不同,即属性值的类型、取值范围或取值集合不同。例如,"学号"在一个局部视图中定义为字符型,而在另一个局部应用中定义为整型。属性取值单位冲突指同一属性在不同局部应用中的单位不同,如长度就有以米、厘米、英尺为单位的。

概念冲突。指同一对象在一个局部应用中抽象为实体,而在另一个局部应用中抽象为属性。这就需要在集成时,遵循实体和属性区分的原则,统一成实体或属性。同一实体在不同局部应用中属性的个数、次序不完全相同。集成后的实体属性需取两个局部视图属性的并集,并适当设定属性的次序。另外,实体之间的联系在不同局部视图中类型不同,这也属于概念冲突。

(2)消除冗余

冗余包括冗余数据和实体间冗余的联系。冗余数据指由其他数据导出的数据。冗余联系指由其他联系导出的联系。例如,商品出库单中的出库金额可由物品单价乘以数量,因此出库金额是冗余数据。冗余数据和冗余联系会破坏数据库的完整性,增加数据库管理的困难,应该消除。消除冗余后可得到基本 E-R 图。

概念结构设计完成后,形成基本 E-R 图,开发设计人员应整理相关文档资料,并与用户交流直至用户确认这个模型已准确反映其需求,才能进入下一阶段逻辑结构的设计工作。

【例 4.5】 "商品订购系统"全局视图设计。合并各分 E-R 图,并消除冗余,得到系统的基本 E-R 图,如图 4.13 所示。

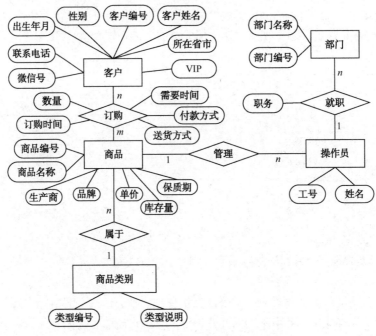

图 4.13 商品订购系统的基本 E-R 图

*4.3.3 基本 E-R 模型的扩充

基本 E-R 模型具有较强的表达能力，但仍有局限性，因此基本 E-R 模型需要不断被扩充。本节讨论其中的部分扩充，包括多元联系、单个实体集内的联系、属性的类型、实体的角色、实体的基数和弱实体集。

1. 多元联系

两个以上的实体集内的各实体之间也可以存在一对一、一对多、多对多的联系。图 4.14 给出了两个以上实体集之间的 $1:n$ 和 $m:n$ 联系的示例。

2. 单个实体集内的联系

同一个实体集内的各实体之间也可以存在一对一、一对多、多对多的联系。图 4.15 给出了同一实体集内 $1:n$ 联系的示例。

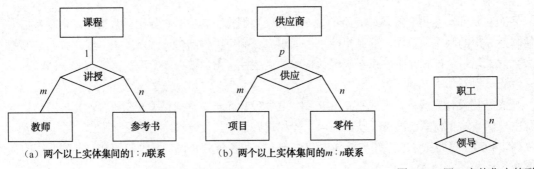

（a）两个以上实体集间的 $1:n$ 联系　　　（b）两个以上实体集间的 $m:n$ 联系

图 4.14 多元联系　　　　　　　　　　　　图 4.15 同一实体集内的联系

3. 属性的类型

实体属性用于刻画实体某些方面的性质，由于实体的复杂性，属性也表现出不同的特征，需要在 E-R 图中进行描述。

通常属性依其特征可分为以下 5 种情形：

① 键（码）属性：候选码的属性。E-R 图中用下画线表示。

② 简单属性：不可再分的属性。E-R 图中用普通椭圆框表示。

③ 复合属性：可以划分为更小的属性。E-R 图中用椭圆层次表示。

④ 多值属性：可以取多个值的属性。E-R 图中用双边椭圆表示。

⑤ 派生属性：由基本属性导出的属性。E-R 图中用虚线椭圆表示。

【例 4.6】　不同类型属性示例。用 E-R 图描述学生实体，包含属性：学号、姓名、专业、出生年月、电子邮件、平均成绩。

分析： "学号"为学生实体的码，因此为码属性；"出生年月"可再分为年、月、日，是复合属性；"电子邮件"可以有多个取值，是多值属性；"平均成绩"是由各门成绩导出的，是派生属性。属性的类型如图 4.16 所示。

学号：码属性
出生年月：复合属性
电子邮件：多值属性
平均成绩：派生属性

图 4.16　属性的类型

4. 实体的角色

实体在联系中的作用称为实体的角色。

当一个实体集只一次参与联系集时，角色是隐含、不声明的，其基本不起作用。而当同一个实体集不止一次参与一个联系集时，需显式指明其角色，以进行实体区分。例如，学生与学生间的班长关系、职工与职工间的经理关系、课程之间的先修关系等，都需要指明实体在联系中的角色。E-R 图中标明实体的角色的方法是，在联系上注明角色名，如图 4.17 所示。

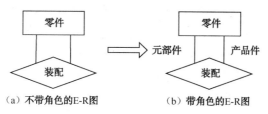

（a）不带角色的 E-R 图　　（b）带角色的 E-R 图

图 4.17　实体的角色

5. 实体的基数

应用中经常会对实体行为做出数量约束，如购买某种商品不得超过多少件等。在 E-R 模型中引入实体的基数来描述这种语义。

实体基数的定义：设两个实体集 E1 和 E2，对于 E1 中的每个实体，与其有联系的 E2 实体中的最小数目 min 和最大数目 max，称为 E1 的基数，用(min, max)表示。

E-R 图中标明实体基数的方法是，在联系上注明实体基数。

【例 4.7】　对于"学生—课程"联系，规定每个学生至少选修一门课、最多选修六门课，每门课程最多可以有 50 人选修、最少可以没人选修。因此，学生实体的基数为(1, 6)，课程实体的基数为(0, 50)，如图 4.18 所示。

6. 弱实体集

之前的讨论均假设为所涉及的实体集总是存在码属性，但实际上并非所有实体集都存在码属性。

例如，员工办理保险，保险受益人一般是员工亲属；"保险受益人"实体集，包含姓名、性别、年龄属性。由于不同员工亲属的信息可能相同，因此"保险受益人"的所有属性都不能形成码，这种所有属性或属性组合都不能构成码的实体集就是弱实体集。

弱实体集指没有键属性的实体集。强实体集指属性可以形成键的实体集。

强实体集和弱实体集如图 4.19 所示。通常情况下，实体集都指强实体集。

图 4.18　实体的基数　　　　　　图 4.19　强实体集和弱实体集

由于弱实体集缺乏码属性，因此需要利用其依赖的强实体集的属性进行识别。

识别实体：指弱实体集依赖的强实体集。

识别联系：指识别实体与弱实体集之间的联系（必须是 $1:n$ 联系）。

对弱实体集的识别可通过"识别实体的主码+弱实体集的部分码"来完成，其中"弱实体集的部分码"指弱实体集中参与识别的属性。

E-R 图中用双边矩形表示弱实体集、双边菱形表示识别联系、属性虚线表示部分码，如图 4.20 所示。

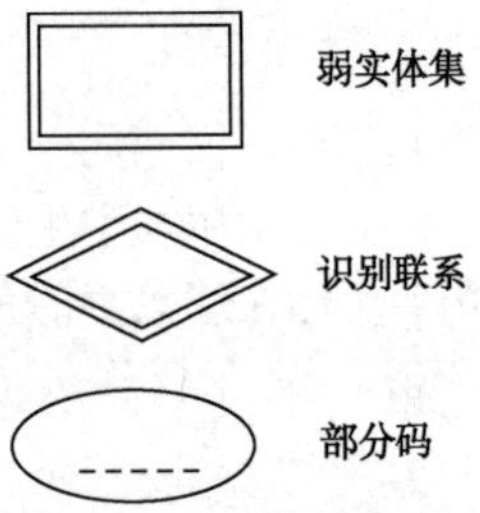

【例 4.8】　建立员工办理保险的 E-R 模型。该系统包含员工、保险受益人两个实体，其中弱实体集为"保险受益人"，识别实体为"员工"，识别联系为"保险"，"保险受益人"实体中的"姓名"属性参与识别，因此为"部分码"，如图 4.21 所示。

弱实体集

识别联系

部分码

图 4.20　弱实体集有关
E-R 图符

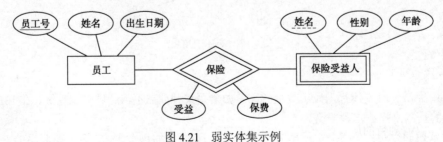

图 4.21　弱实体集示例

下面将扩充图符后的 E-R 图表示法进行了总结，如图 4.22 所示。

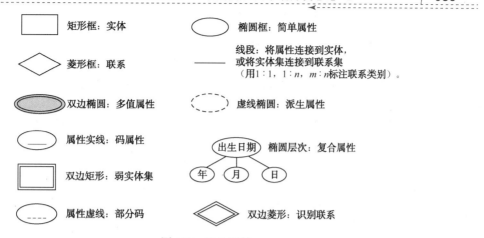

图 4.22　E-R 图符

*4.3.4　扩展 E-R 模型

上面讲述了基本的 E-R 模型，它能够描述大多数实际系统的特性。如果使用扩展的实体联系模型，则可以更为精确地描述实际系统的某些特性。这种扩展的实体联系模型是 E-R 模型的扩展，简称 EER（Extended ER）模型。EER 模型包括基本 E-R 模型的所有概念，并从类层次等方面对 E-R 模型进行了扩展。

1. 类层次

有时为了需求，将实体型中的实体分成子类。分类后体现为一种类层次，最上层为超类，下层为子类。例如，将"商品"按"商品类别"分为"食品"和"文具"，这样，"食品"和"文具"就是"商品"的子类。子类除可继承超类的属性外，还可以有自己独特的属性，这和面向对象技术中超类和子类的概念相似。其实，类层次也是一种联系，而且是一种特殊的联系，即"层次"联系。为了体现这种特殊性，用一个统一的名称 ISA 来表示类层次联系，而不必像 E-R 模型中的其他联系那样要分别命名。例如，"食品"是一种（ISA）"商品"，"文具"是一种（ISA）"商品"，因此，"食品"和"文具"与"商品"之间的联系就是 ISA，表示一种类层次，如图 4.23 所示。

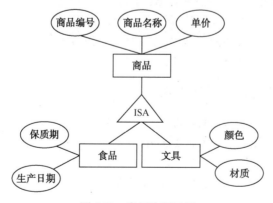

图 4.23　类层次图示例

子类中含有独特的属性描述，它们只在子类的实体中才有意义。例如，"食品"的"保质期"对"文具"没有任何意义。

2. 演绎与归纳

演绎是以一个实体为基础，定义该实体的子类型过程。这个实体为所定义子类的超类，该超类称为演绎超类，是一般到特殊思维方法的运用。演绎过程实质上是按照特定的规则对演绎超类的实体进行分类的过程，也就是在超类实体的属性基础上加入新的属性，形成子类实体的过程。例如，由实体商品形成"食品""服装""文具"子类的过程，是根据商品实体的类别来进行分类的。"服装"子类所形成的实体具有新的属性"洗涤方法"，"食品"子类所形成的实体具有新的属性"保质期"，"文具"子类所形成的实体具有新的属性"颜色"，如图 4.24 所示。

归纳是演绎的逆过程。归纳过程是从多个实体出发，分析这些实体的共同特征，抽象出它们之间的公共属性，产生出这些实体的超类，是从特殊到一般思维方法的运用。例如，在一个学生数据库系统中，可以从实体"专科生""本科生""硕士生""博士生"归纳出"学生"这个超类，如图 4.25 所示。

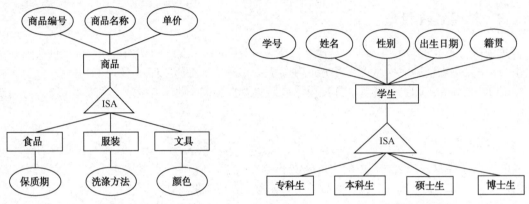

图 4.24　实体商品构造子类的演绎示例　　　　图 4.25　由实体产生超类的归纳示例

为了避免演绎的随意性和盲目性，在使用演绎方法的时候，一般应遵循两个原则或约束，即重叠性原则和包容性原则。

① 重叠性原则。要求演绎出的两个子类实体不能重叠或交叉（又称正交约束）。如果使用属性作为演绎谓词，当该属性是单值属性时，那么该演绎过程就会满足正交约束。例如，"学生"超类演绎生成的子类"专科生""本科生""硕士生""博士生"不重叠。

② 包容性原则。要求超类中的每个实体必须属于某个子类（又称完整性约束），也就是说，子类的所有实体构成超类中的所有实体。例如，商品必须是食品、文具、服装等之一。

*4.3.5　用 UML 构建数据库概念模型

对象模型是用面向对象的方法来描述现实实体（对象）的逻辑组织、对象间约束、联系等的模型。统一建模语言（Unified Modeling Language，UML）是一种图形化建模语言，支持从需求分析开始的软件开发全过程。

对象模型一般用 UML 类图来表示。UML 类图包括类的描述和关联的描述，类似于 E-R 图的实体型和联系。

（1）对象模型中类的表示。类在 UML 中表示为一个方框，由三部分组成：上面部分是类的名称，中间部分是类的属性，下面部分是类的方法。如图 4.26 所示为用 UML 表示"商品"类。

（2）对象模型的关联，相当于 E-R 模型的联系。在 UML 中，关联的表示方法是在有关联关系的类间画一条线。关联可以是单向的，也可以是双向的。双向关联用一条无箭头的直线表示，单向关联则以单向箭头的直线表示。单向关联表示箭头发出类（无箭头端的类）的对象，可以调用箭头指向类的方法。双向关联表示类中的每个对象都可以调用对方中的方法。假设类 A 和类 B 有双向关联关系，类 A 和类 B 的一对一关联、一对多关联和多对多关联表示如图 4.27 所示。

（3）对象模型的关联也可以带有自己的属性，通过关联类来描述。关联类和一般类的表示形式类似，所不同的是，关联类与关联之间需要一条虚线连接。假设类 A 和类 B 为多对多关联，且关联本身带有自己的属性 C1 和 C2，则引入关联类 C，如图 4.28 所示。

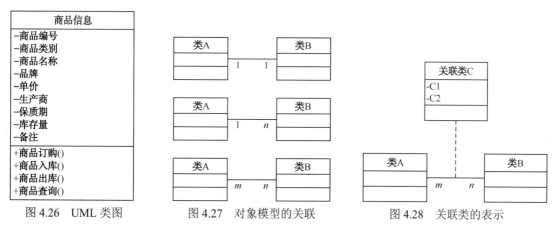

图 4.26　UML 类图　　　　图 4.27　对象模型的关联　　　　图 4.28　关联类的表示

（4）综合举例。图 4.29 所示是商品订购管理对象模型的 UML 表示实例。图中有 5 个类：商品信息、生产商、地址、客户信息、商品订购（关联类），其中，生产商和地址是一对一关联，商品信息和生产商是多对多关联，商品信息和客户信息是多对多关联，关联自带属性，就引入一个关联类商品订购。

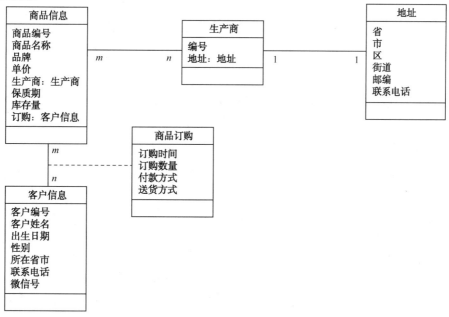

图 4.29　商品订购管理对象模型的 UML 表示实例

4.4　逻辑结构设计

逻辑结构设计是在数据概念结构设计的基础上，将计算机系统的概念模型转换成特定

DBMS 所支持数据模型的过程，如图 4.30 所示。

图 4.30   逻辑结构设计

逻辑结构设计分为以下 3 个步骤。

① 将概念结构转换为一般的关系、网状、层次模型，并将转换来的关系、网状、层次模型向特定 DBMS 支持下的数据模型转换。

② 对数据模型进行优化。

③ 设计用户外模式。

4.4.1   E-R 模型转换为关系数据模型

关系数据模型的逻辑结构是一组关系模式的集合。而 E-R 图则是由实体、实体的属性和实体之间的联系 3 个要素组成的。所以，将 E-R 图转换为关系数据模型，实际上就是将实体、实体的属性和实体之间的联系转换为关系模式。

1. 实体及其属性的转换

一个实体模型转换为一个关系模式，实体的属性就是关系的属性，实体的码就是关系的码。如图 4.31 所示的 E-R 模型，转换成的关系数据模型为客户(客户编号,客户姓名,出生日期,性别,所在省市,联系电话,微信号,备注)，客户编号是主码。

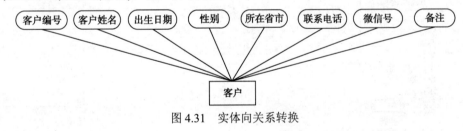

图 4.31   实体向关系转换

转换时要注意以下问题。

（1）属性域的问题。如果所选的 DBMS 不支持 E-R 图中某些属性域，则应做相应的修改，否则由应用程序处理转换。

（2）非原子属性问题。E-R 模型中允许非原子属性，但这不符合关系数据模型的第一范式条件，必须进行相应修改。

（3）弱实体集的转换问题。对弱实体集的处理方法有两种：一是将弱实体集作为其识别实体的属性，当弱实体集只参与标识联系且属性较少时，可采用该策略。二是将弱实体集作为单独的实体集，当弱实体集不仅参与标识联系或者属性较多时，作为弱实体集，此时需添加识别实体的主码。

【例 4.9】   图 4.21 中表示的 E-R 模型描述了员工办理保险相关的实体集及其联系，将该 E-R 模型转换为关系数据模型，设计对弱实体集"保险受益人"的转换方案。

方案 1：弱实体集"保险受益人"作为其标识实体"员工"的属性。转换的关系模式（下画线标出了关系模式的码）：

员工(<u>员工号</u>,<u>姓名</u>,出生日期,受益人姓名,受益人性别,受益人年龄)

方案 2：弱实体集"保险受益人"作为单独的实体集，注意要加入其识别实体"员工"的主码"员工号"。转换的关系模式：

保险受益人(<u>员工号</u>,<u>姓名</u>,性别,年龄)

2．二元联系的转换

在二元联系中，数据模型实体间的联系有一对一（1:1）、一对多（1:n）、多对多（m:n）3 种。下面分别介绍这 3 种联系向关系数据模型转换的方法。

（1）1:1 联系的转换。两个实体间的联系为 1:1，可将联系与任意一端对应的关系模式合并。具体做法是，将两个实体各用一个关系表示，然后将其中一个关系的关键字和联系的属性加入另一个关系的属性。当一个关系的关键字存储在另一个关系中时，称为另一个关系的外键。1:1 联系转换的两种方案，如图 4.32 所示。

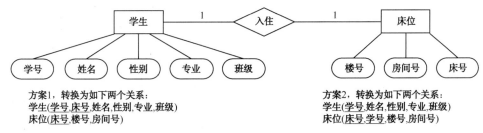

图 4.32　1:1 联系转换的两种方案

（2）1:n 联系的转换。一个 1:n 联系可以转换为一个独立的关系模式，也可以与 n 端对应的关系模式合并。如果转换为一个独立的关系模式，则与该联系相连的各实体的码，以及联系本身的属性均转换为关系的属性，而关系的码为 n 端实体的码。1:n 联系转换的两种方案，如图 4.33 所示。

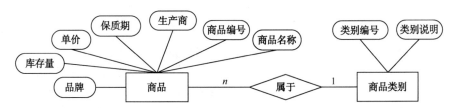

图 4.33　1:n 联系转换的两种方案

（3）m:n 联系的转换。一个 m:n 联系转换为一个关系模式。多对多联系不能与任一端实体对应的关系模式合并，否则会引起插入异常和修改异常。联系本身的属性，以及与该联系相连的实体的码将转换为该关系的属性。m:n 联系的转换如图 4.34 所示。

其中，"订购"联系为 m:n 联系，转换后的关系模式为：

订购(<u>客户编号</u>,<u>商品编号</u>,订购时间,数量,需要时间,付款方式,送货方式)

在由 E-R 图转换成的关系模式中，关系名、关系的属性名都直接采用了实体名、实体属性名，主要是为了方便读者对比分析。在实际处理过程中，可根据实际情况酌情为关系、关系属性取新的名称，使形成的关系模式见名知意，符合用户习惯。

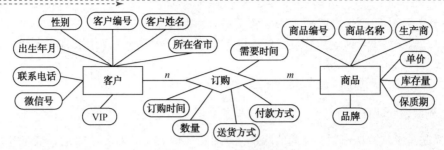

图 4.34　 $m{:}n$ 联系的转换

3．其他转换规则

（1）多元联系的转换。3 个或 3 个以上实体间的多元联系转换为一个关系模式，由相关实体的码和联系的属性组成，如图 4.35 所示。

其中，"进货"联系为三元联系，转换后的关系模式为：

进货(<u>仓库号</u>,<u>商品号</u>,<u>商店号</u>,数量,日期)

（2）类层次（ISA）的转换。对 ISA 的转换有以下两种方法。

方法 1：为超类实体创建一个关系，即为每个子类实体创建一个关系（其中的部分列对应于超类实体集的主码属性）。

方法 2：若超类涵盖子类的全部且子类不相交，则不必为超类实体集创建关系，只需为每个子类实体集创建关系即可。

【例 4.10】　图 4.36 所示为描述学生类层次的 E-R 图，"学生"为超类，研究生、本科生为其子类，硕士生、博士生为研究生的子类。要求采用上述两种方法将其转换为关系模式。

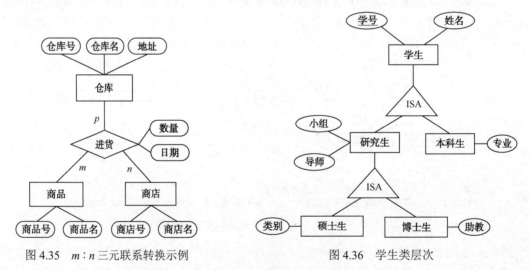

图 4.35　 $m{:}n$ 三元联系转换示例　　　　　图 4.36　学生类层次

若采用方法 1，则先创建超类关系学生，再映射各子类关系，即研究生、本科生、硕士生、博士生等，转换的关系模式：

学生(<u>学号</u>,姓名)

研究生(<u>学号</u>,导师,小组)

硕士生(<u>学号</u>,类别)

博士生(<u>学号</u>,助教)

本科生(<u>学号</u>,专业)

若采用方法 2，则只需创建各子类关系，转换的关系模式：

研究生(<u>学号</u>,姓名,导师,小组)

硕士生(<u>学号</u>,类别)

博士生(<u>学号</u>,助教)

本科生(<u>学号</u>,姓名,专业)

方法 2 将超类关系合并到其子类，可减少关系连接操作，提高效率，因此优于方法 1。

4.4.2　数据模式的优化

模式设计的合理与否对数据库的性能有很大的影响。数据库逻辑设计的结果不是唯一的，应对数据模型进行优化。关系数据模型的优化是指以规范化理论为指导，并以 DBMS 提供的条件为限制，适当地调整、修改数据模型的结构，主要采取如下方法。

1. 规范化处理

规范化处理是数据库逻辑设计的重要理论基础和工具，具体应用于以下几个方面。

① 在需求分析阶段，用数据依赖的概念分析表示各数据之间的联系。

② 在概念结构设计阶段，用规范化理论为工具，消除初步 E-R 图中冗余的联系。

③ 在由基本 E-R 模型向关系数据模型转换的过程中，用模式分解的概念和算法指导设计。

运用规范化理论优化逻辑设计，可以减少关系模式中存在的各种异常。规范化过程一般分为两个步骤：确定范式级别和实施规范化处理，即模式分解。第 5 章将详细介绍关系规范化理论。

2. 改善数据库的性能

① 减小连接运算。当数据库查询涉及两个或多个关系模式时，系统必须进行连接运算。通常，参与连接的关系越多，参与连接的关系越大，则开销越大。设计时，应根据环境、用户情况适当调整关系的设计，以减少关系连接的数量或减少关系的大小。

② 尽可能使用快照。如果应用只需数据在某个时间的值，而不一定是当前值，则可对这些数据定义一个快照并定期刷新。由于查询结果在快照刷新时已自动生成，并存储于数据库中，因此可显著提高查询速度。

③ 节省属性占用的存储空间。一方面采用编码等方式缩短属性，另一方面熟悉并正确选用特定 DBMS 提供的数据类型。

4.4.3　设计用户外模式

外模式是用户能够看到的数据模式，可根据用户需求设计局部应用视图，这种局部应用视图只是概念模型，用 E-R 图表示。将概念模型转换为逻辑模型后，即生成整个应用系统的模式后，还应该根据局部应用需求，结合具体 DBMS 的特点，设计用户的外模式。目前流行的关系数据库管理系统一般都有视图机制，可以利用这个功能，设计更符合局部用户需要的外模式。

① 重定义属性名。设计视图时，可以重新定义某些属性的名称，使其与用户习惯保持一致。属性名称的改变并不影响数据库的逻辑结构。

② 方便查询。由于视图已基于局部用户对数据进行了筛选，因此可屏蔽一些多表查询的连接操作，使用户的查询更直观、简捷。

③ 提高数据安全性和共享性。一方面，利用视图可以隐藏一些不想让别人操纵的信息，提高数据的安全性。另一方面，由于视图允许用户以不同的方式看待相同的数据，从而提高数据的共享性。

④ 提供一定的逻辑数据独立性。视图一般随数据库逻辑模式的调整、扩充而变化，因此，

它提供了一定的逻辑数据独立性。基于视图操作的应用程序，在一定程度上也不受逻辑数据模式变化的影响。

*4.4.4　常用数据库建模工具

使用数据建模工具可以提高数据库的设计效率，更好地满足复杂的数据和业务处理需求。数据库建模工具类软件有很多，业界流行的主要是 PowerDesigner、ERWin Data Modeler 和 ER/Studio，它们都是通用的商业软件。除此之外，还有很多开源免费建模工具，或者是针对具体 DBMS 的专用建模工具（如 pgModeler、MySQL Workbench）。

1. PowerDesigner

PowerDesigner 是一款功能全面的数据库设计工具，采用模型驱动方法。利用 PowerDesigner 可以制作数据流程图、概念数据模型、物理数据模型，还可以为数据仓库制作结构模型，也能对团队设计模型进行控制。PowerDesigner 支持强大的元数据信息库和各种不同格式的输出。同时，PowerDesigner 的界面简洁且人性化，拥有完善易懂的帮助文档，能帮助用户快速解决数据库设计建模的问题。PowerDesigner 具有很强的适用性，可支持 60 多种关系数据库管理系统（RDBMS）。

2. ERWin Data Modeler

ERWin Data Modeler（DM）简称 ERWin，是功能强大、易于使用的数据库设计工具。ERWin 主要用来建立数据库的概念模型和物理模型。它能用图形化的方式，描述实体及其联系，为用户提供可视化界面来处理复杂的数据环境问题。ERWin 支持各主流数据库管理系统，可以方便地构造实体和联系，表达实体间的各种约束关系，并根据模板创建相应的存储过程、触发器和角色等。ERWin 可实现将从已建好的 E-R 模型到数据库物理设计的转换，即可在多种数据库服务器上自动生成库结构，提高数据库的开发效率。

3. ER/Studio

ER/Studio 也是一种可视化数据建模工具，既可以设计与构建逻辑和物理数据模型，也可以对逻辑数据架构进行分析。它支持多类型输出，能够输出 XML、PNG、JPEG 等多种格式文档。ER/Studio 可提供多层次设计环境，有助于数据库管理员、开发人员和数据架构师建立与维护庞大复杂的数据库应用程序。

4. 其他建模工具

IBM InfoSphere Data Architect 基于开源 Eclipse 平台构建，能够帮助用户建立逻辑、物理模型图，可以大大减少设计和开发时间。它支持多信息源建模、发现、映射和分析数据，并在复杂环境中自动进行信息集成。

ERDesigner NG 是开源建模工具，提供从数据库设计到模式和代码生成的全开发过程支持，支持多种主流的数据库。此外，它还提供了一个灵活的插件体系，从而可通过安装新的插件来扩展更多的功能。

Open ModelSphere 是另一个专业、成熟的开源建模工具。它支持数据、流程和 UML 建模。开源的 WWW SQL Designer 可以在浏览器中创建数据库概况图表。

还有一些工具以插件形式提供，如 MyBatisCodeHelper 是 Intellij 上的 MyBatis 插件，ER Master 是一个用于设计 E-R 模型图的 Eclipse 插件。

此外，很多计算机辅助软件工程（CASE）工具也提供了数据库建模功能，如 Sparx Enterprise

Architect、Rational Rose。

4.5　物理结构设计

物理结构设计是以逻辑结构设计结果作为输入，结合 DBMS 特征与存储设备特性设计出适合应用环境的物理结构。数据库的物理结构是数据库在物理设备上的存储结构和存取方法。数据库的物理结构设计目的是提高系统处理效率，充分利用计算机的存储空间。数据库的物理结构设计与 DBMS 功能、应用环境和数据存储设备的特性都密切相关。开发设计人员必须全面了解这些方面的内容，熟悉物理环境，特别是存储结构和存储方法。数据库的物理结构设计比逻辑结构设计更依赖于特定的 DBMS。数据库的物理结构设计分为两个步骤，即物理结构设计和性能评价，如图 4.37 所示。

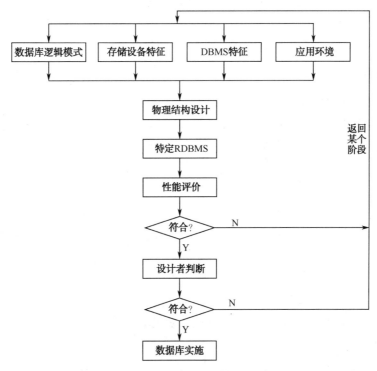

图 4.37　数据库的物理结构设计步骤

4.5.1　确定数据库的物理结构

数据库的物理结构设计主要是确定数据的存储结构、存取路径、存放位置、缓冲区大小和管理方式等。目前流行的 DBMS 大多数是关系型的，关系型 DBMS 具有更强的物理独立性，能够很好地实现数据库文件的操作。

（1）确定数据的存储结构

确定数据库的存储结构时要综合考虑存取时间、存储空间利用率和维护代价 3 个方面的因素。它们常常是相互矛盾的，如消除一切冗余数据虽然能够节约存储空间，但往往会导致检索代价的增加，因此必须进行权衡，选择一个折中方案。

（2）设计数据的存取路径

在关系数据库中，选择存取路径主要指确定如何建立索引。合理建立索引可以提高数据检索速度，加速关系连接，一些数据库的查询优化器也依赖于索引。

以下属性一般考虑建立索引：①主关键字；②外键；③连接中频繁使用的属性；④经常在查询中作为条件的字段；⑤经常在 ORDER BY 或 GROUP BY 子句中引用的字段。

但由于创建、维护索引花费时间，占用存储空间，故索引并非越多越好。以下情况不考虑建立索引：①很少或从来不在查询中出现的属性；②属性值很少的属性，例如，"VIP"属性只有"TRUE"和"FALSE"两个值，就不必建索引；③属性值分布不均的属性，如在几个值上很集中；④包含大量 NULL 值的属性；⑤小规模的表。

（3）确定数据的存放位置

为了提高系统性能，数据应该根据应用情况将易变部分与稳定部分、经常存取部分和存取频率较低部分进行分开存放。

（4）确定系统配置

DBMS 产品提供了一些存储分配参数，供设计人员和 DBA 对数据库进行物理优化。在初始情况下，系统都为这些变量赋予了合理的默认值，但是这些值不一定适合每一种应用环境。因此，在进行物理结构设计时，需要重新对这些变量赋值以改善系统的性能。

4.5.2 性能评价

数据库的物理结构设计可能有多个方案，衡量一个物理结构设计的优劣，可以从存储空间、响应时间、维护代价等方面综合评定。存储空间利用率、存取时间和维护代价等常常是相互矛盾的。例如，某个冗余数据可提高检索效率，却增加了存储空间。开发设计人员必须进行权衡，通过对性能的预测和评价，选择一个较优的设计。

4.6 数据库实施

数据库的物理结构设计完成以后，就可以组织各类设计人员具体实施数据库。这些人员包括数据库设计人员、应用程序开发人员和用户等。实施过程包括在计算机上建立实际数据库结构、数据载入、应用程序的编写与调试、数据库应用系统的试运行等工作。数据库的实施步骤如图 4.38 所示。

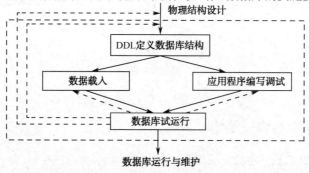

图 4.38　数据库的实施步骤

4.6.1 数据库结构定义及数据载入

根据逻辑结构设计所得的逻辑模式，采用数据库模式定义语言 DDL，建立数据库结构，包括模式、表、索引、视图等。

数据库结构建立以后，需要载入数据。数据库的一个重要特征就是数据量非常大，有时还分散于单位的各个部门。原始数据通常有以下来源：原始的账本、表格、凭证、档案资料，分散的计算机文件，以及原有的数据库应用系统。这些数据的结构和格式并不符合现有的数据库要求，必须将这些数据加以收集、分类、整理，转换成现有数据库所需的数据。

对于数据量不大的系统，可用人工方法完成数据的载入工作，但操作非常烦琐且易于出错，效率低下，所以在开发设计数据库的同时，通常需要设计一个专用的输入子系统，其主要功能是从大量原始文件中抽取、分类、检验、综合和转换数据库所需的数据。在原有系统不中断的情况下，采用手工或编写专用软件工具的办法，将原系统中的数据转移到新系统的数据库中。这时，如果贸然停止原有系统，而新系统却无法正常工作，将导致巨大的损失且往往无法挽回。另外，对载入的数据进行全面的检验、核对，以保证数据正确是极为重要的，因为错误的数据对数据库是毫无意义的。在输入子系统中应考虑多种检验策略，在数据转换过程中进行多次检验，并且每次使用不同方法进行检验，确认正确后再载入。数据的载入应分期分批进行，先输入小批量数据供调试使用，运行合格后，再输入大批量数据，同时，应做好数据备份工作，防止数据意外损害，以便调试工作反复进行。

4.6.2　应用程序编写与调试

数据库应用系统中，应用程序的设计属于数据库设计中行为特性的设计，一般与数据库设计同步进行。随着应用程序的规模和复杂性的增长，应用系统的设计与实现也越来越复杂，因此出现了许多集成开发环境（Integrated Development Environment，IDE）。IDE 采用面向对象技术和可视化编程技术，提供一体化的设计、开发和调试功能，大大提高了开发效率和可靠性。第 6 章将详细介绍数据库应用的开发技术。

在设计数据库应用程序时要注意的事项如下。

（1）应用程序的目标。在保证数据库安全的情况下，数据库应用程序要从用户的角度来建立、修改、删除、统计及显示数据对象，程序对授权用户的合理要求要能够提供一个易于使用的界面；而对不合理的要求，程序应显示准确并具有帮助性的提示信息，且不能提供任何实质性的服务。

（2）数据库的安全性和完整性。RDBMS 约束机制可以在很大程度上保护数据库的完整性，但还不够，对于一些没有受到关系约束检查的数据，必须在应用程序的完整性控制之下，保证相关数据的同步更新。另外，在设计应用程序时，不要过多考虑触发器的存在，要把逻辑控制加到程序中，实现所有的约束，至少要实现所有未能受到 RDBMS 保护的约束，使应用程序成为保护数据完整性的一道屏障。

（3）程序测试。应用程序初步完成后，应先用少量数据对应用程序进行初步测试。这实际上是软件工程中的软件测试，目的是检验程序是否能正常运行，即对数据的正确输入，程序能否产生正确的输出；对于非法的数据输入，程序能否鉴别出来，并拒绝处理。

4.6.3　数据库试运行

应用程序初步设计、调试完成、数据载入后，即可进入数据库试运行阶段，或称为联合调试阶段。通过实际运行应用程序，执行数据库的各种操作，测试应用程序功能和系统性能，分析是否达到预期要求。数据库系统试运行期间，可利用性能监视器、查询分析器等软件工具对系统性能进行监视和分析。数据库应用系统在小数据量的情况下，如果功能完全正常，那么在大数据量时，主要看它的效率，特别是在并发访问情况下的效率。如果运行效率达不到用户要求，就要分析是应用程序本身的问题还是数据库设计的缺陷。如果是应用程序的问题，就要用软件工程的方法进行排除；如果是数据库的问题，可能还需要返工，检查数据库的逻辑结构设计是否有问题，然后分析逻辑结构在映射成物理结构时，是否充分考虑 DBMS 的特性，如果存在上述问题，应重新生成物理模式。经过反复测试，直到数据库应用程序功能正常，数据库运行效率也能满足需要，才可以删除模拟数据，将真正的数据全部导入数据库，进行最后的试运行了。此时，原有的系统也应处于正常运行状态，形成同一应用的两个系统同时运行的局面，以保证用户的业务能正常开展。

4.7　数据库运行与维护

试运行结果符合设计目标后，数据库就可以真正投入运行了。数据库投入运行标志着开发任务的基本完成和维护工作的开始，但并不意味着设计过程的终结，由于应用环境在不断变化，数据库运行过程中物理存储也会不断变化。对数据库设计进行评价、调整、修改等维护工作是一个长期的任务，也是设计工作的延续和提高。这主要有两方面的原因：一方面，数据库系统运行中可能产生各种软/硬件故障；另一方面，由于应用环境中各种因素的变化，只要数据库系统在运行使用，就要不断地对它进行监督、调整、修改，以保持应用数据库系统较强的生命力和正常运行。这个阶段的工作主要由数据库系统管理员（DBA）完成，当系统变动大时，还需要开发设计人员参与。维护阶段的主要工作包括数据库转储与恢复、安全性和完整性控制、性能监督分析与改进、数据库重定义与重组。

4.7.1　数据库的转储和恢复

在数据库系统运行过程中，可能存在无法预料的自然界或人为的意外情况，如电源、磁盘、计算机系统软件等故障均会引起数据库运行中断，甚至破坏数据库的部分内容。目前许多大型的DBMS都提供了故障恢复功能，但这种恢复要DBA配合才能完成，因此需要DBA定期对数据库和数据库日志进行备份，以便发生故障时能尽快将数据库恢复到某种一致状态。

4.7.2　数据库安全性、完整性的控制

根据用户的实际需要授予不同的操作权限，根据应用环境修改数据对象的安全级别。为保证数据库安全，应经常修改口令或改变保密手段，这是DBA维护数据库安全性的工作内容。随应用环境的改变，数据库完整性约束条件也会发生变化，DBA应根据实际情况做出修正。

4.7.3　数据库性能监督、分析和改进

对数据库性能进行监督、分析和改进是DBA的一项重要工作。利用DBMS提供的系统性能参数监测、分析工具，分析数据库的存储空间、响应时间等性能指标并做记录，为数据库的改进、重组、重构等提供资料。

4.7.4　数据库的重定义、重构和重组

数据库运行一段时间后，数据库中的数据经过不断的增加、删除、修改，有效记录之间会出现空间残片，物理结构也不太合理了。所有的插入记录不一定都能按逻辑相连，而用指针链接又使得I/O占用时间增加，导致运行效率下降。

重定义数据库就是修改存储的数据库定义，然后转换存储数据。数据库重定义后，以前建立的数据库可能包含无效数据，需要根据新定义进行裁决。

数据库重构是根据数据库新定义对存储的数据进行转换，使其与新定义保持一致。数据库重定义可能涉及数据库内容、结构和物理表示的改变。由于不同数据库逻辑定义和物理存储结构之间的依赖程度不同，有些重定义不需要重构，如增加新的字段或属性。

数据库重组是指数据库物理存储结构的变化，而数据库逻辑结构和内容不变。重组的目的是改进数据库的存取效率和存取空间的利用率。

一般来说，DBMS都提供了数据库性能监测和重组工具，但数据库重组要慎重，因为数据库

重组会暂停数据库运行，花费一定的时间，占用一些系统资源，代价较高。因此，需要权衡数据库重组后性能的改善和付出的代价来做决定，如数据库数据增长速度、数据库使用的频繁程度、经常使用的数据及使用方式、数据库的生存周期、数据库的组织形式和存取方式。

本章小结

　　数据库设计是根据用户需求研制数据库结构的过程。数据库设计分为 6 个阶段：需求分析、概念结构设计、逻辑结构设计、物理结构设计、数据库实施、数据库运行与维护。本章介绍了数据库设计各阶段的目标、任务、方法和注意事项。

　　需求分析的目标是正确理解并表达用户需求，其结果决定着数据库的质量，需要反复与用户沟通以准确了解和描述用户的真实需求。概念结构设计和逻辑结构设计是数据库设计的核心环节。概念结构设计是在需求分析的基础上对现实世界的抽象和模拟，目前最广泛应用的概念结构设计工具是 E-R 模型。逻辑结构设计是在概念结构设计的基础上，将概念模型转换为具体的 DBMS 支持的数据模型。物理结构设计是确定数据库物理结构和进行性能优化，对于关系数据库而言，主要是设计数据的存储方式和结构，最终创建数据库及其相关对象。在数据库运行期间，需要对数据库进行维护，并且随着时间推移和需求的变化，需要对数据库进行重定义、重构和重组。

　　本章内容是进行数据库设计与应用的基础。

习题 4

　　1. 数据库设计的含义是什么？有哪些特点？

　　2. 数据库设计分哪几个阶段？

　　3. 数据流图的作用是什么？简述数据流图的表示方法。

　　4. 什么是数据字典？数据字典包含哪些方面的内容？

　　5. 简要说明数据库概念设计的重要性。

　　6. 简述基本 E-R 图的表示方法。

　　7. 试举例说明两个实体型之间 $1:1$、$1:n$ 和 $m:n$ 联系。

　　8. 试分析图 4.14 所示的 E-R 模型的语义。

　　9. 将局部 E-R 图合并为基本 E-R 图，可能存在哪些冲突？如何消除？

　　10. 举例说明什么是弱实体集？如何标识弱实体集？

　　11. 简述数据库逻辑设计的任务和步骤。

　　12. 如何把 E-R 模型转换成关系模式？

　　13. 某高校田径运动会设置了各类比赛，每个比赛类别设有类别编号、类别名称和主管人员等属性，每个比赛类别包含很多比赛项目；每个比赛项目有项目编号、项目名称、比赛时间和级别等属性；各个比赛团队有团队编号、团队名称、领队姓名等属性，每个代表团由多名运动员组成；运动员有编号、姓名、年龄、性别等属性；每名运动员可以参加多个比赛项目，每个比赛项目有多名运动员参加，运动员参加比赛有成绩属性。

　　（1）分析问题中的实体集。

　　（2）分析问题中的语义。

　　（3）根据语义画出 E-R 图。

　　14. 为图书馆设计一个数据库，要对每个借阅者保存读者号、姓名、性别、年龄、单位、电话号码、E-mail；对每本书保存书号、书名、作者、出版社；对每本借出的书保存读者号、借出日期、还书日期。要求：设计出 E-R 模型，再将其转换为关系数据模型。

15. 某房屋租赁公司利用数据库记录房主、房屋和公司职员的信息。其中，房屋信息包括房屋编号、地址、面积、朝向、租金价格。职员的信息包括员工编号、姓名、联系的客户、约定客户见面时间、约定客户看房的编号。如图 4.39 所示，其中的 A～H 应分别填入什么？

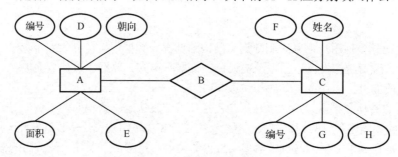

图 4.39　第 15 题的 E-R 图

16. 数据库物理设计的主要任务是什么？如何评价？

17. 数据库运行维护的主要任务是什么？

第 5 章

关系规范化理论——关系 数据库设计理论基础

在实际应用中，关系数据库设计的一个基本课题就是如何建立一个"好"的数据模式，使得关系数据库系统无论是在数据存储还是在数据操作方面都具有较好的性能。

那么，在对一个应用系统数据逻辑结构描述的一组关系模式中，什么样的模式是合理的或是"好"的呢，应当使用怎样的标准来鉴别设计合理与否，若存在不合理又如何改进，等等。针对上述问题，关系数据理论的创始人 E. F. Codd 等人提出并发展了一套关系数据库模式设计理论与方法。这些理论与方法称为关系规范化理论，是指导进行关系数据库有效设计的依据。本章将主要从指导应用的角度来讨论关系规范化理论。

5.1　数据冗余与操作异常问题

客观事物的联系可以分为两个层面：一是实体与实体之间的联系，二是实体内部特征（属性）之间的联系。从数据库角度看，实体间联系表现为数据的逻辑结构，由数据模型予以形式化说明和描述；而实体内部属性间联系则表现为数据的语义关联，由数据模式进行意义上的刻画和解释。在关系数据模型中，这种实体内部属性间联系就表现为语义约束。因此，不能随意将一些属性组合在一起形成关系模式，否则，就会带来一系列问题，其中最主要的问题是数据冗余和操作异常。

5.1.1　数据冗余与操作异常

数据冗余（Data Redundancy）是指同一数据在一个或多个数据文件中重复存储。数据冗余不仅会占用大量系统存储资源，造成不必要的开销，甚至会带来数据库操作的异常，对数据库性能发挥造成不好的影响。

【例 5.1】　设一个关系模式 $R(U)$，其中 U 为属性集{客户编号,客户姓名,客户性别,出生日期,客户所在省市,联系电话,微信号,商品编号,商品名称,品牌,单价,订购时间,需要日期,数量}。给定关系 R 的语义如下。

① 一位客户只有一个客户编号，一种商品名称只有一个商品编号。
② 每位客户在特定时间内订购的每种商品都有一个数量。
③ 每位客户可以订购同一种商品多次。
④ 每种商品可由多位客户订购。
⑤ 每位客户只属于一个省市。

根据上述语义和常识，可知其关系模式存在以下问题。

首先，数据存在大量冗余。每位客户的姓名、性别、出生日期、客户所在省市、联系电话、微信号，对于该客户的每条订购记录都要重复存储一次；同样，每个被订购的商品的名称、品牌、单价，对于该商品的每条订购记录都要重复存储一次。

其次，数据冗余将会导致数据操作的异常。

① 插入异常：如果某客户尚未订购任何商品，则其信息将无法插入表中。同样，如果某商品尚未有任何客户订购，则其信息也无法插入表中。
② 删除异常：若某商品已售完，需将其信息删除，则会将之前订购过该商品的客户信息也一起删除。
③ 修改异常：若某客户的联系电话或微信号换了，则要修改多个元组。如果一部分修改而另一部分不修改，将会出现数据间的不一致。

5.1.2　问题原因分析

从例 5.1 中可以看出，若不精心设计关系模式，将会出现数据冗余及其导致的数据更新异常问题。那么数据冗余产生的原因是什么呢？

数据冗余的产生有着较为复杂的原因。从数据结构角度考察有两个层面的问题：一是多个文件之间联系的处理；二是同一个文件中数据之间的联系处理。如果这两个层面的数据联系考虑不周或处理不当，就有可能导致冗余。对于第一个层面的问题，数据库系统（特别是关系数据库）已经能较好地解决了，但第二个层面的问题，并非可以由关系数据库系统自动解决，它依赖于关系模式的设计。若关系模式设计得不好，关系数据库中仍会出现大量数据冗余导致各种操作异常的发生。

在关系数据库中，同一关系模式的各个属性子集之间存在着数据的依赖关系，例如，客户姓名依赖于客户编号。如果在关系模式设计时，对这种数据依赖关系处理不当，就会产生数据冗余和操作异常。

关系数据库中数据依赖的考虑来源于关系结构本身。在关系模式中，各个属性之间通常是有关联的。这些关联有着不同的表现形式：一种形式是一部分属性的取值能够决定其他所有属性的取值，例如，主码属性的取值能够唯一确定其他属性的值。另一种形式是一部分属性的取值可以决定其他部分属性的取值。例如，例 5.1 中"客户编号"属性的取值可以决定"客户姓名"、"性别"和"出生日期"等属性的取值。

在关系数据库中，数据冗余与数据依赖密切相关。因此，在构造关系模式时，必须仔细考虑属性的数据依赖关系，遵循数据的语义约束，这样就可消除数据冗余和操作异常，构造出"好"的关系数据库模式。关系规范化理论就是一套以对数据依赖的研究为基础，对关系数据库模式设计提出规范等级的理论与方法。

一个好的数据库模式应有如下特点：①能客观描述应用领域的信息；②无插入异常；③无删除异常；④无过度的数据冗余。如何才能设计出好的关系模式呢？这是本章关系规范化理论所要讨论的内容，下面首先介绍与规范化理论有关的一些基本概念，然后介绍规范化理论，最后讨论关系模式规范化在实际应用中存在的一些问题及解决方法。

5.2　函数依赖

数据依赖是客观世界实体集内部或实体集之间属性相互联系的抽象。为了描述这些联系，人们提出了多种类型的数据依赖，其中最重要的是函数依赖（Functional Dependency，FD）和多值依赖（Multivalued Dependency，MD），这里只介绍函数依赖。数据依赖反映了属性之间的相互约束关系。

5.2.1　函数依赖的基本概念

定义 5.1　设 $R(U)$ 是属性集 U 的关系模式，X 和 Y 是 U 的子集，r 是 $R(U)$ 中任意给定的关系实例。对于 r 中的任意两个元组 s 和 t，当 $s[X] = t[X]$ 时有 $s[Y] = t[Y]$，则称属性子集 X 决定属性子集 Y，或称 Y 依赖于 X，记为 $X{\rightarrow}Y$。否则，就称 X 不决定 Y，记为 $X \nrightarrow Y$。

如果有函数依赖 $X{\rightarrow}Y$，则称 X 为决定因素。如果 $X{\rightarrow}Y$，并且 $Y{\rightarrow}X$，则记为 $X{\leftrightarrow}Y$。

注意：函数依赖要求 R 中的一切关系均满足上述条件，而不是某个或某些关系满足约束条件。

函数依赖是语义范畴的概念，只能根据语义来确定一个函数依赖。例如，"姓名→联系电话"只能在没有重名的情况下才成立。如果有重名，则该函数依赖不存在。

当然，数据库设计者也可以对现实世界做一些强制的规定。例如，规定不允许有重名出现，这样就可以使"姓名→联系电话"函数依赖成立。当插入元组时，被插入元组值必须满足规定的函数依赖；若发现有重名存在，则拒绝插入元组。

5.2.2　函数依赖的分类

函数依赖有 3 种类型。

（1）平凡函数依赖与非平凡函数依赖

定义 5.2　对于函数依赖 $X{\rightarrow}Y$，若 $Y \subseteq X$，则称该函数依赖为平凡函数依赖（Trivial Functional Dependency）。对于函数依赖 $X{\rightarrow}Y$，若 $Y \nsubseteq X$，则称该函数依赖为非平凡函数依赖（Nontrivial Functional Dependency）。

按照函数依赖的定义，当 Y 是 X 的子集时，Y 必依赖于 X，这种依赖不反映任何新的语义，因此这种依赖没有实际意义。通常研究的函数依赖都是指非平凡依赖。

（2）部分函数依赖与完全函数依赖

定义 5.3　如果 $X{\rightarrow}Y$，且对于 X 的任一真子集 X'，都有 $X' \nrightarrow Y$，则称 Y 为完全函数依赖（Full Functional Dependency）于 X，记为 $X \xrightarrow{F} Y$；否则称 Y 为部分函数依赖（Partial Functional Dependency）于 X，记为 $X \xrightarrow{P} Y$。

如果 Y 对 X 部分依赖，那么 X 中的"部分"就可以确定对 Y 的关联。从数据依赖观点来看，

X 中存在冗余属性。

（3）传递函数依赖

定义 5.4　若 $X{\rightarrow}Y$，$Y{\rightarrow}Z$，$Y \not\subset X$，且 $Y{\nrightarrow}X$，则称 Z 为传递函数依赖（Transitive Functional Dependency）于 X。

在定义 5.4 中，X 不依赖于 Y，意味着 X 与 Y 不是一一对应的；否则 Z 就是直接函数依赖于 X，而不是传递依赖于 X。

完全函数依赖、部分函数依赖和传递函数依赖的关系，如图 5.1 所示。

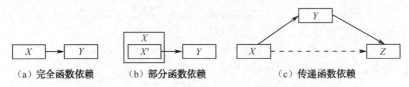

（a）完全函数依赖　　　（b）部分函数依赖　　　　（c）传递函数依赖

图 5.1　完全函数依赖、部分函数依赖和传递函数依赖的关系

5.2.3　函数依赖与数据冗余

由以上函数依赖的定义，以及对部分函数依赖和传递函数依赖的分析可知，部分函数依赖存在冗余属性，而传递依赖反映出属性间的间接依赖，是一种弱数据依赖。这是关系数据库产生数据冗余的主要原因。

【例 5.2】　设有关系模式 $R(U)$，其中 U 为属性集{客户编号,客户姓名,联系电话,微信号,商品编号,商品名称,品牌,单价,生产厂家,厂家地址,订购时间,数量}。该关系模式具有唯一候选码（客户编号,商品编号,订购时间），各个属性间的关系如图 5.2 所示。

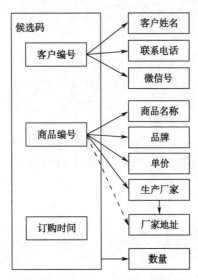

图 5.2　例 5.2 函数依赖关系

可以发现，该关系模式中存在以下部分函数依赖：客户编号→客户姓名，客户编号→联系电话，客户编号→微信号，商品编号→商品名称，商品编号→品牌，商品编号→单价，商品编号→生产厂家，商品编号→厂家地址；还有传递函数依赖：商品编号→生产厂家→厂家地址。

关系模式中的部分函数依赖与传递函数依赖都会产生数据冗余。因此，要消除数据冗余及由数据冗余带来的数据更新异常现象，就要处理好部分函数依赖和传递函数依赖。

5.3　范式

由以上分析可知，一个不好的数据库模式存在操作异常及大量冗余信息，引起这些问题的原因是构成数据库模式的关系模式的属性之间存在不恰当的数据依赖关系。如果要求关系模式属性之间的数据依赖关系满足一定的约束条件，则可减少操作异常，减少冗余数据的存储。20 世纪 70 年代初，E. F. Codd 等人提出了范式的概念，将属性间的数据依赖关系满足一定约束条件的关系模式称为范式（Normal Form）。同时，将属性之间的数据依赖关系按级别划分，如果一个关系模式属性之间的数据依赖关系满足某一级别，则称该关系模式为对应类的范式。E. F. Codd 等人将范式分为第一范式～第三范式（1NF～3NF）、BCNF 范式及第四范式（4NF），后来，又有学者在此基础上提出了第五范式（5NF）。范式的类别及各类范式之间的关系，如图 5.3 所示。从图中可看出，

$5NF \subset 4NF \subset BCNF \subset 3NF \subset 2NF \subset 1NF$。

按照一定的理论方法设计满足指定范式要求的关系模式过程称为规范化。在数据库设计中，可以用规范化的理论作为指导。本节将介绍第一范式至第四范式相关的基本概念、基本理论及有关的算法。对数据库设计者来说，最重要的是 3NF 和 BCNF。

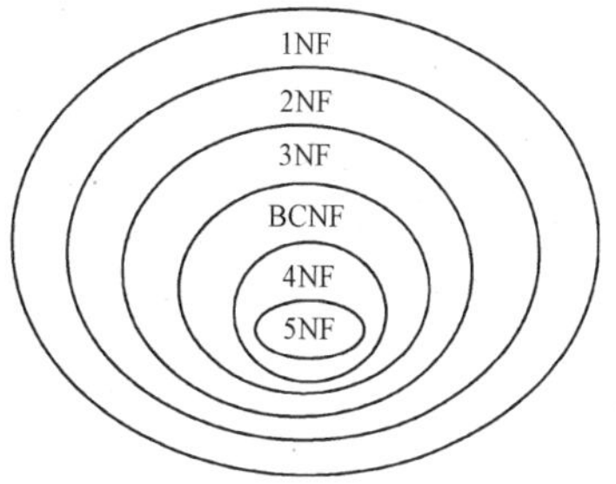

图 5.3　范式的类别及各类范式之间的关系

5.3.1　关系模式和码

在定义 2.4 给出的描述中，关系模式 R 为一个四元组 $R(U, D, dom, F)$，其中，U 为组成关系的属性名集合，D 为属性组 U 中属性所来自的域，dom 为属性与域之间的映像集合，F 为属性间依赖关系的集合。

在前面讨论关系模式的表示中，往往忽略 F，而 D 和 dom 又与 U 相关，所以将关系模式表达为 $R(U)$ 的形式。在学习函数依赖的概念后，将重点讨论关系模式中 F 要素的影响，所以，可将关系模式表示为 $R<U, F>$ 形式。这里 F 是定义在属性集 U 上的一组函数依赖集，F 取决于与应用有关的语义。

有了函数依赖的概念，也可以从函数依赖的角度定义和理解码（候选码）。

定义 5.5　若关系模式 $R<U, F>$ 的一个或多个属性 $A_1, A_2, \cdots, A_n$ 的组合，可以依赖函数决定该关系模式的所有属性，即满足 $A_1A_2 \cdots A_n \xrightarrow{\quad} U$，则称 $A_1, A_2, \cdots, A_n$ 为关系模式 R 的候选码，简称码（Key）。

属性组合 $A_1A_2 \cdots A_n \xrightarrow{F} U$，刚好对应定义 2.6 中关于码的"唯一性"和"最小性"两个特性。

例如，关系模式 OrderList(客户编号,商品编号,订购时间,数量,需要日期,付款方式)，其中属性集(客户编号,商品编号,订购时间)可完全函数决定整个元组，并且满足最小性，即(客户编号,商品编号,订购时间)的任何真子集都不能函数决定整个元组，因此(客户编号,商品编号,订购时间)为候选码。

定义 5.6　设 X 是关系模式 $R<U, F>$ 的属性集，即 $X \subseteq U$，若 X 包含 $R<U, F>$ 的候选码，则称 X 为超码（Super Key）。

例如，GoodsInfo 关系的候选码是"商品编号"，所以必有(商品编号,商品名称) $\xrightarrow{F} U$，则(商品编号,商品名称)为 GoodsInfo 关系的超码。候选码是最小的超码。

另外两个重要概念是主属性和非主属性（见定义 2.7），它们对于范式级别的判定与规范化有着重要作用。

5.3.2　基于函数依赖的范式

关系模式最基本的范式是第一范式。如果关系模式 $R<U, F>$ 中的每一个属性都是不可再分的，那么该关系模式属于第一范式（1NF），记为 $R \in 1NF$。第一范式要求关系模式的每个属性都是原子的。通常，关系数据库管理系统要求数据库的每一个关系模式必须属于 1NF。

与函数依赖相关的关系模式范式主要有第二范式（2NF）、第三范式（3NF）和 BC 范式（BCNF）。

1. 第二范式（2NF）

定义 5.7　对于关系模式 $R<U, F>$，若 $R \in 1NF$，且每一个非主属性完全函数依赖于码，则 R 是第二范式的，记为 $R \in 2NF$。

由定义可以看出，2NF 要求非主属性不能部分依赖于码。

例 5.2 中的关系模式 $R(U)$ 中，主码为(客户编号,商品编号,订购时间)。但在该模式中，存在非主属性对码的部分函数依赖：客户编号→客户姓名，客户编号→联系电话，客户编号→微信号，商品编号→商品名称，商品编号→品牌，商品编号→单价，商品编号→生产厂家，商品编号→厂家地址，因此该关系模式不属于第二范式。

一个关系 R 不属于 2NF，将会产生插入异常、删除异常、修改异常等问题。例如，在例 5.2 中，若要插入一个客户记录，但该客户尚未订购商品，即这个商品有商品编号和订购时间这两个属性值，那么由于缺少码值的一部分而使得该客户的信息不能被插入关系中，这是插入操作异常。同样，该模式也存在删除异常和修改异常等问题，读者可自行分析。

产生这些问题的原因在于，非主属性对码不是完全函数依赖。如何解决这些问题呢？

解决的办法是，对原有模式进行分解，用新的一组关系模式代替原来的关系模式。在新的关系模式中，每一个非主属性对码都是完全函数依赖的。

【例 5.3】　将例 5.2 中的关系模式 $R(U)$ 分解为以下 3 个关系模式（下画线标出了关系模式的主码）：

CInfo(<u>客户编号</u>,客户姓名,联系电话,微信号)

GInfo(<u>商品编号</u>,商品名称,品牌,生产厂家,厂家地址,单价)

Order(<u>客户编号,商品编号</u>,订购时间,数量)

这 3 个模式中都不存在非主属性对码的部分函数依赖，因此解决了上述存在的问题。在进行模式分解时，一个基本原则就是"一事一地"，即一个模式只描述一个事件。

2. 第三范式（3NF）

定义 5.8　在关系模式 $R<U, F>$ 中，若不存在这样的码 X、属性组 Y 和非主属性 Z（Z 不包含于 Y），使得 $X \rightarrow Y$，$Y \rightarrow Z$（这里 $Y \nrightarrow X$）成立，则称 $R<U, F>$ 是第三范式的，记为 $R \in 3NF$。

由第三范式的定义可知，$X \rightarrow Y$ 不满足 3NF 的约束条件分为两种情况。

① Y 是非主属性，而 X 是码的真子集，在此情况下，非主属性 Y 部分函数依赖于码；

② Y 是非主属性，X 既不包含码，也不是码的真子集。在此情况下，设 K 为一个码，因为 $X \not\subset K$，且 $Y \notin K$，则存在非平凡函数依赖，即 $K \rightarrow X$，$X \rightarrow Y$，所以 Y 传递依赖于码 K。

由上述分析可知，若 $R \in 3NF$，则 R 中的每一个非主属性既不部分依赖于码，也不传递依赖于码。并可得到如下推论：

对于关系模式 $R<U, F>$，若 $R<U, F> \in 2NF$，且每个非主属性都不传递依赖于码，则 $R<U, F> \in 3NF$。

【例 5.4】　对例 5.3 中分解后的关系模式 GInfo(<u>商品编号</u>,商品名称,品牌,生产厂家,厂家地址,单价)进行分析，该模式最高属于第几范式？

分析：在 GInfo 模式中，存在函数依赖，即商品编号→生产厂家，生产厂家→厂家地址，因此，"厂家地址"对码的依赖是传递函数依赖。所以，GInfo 不是第三范式的。而该模式中不存在非主属性对码的部分函数依赖，故 GInfo $\in$ 2NF。

若一个关系模式 R 不是 3NF 的，则也会存在数据冗余与数据更新异常的问题，读者可参照 1NF 存在的问题进行分析。

产生这些问题的原因在于非主属性对码的传递函数依赖。解决办法仍然是进行模式分解，将模式 R 分解为多个模式。例如，将 GInfo 分解为以下两个模式：

GoodsInfo(<u>商品编号</u>,商品名称,品牌,生产厂家,单价)

MFInfo(<u>生产厂家</u>,厂家地址)

这两个模式均为第三范式的。

3NF 实质上在 1NF 中消除了非主属性对码的部分函数依赖和传递函数依赖，而部分函数依赖和传递函数依赖是产生数据冗余的重要原因，因此 3NF 消除了很大部分存储异常和更新操作异常。

【例 5.5】　设有一个用于描述学生选课的关系模式 SG<U, F>，U = { SNO, SName, SDept, SSpec, CNO, Grade }，各属性表示的含义为 SNO——学号，SName——姓名，SDept——所在系，SSpec——所学专业，CNO——课程号，Grade——课程成绩。关系 SG 的语义如下。

① 每个学生属于且仅属于一个系与一个专业。

② 每个学生选修的每门课程有且仅有一个成绩。

③ 每个系有多个专业，一个专业属于且仅属于一个系。

由上述语义可得到函数依赖集 F 如下：

F = { SNO→SName, SNO→SDept, SNO→SSpec, SSpec→SDept,(SNO, CNO)→Grade }

关系模式 SG 的候选码为(SNO, CNO)，显然 SG 存在非主属性 SName、SDept、SSpec 对码的部分函数依赖，因此 SG 不属于 2NF。将其分解为如下两个模式。

S(SNO, SName, SDept, SSpec)

SCG(SNO, CNO, Grade)

模式 SCG 的候选码为(SNO, CNO)，存在函数依赖集 F_2 = {(SNO, CNO)→Grade}。可见 SCG 已是 3NF 的。模式 S 的候选码为 SNO，存在函数依赖集 F_1 = { SNO→SName, SNO→SDept, SNO→SSpec, SSpec→SDept }。其中存在非主属性 SSpec 对码 SNO 的传递函数依赖，可见 S 是 2NF 的，但不是 3NF 的。再将其分解为如下两个模式。

Stu(SNO, SName, SSpec)

Dept(SDept, SSpec)

模式 Stu 的候选码为 SNO，存在函数依赖集 F_3 = { SNO→SName, SNO→SSpec }。可见 Stu 已是 3NF 的。模式 Dept 的候选码为 SSpec，存在函数依赖集 F_4 = { SSpec→SDept }。可见 Dept 已是 3NF 的。

如果关系模式 R<U, F>不满足 3NF，则其中一定存在着非主属性 Y 对码 K 的传递函数依赖，非 3NF 的 3 种情形如图 5-4 所示。

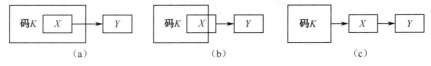

图 5.4　非 3NF 的 3 种情形

① 存在 X→Y，其中 Y 是非主属性，X 是 K 的真子集。这是一种基于部分依赖的传递依赖，如图 5.4（a）所示。这种情况下，R<U, F>最高仅是 1NF 的。

② 存在 X→Y，其中 Y 是非主属性，而 X 既非超码，又非 K 的真子集，但 X 与 K 的交集非空，如图 5.4（b）所示。示例见例 5.6。

③ 存在 X→Y，其中 Y 是非主属性，而 X 既非超码，又非 K 的真子集，且 X 与 K 的交集为空，如图 5.4（c）所示。例 5.5 中关系模式 S(SNO, SName, SDept, SSpec)即为此种情况。

【例 5.6】　设有一个用于描述学生选课和排课的关系模式 SCTG<U, F>，U = { SNO, CNO, Semester, TNO, RoomID, TimeSlot, Grade }，各属性表示的含义为 SNO——学号，CNO——课程号，Semester——学期，TNO——教师工号，RoomID——教室号，TimeSlot——上课节次，Grade——课程成绩。关系 SCTG 的语义如下。

① 每学期每门课程可有多位任课教师。每位教师可承担多门课程的教学任务。

② 每门课程排课可有多个节次，每个节次在一个特定教室，由一位教师上课。

③ 每位学生每学期可以选修多门课程，其选修的每门课程有一个确定的成绩。

由上述语义分析可得到存在的函数依赖如下：

(SNO, CNO, Semester)→Grade

(CNO, Semester, TimeSlot)→RoomID, TNO

(Semester, TimeSlot, RoomID)→TNO

候选码：(SNO, CNO, Semester, TimeSlot)

由 于 (Semester, TimeSlot, RoomID) → TNO， (SNO, CNO, Semester, TimeSlot) → (Semester TimeSlot, RoomID)，因此非主属性 TNO 存在对候选码的传递依赖，为图 5.4（b）的情形。

关系模式 SCTG 最高可达到第几范式？如何分解使其每个模式都成为 3NF 的，请读者思考后完成。

3. BC 范式（BCNF）

定义 5.9　设关系模式 $R<U, F>\in$1NF，若 $X\rightarrow Y$，$Y \not\subset X$ 时，X 必含有码，则 $R<U, F>$ 是 BC 范式的，记为 $R<U, F>\in$BCNF。

即在关系模式 $R<U, F>$ 中，若每个决定因素都包含码，则 $R<U, F>\in$BCNF。

BCNF 范式因由 Boyce 和 Codd 共同提出而得名，BCNF 范式又称为修正的第三范式或扩充的第三范式。

从 BCNF 范式的定义可知，如果 $R<U, F>\in$BCNF，则在 $R<U, F>$ 中不存在决定因素不含码的非平凡函数依赖。

【**例 5.7**】　设有关系模式 SCT$<U, F>$，用于描述学生、课程及教师三实体之间的联系 U = { SNO, CNO, TName }，各属性表示的含义为 SNO——学号，CNO——课程号，TName——教师姓名。关系 SCT 的语义如下：

① 每位教师不重名，并且每位教师仅上一门课。

② 每门课程可由若干位教师讲授。

③ 学生选定某门课程后，教师即唯一确定。

由上述语义可得到函数依赖集 F 如下：

F = {(SNO,CNO)→TName,(SNO,TName)→CNO,TName→CNO }

该模式中的函数依赖关系如图 5.5 所示。

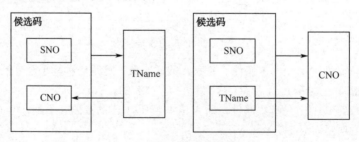

图 5.5　例 5.7 函数依赖关系

可见，关系模式 SCT 的候选码为(SNO,CNO)，(SNO,TName)。在该模式中不存在非主属性，因此必有 SCT$\in$3NF。

但是 SCT 不属于 BCNF，因为在该模式中存在函数依赖 TName→CNO，其决定因素 TName 不包含任何候选码。

若一个模式为 3NF 但非 BCNF，仍可能存在异常。例如，在关系 SCT 中，如果某课程因某种原因（如选修人数过少）不开设，则有关教师开设这门课程的信息就无法在数据库中表示。引起异常的原因在于存在非超码的决定因素，仍可通过模式分解的方法消除异常。如可将 SCT 模式分解为以下两个模式：

　　ST(SNO,TName)

　　TC(TName,CNO)

　　模式 ST 的候选码为（SNO，TName），可见 ST 已是 BCNF 的。模式 TC 的候选码为 TName，存在函数依赖集 $F = \{$ TName→CNO$\}$，可见 TC 已是 BCNF 的。

　　由例 5.7 的讨论可知，BCNF 的限制条件比 3NF 更严格。因此 3NF 与 BCNF 的关系为：① 若关系模式 $R \in$ BCNF，则必有 $R \in$ 3NF；② 若关系模式 $R \in$ 3NF，则 R 不一定属于 BCNF。

　　3NF 的不彻底性表现在，它可能存在主属性对码的部分或传递依赖，而 BCNF 在函数依赖的范畴内，对属性关联进行了彻底分离，消除了更新操作的异常。

*5.3.3　多值依赖与 4NF

　　虽然 BCNF 是基于函数依赖的最高范式，但不是数据库模式设计的最高范式。如果一个数据库模式中的每个关系模式都属于 BCNF，那么在函数依赖范畴内，它就实现了彻底分离，消除了插入和删除异常，但属性之间可能还存在多值依赖，多值依赖会导致不必要的数据冗余和操作异常。下面先看一个例子。

　　【例 5.8】　设有一个课程安排关系 CTB(CName,TName,Book)，其各属性表示的含义为 CName——课程名，TName——教师姓名，Book——参考书。关系 CTB 的语义如下：

　　① 每位教师可讲授多门课程。

　　② 每门课程可采用多种参考书。

　　设 CTB 数据如表 5.1 所示，将其中数据整理为一张规范化的二维表，如表 5.2 所示。

表 5.1　CTB 有关的数据

CName	TName	Book
数据结构	张林 李平 赵红	《数据结构教程》 《数据结构》
数据库系统	张林 周静	《数据库系统概论》 《数据库教程》 《数据库技术与应用》

表 5.2　CTB 关系

CName	TName	Book	CName	TName	Book
数据结构	张林	《数据结构教程》	数据库系统	张林	《数据库系统概论》
数据结构	张林	《数据结构》	数据库系统	张林	《数据库教程》
数据结构	李平	《数据结构教程》	数据库系统	张林	《数据库技术与应用》
数据结构	李平	《数据结构》	数据库系统	周静	《数据库系统概论》
数据结构	赵红	《数据结构教程》	数据库系统	周静	《数据库教程》
数据结构	赵红	《数据结构》	数据库系统	周静	《数据库技术与应用》

　　关系模式 CTB(CName,TName,Book)的码为(CName,TName,Book)，即 CTB 是全码的，所以 CTB∈BCNF；但从表 5.2 所示的数据看，该关系是高度数据冗余的，如某位教师讲授某门课程的信息、某门课程使用某本参考书的信息均有大量重复存储。这种数据冗余同样会带来更新操作的问题。例如，若"数据库系统"课程增加一名授课教师王荣，则必须插入 3 个元组(数据库系统,王荣,数据库系统概论)、(数据库系统,王荣,数据库教程)、(数据库系统,王荣,数据库技术与应用)。

同样，某门课程要去掉一位授课教师，或去掉一本参考书，都必须删除多个元组。

仔细分析 CTB 模式，可以发现其中的属性集{CName}与{TName}、{CName}与{Book}之间存在着一定的数据依赖关系：当{CName}的一个值确定以后，{TName}就有一组值与之对应；同样，{Book}也有一组值与之对应。此外，属性集{TName}与{Book}也有联系，这种联系是通过{CName}建立起来的间接联系。表现为当{CName}的一个值确定以后，它所对应的一组{TName}值与{Book}（$=U-${CName}$-${TName}）无关。例如，当取定{CName}的一个值为"数据结构"时，它对应的一组{TName}值为{张林,李平,赵红}，而与"数据结构"课程选用的参考书（即$U-${CName}$-${TName}）无关。

具有上述特征的数据依赖关系是不能为函数依赖所包容的，需要引入新的概念语义刻画与描述，这就是多值依赖。

定义 5.10　设 $R(U)$是属性集 U 的一个关系模式，X、Y、Z 是 U 的子集，且 $Z=U-X-Y$。对于 R 的任何关系 r，如果存在两个元组 s、t，则必然存在两个元组 u、v，使得

$u[X] = v[X]$，$s[X] = t[X]$，

$u[Y] = t[Y]$，且 $u[Z] = s[Z]$，

$v[Y] = s[Y]$，且 $v[Z] = t[Z]$，

即交换元组 s、t 在属性组 Y 上的值，得到的两个新元组 u、v 必在关系 r 中，则称 Y 多值依赖（Multivalued Dependency）于 X，记为 $X \rightarrow \rightarrow Y$。

定义 5.11　设 $R(U)$是属性集 U 上的一个关系模式，X、Y、Z 是 U 的子集，如果 $Y \subseteq X$ 或 $X \cup Y = U$，则称 $X \rightarrow \rightarrow Y$ 为平凡多值依赖。

多值依赖具有如下性质：

① 传递性，如果 $X \rightarrow \rightarrow Y$ 且 $Y \rightarrow \rightarrow Z$，则 $X \rightarrow \rightarrow Z-Y$。

② 对称性，如果 $X \rightarrow \rightarrow Y$ 且 $Z=U-X-Y$，则 $X \rightarrow \rightarrow Z$。

③ 扩展律，如果 $X \rightarrow \rightarrow Y$ 且 $V \subseteq W$，则 $WX \rightarrow \rightarrow VY$。

④ 如果 $X \rightarrow Y$，则 $X \rightarrow \rightarrow Y$。该性质说明函数依赖是多值依赖的特例。

定义 5.12　设 FD、MVD 分别为定义在关系模式 $R<U, D>$上的函数依赖集和多值依赖集，$D = \text{FD} \cup \text{MVD}$，若 $R<U, D> \in 1\text{NF}$，且所有非平凡的多值依赖 $X \rightarrow \rightarrow Y$，其决定因素 X 都含有码，则称 $R<U, D>$ 是第四范式的，记为 $R<U, D> \in 4\text{NF}$。

实际上，4NF 要求关系模式的属性之间不存在非平凡且非函数依赖的多值依赖。根据 4NF 的定义，对于每一个非平凡的多值依赖 $X \rightarrow \rightarrow Y$，$X$ 都含有码，则有 $X \rightarrow Y$，所以 4NF 所允许的非平凡多值依赖实际上是函数依赖。

显然，如果一个关系模式为 4NF，则必为 BCNF。

【例 5.9】　将例 5.8 中的 CTB 关系模式分解为 4NF。

CTB 模式中存在多值依赖 CName$\rightarrow \rightarrow$TName，CName$\rightarrow \rightarrow$Book，它们是非平凡的多值依赖，但决定因素不包含码，所以 CTB 不属于 4NF。将 CTB 分解为如下两个模式：

CT(CName,Tname)

TB(CName,Book)

关系模式 CT 和 TB 中分别只有 CName$\rightarrow \rightarrow$TName 和 CName$\rightarrow \rightarrow$Book，它们都是平凡的多值依赖。因此，分解后的每个关系模式都属于 4NF。

模式分解的过程实际上是将非平凡多值依赖转化为平凡多值依赖或函数依赖的过程。

5.4　数据依赖公理系统

将低级范式转化为高级范式的方法是对低级范式进行模式分解，而模式分解算法的理论基础是数据依赖的公理系统。本节将讨论函数依赖的一个有效而完备的公理系统——Armstrong 公理系统。

5.4.1　逻辑蕴涵

定义 5.13　设有满足函数依赖集 F 的关系模式 $R<U, F>$，对于 R 的任一关系 r，若函数依赖 $X \to Y$ 都成立（对于 r 中任意两元组 t、s，若 $t[X]=s[X]$，则 $t[Y]=s[Y]$），故称 F 逻辑蕴涵 $X \to Y$，记为 $F \Rightarrow X \to Y$。

5.4.2　Armstrong 公理系统

对于关系模式 $R<U, F>$ 有以下推理规则。

① 自反律（Reflexivity rule）。

若 $Y \subseteq X \subseteq U$，则 $F \Rightarrow X \to Y$。

证明：设 t_1、t_2 为关系 R 中的任意两个元组，若 $t_1[X]=t_2[X]$，因为 $Y \subseteq X \subseteq U$，所以 $t_1[Y]=t_2[Y]$，有 $X \to Y$ 成立，故 $F \Rightarrow X \to Y$。

② 增广律（Augmentation rule）。若 $F \Rightarrow X \to Y$，且 $Z \subseteq U$，则 $F \Rightarrow ZX \to ZY$。

证明：设 t_1、t_2 为关系 R 中的任意两个元组，若 $t_1[XZ]=t_2[XZ]$，则 $t_1[X]=t_2[X]$，$t_1[Z]=t_2[Z]$。又因为 $X \to Y$，所以若 $t_1[X]=t_2[X]$，则 $t_1[Y]=t_2[Y]$，故 $t_1[YZ]=t_2[YZ]$。

若 $F \Rightarrow X \to Y$，且 $Z \subseteq U$，则 $F \Rightarrow ZX \to ZY$。

③ 传递律（Transitivity rule）。若 $F \Rightarrow X \to Y$ 及 $F \Rightarrow Y \to Z$，则 $F \Rightarrow X \to Z$。

证明：设 t_1、t_2 为关系 R 中的任意两个元组。

因为 $X \to Y$，所以若 $t_1[X]=t_2[X]$，则 $t_1[Y]=t_2[Y]$。

又因为 $Y \to Z$，所以若 $t_1[Y]=t_2[Y]$，则 $t_1[Z]=t_2[Z]$。

当 $F \Rightarrow X \to Y$ 及 $F \Rightarrow Y \to Z$ 时，$F \Rightarrow X \to Z$。

上述推理规则是由 Armstrong 于 1974 年首先提出的，故将这些规则称为 Armstrong 公理系统。根据 Armstrong 公理系统可得到如下推理规则。

① 合并规则（Union rule）：若 $X \to Y$，$X \to Z$，则 $X \to YZ$。

② 伪传递规则（Pseudo transitivity rule）：若 $X \to Y$，$WY \to Z$，则有 $WX \to Z$。

③ 分解规则（Decomposition rule）：若 $X \to Y$，且 $Z \subseteq Y$，则有 $X \to Z$。

根据合并规则和分解规则，可得如下结论。

① 若 $X \to A_1 A_2 \cdots A_k$，则根据分解规则可将其分解为 $X \to A_i$ ($i=1, 2, \cdots, k$)；

② 若 $X \to A_i$ ($i=1, 2, \cdots, k$)，则根据合并规则可得 $X \to A_1 A_2 \cdots A_k$，所以，$X \to A_1 A_2 \cdots A_k$ 与 $X \to A_i$ ($i=1, 2, \cdots, k$) 等价。

5.4.3　函数依赖集的闭包

定义 5.14　设有关系模式 $R(U, F)$，F 逻辑蕴涵的函数依赖的全体称为 F 的闭包，记为 F^+。F^+ 即从 F 出发，根据 Armstrong 公理系统可导出函数依赖的全体。

由定义计算 F^+，其计算量很大。因此为了更有效地计算 F^+，引入了属性集 X 关于函数依赖

集 F 的闭包 X_F^+ 的定义。

定义 5.15 设 F 为属性集 U 上的一组函数依赖，$X \subseteq U$，$Y \in U$，$X_F^+ = \{Y \mid X \to Y$ 能由 F 根据 Armstrong 公理导出$\}$，X_F^+ 称为属性集 X 关于函数依赖集 F 的闭包。

求属性集 X 关于函数依赖集 F 的闭包 X_F^+ 的算法如下。

算法 5.1 求属性集 $X(X \subseteq U)$ 关于 U 上的函数依赖集 F 的闭包 X_F^+。

输入：X, F。

输出：X_F^+。

步骤：

（1）令 $X(0) = X$，$i = 0$；

（2）求 B，这里 $B = \{A \mid (\exists V)(\exists W)(V \to W \in F \wedge V \subseteq X(i) \wedge A \in W)\}$；

（3）$X(i+1) = B \cup X(i)$；

（4）判断 $X(i+1) = X(i)$ 是否成立？

（5）若相等或 $X(i) = U$，则 $X(i)$ 就是 X_F^+，算法终止。

（6）若否，则 $i = i+1$，返回第（2）步。

对于算法 5.1，令 $a_i = |X(i)|$，$\{a_i\}$ 形成一个步长大于 1 的严格递增的序列，序列的上界是 $|U|$，因此该算法最多 $|U| - |X|$ 次循环就会终止。

【例 5.10】 已知关系模式 $R<U, F>$，其中，$U = \{A, B, C, D, E\}$；$F = \{AB \to C, B \to D, C \to E, EC \to B, AC \to B\}$。

求 $(AB)_F^+$。

解：设 $X(0) = AB$。

① 计算 $X(1)$。逐一地扫描 F 集合中各个函数依赖，找左部为 A、B 或 AB 的函数依赖，可得到 $AB \to C$ 和 $B \to D$。于是 $X(1) = AB \cup CD = ABCD$。

② 因为 $X(0) \neq X(1)$，所以再找出左部为 $ABCD$ 子集的函数依赖，可得到 $AB \to C$、$B \to D$、$C \to E$、$AC \to B$，于是 $X(2) = X(1) \cup BCDE = ABCDE$。

③ 因为 $X(2) = U$，算法终止。

所以 $(AB)_F^+ = ABCDE$。

【例 5.11】 设有关系模式 $R<U, F>$，$U = \{A, B, C, D, E\}$，$F = \{A \to B, B \to C, CD \to E\}$，判断 F 是否逻辑蕴涵 $A \to E$。

解：要判断 F 是否逻辑蕴涵 $A \to E$，只需判断 E 是否属于 A_F^+ 即可。根据求 X_F^+ 的算法流程可求得 $A_F^+ = \{A, B, C\}$，因 $E \notin A_F^+$，故 $A \to E$ 不被 F 所逻辑蕴涵。

【例 5.12】 设有关系模式 $R<U, F>$，$U = \{A, B, C, D, E, G\}$，$F = \{E \to D, C \to B, CE \to G, B \to A\}$，求该关系模式的码。

解：① 对属性进行分组。仅出现在函数依赖左部的属性为 $L = \{E, C\}$；既出现在函数依赖左部也出现在右部的属性为 $LR = \{B\}$。

② 求 L 中各属性的闭包。$E_F^+ = \{E, D\}$，$C_F^+ = \{C, B, A\}$。

③ 求 LR 中各属性的闭包。$B_F^+ = \{B, A\}$。

④ 求关系模式 $R<U, F>$ 的码 KEY。设 $X = L \cup LR$，因为根据码的定义，有 $KEY \xrightarrow{F} U$，故若 $K_F^+ = U$（K 为 X 中单个属性或 X 中属性的最小组合），则 K 为码。

因为 $(EC)_F^+ = \{E, D, C, B, A\} \cup \{G\} = \{E, D, C, B, A, G\} = U$，所以 EC 为码。

5.4.4　最小依赖集

定义 5.16　（两个函数依赖集等价）设有函数依赖集 F、G，如果 $G^+=F^+$，则称函数依赖集 F 与 G 互为覆盖，或称 F 与 G 等价。

定义 5.17　（最小依赖集）如果函数依赖集 F 满足如下条件：

① F 中任一函数依赖的右部仅含有单一属性；

② F 中不存在这样的函数依赖 $X{\rightarrow}A$，使得 F 与 $F{-}\{X{\rightarrow}A\}$ 等价；

③ F 中不存在这样的函数依赖 $X{\rightarrow}A$，X 有真子集 Z 使得 F 与 $F{-}\{X{\rightarrow}A\} \cup \{Z{\rightarrow}A\}$ 等价。

则称 F 为最小依赖集或最小覆盖，记为 $F_{\min}$。

说明：条件②是要求最小覆盖 F 中不存在多余的函数依赖；条件③是要求最小覆盖 F 中的每个函数依赖都是完全函数依赖。

关于最小依赖集，有定理如下。

定理 5.1　任何一个函数依赖集 F 均等价于一个极小函数依赖集 $F_{\min}$，$F_{\min}$ 称为 F 的最小依赖集。

证明：采用构造性证明。

依据定义分 3 步对 F 进行"极小化处理"，找出 F 的一个最小依赖集。

（1）逐一检查 F 中各函数依赖 $FD_i：X{\rightarrow}Y$，若 $Y=A_1A_2 \cdots A_k$，$k > 2$，则用 $\{X{\rightarrow}A_j \mid j=1, 2, \cdots, k\}$ 来取代 $X{\rightarrow}Y$。

（2）逐一检查 F 中各函数依赖 $FD_i：X{\rightarrow}A$，令 $G=F{-}\{X{\rightarrow}A\}$，若 $A \in X_G^+$，则从 F 中去掉此函数依赖。

（3）逐一取出 F 中各函数依赖 $FD_i：X{\rightarrow}A$，设 $X=B_1B_2 \cdots B_m$，逐一考察 $B_i(i=1, 2, \cdots, m)$，若 $A \in (X{-}B_i)_F^+$，则以 $X{-}B_i$ 取代 X。

根据定义，最后剩下的 F 就一定是极小依赖集。

定理 5.1 的证明是求函数依赖集等价的最小依赖集的极小化过程，同时也是检验 F 是否为极小依赖集的一个算法。

【例 5.13】　设函数依赖集 $F = \{A{\rightarrow}B, B{\rightarrow}A, B{\rightarrow}C, A{\rightarrow}C, C{\rightarrow}A\}$，以下的 F_{m1}、F_{m2} 都是 F 的最小依赖集：

$$F_{m1} = \{A{\rightarrow}B, B{\rightarrow}C, C{\rightarrow}A\}$$

$$F_{m2} = \{A{\rightarrow}B, B{\rightarrow}A, A{\rightarrow}C, C{\rightarrow}A\}$$

可见，F 的最小依赖集 $F_{\min}$ 不一定是唯一的，它与对各函数依赖 FD_i 及 $X{\rightarrow}A$ 中 X 各属性的处置顺序有关。

【例 5.14】　设有关系模式 $R<U, F>$，$U = \{A, B, C, D, E, S, H\}$，$F =\{ ABH{\rightarrow}C, A{\rightarrow}D, C{\rightarrow}E, S{\rightarrow}AD, E{\rightarrow}S, BH{\rightarrow}E \}$，求 F 的最小覆盖 $F_{\min}$。

解：（1）对各函数依赖的右部进行单一化处理后，得到 F 如下：

$$ABH{\rightarrow}C, \quad A{\rightarrow}D, \quad C{\rightarrow}E, \quad S{\rightarrow}A, \quad S{\rightarrow}D, \quad E{\rightarrow}S, \quad BH{\rightarrow}E$$

（2）去除 F 中多余的函数依赖。考察 F 中的各个函数依赖：

对于 $ABH{\rightarrow}C$，设 $G = F{-}\{ABH{\rightarrow}C\}$，因为 $(ABH)_G^+ = \{A, B, H, D, E, S\}$，$C \notin (ABH)_G^+$，故 $ABH{\rightarrow}C$ 不多余。采用同样的方法可得 $A{\rightarrow}D$、$C{\rightarrow}E$、$S{\rightarrow}A$ 也不多余。对于 $S{\rightarrow}D$，设 $G=F{-}\{S{\rightarrow}D\}$，因为 $S_G^+=\{S, A, D\}$，$D \in S_G^+$，故 $S{\rightarrow}D$ 多余，于是，令 $F = F{-}\{S{\rightarrow}D\}$。依据同样方法可判断 $E{\rightarrow}S$、$BH{\rightarrow}E$ 均不是多余的函数依赖。这样，删除多余函数依赖后 F 如下：

$$F =\{ ABH{\rightarrow}C, A{\rightarrow}D, C{\rightarrow}E, S{\rightarrow}A, E{\rightarrow}S, BH{\rightarrow}E \}$$

（3）去除 F 中函数依赖左部多余的属性。考察 F 中的各个函数依赖：

考察 $ABH \rightarrow C$，令 $G = F-\{ABH \rightarrow C\}$，因为 $(BH)_G^+ = \{B, H, C, E, S, A, D\}$，$C \in (BH)_G^+$，所以属性 A 是多余的，$ABH \rightarrow C$ 与 $BH \rightarrow C$ 等价。

由此得到 F 如下：

$F = \{ BH \rightarrow C, A \rightarrow D, C \rightarrow E, S \rightarrow A, E \rightarrow S, BH \rightarrow E \}$

用同样方法可得上述 F 中各函数依赖的左部无多余属性，此 F 即为最小函数依赖集 F_{min}。

5.5　模式分解

定义 5.18　关系模式 $R<U, F>$ 的一个分解是指 $\rho = \{R_1<U_1, F_1>, R_2<U_2, F_2>, \cdots, R_n<U_n, F_n>\}$，$U = \bigcup_{i=1}^{n} U_i$，$U_i \not\subset U_j, i \neq j, i, j=1, 2, \cdots, n$；$F_i$ 是 F 在 U_i 上的投影。

定义 5.19　数据依赖集 $\{X \rightarrow Y \mid X \rightarrow Y \in F^+ \wedge XY \subseteq U_i\}$ 的一个覆盖 F_i 称为 F 在属性子集 U_i 上的投影。

把低一级的关系模式分解为若干高一级的关系模式的方法并不是唯一的。只有能够保证分解后的关系模式与原关系模式等价，此分解方法才有意义。根据不同应用的需要，等价的含义一般基于如下分解准则之一：

（1）分解具有无损连接性；

（2）分解要保持函数依赖；

（3）分解既要保持函数依赖，又要具有无损连接性。

准则（1）考虑分解后关系的信息是否会丢失的问题，准则（2）考虑分解后函数依赖是否保持的问题，而准则（3）则同时考虑了二者。以下主要讨论分别具有无损连接和依赖保持性的模式分解方法。

5.5.1　无损连接性

定义 5.20　关系模式 $R<U, F>$ 的一个分解 $\rho = \{R_1<U_1, F_1>, R_2<U_2, F_2>, \cdots, R_n<U_n, F_n>\}$，若对于 R 中的每一个关系实例 r，都有

$$r = \prod R_1(r) \bowtie \prod R_2(r) \bowtie ... \prod R_n(r)$$

则称关系模式 R 的这个分解 ρ 具有无损连接性（Lossless Join）。

【例 5.15】　设有关系模式 SL$<U, F>$，$U=\{SNO, Sdept, Sloc\}$，各属性表示的含义为 SNO——学号，Sdept——所在系，Sloc——宿舍楼号，$F=\{ SNO \rightarrow Sdept, Sdept \rightarrow Sloc, SNO \rightarrow Sloc \}$。关系实例 r，如表 5.3 所示。

（1）将 SL 分解为下面两个关系模式：

NL(SNO, Sloc)　和　DL(Sdept, Sloc)

分解后的关系如图 5.6 所示。

将分解后的关系实例进行自然连接运算，可以发现连接后所得的关系比表 5.3 所示的关系多了三个元组，无法知道 20052001、20052002、20055005 究竟是哪个系的学生，因此这个分解不是无损连接分解。

（2）将 SL 分解为下面两个关系模式：

SD(SNO, Sdept)

NL(SNO, Sloc)

表 5.3 关系实例 *r*

SNO	Sdept	Sloc
20051001	电子	A 楼
20052001	计算机	B 楼
20053003	自动化	C 楼
20052002	计算机	B 楼
20055005	软件工程	B 楼

SNO	Sloc
20051001	A 楼
20052001	B 楼
20053003	C 楼
20052002	B 楼
20055005	B 楼

Sdept	Sloc
电子	A 楼
计算机	B 楼
自动化	C 楼
软件工程	B 楼

图 5.6 对 SL 的非无损分解

分解后的关系如图 5.7 所示。

SNO	Sdept
20051001	电子
20052001	计算机
20053003	自动化
20052002	计算机
20055005	软件工程

SNO	Sloc
20051001	A 楼
20052001	B 楼
20053003	C 楼
20052002	B 楼
20055005	B 楼

图 5.7 对 SL 的无损分解

将分解后的关系实例进行自然连接运算，可以发现连接后所得的关系与表 5.3 所示的关系相同，因此这个分解是无损连接分解。

算法 5.2 判别一个二元分解的无损连接性。

输入：（1）关系模式 $R<U, F>$，$U = \{A_1, A_2, \cdots, A_n\}$。

（2）设 F 为最小依赖集，$F = \{FD_1, FD_2, \cdots, FD_l\}$，记 FD_i 为 $X_i \rightarrow A_s$。

（3）$R<U, F>$ 的一个分解 $\rho = \{R_1<U_1, F_1>, R_2<U_2, F_2>\}$。

输出： 输出判别结果。

步骤：

若 F^+ 中至少存在如下函数依赖中的一个：

（1）$U_1 \cap U_2 \rightarrow U_1 - U_2$；

（2）$U_1 \cap U_2 \rightarrow U_2 - U_1$。

则 ρ 是 R 的无损分解。否则，ρ 不是 R 的无损分解。

例如，关系模式 SL(SNO,Sdept,Sloc)分解为两个模式 SD(SNO,Sdept)和 NL(SNO,Sloc)，因为 SD∩NL=SNO，SD-NL=Sdept，SNO→Sdept，所以是无损分解。

一个关系模式若分解成两个以上关系模式，下面算法可实现对其分解的无损连接性的判别。

算法 5.3 判别一个分解的无损连接性。

输入：（1）关系模式 $R<U, F>$，$U = \{A_1, A_2, \cdots, A_n\}$。

（2）设 F 为最小依赖集，$F = \{FD_1, FD_2, \cdots, FD_l\}$，记 FD_i 为 $X_i \rightarrow A_s$。

（3）$R<U, F>$ 的一个分解 $\rho = \{R_1<U_1, F_1>, R_2<U_2, F_2>, \cdots, R_k<U_k, F_k>\}$。

输出： 输出判别结果。

步骤：

（1）构造一张 k 行 n 列的表。每列对应一个属性，每行对应分解中的一个关系模式。若属性 A_j 属于关系模式 R_i 对应的属性集 U_i，则在第 j 列第 i 行交叉处填上 a_j，否则填上 b_{ij}。

（2）对 F 中的每个 FD_i：$X_i \rightarrow A_s$ 做如下操作：

找到 X 所对应的列中具有相同符号的那些行，考察这些行中第 s 列的元素，若其中有 a_s，则

全部改为 a_s；否则全部改为 b_{ms}，m 是这些行的行号最小值。

注意：若某个 b_{ls} 被更改为 a_s，则该表的第 s 列中所有的 b_{ls} 符号均应进行相应修改。

（3）检查表中是否有一行全为 $a_1, a_2, \cdots, a_n$，若有，则 ρ 具有无损连接性，算法终止。否则，检查表中数据是否有变化，若有变化，则转第（2）步；否则，ρ 不具有无损连接性，算法终止。

【例 5.16】　设有关系模式 $R<U, F>$，$U=\{A, B, C, D, E\}$，$F=\{\ A{\rightarrow}C, B{\rightarrow}C, C{\rightarrow}D, DE{\rightarrow}C,$ $CE{\rightarrow}A\ \}$。对该模式的一个分解 $\rho=\{R_1(AD), R_2(AB), R_3(BE), R_4(CDE), R_5(AE)\}$。$\rho$ 是否为无损连接分解呢？

解：（1）构造初始表，如表 5.4 所示。

表 5.4　例 5.16 的初始表

	A	B	C	D	E
R_1	a_1	b_{12}	b_{13}	a_4	b_{15}
R_2	a_1	a_2	b_{23}	b_{24}	b_{25}
R_3	b_{31}	a_2	b_{33}	b_{34}	b_{35}
R_4	b_{41}	b_{42}	a_3	a_4	a_5
R_5	a_1	b_{52}	b_{53}	b_{54}	a_5

（2）对 F 中的每个函数依赖进行考察，修改表格。

① 根据 $A{\rightarrow}C$，对表进行处理。由于 $A{\rightarrow}C$ 的第 1、第 2、第 5 行在 A 列上的值相等（均为 a_1），而在 C 列上的值不等，分别为 b_{13}、b_{23}、b_{53}，因此将 b_{23}、b_{53} 都改为 b_{13}。修改后如表 5.5 所示。

② 根据 $B{\rightarrow}C$，考察表 5.5。由于 $B{\rightarrow}C$ 的第 2、第 3 行在 B 列上的值相等（均为 a_2），而在 C 列上的值不等，分别为 b_{13}、b_{33}，因此将 b_{33} 改为 b_{13}。修改后如表 5.6 所示。

表 5.5　例 5.16 的第 1 次修改结果

	A	B	C	D	E
R_1	a_1	b_{12}	$\mathbf{b_{13}}$	a_4	b_{15}
R_2	a_1	a_2	$\mathbf{b_{13}}$	b_{24}	b_{25}
R_3	b_{31}	a_2	b_{33}	b_{34}	a_5
R_4	b_{41}	b_{42}	a_3	a_4	a_5
R_5	a_1	b_{52}	$\mathbf{b_{13}}$	b_{54}	a_5

③ 根据 $C{\rightarrow}D$，考察表 5.6。由于 $C{\rightarrow}D$ 的第 1、第 2、第 3、第 5 行在 C 列上的值相等（均为 b_{13}），而在 D 列上的值不等，分别为 a_4、b_{24}、b_{34}、b_{54}，因此将 b_{24}、b_{34}、b_{54} 都改为 a_4。修改后如表 5.7 所示。

表 5.6　例 5.16 的第 2 次修改结果

	A	B	C	D	E
R_1	a_1	b_{12}	$\mathbf{b_{13}}$	a_4	b_{15}
R_2	a_1	a_2	$\mathbf{b_{13}}$	b_{24}	b_{25}
R_3	b_{31}	a_2	$\mathbf{b_{13}}$	b_{34}	a_5
R_4	b_{41}	b_{42}	a_3	a_4	a_5
R_5	a_1	b_{52}	$\mathbf{b_{13}}$	b_{54}	a_5

④ 根据 $DE{\rightarrow}C$，考察表 5.7。由于 $DE{\rightarrow}C$ 的第 3、第 4、第 5 行在 DE 列上的值相等（为 a_4 和 a_5），而在 C 列上的值不等，分别为 b_{13}、a_3、b_{13}，因此将 b_{13} 都改为 a_3。修改后如表 5.8 所示。

表 5.7　例 5.16 的第 3 次修改结果

	A	B	C	D	E
R_1	a_1	b_{12}	$\boldsymbol{b_{13}}$	a_4	b_{15}
R_2	a_1	a_2	$\boldsymbol{b_{13}}$	$\boldsymbol{a_4}$	b_{25}
R_3	b_{31}	a_2	$\boldsymbol{b_{13}}$	$\boldsymbol{a_4}$	a_5
R_4	b_{41}	b_{42}	a_3	a_4	a_5
R_5	a_1	b_{52}	$\boldsymbol{b_{13}}$	$\boldsymbol{a_4}$	a_5

表 5.8　例 5.16 的第 4 次修改结果

	A	B	C	D	E
R_1	a_1	b_{12}	$\boldsymbol{b_{13}}$	a_4	b_{15}
R_2	a_1	a_2	$\boldsymbol{b_{13}}$	$\boldsymbol{a_4}$	b_{25}
R_3	b_{31}	a_2	$\boldsymbol{a_3}$	$\boldsymbol{a_4}$	a_5
R_4	b_{41}	b_{42}	a_3	a_4	a_5
R_5	a_1	b_{52}	$\boldsymbol{a_3}$	$\boldsymbol{a_4}$	a_5

⑤ 根据 $CE{\rightarrow}A$，考察表 5.8。由于 $CE{\rightarrow}A$ 的第 3、第 4、第 5 行在 CE 列上的值相等（为 a_3 和 a_5），而在 A 列上的值不等，分别为 b_{31}、b_{41}、a_1，因此将 b_{31}、b_{41} 都改为 a_1。修改后如表 5.9 所示。

表 5.9　例 5.16 的第 5 次修改结果

	A	B	C	D	E
R_1	a_1	b_{12}	$\boldsymbol{b_{13}}$	a_4	b_{15}
R_2	a_1	a_2	$\boldsymbol{b_{13}}$	$\boldsymbol{a_4}$	b_{25}
R_3	$\boldsymbol{a_1}$	a_2	$\boldsymbol{a_3}$	$\boldsymbol{a_4}$	a_5
R_4	$\boldsymbol{a_1}$	b_{42}	a_3	a_4	a_5
R_5	a_1	b_{52}	$\boldsymbol{a_3}$	$\boldsymbol{a_4}$	a_5

（3）重复步骤（2）的操作，表中的内容不再变化，所以最终得到的表即为表 5.9。

表中的第 3 行为全 a，因此可得出结论，即 ρ 为无损连接的分解。

5.5.2　函数依赖保持

定义 5.21　关系模式 $R{<}U, F{>}$ 的一个分解 $\rho = \{R_1{<}U_1, F_1{>}, R_2{<}U_2, F_2{>}, \cdots, R_n{<}U_n, F_n{>}\}$，若 $F^+{=}(\cup F_i)^+$（$i{=}1, 2, \cdots, n$），则称该分解为保持函数依赖的分解。

在例 5.15 中，第二个分解（将 SL 分解为 SD、NL）没有保持原关系模式中的函数依赖，SL 中的函数依赖 Sdept→Sloc 没有投影到关系模式 SD、NL 上。若将其分解为下面的两个模式：

SD(SNO,Sdept)

DL(Sdept,Sloc)

则这种分解方法就保持了函数依赖。

算法 5.4　判别一个分解是否保持函数依赖。

输入：（1）关系模式 $R{<}U, F{>}$，$U = \{A_1, A_2, \cdots, A_n\}$。

（2）设 F 为最小依赖集，$F = \{FD_1, FD_2, \cdots, FD_t\}$，记 FD_i 为 $X_i{\rightarrow}A_s$。

（3）$R{<}U, F{>}$ 的一个分解 $\rho = \{R_1{<}U_1, F_1{>}, R_2{<}U_2, F_2{>}, \cdots, R_k{<}U_k, F_k{>}\}$，其中，$U{=}U_1 \cup U_2 \cup \cdots \cup U_k$，且不存在 $U_i \subseteq U_j$，F_i 为 F 在 U_i 上的投影。

输出：输出判别结果。

步骤：

（1）如果 F 中的每个函数依赖 $X \rightarrow Y$ 都能找到某个分解后的关系模式 R_i，使得 $X \rightarrow Y \in F_i$（F_i 是 F 在 U_i 上的投影），则 ρ 保持函数依赖。否则，转步骤（2）。

（2）令 $G = \cup F_i$，对于 F 中每个不满足步骤（1）的函数依赖 $X \rightarrow Y$，计算 X_G^+，如果 $Y \in X_G^+$，则 ρ 保持函数依赖。否则，ρ 不保持函数依赖，算法终止。

【例 5.17】　设有关系模式 $R<U, F>$，$U = \{W, X, Y, Z\}$，$F = \{W \rightarrow X, X \rightarrow Y, Y \rightarrow Z, Z \rightarrow W\}$。该模式的一个分解 $\rho = \{R_1(WX), R_2(XY), R_3(YZ)\}$，判断 ρ 是否保持函数依赖。

解：（1）由 $\rho = \{R_1(WX), R_2(XY), R_3(YZ)\}$

$$F_1 = \{W \rightarrow X, X \rightarrow W\}$$
$$F_2 = \{X \rightarrow Y, Y \rightarrow X\}$$
$$F_3 = \{Y \rightarrow Z, Z \rightarrow Y\}$$

可得，F 中的 $W \rightarrow X \in F_1$，该函数依赖在 R_1 上成立。

同理，F 中的 $X \rightarrow Y$ 在 R_2 上成立；F 中的 $Y \rightarrow Z$ 在 R_3 上成立。

（2）对于 F 中的 $Z \rightarrow W$ 需要进一步检查是否为 G 所覆盖。

令 $G = F_1 \cup F_2 \cup F_3 = \{W \rightarrow X, X \rightarrow W, X \rightarrow Y, Y \rightarrow X, Y \rightarrow Z, Z \rightarrow Y\}$

求得 $Z_G^+ = \{WXYZ\}$，$W \in Z_G^+$，所以 $Z \rightarrow W$ 为 G 所覆盖。

因此，ρ 分解保持了函数依赖。

*5.5.3　模式分解算法

1. 3NF 分解

下面的两个算法可实现对关系模式转换为 3NF 的分解。

算法 5.5　将关系模式 $R<U, F>$ 分解为 3NF，且具有依赖保持性。

输入：关系模式 $R<U, F>$，属性集 U，函数依赖集的最小集 F。

输出：$R<U, F>$ 的分解 ρ，各模式为 3NF，且 ρ 具有依赖保持性。

步骤：

（1）对所有未在 F 中任何一个函数依赖中出现的属性，将其合并构成一个关系模式，将这些属性从 U 中去除。

（2）若 F 中存在函数依赖 $X \rightarrow Y$，使得 $X \cup Y = U$，则 $\rho = \{XY\}$，算法终止。

（3）否则，将 F 中具有相同左部属性的函数依赖归为一组，每组组成一个关系模式。

【例 5.18】　设有关系模式 $R<U, F>$，$U = \{A, B, C, D, E\}$，$F = \{A \rightarrow B, C \rightarrow D\}$。将 $R<U, F>$ 进行分解，使得每个模式都为 3NF 且具有依赖保持性。

解：根据算法 5.5 进行分解。

（1）F 中满足步骤（1）的属性为 E，将其构造为一个关系模式；

（2）没有满足步骤（2）中条件的函数依赖，因此根据步骤（3），将函数依赖 $A \rightarrow B$，$C \rightarrow D$，各自分为一组，每组组成一个关系。

故最终得到分解 $\rho = \{AB, CD, E\}$。

算法 5.6　将关系模式 $R<U, F>$ 分解为具有无损连接性且保持函数依赖的 3NF。

输入：（1）关系模式 R 的属性集 U；

　　　　（2）关系模式 R 的函数依赖集 F（为最小集）；

　　　　（3）关系模式 R 的主码 K。

输出：$R<U, F>$ 的分解，各模式为 3NF，分解具有无损连接性和依赖保持性。

步骤：

设初始模式集合 ρ 为空。

（1）对 F 按具有相同左部的函数依赖，采用合并规则将其合并。处理后得到的函数依赖集仍记为 F。

（2）在 F 中，对每个函数依赖 $X \rightarrow Y$，构造关系模式 $R_k<U_k, F_k>$，其中 U_k 由 X 的所有属性组成，F_k 为 X 在 U_k 上的投影。将 $R_k<U_k, F_k>$ 并入模式集合 ρ 中。

（3）在所构造的关系模式集合中，若每个模式都不含有关系模式 R 的主码 K，则将 K 作为一个模式并入模式集合 ρ 中。

最终 ρ 即为所求的分解。

【例 5.19】　设有关系模式 $R<U, F>$，$U = \{A, B, C, D, E\}$，$F = \{A \rightarrow B, C \rightarrow D\}$。将 $R<U, F>$ 分解为无损的、依赖保持的 3NF。

解：（1）由最小依赖集定义可知，F 为最小依赖集。由于其中无相同左部的函数依赖，故不需要合并处理。

（2）根据最小依赖集 F，可构造 $\rho = \{AB, CD\}$。

（3）$R<U, F>$ 的码为 ACE，将其作为一个关系模式并入 ρ。

最终得到的分解 $\rho = \{AB, CD, ACE\}$。

2. BCNF 分解

算法 5.7　将关系模式 $R<U, F>$ 分解为具有无损连接性的 BCNF。

输入：（1）关系模式 R 的属性集 U；

（2）关系模式 R 的函数依赖集 F。

输出：$R<U, F>$ 的一个为 BCNF 的无损连接分解 ρ。

步骤：

（1）令 $\rho = \{R\}$。

（2）如果 ρ 中所有关系模式均属于 BCNF，则转步骤（4）；否则转步骤（3）。

（3）对 ρ 中每个不满足 BCNF 的关系模式 R_i 做如下操作：

① 在 R_i 中必能找到一个不满足 BCNF 的非平凡函数依赖 $X \rightarrow Y$（X 不是 R_i 的超码）。

② 将 R_i 分解为 $R_{i1} = XY$（R_{i1} 必定满足 BCNF）和 $R_{i2} = R_i - Y$，用 R_{i1} 和 R_{i2} 取代 ρ 中的 R_i。

③ 计算 R_{i1} 和 R_{i2} 的最小函数依赖集，转步骤（2）。

（4）算法结束，输出 ρ。

最终 ρ 即为所求的分解。

注意：分解不是唯一的。

【例 5.20】　设有关系模式 $R<U, F>$，$U = \{A, B, C, D, E\}$，$F = \{A \rightarrow D, E \rightarrow D, D \rightarrow B, BC \rightarrow D, DC \rightarrow A\}$。将 $R<U, F>$ 无损分解为 BCNF。

解：R 的候选码为 EC。

（1）$\rho = \{R\}$。

（2）ρ 中不是所有的模式都是 BCNF，转步骤（3）。

（3）考虑函数依赖 $A \rightarrow D$，不满足 BCNF 范式的条件，将 R 分解为：

$R_1 = (AD)$

$R_2 = R - D = (ABCE)$

R_1 的最小函数依赖集 $F_1 = \{A \rightarrow D\}$。

R_2 的最小函数依赖集 $F_2=\{A{\rightarrow}B, E{\rightarrow}B, BC{\rightarrow}A\}$。

R_1 是 BCNF。R_2 的候选码为 EC，不是 BCNF，还需要进一步分解 R_2。

（4）对于 R_2，考虑函数依赖 $A{\rightarrow}B$，将 R_2 分解为：

$R_{21}= (AB)$

$R_{22}= R_2-B= (ACE)$

R_{21} 的最小函数依赖集 $F_{21}=\{A{\rightarrow}B\}$。

R_{22} 的最小函数依赖集 $F_{22}=\{CE{\rightarrow}A\}$。

R_{21} 是 BCNF，R_{22} 也是 BCNF。

最终 $\rho=\{R_1(A, D), R_{21}(A, B), R_{22}(A, C, E)\}$ 即为所求分解。

关于关系模式分解，有以下几个结论：

（1）若要求分解具有无损连接性，那么模式分解一定能够达到 4NF。

（2）若要求分解保持函数依赖，那么模式分解一定能够达到 3NF，但不一定能够达到 BCNF。

（3）若要求分解既具有无损连接性，又保持函数依赖，则模式分解一定能够达到 3NF，但不一定能够达到 BCNF。

规范化理论为数据库设计提供了理论的指南和工具，但在进行数据库逻辑设计时，还要结合具体情况灵活运用。比如，在应用中，适度保持数据冗余往往可减少表之间的连接，有助于查询效率的提高。注意，并不是规范化程度越高模式就越好。要结合应用环境和现实世界的具体情况合理地选择数据库模式。在通常的应用中，只要关系模式符合 3NF 就已经满足要求了。

本章小结

未经精心设计的关系模式存在数据冗余和更新异常，存在异常的原因在于，关系模式的属性间存在复杂的数据依赖。数据依赖是由数据语义决定的，主要包括函数依赖、多值依赖等。函数依赖研究的是属性间的依赖关系对属性取值的影响，即属性级的影响；多值依赖研究的是属性间的依赖关系对元组级的影响。

在函数依赖和多值依赖范畴内讨论了关系模式的规范化。在这个范畴内，关系模式的范式共有 5 种：1NF、2NF、3NF、BCNF 和 4NF。其中，1NF 最低，4NF 最高。1NF、2NF、3NF 和 BCNF 是函数依赖范畴内的范式，4NF 是多值依赖范畴内的范式。

关系模式的规范化一般通过投影完成。关系模式分解有两个衡量指标，即无损连接性和依赖保持性，一般做到无损分解即可。在关系模式设计时，应使每个关系模式遵照概念单一化的原则，即"一事一地"原则，每个关系模式只表达一个概念，这样可以避免异常。

习题 5

1. 试述下列术语的含义：函数依赖、码、主属性、多值依赖、2NF、3NF、BCNF、4NF、关系规范化。

2. 什么是数据的冗余与数据的不一致性？

3. 函数依赖有哪几种类型？

4. 试分析在关系模式中，函数依赖 $X{\rightarrow}Y$ 的语义。

5. 举例说明，一个仅为 1NF 的关系模式所存在的异常，并分析原因。

6. 若关系模式 R 中的属性全是主属性，则 R 的最高范式至少是第几范式的？为什么？

7. 试证明：若 $R(U)\in$ BCNF，则必有 $R(U)\in$ 3NF。

8. 全码的关系是否必然属于 3NF？为什么？是否必然属于 BCNF？为什么？

9. 下列关系模式最高属于第几范式？说明理由。

（1）$R(A, B, C, D)$，$F=\{B \to D, AB \to C\}$

（2）$R(A, B, C)$，$F=\{A \to B, B \to A, A \to C\}$

（3）$R(A, B, C, D)$，$F=\{A \to C, D \to B\}$

（4）$R(A, B, C, D)$，$F=\{A \to C, CD \to B\}$

10. 试说明函数依赖集的逻辑蕴涵、属性集闭包的含义。

11. 两个函数依赖集 F 和 G 等价的充分必要条件是什么？

12. 设有关系模式 $R(A, B, C, D)$，F 是 R 上成立的函数依赖集，$F=\{AB \to C, D \to A\}$，计算属性集(CD)的闭包$(CD)_F^+$，并分析 R 有哪些候选码。

13. 简述在函数依赖范围内各级范式之间的关系。

14. 设有关系模式 $R(A, B, C, D)$，F 是 R 上成立的函数依赖集，$F=\{A \to D, BD \to C\}$，对 R 的分解$\rho=\{R_1(ABC), R_2(AD)\}$，是否为无损分解？为什么？

15. 建立一个关于系、学生、班级、学会等信息的关系数据库。

描述学生的属性有：学号、姓名、系名、班号。

描述班级的属性有：班号、专业名、系名、人数、入校年份。

描述系的属性有：系名、系办公室地点、职工人数、学生人数。

描述学会的属性有：学会名、成立年份、地点、人数。

有关语义如下：一个系有若干专业，每个专业每年只招一个班，每个班有若干个学生。每个学生可参加若干个学会，每个学会有若干个学生。学生参加某学会有一个入会年份。

（1）给出关系模式，写出每个关系模式的函数依赖集。

（2）指出每个关系模式的候选码。

（3）每个关系模式最高已经达到第几范式？为什么？

（4）如果关系模式不属于 3NF，则将其分解成 3NF 模式集。

第6章

数据库应用开发——过程、编程与实例

学习目标

1. 了解数据库应用开发过程、数据库应用体系结构、常用 RDBMS 和应用开发工具；
2. 理解 SQL 级接口、调用级接口、过程化 SQL 等基本概念；
3. 掌握 T-SQL 基本编程要素，包括基本语法、流程控制、函数等，能够进行程序设计；
4. 掌握存储过程、触发器的概念；掌握存储过程的创建和调用方法；
5. 理解数据库访问接口的概念、开放数据库互联 ODBC；
6. 掌握 ADO.NET 数据库应用开发技术，能够采用 ADO.NET 开发具有基本数据库数据访问和更新操作功能的应用系统；
7. 掌握 JDBC 数据库应用开发技术，能够采用 JDBC 开发具有基本数据库数据访问和更新操作功能的应用系统；
8. 了解 SQL 语句安全性，提高数据库应用开发的可靠性；
9. 了解 Python 数据库访问技术。

建立数据库的目的是应用和管理数据，面对数据库的应用，大多数是通过应用程序进行的。仅了解 SQL 基本语法结构，当面对实际应用时，仍难以实现较为复杂的数据管理和分析工作。因此还需要进一步学习 SQL 的一些高级应用开发技术等相关知识，具备利用数据库技术解决实际问题的基本能力。能够综合运用数据库系统中理论知识和相关技术，设计和实现数据库应用系统，是学习数据库的主要目的，也是解决实际问题的基本能力。

本章将简要介绍常用的数据库管理系统和应用开发平台，主要讨论数据库应用开发的一般过程和数据库应用编程的相关技术，包括数据库基础编程、存储过程和触发器、数据库访问接口技术等。最后以商品订购管理应用系统的分析、设计和开发为实例，介绍使用目前主流的 C#、Java 和 Python 3 种语言进行数据库应用开发的要点。

6.1 数据库应用开发概述

6.1.1 数据库应用开发过程

任何一个组织在存在过程中都会产生大量数据，并且还会关注许多与之相关的数据，希望能及时得到所需的数据（包括原始的和经过处理的数据），即用户要求能实现数据的存储、组织和处

理,而这就是数据库应用系统应该实现的功能。

通过第4章已经了解到,数据库应用系统的开发包括数据库的设计和应用系统的开发两部分,而这两部分又有着较为密切的关系,即数据库的设计要充分考虑数据处理需求,应用系统开发要围绕数据库来进行。在开发实践中,两者往往是并行开展的。在做需求收集与分析时,可同时进行数据需求与处理需求的收集与分析;在做数据库的概念结构设计与逻辑结构设计时,可同时进行应用系统的总体设计和详细设计;在做数据库物理结构设计和实施时,可进行应用系统的编码、调试与试运行;在数据库系统使用与维护中则包含了对数据库的维护和对应用系统的维护。可见,数据库设计与应用系统设计两者是密不可分的,任何一方的变化都会引起另一方的调整。

由上述分析可知,数据库应用系统的开发过程一般包括需求分析、总体设计、详细设计、编码与单元测试、系统测试与交付、系统使用与维护等阶段。

1. 需求分析

整个开发过程从分析系统的需求开始。系统需求包括数据需求和处理需求两方面内容。这个阶段要摸清现状,理清将要开发的目标系统应具备哪些功能,主要任务如下。

① 通过调查使用部门的业务活动,了解该部门现在所依据的数据及其联系,包括使用了什么台账、报表和凭证等。明确用户对系统的功能需求,确定待开发系统的功能。

② 采用什么规则对这些数据进行加工,包括相关的法律和政策规定、上级的要求、本单位的规定及公共规则等。综合分析用户的信息流程及信息需求,确定将存储哪些数据,以及这些数据的源、目标和处理规则等。

③ 对数据进行什么样的加工,加工结果以什么形式表现,如报表、任务单或图表等。

④ 系统的性能需求和运行环境约束。

理清将要开发的目标系统的功能就是要明确说明系统将要实现的功能,即将要开发的系统能够对用户提供哪些支持。

获取需求信息的方法很多,如考察现场或跟班作业,了解现场业务流程;进行市场调查;访问用户和应用领域的专家;查阅与原应用系统或应用环境有关的记录等。

描述用户需求的传统方法大多采用结构化的分析方法(Structured Analysis,SA),即按应用部门的组织结构,对系统内部的数据流进行分析,逐层细化,用数据流图描述数据在系统中的流动和处理,并建立相应的数据字典。随着面向对象程序设计语言的广泛使用,面向对象的分析方法(Object-Oriented Analysis,OOA)得到推广,其主要任务是,运用面向对象的方法,分析用户需求。

① 建立待开发软件系统的对象模型,描述构成系统的类、对象与其相关的属性和操作及对象之间的静态联系;

② 建立系统的状态模型(动态模型),描述系统运行时对象的联系及其联系的改变,状态模型通过事件和状态描述了系统的控制结构;

③ 建立处理模型(函数模型),描述系统内部数据的传递及对数据的处理。

在这3种模型中,对象模型是最重要的。面向对象分析模型的表达语言大多采用UML。

需求分析完成后,应提交需求分析报告,作为下一阶段工作的依据。需求分析报告主要包括数据需求描述、功能需求描述、系统验收标准等内容。

2. 总体设计

总体设计的目标是使应用系统总体结构具有层次性,尽量降低模块接口的复杂度。总体设计时,可提出多种设计方案,并在功能、性能、成本、进度等方面进行比较,选出一种"最佳方案"。

总体设计应提交包括系统支撑环境和设计工具、系统总体结构、功能模块划分、模块间的接口描述、各模块功能描述、目标系统运行的软/硬件和网络环境等内容的说明书。

3. 详细设计

详细设计的目标是对概要设计产生的功能模块进一步细化，形成可编程的结构模块，并设计各模块的单元测试计划。详细设计应提交规格说明书和单元测试计划等文档。

4. 编码与单元测试

编码与单元测试的主要任务是编写实现各功能模块的程序代码，并进行相应的测试。编码阶段应注意遵循编程标准，养成良好的编程风格，以便编写出正确的便于理解、调试和维护的程序模块。编码与单元测试的阶段应提交通过单元测试的各功能模块的集合、详细的单元测试报告等文档。

5. 系统测试与交付

系统测试包括组装测试与验收测试。组装测试根据总体设计提供的系统结构、各功能模块的说明和组装测试计划，将数据载入数据库。对经过单元测试检验的模块按照某种选定的策略逐步进行组装和测试，检验应用系统在正确性、功能完备性和性能指标等方面是否符合设计要求。验收测试又称为确认调试，主要任务是按照需求分析阶段制定的验收标准对软件系统进行测试，检验其是否达到了需求规格说明中定义的全部功能和性能等方面的需求。

系统测试完成后应提交测试报告、项目开发总结报告、源程序清单、用户手册等文档。最后，由专家、用户负责人、软件开发和管理人员组成软件评审小组对软件验收测试报告、测试结果和应用系统进行评审。通过后，该数据库应用系统可正式交付用户使用。

6. 系统使用与维护

应用系统开发工作结束后，系统即可投入运行，但由于应用环境用户需求的不断变化，在应用系统的整个运行期内，有必要对其进行有计划地维护，使系统能持久地满足用户的需求。系统使用和维护阶段的主要工作内容如下。

（1）在应用系统运行过程中，及时收集发现的错误，并撰写"应用系统问题报告"，以便改正应用系统中潜藏的错误。

（2）根据数据库维护计划，对数据库的性能进行监测。当数据库出现故障时，对数据库进行转储和恢复，并做相应的维护记录。

（3）根据软件系统恢复计划，当软件系统出现故障时，进行软件系统恢复，并做相应的维护记录。

6.1.2　数据库应用系统的体系结构

数据库应用系统的体系结构是指数据库应用系统各组成部件之间的结构关系，它可分为 4 种模式，即单用户模式、主从式多用户模式、客户/服务器模式和 Web 浏览器/服务器模式。有些参考资料为与数据库系统内部的三级模式体系结构相区别，也将数据库应用系统的体系结构称为数据库系统的外部结构。

1. 单用户模式

单用户模式的数据库应用系统，将数据库、DBMS 和应用程序安装在一台计算机上，由一个用户独占系统，不同系统之间不能共享数据。这是应用最早、最简单的数据库系统。例如，早期在单用户数据库管理系统 Foxbase 上开发的应用系统采用的就是单用户模式。这种结构在目前已不再采用。

2. 主从式多用户模式

主从式多用户模式的数据库应用系统，将数据库、DBMS 和应用程序安装在主机上，多个终端用户可使用主机上的数据和程序。在这种结构中，所有处理任务都是由主机完成的。用户终端没有应用逻辑，它向主机发出请求，由主机响应请求后返回处理的结果。当终端用户增加到一定程度时，主机任务会过分繁重，形成瓶颈，系统性能便会严重下降。

3. 客户/服务器模式

客户/服务器（Client/Server，C/S）模式。将网络中某个（些）节点上的计算机用于执行数据库管理系统功能，称为数据库服务器，简称服务器；其他节点上的计算机支持用户应用，称为客户机。客户机的请求被传送到服务器，服务器进行处理后，将结果返回给客户机，如图 6.1 所示。C/S 模式的优点是可以充分利用服务器和客户机两端的硬件环境，减少网络上数据的传输量，可提高系统的性能、吞吐量和负载能力。C/S 模式的缺点是数据库服务器要为众多的客户机服务，易成为瓶颈；另外，这种结构要求为客户机安装特定的应用程序，当客户端应用中业务逻辑或表示发生变化后，需要为每个客户机进行修改，维护工作量大。

近年来，随着信息化进程的深化，数据库容量越来越大，访问量和业务逻辑不断增加，传统的两层 C/S 模式已不能满足需求。为此，人们提出了三层 C/S 模式，即在客户机和数据库服务器之间增加一个应用服务器层，如图 6.2 所示。应用服务器用于处理业务逻辑。运行时，客户机先连接应用服务器，应用服务器再与数据库服务器进行通信。这样，当业务规则发生改变时，客户端应用程序就不会受到影响，并且在业务逻辑增加时只需扩充应用服务器，使系统具有更好的扩展性。

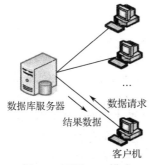
图 6.1　两层 C/S 模式

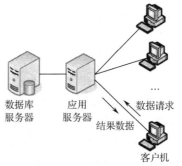
图 6.2　三层 C/S 模式

4. 浏览器/服务器模式

浏览器/服务器（Browser/Server，B/S）模式。这种结构是随着互联网的普及应用而发展起来的，其数据访问模式如图 6.3 所示。

B/S 结构的优点是用户只要使用浏览器即可访问数据库中的数据，避免了在客户端对应用程序的维护；应用改变时只要修改服务器中的应用程序即可，因此使用简单，维护容易。同样，当业务逻辑复杂时，在 Web 服务器与数据库服务器之间可以增加应用服务器层，形成多层 B/S 模式。

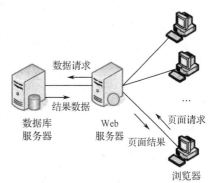
图 6.3　B/S 数据访问模式

C/S 模式和 B/S 模式是当前数据库应用系统的主流开发模式，尤其是 B/S 模式。随着 Internet 的迅速发展和普及，基于 B/S 模式的应用开发技术得到了广泛应用，并且系统的体系结构被进一步丰富。

6.1.3 常用的关系数据库系统

在进行数据库应用系统开发时，常会涉及 RDBMS 产品的选用问题。目前已有大量的商业数据库系统可供选择，如 Oracle、SQL Server、DB2 等；开放源码的关系数据库管理系统，如 MySQL、PostgreSQL 等；另外还有小型桌面数据库系统如 Access，以及嵌入式数据库，如 SQLite。

同时，我国高度重视网络信息技术的自主创新，构建自主可控的信息技术体系。国产数据库经过多年的研究与开发，也得到了长足的发展，知名产品有达梦（DM）、人大金仓（Kingbase）、南大通用（Gbase）、神舟通用等。

1. Oracle

Oracle 数据库是 Oracle 公司的产品。该公司成立于 1977 年，自 1979 年推出其第一个商品化的关系数据库管理系统以来，经过 40 余年的发展，其产品的版本在不断更新，功能不断增强。目前最新版本是 Oracle Database 19C。Oracle 在数据库领域一直处于领先地位，是使用最广泛的关系数据系统之一，占有最大的市场份额。Oracle 数据库在可用性、可伸缩性、安全性、集成性、可管理性、数据仓库、应用开发和内容管理、并发性等方面提供全方位的支持，可支持多种操作系统。

2. SQL Server

SQL Server 是 Microsoft 公司的数据库产品。SQL Server 最早是由另外一种关系数据库产品 Sybase 演化而来的，其第一个版本是在 1988 年由 Microsoft 与 Sybase、Ashton 三家公司合作开发的、运行于 OS/2 操作系统上的 SQL Server。1994 年，Microsoft 公司终止了与 Sybase 公司在数据库开发方面的合作，但 Microsoft 公司仍沿用了 "SQL Server" 这个名字，并于 1995 年发布了 SQL Server 6.05 版，该版本可满足小型数据库应用。之后，SQL Server 不断增强，先后发布了 SQL Server 6.5、SQL Server 7.0、SQL Server 2000、SQL Server 2005、SQL Server 2008、SQL Server 2012、SQL Server 2014、SQL Server 2016 等多个版本，目前最新版本是 SQL Server 2019。SQL Server 已成为支持多种数据类型、可伸缩、安全性、并发性、事务处理等的大型数据库管理系统，其数据平台在可靠性、可用性、可编程性、安全性和易用性等方面具有强大的能力，提供了大规模联机事务处理、数据仓库、电子商务应用的数据库和数据分析平台，并支持云计算技术。

3. DB2

DB2 是 IBM 公司研制的关系型数据库系统，最早的版本可追溯到 IBM 公司于 1982 年发布的 SQL/DS for VSE and VM ，这是业界第一个以 SQL 作为接口的商用数据库管理系统。该系统是基于 System R 原型所设计的。DB2 主要应用于大型应用系统，具有较好的可伸缩性，可支持从大型机到单用户环境。支持信息集成、面向商业智能应用，提供了一套可靠的、易升级的、功能强大的内容管理体系架构；还提供了丰富的工具集，包括数据库管理工具集、性能管理工具集、恢复与复制工具集和应用管理工具集等；支持多任务并行查询、大型分布式应用系统，以及多种操作系统。

4. MySQL

MySQL 是关系型数据库管理系统，开发者为瑞典的 MySQL AB 公司，在 2008 年 1 月被 Sun 公司收购（Sun 公司又于 2009 年 4 月被 Oracle 公司收购）。MySQL 被广泛地应用在 Internet 上的中小型网站中，由于其体积小、速度快、总体拥有成本低，尤其是开放源码这个特点使得许多中小型网站为了降低网站总体拥有成本而选择 MySQL 作为网站数据库。MySQL 可支持多种操作系统，为多种编程语言提供 API，这些编程语言包括 C、C++、Eiffel、Java、Perl、PHP、Python、Ruby 和 Tcl 等，并提供 ODBC 和 JDBC 等多种数据库连接途径。

目前，在 Internet 上流行的网站构架方式是 LAMP（Linux+Apache+MySQL+PHP），即使用 Linux 作为操作系统，Apache 作为 Web 服务器，MySQL 作为数据库，PHP 作为服务器端脚本解释器。由于 LAMP 遵循的是 GPL 开放源码软件，因此使用这种方式可以建立起一个稳定、免费的网站系统。

5. 达梦

武汉达梦数据库有限公司成立于 2000 年，为国有控股的基础软件企业，专业从事数据库管理系统研发、销售和服务。其前身是华中科技大学数据库与多媒体研究所，是国内较早从事数据库管理系统研发的科研机构之一。达梦数据库为政府部门、中小型企业及互联网/内部网应用提供的数据库管理和分析平台，拥有业务数据管理、开发支持等所需的基本功能，支持多用户并发访问能力，能充分满足各种中小型应用的需要，支持 Windows 和 Linux 平台，以及数据平台的数据交换和数据同步。

6. 人大金仓

人大金仓数据库是由北京人大金仓信息技术股份有限公司（简称人大金仓）自主研发的数据库系列产品。人大金仓依托中国人民大学数据与知识工程研究所在数据库技术领域长期教学科研的深厚积累，研发的数据库产品面向多种应用场景，具有自主可控、系统可靠、支持高负载压力、高连续性要求、可横向弹性伸缩、高可用等特点，在电子政务、国防军工、电力、金融等多个领域得到了较好的应用。

7. Access

Microsoft Office Access（前名 Microsoft Access）是微软公司于 1992 年发布的基于 Windows 的桌面关系数据库管理系统，是 Office 系列应用软件之一。Access 结合了 Jet Database Engine 和图形用户界面两项特点，可提供表、查询、窗体、报表、页、宏、模块 7 种用来建立数据库系统的对象，以及多种向导、生成器、模板，把数据存储、数据查询、界面设计、报表生成等操作规范化。Access 是一种桌面数据库系统，仅适合一些小型应用项目。在小型应用中，Access 具有存储单一（所有对象均存储在.mdb 文件中）、支持面向对象特性、界面友好、易操作和支持多种数据库连接方式（Jet、ODBC、OLEDB）等特点。

8. SQLite

SQLite 是一个开源的嵌入式关系数据库产品，主要用于嵌入式系统，如 PDA、智能手机等设备中，也可用于桌面系统，目前在 iPhone、Android 等手机系统中得到广泛使用。

SQLite 支持标准 SQL 语法、事务、数据表和索引等，具有系统开销小、易用和高效可靠等特性。它的管理简单，使用灵活，可以多种形式嵌入其他应用程序（如静态库、动态库等）中。可移植性好，SQLite 生成的数据库文件可以在各平台间无缝移植。当然，SQLite 的主要优势在于灵巧、快速和高可靠性，但为达到这个目标，其设计者在功能上做出了很多关键性的取舍，因而也失去了一些对 RDBMS 关键性功能的支持，如高并发、细粒度访问控制（如行级锁）、丰富的内置函数、存储过程和复杂的 SQL 语句等。

9. 数据库管理系统的选择

在当今的数据库市场上产品十分丰富。选择数据库系统产品时，一要了解各数据库系统在功能、体系结构、性能等方面的特性，二要根据数据库应用系统对数据库产品的需求，三要考虑国家"自主可控、安全可靠"的政策要求。

对于安全性要求高的关键应用，要逐步立足自主可控国产化替代，采用国产数据库系统。对于非关键性的普通应用，若仅是小型网站或桌面应用，则一般选择小型数据库或桌面数据库；若是企业级的应用，如电子商务或企业数据处理等，则要选择性能和稳定性较好的大型数据库系统；而如果是移动设备，则主要选择嵌入式存储引擎。具体的产品选择则要综合性能、稳定性、扩展性、价格等因素，通常可考虑以下方面：①并行性、分布式处理及 C/S 模式和 B/S 模式的结构支持。②运行操作系统环境支持。③对多种数据源、网络协议的支持。④DBMS 安全性、稳定性、可靠性。⑤对电子商务、移动计算及数据仓库的支持。⑥开发工具的丰富性。⑦国内外的应用情况。⑧项目的资金预算。

以上仅是选择数据库产品原则性的一些方面。客观地说，目前数据库市场主流产品的功能足以满足大多数用户的需要。因此，用户选择产品时，还要注意一些技术之外的因素。例如，同行业的成功案例、企业发展状况、配套服务等。

随着信息技术的快速发展和广泛应用，数据库系统作为信息系统的基础核心支撑软件，负责数据的存储、管理、检索与挖掘，其安全性无疑是信息系统安全性的重要部分；信息安全最终很大一部分要落实到数据库安全上。目前我国数据库市场超过 90% 为国外产品，因此，我国数据库自主可控的发展之路，还需要广大科技工作者和用户一起共同努力。

6.1.4　常用数据库应用开发工具

随着计算机技术的不断发展，各种数据库应用开发工具也在不断发展。应用开发人员可以利用一系列高效、具有良好可视化的开发工具，来开发各种数据库应用系统，达到事半功倍的效果。目前使用较广泛的是 Visual Studio、Eclipse、Visaul Code、PyCharm 等，这些开发工具各有所长，各具优势。下面介绍最常用的 Visual Studio 和 Eclipse。

1. Visual Studio

Visual Studio（以下简称 VS）是微软公司推出的集成开发工具，可以用来创建 Windows 应用程序和 Web 应用程序，也可以用来创建 Web 服务、智能设备应用程序和 Office 插件等，支持多种编程语言，包括 C#、Java、Python、C++等。

2002 年，VS.NET（VS 2002 版）发布。引入了建立在.NET 1.0 版上的托管代码机制以及一门新的语言 C#。C#是一门建立在 C++和 Java 基础上的现代语言。.NET 的通用语言框架机制（Common Language Runtime，CLR），其目的是在同一个项目中支持不同的语言所开发的组件。所有 CLR 支持的代码都会被解释成为 CLR 可执行的机器代码，然后运行。VS 2002 版提供了新的 Visual Studio IDE 界面模型，将应用程序开发环境基于.NET 框架，并支持 ASP.NET 开发。

随着.NET 1.1 版的推出，Microsoft 公司推出了 Visual Studio 2003 版。在这一版中引入了 Visio，作为使用统一建模语言（UML）架构应用程序框架的程序，同时还引入了对移动设备的支持。随着.NET 的发展和改进，在.NET 2.0 版推出的同时，2005 年 Microsoft 公司推出了 Visual Studio 2005 版。Visual Studio 2010 版有了很大改变，它集设计、编码、测试、项目管理为一体，极大地方便了开发人员和项目管理者的使用。Visual Studio 2013 版新增代码信息指示（Code information indicators）、团队工作室（Team Room）、身份识别、.NET 内存转储分析、敏捷开发项目模板、

Git 支持，以及更强力的单元测试支持。2019 年发布 Visual Studio 2019 版。每个新版本都较之前版本在功能、开发效率和易用性等方面有较大提升。其中，VS 2010 版开始支持微软云计算架构（Windows Azure），具有重要的里程碑意义，VS 2019 版引入了更多的 AI 功能及优化了 Debug 功能，使之变得更加高效便捷。

2. Eclipse

Eclipse 是一个开放源代码的、基于 Java 的可扩展开发平台。它本身是一个框架和一组服务，用于通过插件组件构建开发环境。Eclipse 附带了一个标准的插件集，包括 Java 开发工具（Java Development Tools，JDT）。

Eclipse 最初是 IBM 公司开发的替代商业软件 Visual Age for Java 的下一代 IDE 开发环境。2001 年 11 月 IBM 公司将其贡献给开源社区，目前它由非营利软件供应商联盟 Eclipse 基金会（Eclipse Foundation）管理。围绕着 Eclipse 项目已经发展了一个庞大的 Eclipse 联盟，有 150 多家软件公司参与到 Eclipse 项目中，其中包括 Oracle、Red Hat 及 Intel 等。

虽然大多数用户将 Eclipse 当作 Java IDE 来使用，但 Eclipse 与传统的集成开发环境是不同的。集成开发环境（IDE）经常将其应用范围限定在"开发、构建和调试"的周期之中。为了使集成开发环境克服目前的局限性，业界厂商合作创建了 Eclipse 平台。Eclipse 允许在同一 IDE 中集成来自不同供应商的工具，并实现了工具之间的互操作性，从而显著改变了项目的工作流程。Eclipse 框架的这种灵活性来源于其"内核+核心插件+定制插件"的结构体系。Eclipse 只提供了一个最小核心，除内核外，其余部分均为插件。这种体系结构使得 Eclipse 支持多种语言成为可能，只要安装相应语言的插件，Eclipse 就可以支持该种语言的开发。Eclipse 支持 C/C++、COBOL、PHP、Perl、Python 等多种语言。

6.2　数据库编程基础

第 3 章已经讨论了 SQL 及其基本设计与使用语法，为直观起见，我们将 SQL 当作一种交互式语言进行讨论。当输入一个 SQL 查询后，立即提交 RDBMS 系统去执行，执行结果直接显示于屏幕上。这种执行模式称为直接执行，是交互式 SQL 的执行方式。

然而，SQL 更多是在应用系统中实现对数据库的访问管理。由于 SQL 是非过程化的语言，其主要弱点是缺乏流程控制机制，难以满足应用业务中的逻辑控制需求。因此，需要将 SQL 与高级语言结合使用，充分发挥二者的优势。在应用系统中使用的 SQL 涉及更多高级技术，用于解决在应用系统中使用 SQL 的有关问题。这些技术可统称为数据库编程技术，包括 SQL 嵌入其他语言的方式、过程化 SQL、存储过程、触发器和数据库访问接口等，本节讨论 SQL 嵌入其他语言的方式和过程化 SQL 的相关技术，6.3 节介绍存储过程和触发器，6.4 节讨论数据库访问接口。

6.2.1　在应用系统中使用 SQL

将 SQL 嵌入到其他高级语言中的编程方式是一种混合语言编程方式。被嵌入的高级程序设计语言称为宿主语言（Host Language），被嵌入的 SQL 称为子语言（Sub Language）。在混合编程方式中，通常由宿主语言提供控制机制，如流程控制、异常处理等。而嵌入的 SQL 语句提供访问数据库的能力。SQL 结构可以两种不同的方式包含到应用程序中。

1. 语言级接口

在这种方式中，SQL 结构相当于高级语言新的语句类型，程序是宿主语言和新语句类型的混合体。在宿主语言编译器对程序进行编译之前，必须用一个预编译器对 SQL 结构进行处理。预编译器将 SQL 结构转换为对宿主语言过程的调用。然后，整个程序再被宿主语言编译器编译。程序运行时，这些过程与 DBMS 通信，执行 SQL 语句。

在使用语言级接口时，SQL 结构可采用两种方式：嵌入式 SQL 和动态 SQL。嵌入式 SQL 将通常的 SQL 语句（如 SELECT、INSERT 等）嵌入在应用程序中。语句的所有信息（包括语句名、涉及的表名、列名等）在编译时都是已知的。而在动态 SQL 方式中，SQL 只是定义了一个语法，它将在宿主语言中构造、准备和执行 SQL 语句的指令包含进来，通过程序的宿主语言部分在运行时构造 SQL 语句。动态 SQL 的含义就是 SQL 语句在程序运行时被动态构造，这种方式主要用于在编写程序时 SQL 语句的某些信息未知的情况。因为与动态 SQL 在运行时构造 SQL 语句不同，嵌入式 SQL 是将 SQL 语句直接写入到程序中的，所以有时也将嵌入式 SQL 称为静态 SQL。嵌入式 SQL 是早期数据库应用开发的主要方式，对于数据库应用系统的开发起过很大的作用。

2．调用级接口

由于嵌入式 SQL 具有在使用上较复杂、可移植性较差等问题，故采用更好的技术来支持应用程序对数据库的访问成为必然。其中最重要的两个数据库访问的通用接口就是 ODBC（Open DataBase Connectivity，开放数据库连接）和 JDBC（Java DataBase Connectivity，Java 数据库连接），它们提供对数据库访问的调用级接口。不同于语言级接口方式需要直接或间接将 SQL 语句加入到宿主语言中，调用级接口完全以高级语言编写应用程序，而 SQL 语句是运行时字符串变量的值，通过接口传递给 DBMS 执行。这种方式由于通用性和可移植性好、使用简便等优点，目前已成为数据库应用开发的主要技术。调用级接口的技术发展迅速，如 OLE DB、ADO 及 ADO.NET 等。

通过调用级接口进行数据库访问，是目前数据库应用开发的主流技术。本章的示例均基于该技术进行设计。

6.2.2　过程化 SQL

SQL-99 标准中提出了 SQL-invoked routines 概念，意为引用 SQL 的例行程序。SQL-invoked routines 分为存储过程和函数两类。为了能建立 SQL-invoked routines，一些 RDBMS 对 SQL 进行过程化扩展，主要增加一些类似高级程序设计语言的基本语法要素。例如，Oracle 提供了 PL/SQL（Procedural Language/SQL），SQL Server 提供了 T-SQL 过程化扩展。SQL 过程化扩展结合了 SQL 的数据操作能力和过程化语言的流程控制能力，使其可用于建立存储过程或函数，或建立其他可编程对象。本书主要以 SQL Server 的 T-SQL 为例来介绍过程化 SQL 程序设计。

6.2.3　T-SQL 程序设计基础

与其他语言程序一样，T-SQL 程序包含语言的基本成分，如常量、变量、运算符、表达式、流程控制语句、函数等，各种基本语言成分通过不同的流程控制方式实现较为复杂的功能。

1．常量

常量指在程序运行过程中值不变的量，根据不同类型，分为字符串常量、整型常量、实型常量、日期时间常量等。例如，

字符串常量：'string'、'This is a book.'、'It's raining now!'。

十进制整型常量：2009、20、+1245345、–23474838。

实型常量：1234.12、1.08E8、2.85E-5、+3.12E-6、–6.8E-5。

2. 变量

变量用于临时存放数据。SQL Server 中变量分为全局变量和局部变量两类。

全局变量由系统提供且预先声明，通过在名称前加两个"@"（@@）符号以区别于局部变量。

局部变量用于保存单个数据值。当首字母为"@"时，表示该标识符为局部变量名。使用 DECLARE 语句声明局部变量，使用 SET 语句或 SELECT 语句给其赋值。

局部变量的声明基本格式为：

```
DECLARE @<局部变量名> <数据类型> [ ,@<局部变量名> <数据类型> ...]
```

局部变量的数据类型不能指定为 text、ntext 或 image 类型。

当声明局部变量后，可用 SET 语句或 SELECT 语句给其赋值。SET 语句的基本格式为：

```
SET @<局部变量名> = <表达式>
```

【例 6.1】　创建整型局部变量@age1、@age2，并分别赋值 18、20，然后输出变量的值。

```
DECLARE @age1 INT,@age2 INT        --声明变量
SET @age1 = 18                     --为变量赋值
SET @age2 = 20                     --一个 SET 语句只能给一个变量赋值
PRINT @age1                        --输出变量的值
PRINT @age2
```

这里，PRINT 是输出语句。其语法格式为：

```
PRINT 字符串 | 局部变量 | 全局变量 | 函数
```

SET 语句一次仅可为一个变量赋值。而 SELECT 语句一次可以初始化多个变量，其格式为：

```
SELECT @<局部变量名> = <表达式>[, @<局部变量名> = <表达式> ...]
```

例如：

```
SELECT @age1 = 18,@age2 = 20        --一个 SELECT 语句可给多个变量赋值
```

【例 6.2】　声明一个名为 city_name 的局部变量，把 GoodsOrder 数据库的 CustomerInfo 表中编号为"100001"客户的"所在省市"名称赋给 city_name，并输出。

```
DECLARE @city_name VARCHAR(20)
SELECT @city_name=所在省市 FROM CustomerInfo WHERE 客户编号='100001'   --变量赋值
PRINT 'CustomerInfo 表中编号为"100001"的客户的所在省市为'+@city_name
```

说明：也可以用 SELECT 查询给变量赋值。如本例也可用以下语句为@city_name 赋值：

```
SET @city_name =(SELECT 所在省市 FROM CustomerInfo WHERE 客户编号='100001')
```

3. 运算符与表达式

T-SQL 提供算术运算符、赋值运算符、位运算符、比较运算符、逻辑运算符、字符串连接运算符等多类运算符。通过运算符连接运算量构成表达式。

（1）算术运算符：算术运算符在两个表达式上执行数学运算，这两个表达式可以是任何数值数据类型。算术运算符有+（加）、−（减）、*（乘）、/（除）和%（求模）5 种运算。+（加）和−（减）运算符也可用于对 datetime 及 smalldatetime 类型值进行算术运算。

（2）赋值运算符：指给局部变量赋值的 SET 语句和 SELECT 语句中使用的"="。

（3）比较运算符：又称关系运算符，包括=、>、<、>=、<=、<>、!=等。用于测试两个表达式的值是否相同，其运算结果为逻辑值 TRUE、FALSE。比较运算符还可与 ALL、ANY、BETWEEN、IN、LIKE、OR、SOME 等谓词一起使用，这些谓词的含义见 3.4 节。

（4）逻辑运算符：用于对某个条件进行测试，运算结果为 TRUE 或 FALSE。SQL Server 提供的逻辑运算符包括 NOT、AND 和 OR。

（5）字符串连接运算符：通过运算符"+"实现两个字符串的连接运算。

【例 6.3】　多个字符串的连接。

```
DECLARE @str1 varchar(10), @str2 varchar(20)
SET @str1 = 'This '
SET @str2 = @str1+' is a book!'
PRINT @str2
```

当一个复杂的表达式有多个运算符时，运算符优先级决定执行运算的先后次序。执行的顺序会影响所得到的运算结果。运算符优先级如表 6.1 所示。在一个表达式中按先高（优先级数字小）后低（优先级数字大）的顺序进行运算。

表 6.1　运算符优先级表

运　算　符	优　先　级
+（正）、−（负）、~（按位 NOT）	1
*（乘）、/（除）、%（模）	2
+（加）、(+ 串联)、−（减）	3
=, >, <, >=, <=, <>, !=, !>, !< 比较运算符	4
^（位异或）、&（位与）、|（位或）	5
NOT	6
AND	7
ALL、ANY、BETWEEN、IN、LIKE、OR、SOME	8
=（赋值）	9

当一个表达式中的两个运算符有相同的优先级时，根据它们在表达式中的位置，一般而言，一元运算符按从右向左的顺序运算，二元运算符按从左到右的顺序运算。

表达式中可用括号改变运算符的优先性，先对括号内的表达式求值，然后对括号外的运算符进行运算时使用该值。

若表达式中有嵌套的括号，则首先对嵌套最深的表达式求值。

4．流程控制语句

设计程序时，常常需要利用各种流程控制语句，设置程序的执行流程以满足业务处理的需要。T-SQL 提供了如表 6.2 所示的流程控制语句。

（1）BEGIN...END

T-SQL 程序的基本结构是块，每个块作为一个整体处理，以完成逻辑操作。BEGIN...END 用于定义语句块，语句块内可包含多条 SQL 语句，语句块之间可以相互嵌套。BEGIN...END 语法结构如下：

表 6.2　T-SQL 流程控制语句

控 制 语 句	功　　　能
BEGIN...END	定义语句块
IF...ELSE	条件语句
WHILE	循环语句
CONTINUE	用于重新开始下一次循环
BREAK	用于退出最内层的循环
GOTO	无条件转移语句
RETURN	无条件返回
WAITFOR	为语句的执行设置延迟

```
BEGIN
    SQL 语句 1
    SQL 语句 2
    …
END
```

【例 6.4】　用 BEGIN...END 语句显示 GoodsOrder 数据库的 CustomerInfo 表中编号为"100001"客户的姓名、所在省市和联系电话。

```
BEGIN
```

```
            PRINT '满足条件的客户信息'
            SELECT  客户姓名,所在省市,联系电话 FROM CustomerInfo WHERE  客户编号='100001'
        END
```

（2）IF...ELSE 语句

IF...ELSE 语句的格式为：

```
    IF <条件表达式>
        { 语句 1 | 语句块 1 }                    --条件表达式为真时执行
        [ ELSE
        { 语句 2 | 语句块 2 } ]                  --条件表达式为假时执行
```

注意：如果条件表达式中含有 SELECT 语句，则必须用圆括号将 SELECT 语句括起来。当要执行多条 T-SQL 语句时，这些语句要用在 BEGIN...END 之间，构成一个语句块。

【例 6.5】　实现以下功能：如果 CustomerInfo 中存在所在省为江苏的客户，则输出这些客户的编号、姓名、所在省市和联系电话；否则输出"不存在所在省为江苏的客户"。

```
    IF EXISTS(SELECT * FROM CustomerInfo WHERE 所在省市  LIKE '江苏%')
        BEGIN
            PRINT '以下客户的所在省为江苏'
            SELECT  客户编号,客户姓名,所在省市,联系电话
                FROM CustomerInfo
                WHERE  所在省市  LIKE '江苏%'
        END
    ELSE
        BEGIN
            PRINT '不存在所在省为江苏的客户'
        END
```

（3）WHILE 语句

WHILE 循环语句的格式为：

```
    WHILE <逻辑表达式>
        { <语句> | <语句块> }
```

其中，<逻辑表达式>用来设置循环执行的条件。当逻辑表达式值为真时，将重复执行<语句>或<语句块>；当逻辑表达式值为假时，循环结束。与 IF...ELSE 语句的条件表达式一样，如果逻辑表达式中含有 SELECT 语句，则必须用圆括号将 SELECT 语句括起来。

【例 6.6】　使用 WHILE 语句实现以下功能：输出 1+2+…+10。

```
    DECLARE @i INT, @s INT
    SET @i = 1
    SET @s = 0
    WHILE @i <= 10
        BEGIN
            SET @s = @s + @i
            SET @i = @i +1
        END
    PRINT @s
```

（4）BREAK 语句和 CONTINUE 语句

BREAK 语句、CONTINUE 语句一般用在 WHILE 循环语句中。BREAK 语句用于退出本层循环。CONTINUE 语句用以结束本次循环，重新转到下一次循环条件的判断。

【例 6.7】　使用 WHILE 循环语句实现以下功能：对于 GoodsInfo 表，如果平均库存量少于

90，则循环就将各商品的库存量增加 10%，输出最大库存量值；再判断最大库存量是否少于或等于 500，若是，则 WHILE 循环重新启动并再次将各商品库存量增加 10%。重复上述过程直至最大库存量超过 500 为止。

```
WHILE (SELECT AVG(库存量) FROM GoodsInfo) < 90
BEGIN
    UPDATE GoodsInfo SET 库存量 = 库存量*1.1
    SELECT MAX(库存量) FROM GoodsInfo
    IF (SELECT AVG(库存量) FROM GoodsInfo) > 500
        BREAK
    ELSE
        CONTINUE
END
```

（5）RETURN 语句

RETURN 语句用于从过程、函数、批处理或语句块中返回。RETURN 语句的格式为：

```
RETURN [ <表达式> ]
```

【例 6.8】　查询 GoodsInfo 表中商品的最高单价，若超过 100 元，则返回 1；否则，返回 0。

```
CREATE PROCEDURE checkprice
AS
IF ( SELECT MAX(单价) FROM GoodsInfo ) > 100
    BEGIN
        PRINT '返回 1'
        RETURN 1
    END
ELSE
    BEGIN
        PRINT '返回 0'
        RETURN 0
    END
```

CREATE PROCEDURE 语句用于创建存储过程。使用以下语句执行存储过程：

```
EXEC checkprice
```

6.2.4　函数

T-SQL 函数分为两类：内置函数和用户定义函数。其中，内置函数是一组预定义的函数，是 T-SQL 的一部分，可以增强 SQL 的处理能力。

1. 内置函数

内置函数比较丰富，分为行集（Rowset）函数、聚合（Aggregate）函数和标量（Scalar）函数，其中行集函数是返回值为对象的函数，该对象可在 T-SQL 语句中作为表引用。行集函数的使用涉及全文索引等概念，本书不做介绍，读者可参考 T-SQL 手册。聚合函数已在 3.4.2 节中讨论。标量函数是对参数进行操作且返回单值的函数，附录 C 列出了常用的几类标量函数。

2. 用户定义函数

用户定义函数可将一个或多个 T-SQL 语句组成子程序，以便反复调用。根据用户定义函数返回值的类型，将用户定义函数分为三类：标量函数、内嵌表值函数和多语句表值函数。与用户定义函数相关的语句包括 CREATE FUNCTION（创建函数）、ALTER FUNCTION（修改函数）、DROP

FUNCTION（删除函数）。

（1）标量函数

标量函数返回一个确定类型的标量值，其函数值类型为 SQL Server 的系统数据类型（除 text、ntext 类型外）。函数体定义在 BEGIN...END 语句之内。

① 标量函数定义。标量函数定义的基本语法格式为：

```
CREATE FUNCTION [<所有者>.]<函数名>
  （[ { @<参数名> [AS] <参数类型> [ = <默认值> ] }[,...n]]）        --形参定义部分
RETURNS <返回参数类型>
[ AS ]
BEGIN
    <函数体>
     RETURN <返回值表达式>
END
```

其中，CREATE FUNCTION 语句中可以声明一个或多个参数，用@符号作为第一个字符来指定形参名，每个函数的参数作用范围只在该函数内。<参数类型>和<返回参数类型>可为标量类型。标量数据类型指变量只有一个值，且内部没有分量。通常标量数据类型包括数字型、字符型、日期型和布尔型。函数返回<返回值表达式>的值。<函数体>由 T-SQL 语句序列构成。

【例 6.9】 定义一个函数 Total_Order，计算某个商品订购的总数量，并将商品编号作为输入参数传入。

```
CREATE FUNCTION Total_Order              --函数名
(@good_no char(8))                       --形参声明
RETURNS INT                              --返回值类型
AS
BEGIN
    DECLARE @tot INT
    SELECT @tot =
        ( SELECT SUM(数量)
        FROM OrderList
        WHERE  商品编号=@good_no
        GROUP BY  商品编号
    )
    RETURN @tot
END
```

② 标量函数的调用。它有两种方式：一种是在 SELECT 语句中调用，另一种是利用 EXEC 语句执行。

在 SELECT 语句中调用自定义函数时，其调用形式为函数名(实参 1,…,实参 n)，其中各实参可为已赋值的局部变量或表达式。

利用 EXEC 语句执行自定义函数时，参数的标识次序与函数定义中的参数标识次序可以不同，其调用形式为：

```
函数名  实参 1,…,实参 n
```

或

```
函数名  形参名 1=实参 1,…, 形参名 n=实参 n
```

如果函数参数有默认值，则在调用该函数时必须指定"default"关键字才能获得默认值。

【例 6.10】 对例 6.9 所定义的函数进行调用。

在 SELECT 语句中调用：

```
        DECLARE @good_no1 CHAR(8) , @tot1 INT          --定义局部变量
        SET @good_no1 = '10010001'                     --给局部变量赋值
        SELECT @tot1=dbo. Total_Order ((@good_no1)     --调用用户函数
        SELECT @tot1 AS '10010001 商品总订购数'        --显示局部变量的值
```

利用 EXEC 语句执行：

```
        DECLARE @tot1 INT                              --定义局部变量
        EXEC @tot1 = dbo. Total_Order    @good_no = '10010001'   --调用用户函数
        SELECT @tot1 AS '10010001 商品总订购数'        --显示局部变量的值
```

（2）内嵌表值函数

内嵌表值函数返回的函数值为一个表。内嵌表值函数的函数体不使用 BEGIN...END 语句，其返回的表是 RETURN 语句中 SELECT 查询的结果集，其功能相当于一个参数化的视图。内嵌表值函数定义的基本语法格式为：

```
        CREATE FUNCTION [<所有者>.]<函数名>
          ([ { @<参数名> [AS] <参数类型> [ = <默认值> ] }[,...n]])   --形参定义部分
        RETURNS TABLE                                  --返回值为表类型
        [ AS ]
        RETURN (<SELECT 语句>)                         --通过 SELECT 语句返回内嵌表
        END
```

RETURNS 子句仅包含关键字 TABLE，表示此函数返回一个表。内嵌表值函数的函数体仅有一个 RETURN 语句，将指定的 SELECT 语句返回内嵌表值。

【例 6.11】 对于 GoodsOrder 数据库，创建如下视图：

```
        CREATE VIEW OrderList_VIEW
        AS
        SELECT CustomerInfo.客户编号, 客户姓名, 商品名称, 数量
            FROM GoodsInfo JOIN OrderList ON GoodsInfo.商品编号 = OrderList.商品编号
                JOIN CustomerInfo ON OrderList.客户编号 = CustomerInfo.客户编号
```

然后在此基础上定义如下内嵌函数 Custom_Order：

```
        CREATE FUNCTION Custom_Order ( @CID char(6) ) RETURNS TABLE
        AS RETURN
        (    SELECT *
                FROM OrderList_VIEW
                WHERE 客户编号 = @CID
        )
```

内嵌表值函数只能通过 SELECT 语句调用。

在此，以例 6.11 定义的 Custom_Order 内嵌表值函数的调用作为应用举例，通过输入客户编号调用内嵌函数查询其订购的商品。以下语句调用 Custom_Order 函数，查询编号为"100001"客户的姓名及订购商品情况。

```
        SELECT * FROM Custom_Order ('100001')
```

（3）多语句表值函数

内嵌表值函数和多语句表值函数都返回表，二者不同之处在于内嵌表值函数没有函数主体，返回的表是单个 SELECT 语句的结果集；而多语句表值函数在 BEGIN...END 中定义的函数主体包含 T-SQL 语句，这些语句可生成行并将行插入表中，最后返回表。

多语句表值函数定义的基本语法格式为：

```
        CREATE FUNCTION [<所有者>.]<函数名>
          ([ { @<参数名> [AS] <参数类型> [ = <默认值> ] }[,...n]])   --形参定义部分
        RETURNS @return_variable TABLE <表的定义>      --定义作为返回值的表
```

```
        [ AS ]
        BEGIN
            <函数体>
            RETURN
        END
```

其中，参数@return_variable 为表变量，用于存储作为函数值返回的记录集。<表的定义>格式与定义表列的格式类似。<函数体>为 T-SQL 语句序列。在多语句表值函数中，<函数体>是一系列在表变量@return_variable 中插入记录行的 T-SQL 语句。

【例 6.12】　在 GoodsOrder 数据库中创建返回表的函数 Order_Table，以客户编号作为实参，调用该函数，显示该客户的编号、姓名及其所订购商品的名称和数量。

```
        CREATE FUNCTION Order_Table(@CID char(6) )
        RETURNS @orderTab TABLE
        (   Customer_ID        CHAR(6),
            Customer_Name      VARCHAR(20),
            Goods_Name         VARCHAR (50),
            Goods_NUM          TINYINT
        )
        AS
        BEGIN
            INSERT INTO @orderTab
                SELECT CustomerInfo.客户编号, 客户姓名, 商品名称, 数量
                    FROM GoodsInfo JOIN OrderList ON GoodsInfo.商品编号 = OrderList.商品编号
                        JOIN CustomerInfo ON OrderList.客户编号 = CustomerInfo.客户编号
                WHERE CustomerInfo.客户编号 = @CID
            RETURN
        END
```

多语句表值函数的调用与内嵌表值函数的调用方法相同。以下语句调用 Order_Table 函数，查询编号为"100001"客户的姓名及订购商品情况。

```
        SELECT * FROM Order_Table ('100001')
```

若用户定义函数需要修改，则可使用 ALTER FUNCTION 语句。ALTER FUNCTION 语句的语法与 CREATE FUNCTION 语句相同。

使用 DROP FUNCTION 语句可删除用户定义函数，其语法格式如下：

```
        DROP FUNCTION { [ <所有者> .] <函数名> } [ ,...n ]
```

可在一个 DROP 语句中删除指定的多个用户定义函数。

6.2.5　游标

游标（Cursor）为 SQL 函数、存储过程和触发器，以及嵌入 SQL 语句的主语言程序提供了按行处理查询结果集的机制。

通常 SQL 语句产生的结果集包含一组记录，但是许多应用程序需要按行来处理记录，游标提供了对结果集进行逐行处理的能力，因此游标是 RDBMS 和面向行的应用程序之间的桥梁。游标可视为 SQL 查询结果集的指针，可指向结果集的任意位置，以便对指定位置的数据进行处理。

不同关系数据库管理系统对游标的使用有一些差异，如果采用游标处理数据，则需要查阅相应系统的技术说明。游标提供了以行为单位处理数据的机制，但也要注意其缺陷在于处理大数据量时，将会占用较多内存，效率低，并且限制了多用户共享数据库。

*6.2.6　SQL 语句优化和安全性

SQL 语句功能强大，使用灵活。在第 3 章已经学习了构建 SQL 查询的基本语法，并能创建较复杂的数据库查询。但要注意的是，如同解决同一个问题的多个算法常会有很大效率差别一样，表达同样要求的 SQL 查询，其效率也会有所不同。本节简要讨论 SQL 语句优化和 SQL 语句安全的问题，以提高 SQL 程序设计的质量和安全性。

1.　SQL 语句优化

数据库查询效率与诸多因素有关，其中最重要的 3 个方面是数据库物理设计、查询优化和 SQL 语句的设计质量。数据库物理设计主要确定数据库存储结构、建立合理的索引方式等，由 DBA 负责调优；查询优化是 RDBMS 的重要功能，每个 RDBMS 都有一个称为"查询优化器"的软件部件，它会根据 SQL 语句的构成方式和可用索引等计算不同执行路径的执行代价，从而选择最优的执行路径。上述两个方面主要涉及系统及其管理相关的内容，而 SQL 语句优化则是编程人员需要重视和考虑的。

SQL 语句优化指调整 SQL 语句中相关子句元素的构成顺序或方式，从而提高效率的过程。SQL 语句各子句的执行顺序为 FROM—WHERE—GROUP BY—HAVING—SELECT—ORDER BY，SQL 语句优化通常可以考虑从以下方面进行。

（1）FROM 子句：当包含多表时，通常选择记录条数最少的表作为基础表放在最后，它由解析器最先处理。如果有 3 个以上的表连接，则选择交叉表作为基础表，交叉表是指被其他表所引用的表。例如，商品订购中的 3 个表，OrderList 就是交叉表。

（2）WHERE 子句：通常执行顺序是自后向前，因此连接条件写在最前面，后续再写过滤条件，同时要将可以过滤掉最大数量记录的条件（最严格条件）写在最后面。但也要注意，不同解析器可能处理顺序有所差异，因此需要查阅相关的技术文档。

（3）提高 GROUP BY 子句效率：尽量在 GROUP BY 前使用 WHERE 子句过滤掉不需要的元素，避免 GROUP BY 分组后再用 HAVING 筛选。

（4）尽量避免使用 HAVING 子句：HAVING 会让 SQL 优化器进行额外的工作，降低效率。

（5）慎用大规模排序操作：ORDER BY、GROUP BY 和 HAVING 都会引起大规模排序，因此在大数据集上应谨慎使用。

（6）避免使用 SELECT *：解析器会将"*"转换成所有的列名，需要通过查询数据字典完成，非常耗时；SELECT 子句使用列名，可减少消耗时间，也可提高可靠性。

此外，多数 RDBMS 都会提供性能测试辅助工具，可以有助于进行语句的优化。例如，SQL Server 查询分析器可以向用户提供已执行查询的时间；Oracle 的 Explain Plan 工具可以向用户显示 SQL 语句的执行计划。

2. SQL 语句安全性

大多数的数据库应用，尤其是 B/S 模式应用运行于互联网环境，因此将面临许多安全问题。攻击者会利用系统漏洞、平台漏洞、敏感数据缺陷等侵入甚至攻击系统，给系统和数据带来安全隐患。数据库应用系统的安全性问题涉及面较广，这里简要讨论常见的 SQL 语句注入及其防范问题。

SQL 注入（SQL Injection）攻击是黑客对数据库进行攻击的常用手段。SQL 注入攻击是指利用设计上的漏洞，在目标服务器上运行 SQL 语句，获取本无权访问的数据。例如，某应用系统的登录验证 SQL 查询代码为：

　　　　　String sql = "SELECT * FROM users WHERE name ='"+uid+"' and passwd ='"+pwd+"' ";

　　若在 SQL 语句对应的 uid 和 pwd 输入框中恶意输入如下字符串：

　　　　　uid ： "1' OR '1'='1'　　　　　pwd： "1' OR '1'='1'

　　则 SQL 语句串成为：

　　　　　sql = "SELECT * FROM users WHERE (name = '1' OR '1'='1') and (passwd = '1' OR '1'='1')";

　　由于输入的两个字符串会使条件恒为真，因此实际运行的 SQL 命令变成：

　　　　　sql = "SELECT * FROM users";

　　执行该语句的后果就是使登录密码检验完全无效，数据库被攻破。

　　基于以上的攻击思路，若一个认证页面的输入框需要用户输入用户名和密码，认证则需要执行下列语句：

　　　　　SELECT * FROM users WHERE name ='"+uid+"' and passwd ='"+pwd+"'

　　其中，用户名和密码都是用户在页面输入框输入的字符串。如果在用户名框内输入字符串：abc'" OR 1=1--，在密码框内输入：123 ；则生成的 SQL 语句为：

　　　　　SELECT * FROM users WHERE name='abc' OR 1=1-- and password='123'

　　由于"--"是 SQL Server 注释符，用户输入的任何用户名与密码都绕过了系统，获取了合法身份。如果攻击者加入对数据库的修改或删除操作命令，则造成的后果将更严重。

　　由此可见，动态生成 SQL 语句时，没有对用户输入的数据进行验证，是 SQL 注入攻击得以实施成功的主要原因。

　　为防止 SQL 注入攻击，在数据库应用编程时，要注意提高编码的安全性。

　　（1）参数检验：输入参数须校验，过滤容易造成条件恒为真的字符、注释符及其他字符。

　　（2）指定参数类型：在构造动态 SQL 语句时，使用类型安全（type-safe）的参数编码机制。大多数的数据库 API，允许指定所提供参数的准确类型（如字符串、整数、日期类型等），称之为正确的参数编码，以避免被黑客利用在字符和数值间做转换。

　　（3）敏感数据加密：敏感数据应避免以明文形式在数据库里存放，如用户密码。

　　（4）为数据库表设置最低访问权限：对数据库中的各种数据表只赋予用户操作最低的权限，以避免一些安全漏洞牵涉更大范围的影响。

6.3　存储过程和触发器

　　存储过程是存储在服务器上的一组预先定义的 SQL 程序，它是一种封装重复任务的方法。存储过程可以反复调用，便于共享及维护。触发器是一类可由特定事件触发的 SQL 程序块，其主要用途在于可以动态维护数据的一致性。存储过程和触发器均已成为 SQL 标准，大多数 RDBMS 均支持，但定义与使用细节有所不同。下面以 SQL Sever 的存储过程和触发器为例进行介绍。

6.3.1　存储过程

　　存储过程（Stored Procedure）的优点如下。

　　① 存储过程执行一次后，其执行规划就驻留在高速缓冲存储器中，在以后的操作中，只需从高速缓冲存储器中调用已编译好的二进制代码执行即可，提高了系统性能。

　　② 存储过程经过编译和优化后存储在数据库服务器中，利于代码复用。

　　③ 提高数据库的安全性。使用存储过程可以完成所有数据库操作，并可通过编程方式控制上述操作对数据库信息访问的权限。

　　④ 自动完成需要预先执行的任务。存储过程可以在系统启动时自动执行，而不必在系

统启动后再进行手工操作，大大方便了用户的使用，可以自动完成一些需要预先执行的任务。

1. 存储过程的定义与执行

用户存储过程只能定义在当前数据库中。在默认情况下，用户创建的存储过程归数据库所有者拥有，数据库的所有者可以授权给其他用户。

（1）存储过程的定义

定义存储过程的语句是 CREATE PROCEDURE，其基本格式为：

```
CREATE PROC[ EDURE ] <存储过程名>              --定义存储过程名
[ { @<参数> <数据类型> }                        --定义参数及类型
[ = default ] [ OUTPUT ] ]                      --定义参数的属性
[ ,...n_1 ]                                     --可有多个参数
AS <SQL 语句> [ ...n_2 ]                         --执行的操作
```

其中，<存储过程名>必须符合标识符规则，且对于数据库及其所有者必须唯一。

存储过程可以带有参数，参数数据类型可为 SQL Server 支持的任何类型。参数必须以@符号作为第一个字符来指定参数名称。可声明一个或多个参数，执行存储过程时应提供相应的实际参数。可为参数指定默认值，默认参数值只能为常量；default 指定存储过程输入参数的默认值，默认值必须是常量或 NULL，默认值中可以包含通配符（%、_）。如果定义了默认值，执行存储过程时根据情况可不提供实参。存储过程的参数默认为输入参数，关键字 OUTPUT 用于指定参数从存储过程返回信息。

n_1 表示可为存储过程指定多个参数。n_2 表示一个存储过程可以包含多条 T-SQL 语句。

（2）存储过程的执行

执行存储过程的命令是 EXECUTE，其基本语法格式为：

```
[ EXEC[ UTE ] ]  <存储过程名>
[ [ @<参数名> = ] { <值> | @<变量> [ OUTPUT ] | [ DEFAULT ] } [ ,...n ]
```

其中，@<参数名>为 CREATE PROCEDURE 语句中定义的参数名；<值>为存储过程的实参值；@<变量>用于保存 OUTPUT 参数返回的值。DEFAULT 关键字表示不提供实参，而使用对应的默认值。n 表示实参可有多个。

存储过程在执行时，参数可以通过<值>或@<参数名> = <值>的形式提供。

下面举一些有关存储过程的定义和调用的示例。

【例 6.13】　从 GoodsOrder 数据库的 3 个表中查询，返回客户编号、姓名、订购商品名及订购数量。该存储过程不使用任何参数。

```
USE GoodsOrder
--检查是否已存在同名的存储过程，若有，则删除
IF EXISTS (SELECT name FROM sysobjects
               WHERE name = 'Customer_info' AND type = 'P')
        DROP PROCEDURE Customer_info
GO
--创建存储过程
CREATE PROCEDURE Customer_info
AS
SELECT a.客户编号, 客户姓名, ISNULL(商品名称,'未订任何商品'), ISNULL(数量,0)数量
    FROM CustomerInfo a LEFT JOIN OrderList b
        ON a.客户编号 = b.客户编号  LEFT JOIN GoodsInfo c
        ON b.商品编号 = c.商品编号
```

```
GO
```

这里定义的存储过程 Customer_info 没有输入和输出参数，即它不需要与调用者传递数据。可使用以下语句执行该存储过程：

```
EXECUTE Customer_info
```

或

```
EXEC Customer_info
```

【例 6.14】 从 GoodsOrder 数据库的 3 个表中查询某人订购的指定商品的数量。

```
CREATE PROCEDURE Customer_info1
    @CName VARCHAR (20), @GName VARCHAR(50)
AS
SELECT x.客户编号, SUM(x.数量) AS 总数量
    FROM
        ( SELECT a.客户编号, ISNULL(数量,0) AS 数量
            FROM CustomerInfo a LEFT JOIN OrderList b
                ON a.客户编号 = b.客户编号  LEFT JOIN GoodsInfo c
                ON b.商品编号 = c.商品编号
                WHERE a.客户姓名= @CName AND c.商品名称 = @GName
        ) x
        GROUP BY x.客户编号
```

这里定义的存储过程 Customer_info1 中使用了两个输入参数：@CName（用于传入客户姓名）和@GName（用于传入商品名称）。

存储过程 Customer_info1 可有多种执行方式，部分执行方式如下：

```
EXEC Customer_info1 '张小林', '咖啡'
```

或

```
EXEC Customer_info1 @CName='张小林', @GName='咖啡'
```

或

```
EXEC Customer_info1 @GName ='咖啡' , @CName ='张小林'
```

【例 6.15】 从 GoodsOrder 数据库 3 个表的链接中返回指定客户的编号、姓名、所订购商品名称及数量。

```
CREATE PROCEDURE Customer_info2
    @CName VARCHAR(20) = '张%'            --指定参数的默认值
AS
SELECT a.客户编号, 客户姓名,商品名称, ISNULL(数量,0)
    FROM CustomerInfo a LEFT JOIN OrderList b
        ON a.客户编号 = b.客户编号  LEFT JOIN GoodsInfo c
        ON b.商品编号 = c.商品编号
    WHERE  客户姓名  LIKE @CName
```

这里定义的存储过程 Customer_info2 中使用了一个输入参数@CName（用于传入客户姓名），该参数中使用了模式匹配，如果没有提供参数，则使用预设的默认值。

存储过程 Customer_info2 可以有多种执行方式，部分执行方式如下：

```
EXEC Customer_info2                    --参数使用默认值
```

或

```
EXEC Customer_info2 '张%'              --传递给@CName 的实参为'张%'
```

或

```
EXEC Customer_info2 '[张王]%'          --传递给@CName 的实参为'[张王]%'
```

【例 6.16】 定义一个存储过程 TotalCOST，计算指定客户订购商品的总金额。

```
CREATE PROCEDURE TotalCOST
    @CName VARCHAR(20),
    @tot_cost INT OUTPUT          --定义输出参数
AS
SELECT @tot_cost = ISNULL(总金额,0)
    FROM CustomerInfo a LEFT JOIN (SELECT x.客户编号,SUM(单价*数量) 总金额
            FROM OrderList x , GoodsInfo y
            WHERE x.商品编号 = y.商品编号
            GROUP BY x.客户编号) b
ON a.客户编号 = b.客户编号
WHERE a.客户姓名 = @CName
```

这里定义的存储过程 TotalCOST 中使用了一个输入参数@CName（用于传入客户姓名）和一个输出参数@tot_cost（用于传出该客户订购商品的总金额）。

以下是对存储过程 TotalCOST 的调用语句：

```
DECLARE @tot INT
EXEC TotalCOST '张小林', @tot OUTPUT
--执行语句也可用如下方式：EXEC TotalCOST '张小林', @tot_cost = @tot OUTPUT
SELECT '张小林' AS 客户姓名, @tot AS 总金额
```

注意：OUTPUT 变量必须在创建存储过程和使用存储过程时都进行定义。定义时的参数名和调用时的变量名不一定要匹配，不过数据类型和参数位置必须匹配。如本例中，在存储过程的定义中输出参数名为@ tot_cost，而调用时将其命名为@tot。

有两种方式可使存储过程返回值，一种是采用 OUTPUT 参数，如例 6.16 和例 6.17；另一种是采用 RETURN 语句，如例 6.8。前者可以返回多个值，后者仅能返回一个值。

【例 6.17】 在 GoodsOrder 数据库中定义存储过程 GType_Qry，查询指定商品类别的商品信息；若存在，则用输出参数传出 1，同时传出该类商品的小类数；否则传出 0，小类数也传出 0。例如，针对表 2.6 列出的数据，若查询商品类别为"食品"，则传出 1，表示有该类商品，同时传出小类数为 4，表示有 4 小类食品信息。

设计思路：用输入参数@GType 传入待查商品的类别，输出参数@GExists、@GNum 分别传出是否存在该类商品，以及该类商品的小类数。利用 SQL 的聚合函数进行统计。

```
CREATE PROCEDURE GType_Qry
@GType VARCHAR (50), @GExists INT OUTPUT, @GNum INT OUTPUT
AS
DECLARE @Sub_Type_Num INT
SELECT @Sub_Type_Num=COUNT(商品编号)
        FROM GoodsInfo
        WHERE 商品类别 = @GType
SET @GNum=@Sub_Type_Num
IF @Sub_Type_Num >0
        SELECT @GExists = 1
ELSE
        SELECT @GExists = 0
```

以下语句执行存储过程 GType_Qry：

```
DECLARE @GoodsExists INT, @GoodsType INT
EXEC GType_Qry '食品' , @GoodsExists OUTPUT, @GoodsType OUTPUT
```

SELECT @GoodsExists　AS　商品是否存在标记 ，　@GoodsType AS　商品小类数

执行结果如图 6.4（a）所示；若将输入参数赋为"家具"，则结果如图 6.4（b）所示。

商品是否存在标记	商品小类数
1	4

商品是否存在标记	商品小类数
0	0

（a）查询商品为"食品"的执行结果　　　（b）查询商品为"家具"的执行结果

图 6.4　例 6.17 的执行结果

2. 修改存储过程

使用 ALTER PROCEDURE 命令可修改已存在的存储过程。该语句的基本语法格式为：

```
ALTER PROC[ EDURE ] <存储过程名>
[ { @<参数名> <参数数据类型>}
[ = default ] [ OUTPUT ] ]　[ ,...n₁ ]
AS
<SQL 语句> [ ...n₂ ]
```

各参数含义与 CREATE PROCEDURE 相同。

【例 6.18】　对例 6.14 定义的存储过程 Customer_info1 进行修改。

```
ALTER PROCEDURE Customer_info1
    @CName VARCHAR (20), @GName VARCHAR(50)
AS
SELECT a.客户编号, 客户姓名, 商品名称, 数量
    FROM CustomerInfo a , OrderList b , GoodsInfo c
    WHERE a.客户编号 = b.客户编号　AND b.商品编号 = c.商品编号
        AND a.客户姓名= @CName AND c.商品名称 = @GName
```

3. 删除存储过程

使用 DROP PROCEDURE 语句可永久地删除存储过程。在此之前，必须确认该存储过程没有任何依赖关系。该语句的语法格式为：

```
DROP PROC[ EDURE ] { <存储过程名> } [ ...n ]
```

该语句可从当前数据库中删除一个或多个存储过程或存储过程组，其中 *n* 表示可以指定多个存储过程同时删除。例如，以下语句将删除 GoodsOrder 数据库中的 Customer_info1 存储过程：

```
DROP PROCEDURE Customer_info1
```

6.3.2　触发器

1. 触发器的概念

与存储过程类似，触发器（Trigger）也是由一组 SQL 语句构成的。触发器主要用于维护表数据的完整性。当有操作影响到触发器保护的数据时，触发器自动执行。

触发器的主要特点如下。

① 触发器自动执行。触发器是由事件来触发的，这些事件包括 INSERT 语句、UPDATE 语句和 DELETE 语句。当 RDBMS 执行这些事件时，触发器所定义的操作将被激活自动执行。这也是触发器与存储过程的主要区别，存储过程一般不能自动被执行。

② 触发器可增强数据库参照完整性维护机制。触发器可对数据库中的相关表进行级联更改，并可实现比 CHECK 约束更为复杂的数据完整性约束。例如，在 GoodsInfo 表的"商品编号"列上建立删除触发器，当对 GoodsInfo 表删除记录时，可在 OrderList 表中删除相同商品编号的记录。

③ 触发器便于实现由特定条件触发的业务规则。例如，当某商品的库存量低于设定的最小

值时，可利用触发器自动发起进货业务流程。

2. 触发器的创建和执行

（1）CREATE TRIGGER 语句

创建触发器的语句是 CREATE TRIGGER，其基本格式为：

```
CREATE TRIGGER <触发器名> ON { <基本表> | <视图> }
--指定触发器名及操作对象
FOR { [DELETE] [,] [INSERT] [,] [UPDATE] }
--定义触发器的类型
    AS
    [ IF UPDATE（<列>）[{ AND | OR } UPDATE（<列>）] [, ...n] ]
    <SQL 语句> [ , ...n]                    --可包含一条或多条 SQL 语句
```

其中，<基本表> | <视图>指在其上执行触发器的表或视图。FOR 子句指出触发器类型。一般情况下，对表数据的操作有插入、修改、删除，因而维护数据的触发器也可分为 3 种类型：INSERT、UPDATE 和 DELETE。IF UPDATE(<列>)子句用于测试是否可在<列>上进行 INSERT 或 UPDATE 操作。注意不能对 DELETE 操作做测试。<SQL 语句>为触发器的 T-SQL 语句，它们是触发器被触发后将要执行的语句。n 表示触发器中可以包含多条 T-SQL 语句。

（2）触发器执行原理

执行触发器时，系统将自动创建两个特殊的逻辑表，即 INSERTED 表和 DELETED 表，这两个表的结构与被相应触发器作用的表结构相同；这两个逻辑表由系统维护。

INSERTED 表：用于存放插入或更新到表的记录值。当执行 INSERT 或 UPDATE 触发器时，新的记录将写入目标表和 INSERTED 逻辑表中。

DELETED 表：用于保存已从表中删除的记录，当执行 DELETE 或 UPDATE 触发器时，被删除的记录将存放在 DELETED 逻辑表中。

修改一条记录等于插入一条新记录，同时删除旧记录。当对定义了 UPDATE 触发器的表记录做修改时，表中原记录会移到 DELETED 表中，修改过的记录插入 INSERTED 表中。触发器可检查 DELETED 表、INSERTED 表及被修改的表。

【例 6.19】 在 GoodsOrder 数据库的 CustomerInfo 表上定义触发器 CustomerTrig，如果在 CustomerInfo 表中删除数据，则同时删除 OrderList 表中与 CustomerInfo 表相关的记录。

```
USE GoodsOrder
IF EXISTS (SELECT name FROM sysobjects
                WHERE name = ' CustomerTrig' AND type = 'TR')
        DROP TRIGGER CustomerTrig
GO
CREATE TRIGGER CustomerTrig ON CustomerInfo FOR DELETE
AS
    DELETE OrderList
        WHERE  客户编号  IN
        ( SELECT  客户编号
            FROM DELETED            --从 DELETED 表中检索被删客户编号
        )
GO
```

注意：触发器不能返回任何结果，因此为了阻止从触发器返回结果，不要在触发器定义中包含 SELECT 语句或变量赋值。

下面再举 3 个触发器定义和使用的例子。

【例 6.20】　在数据库 GoodsOrder 中创建一个触发器 CHECKtrig：当向 OrderList 表插入记录时，检查该记录的客户编号在 CustomerInfo 表中是否存在，检查商品编号在 GoodsInfo 表中是否存在，若有一项为否，则不允许插入。

```
CREATE TRIGGER CHECKtrig ON OrderList FOR INSERT
AS
    DECLARE @cnt INT
    SELECT @cnt=COUNT(*)
        FROM INSERTED a
        WHERE   a.客户编号  NOT IN    (SELECT b.客户编号  FROM CustomerInfo b)
                OR
                a.商品编号  NOT IN    (SELECT c.商品编号  FROM GoodsInfo c)
    IF @cnt>0
     BEGIN
        RAISERROR ('插入操作违背数据的一致性.', 16, 1)
        ROLLBACK TRANSACTION
     END
```

其中，RAISERROR 是内置函数，用于捕获系统异常并显示。ROLLBACK TRANSACTION 是事务回滚语句，用于撤销之前事务的执行结果。有关事务的讲解详见第 7 章。

在 GoodsOrder 表上定义了 CHECKtrig 触发器后，每次进行 INSERT 操作都将自动触发其中的语句执行。例如，执行以下 INSERT 语句：

```
INSERT INTO OrderList
    VALUES('100011','12345678','2020-7-20',2,'2020-7-29','现金','客户自取')
```

执行结果为：

```
消息
消息 50000, 级别 16, 状态 1, 过程 CHECKtrig, 行 11 [批起始行 0]
插入操作违背数据的一致性.
消息 3609, 级别 16, 状态 1, 第 1 行
事务在触发器中结束。批处理已中止。
```

执行结果表明，因违反数据一致性的要求，所以不能成功执行数据插入操作。

【例 6.21】　在 GoodsOrder 数据库的 OrderList 表上创建一个触发器 UPDATEtrig，若对"客户编号"或"商品编号"列进行修改，则给出提示信息，并取消修改操作。因为这两个列是外码，所以不允许在 OrderList 中修改它们。

本例需要使用 IF UPDATE（<列>）子句，对列的修改进行测试。

```
CREATE TRIGGER UPDATEtrig ON OrderList FOR UPDATE
AS
    IF UPDATE(客户编号) OR UPDATE(商品编号)
     BEGIN
        RAISERROR ('不允许对外码进行修改.', 16, 1)
        ROLLBACK TRANSACTION
     END
```

在 OrderList 表上定义了 UPDATEtrig 触发器后，每次执行 UPDATE 操作都将触发其中的语句执行。例如，若执行以下 UPDATE 语句：

```
UPDATE OrderList SET  客户编号='100111' WHERE  客户编号='100001'
```

执行结果为：

> **消息**
>
> 消息 50000，级别 16，状态 1，过程 UPDATEtrig，行 5 [批起始行 0]
> 不允许对外码进行修改.
> 消息 3609，级别 16，状态 1，第 1 行
> 事务在触发器中结束。批处理已中止。

执行结果表明，因违反数据修改的要求，所以不能成功执行数据修改操作。

在例 6.20 和例 6.21 中触发器主要用于维护数据的完整性。下面例子中的触发器用于实现用户的业务规则。

【例 6.22】 在 GoodsOrder 数据库的 OrderList 表上创建一个触发器 OrderTrig，当新增一条商品订购记录时，将相应商品编号的"库存量"更新，即减少新增订单记录中的"数量"值，以保证商品信息表中库存量为最新状态。

```
CREATE TRIGGER OrderTrig ON OrderList FOR INSERT
AS
    DECLARE @GID CHAR(8)          --商品编号
    DECLARE @OrderNum INT         --订购数量
    SELECT @GID=商品编号，@OrderNum=数量 FROM INSERTED
        --当 OrderList 表新增记录时，修改 GoodsInfo 表中相应商品编号的库存量
    UPDATE GoodsInfo SET 库存量=库存量–@OrderNum WHERE 商品编号=@GID
```

在实际应用中可以根据业务要求，定义更复杂的业务规则。但也要注意，由于触发器是自动触发的，当业务逻辑复杂时，很可能存在触发器嵌套，如果设计时考虑不周，容易出现死锁问题，并且不易排错，所以在选用时要注意各方面的综合平衡。

（3）触发器的禁止与启用

在一个表上可创建多个触发器。针对某个表所创建的触发器，可根据需要使用 ALTER TABLE 语句禁止或启用指定的触发器。语句格式如下：

```
ALTER TABLE { ENABLE | DISABLE } <触发器名>
```

其中，ENABLE 选项为启用触发器，DISABLE 选项为禁止触发器。

3. 修改和删除触发器

修改触发器定义的语句是 ALTER TRIGGER，其基本格式与 CREATE TRIGGER 语句基本相同，只需将关键词 CREATE 换为 ALTER 即可。

删除触发器的语句是 DROP TRIGGER，其语句格式如下：

```
DROP TRIGGER { <触发器名> } [, ... n]
```

另外，当一个表被删除时，该表上定义的所有触发器将同时被删除。

6.4　数据库访问接口

在实际系统应用中的关系数据库管理系统有多种，尽管这些数据库都遵循 SQL 标准，但不同的系统仍存在很大差异。因此，各个数据库系统的应用程序间难以兼容，可移植性差。为了解决这些问题，提高应用程序与数据库平台之间的独立性，提出了对数据库访问使用调用级接口，其中最重要的两个数据库访问通用接口就是 ODBC（Open DataBase Connectivity，开放数据库连接）和 JDBC（Java DataBase Connectivity，Java 数据库连接）。调用级接口完全以高级语言编写应用程序，这种方式的通用性和可移植性较好，使用简便。

6.4.1　开放数据库连接

开放数据库连接（Open DataBase Connectivity，ODBC）是一种用于访问数据库的统一接口标准，由 Microsoft 公司于 1991 年年底发布。ODBC 有 ODBC 1.x、ODBC 2.x 和 ODBC 3.x 等版本，各版函数存在一定的差异。本书主要以 ODBC 3.0 版为例介绍。ODBC 规范后来被 X/OPEN 和 ISO/IEC 采纳，作为 SQL 标准的一部分。ODBC 建立了规范，提供了一组访问数据的标准 API（Application Programming Interface，应用编程接口）。它允许应用程序以 SQL 作为数据存取标准来存取不同的 DBMS 管理的数据。

1. ODBC 体系结构

ODBC 是分层体系结构，由 4 部分构成：ODBC 数据库应用程序（Application）、驱动程序管理器（Driver Manager）、驱动程序（Driver）、数据源（Data Source），如图 6.5 所示。

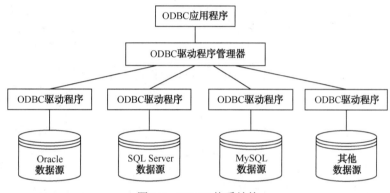

图 6.5　ODBC 体系结构

① ODBC 应用程序：提供用户界面、应用逻辑和事务逻辑。使用 ODBC 开发数据库应用程序时，应用程序调用的是标准 ODBC 函数和 SQL 语句。应用程序使用 ODBC API 与数据库进行交互，调用 ODBC 函数，递交 SQL 语句给 DBMS 驱动程序，对返回的结果进行处理。它所包括的操作主要有连接数据库；为 SQL 语句执行结果分配存储空间，定义所读取的数据格式；读取结果，向用户提交处理结果；请求事务的提交和撤销操作；断开与数据源的连接。

② ODBC 驱动程序管理器：用于装载 ODBC 驱动程序、管理数据源、检查 ODBC 参数合法性等。当一个应用程序与多个数据库连接时，驱动程序管理器能够保证应用程序正确地调用这些数据库的 DBMS 驱动程序，实现数据访问，并把来自数据源的数据传送给应用程序。

③ ODBC 驱动程序：应用程序通过调用 ODBC 驱动程序所支持的函数来操作数据库。ODBC 应用程序不能直接存储数据库，它将所要执行的操作提交给数据库驱动程序，通过驱动程序实现对数据库的各种操作，数据库操作结果也通过驱动程序返回给应用程序。ODBC 驱动程序也是一个动态链接库，由驱动程序管理器进行加载。它的主要作用是建立与数据源的连接；向数据源提交用户请求，执行 SQL 语句；在应用程序与数据源之间进行数据格式转换；向应用程序返回处理结果。

④ 数据源（Data Source Name，DSN）：它是 ODBC 驱动程序与 DBS 连接的桥梁，为驱动程序指定数据库服务器名称及用户的连接参数等选项。注意，数据源不是 DBS，而是用于表达一个 ODBC 驱动程序和 DBMS 特殊连接的命名。

由 ODBC 的体系结构可见，ODBC 的优点是能以统一的方式处理所有的数据库。ODBC 提供了在不同数据库环境下客户访问异构 DBMS 的接口，是一个能访问从微机、小型机到大型机的数据库数据的接口。一个基于 ODBC 的应用程序对数据库的操作不依赖于任何 DBMS，不直接与

DBMS 打交道，所有的数据库操作由对应 DBMS 的 ODBC 驱动程序完成。

2. ODBC 的工作流程

一个 ODBC 应用程序的设计分为 5 个阶段：配置数据源、连接数据源、初始化应用程序、SQL 处理、结束处理，如图 6.6 所示。

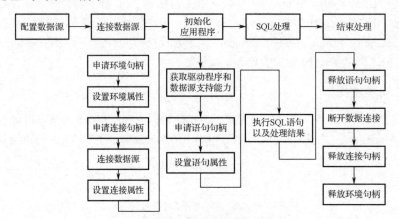

图 6.6　ODBC 应用程序的设计阶段

3. 配置数据源

ODBC 数据源有三类：用户数据源（用户 DSN）、系统数据源（系统 DSN）和文件数据源（文件 DSN）。用户 DSN 只能用于当前定义此数据源的机器上，且只有定义数据源的用户才能使用；系统 DSN 可用于当前机器的所有用户；文件 DSN 可将用户定义的数据源信息保存到一个文件中，并可被所有安装相同驱动程序的不同机器上的用户共享。用户 DSN 和系统 DSN 信息保存在操作系统中。可通过 Windows 的控制面板建立和配置数据源，其操作步骤如下。

① 打开控制面板，找到"管理工具"，双击"数据源（ODBC）"图标，或在命令行窗口中输入"odbcad32"命令，打开"ODBC 数据源管理器"对话框，如图 6.7 所示。

② 选择所要建立的数据源类型。例如，要建立系统数据源，则选择"系统 DSN"选项卡，然后单击"添加"按钮，将弹出如图 6.8 所示的对话框。

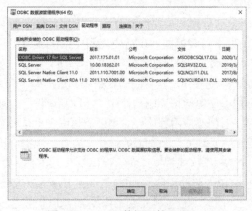

图 6.7　ODBC 数据源管理器

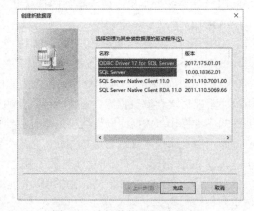

图 6.8　选择数据源驱动程序

③ 选择驱动程序（这里选择"SQL Server"），单击"完成"按钮。

④ 在所弹出的对话框中输入数据源名称及有关的描述信息，单击"下一步"按钮，如图 6.9 所示。

⑤ 在所弹出的对话框中选择登录用户身份验证方式，并输入有关用户名和口令，单击"下一步"按钮，如图 6.10 所示。

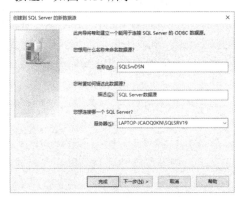

图 6.9　输入数据源名称与描述信息　　　　　图 6.10　设置登录用户信息

⑥ 在所弹出的对话框中选择默认的数据库（这里选择 GoodsOrder 数据库），单击"下一步"按钮，如图 6.11 所示。

⑦ 在所弹出的对话框中指定用于 SQL Server 消息的语言等设置，单击"完成"按钮，如图 6.12 所示。

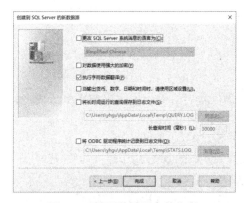

图 6.11　设置默认数据库　　　　　　　　　图 6.12　设置数据源有关信息

⑧ 在所弹出的对话框中单击"测试数据源（T）"按钮，测试数据源是否创建成功，如图 6.13 所示。若创建成功，则弹出如图 6.14 所示的对话框；否则，将会出现创建失败的提示。只有成功创建的数据源才能被引用。

图 6.13　创建数据源有关的信息提示　　　　图 6.14　测试数据源创建成功的提示

4. ODBC API 基础

建立数据源后便可进行 ODBC 应用程序的设计。一个 ODBC 应用程序的结构通常包括连接数据源、初始化、SQL 处理和结束处理 4 部分。在程序设计中，涉及 ODBC 函数和句柄等概念。

ODBC 3.0 版提供了 76 个接口函数，大致可分为以下几类：句柄分配和释放函数、连接函数、描述信息获取函数、事务处理函数及数据库元数据获取函数。MFC 的 ODBC 类对较复杂的 ODBC API 进行了封装，提供了简化的调用接口。

句柄是一个 32 位整数，代表一个指针。ODBC 3.0 版中句柄可分为环境句柄、连接句柄、语句句柄和描述符句柄 4 类，其主要作用如下。

① 环境句柄。每个 ODBC 应用程序需要建立一个 ODBC 环境，分配一个环境句柄，其目的是通过该句柄来存取数据的一些环境信息，如环境状态、当前环境状态测试，以及在当前环境上分配的连接句柄等。

② 连接句柄。每个连接句柄实现与一个数据源之间的连接。一个环境句柄可以建立多个连接句柄。

③ 语句句柄。它可关联一个 SQL 语句、该 SQL 语句产生的结果及相关信息。在一个连接中可以建立多个语句句柄。

④ 描述符句柄。用于描述 SQL 语句的参数、结果集列等。

5. ODBC 应用程序各部分使用的主要函数

（1）连接数据源

这部分使用的函数主要包括以下内容。

① SQLAllocHandle(ENV)：用于分配 ODBC 环境句柄。与数据源连接的第一步就是装载 ODBC 驱动程序，并调用函数 SQLAllocHandle 来初始化 ODBC 环境，以得到一个环境句柄。

② SQLSetEnvAttr：用于设置 ODBC 环境属性。

③ SQLAllocHandle(DBC)：用于分配连接句柄。

④ SQLConnect：用于建立与数据源的连接。

（2）初始化

初始化部分主要申请语句句柄，设置语句句柄属性。使用的函数主要包括以下内容。

① SQLAllocHandle(STMT)：用于分配语句句柄。

② SQLSetStmtAttr：用于设置语句属性。

（3）SQL 处理

SQL 处理主要执行 SQL 语句，并对返回结果或执行中的错误进行处理。由于这组函数较多，这里只列出几个较常用的。

① SQLExecDirect：用于以立即执行方式执行 SQL 语句。

② SQLBindParameter：用于绑定程序参数。

③ SQLBindCol：用于绑定列。

④ SQLFetch：用于读取数据。

（4）结束部分

结束部分将初始化阶段分配的句柄释放，并断开与数据源的连接。使用的函数主要包括以下内容。

① SQLFreeHand(STMT)：用于释放语句句柄。

② SQLDisconnect：用于断开与数据源的连接。

③ SQLFreeHand(DBC)：用于释放连接句柄。

④ SQLFreeHand(ENV)：用于释放环境句柄。

限于篇幅，本书对这些函数、相关的数据类型及常量的定义不做更详细的介绍，读者如果要使用 ODBC API 进行开发，可参考有关的标准和技术手册。下面给出一个 ODBC 例子。

【例 6.23】　使用 ODBC 设计一个数据库应用程序，检索 GoodsOrder 数据库中的 GoodsInfo 表，输出每个商品的编号、名称、单价和库存量。

在编写程序前，先建立数据源。本例使用前面已经建立的 SQLSrvDSN 数据源。所设计的数据库应用程序如下：

```c
#include <windows.h>
#include <sqlext.h>
#include <stdio.h>
#define MAX_DATA 100
RETCODE rc;          //ODBC 返回码
HENV henv;        //环境句柄
HDBC hdbc;        //连接句柄
HSTMT hstmt;      //语句句柄
unsigned char szData[MAX_DATA];
UCHAR     szDSN[MAX_DATA] = "SQLSrvDSN";        //数据源名称
UCHAR userID[MAX_DATA] = "sa";                  //数据库用户 ID
UCHAR passWORD[MAX_DATA] = "***";               //用户密码
void sqlconn();                                 //建立连接
void sqlexec(unsigned char*);                   //执行 SQL 语句
void sqldisconn();                              //释放环境、状态及连接指针等，断开连接
void sqlconn() {
    SQLAllocEnv(&henv);                         //分配环境句柄
    SQLAllocConnect(henv, &hdbc);               //分配连接句柄
    rc = SQLConnect(hdbc, (SQLCHAR*)szDSN, SQL_NTS,        //连接数据源
            (SQLCHAR*)userID, SQL_NTS, (SQLCHAR*)passWORD, SQL_NTS);
    if ( !((rc == SQL_SUCCESS) || (rc == SQL_SUCCESS_WITH_INFO)) ){
        sqldisconn();                           //释放资源
        exit(-1);
    }
    rc = SQLAllocStmt(hdbc, &hstmt);            //分配语句句柄
}
void sqlexec(unsigned char* cmdstr) {
    unsigned char szID[MAX_DATA],szPrice[MAX_DATA],
            szStock[MAX_DATA],szName[MAX_DATA]; //显示编号、名称、单价和库存量
    SQLLEN    cbStock,cbName,cbID, cbPrice;     //输出数据
    rc = SQLExecDirect(hstmt, (SQLCHAR*)cmdstr, SQL_NTS);
    if ( !((rc == SQL_SUCCESS) || (rc == SQL_SUCCESS_WITH_INFO)) ){
        sqldisconn();
        exit(-1);
    }
    else {
        printf("%5s%12s%10s%12s\n", "编号", "名称", "单价", "库存量");
        for (rc = SQLFetch(hstmt); rc == SQL_SUCCESS; rc = SQLFetch(hstmt)) {
            SQLGetData(hstmt, 1, SQL_C_CHAR, szID, sizeof(szID), &cbID);
            SQLGetData(hstmt, 2, SQL_C_CHAR, szName, sizeof(szName), &cbName);
```

```
                    SQLGetData(hstmt, 3, SQL_C_CHAR, szPrice, sizeof(szPrice), &cbPrice);
                    SQLGetData(hstmt, 4, SQL_C_CHAR, szStock, sizeof(szStock), &cbStock);
                    printf("%5s%10s%8.4s%10s\n", szID, szName, szPrice,(const char*)szStock);
                }
            }
        }
    void sqldisconn() {
        SQLFreeStmt(hstmt, SQL_DROP);
        SQLDisconnect(hdbc);        SQLFreeConnect(hdbc);        SQLFreeEnv(henv);
    }
    int main() {
        sqlconn();
        sqlexec((UCHAR FAR*)"SELECT [商品编号],[商品名称],[单价],[库存量] FROM GoodsInfo");
        sqldisconn();
    }
```

该程序的 4 个部分非常明显，在源程序中都做了注解，读者可自行分析。程序在 Visual Studio 2019 中，以控制台应用模式创建、编译链接，执行结果如图 6.15 所示。

图 6.15　例 6.23 的执行结果

6.4.2　ADO.NET

ODBC 是一种很好的访问关系数据库的通用接口标准，但是作为编程接口，其使用不太方便，编程较为复杂。为简化编程接口、提高开发效率，Microsoft 公司先后又推出了 OLE DB 和 ADO 等数据访问接口。但它们仍存在诸多问题，如不支持非连接的数据访问架构，不能与 XML 紧密集成，不能与.NET 架构很好地融合，因此需要一种新的数据访问架构——必须能更好地支持并发、XML 集成，以及非连接的架构。ADO.NET 就是基于这些需求进行全新设计的。

ADO.NET 采用了面向对象结构，是数据源连接、提交查询和处理结果的类的集合。ADO.NET 提供数据访问、数据操作、数据显示的控件，通过其提供的应用程序编程接口（API），可以方便地访问各种数据源，包括 OLEDB 和 ODBC 支持的数据，提高了开发效率。ADO.NET 采用 XML 作为数据交换格式，能够应用于多种操作系统环境。伴随着.NET 框架的发展，ADO.NET 也相应地开发出多个版本，包括 ADO.NET 2.0、ADO.NET 3.0、ADO.NET 3.5 和 ADO.NET 4.0 等。使用较高版本的 ADO.NET 开发应用程序，能更好地发挥数据库的性能。

ADO.NET 的体系结构如图 6.16 所示，其核心组件是.NET 数据提供程序（Data Provider）和 DataSet 对象。.NET 数据提供程序实现连接建立和数据操作。它作为 DataSet 对象与数据源之间的桥梁，负责将数据源中的数据取/入 DataSet 对象中，以及将 DataSet 对象数据存回数据源。DataSet 对象是实现非连接模式数据访问的关键，它相当于内存数据库，独立于数据源的数据访问和操作。

（1）.NET 数据提供程序

.NET 数据提供程序负责将.NET 应用程序连接一个数据源。.NET Framework 带有多个内置的.NET 数据提供程序，每个.NET 数据提供程序都在.NET Framework 各自的命名空间中维护。命名空间（Namespace）是.NET 框架的重要概念。.NET 框架包含几百个类，分别封装在一系列逻辑命名空间下，这些类提供了创建功能强大的应用程序的基础。.NET 的命名空间相当于 Library（*.dll），它包含了应用程序将会使用的动态链接库。

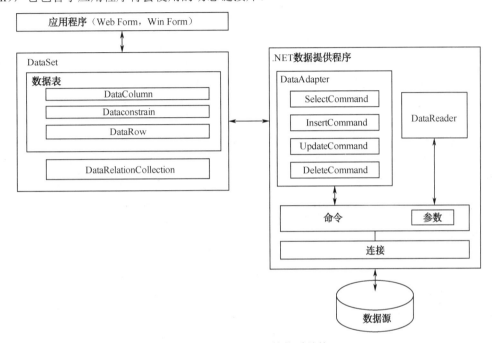

图 6.16　ADO.NET 的体系结构

.NET 框架内置的数据提供程序主要有.NET Data Provider for SQL Server、.NET Data Provider for Oracle、.NET Data Provider for OLE DB，以及.NET Data Provider for ODBC 等，并可由数据库提供相应访问程序。例如，MySQL 数据库提供了相应的数据提供程序，位于 MySql.Data.MySqlClient 命名空间。内置的.NET Data Provider for SQL Server 用于访问 SQL Server 数据库，包含在 System.Data.SqlClient 命名空间中，其使用 SQL Server 自带的 TDS（Tabular Data Stream）协议来连接 SQL Server 系统，可使.NET Data Provider for SQL Server 在客户端应用程序和 SQL Server 之间建立最快的连接。

包含在.NET Framework 中的所有.NET 数据提供程序的体系结构在本质上都相同，即包含在每个命名空间中的类都有近乎相同的方法、特性和事件，但每个类都使用了稍微不同的命名约定。例如，.NET Data Provider for SQL Server 中的所有类（包含在 System.Data.SqlClient 命名空间中）都以前缀"sql"开始，而作为.NET Provider for OLE DB 组成部分的类（包含在 System.Data.OleDb 命名空间中）都以前缀"OleDb"开始。这两个命名空间中都包含一些用于初始化目标数据源连接的类。对于 System.Data.SqlClient 命名空间，该类被命名为 SqlConnection；对于 System.Data.OleDb 命名空间，该类被命名为 OleDbConnection。它们的方法和参数都基本相同。

（2）DataSet

ADO.NET 体系结构的中心是 DataSet。DataSet 类位于.NET 框架的 System.Data.DataSet 命名空间中。DataSet 实际上是从数据库中检索的记录缓存，应用程序可通过 DataSet 访问与更新数据库。将在 6.5.2 节中详细介绍 DataSet 和 ADO.NET 数据库编程的内容。

6.4.3　JDBC

JDBC 是 Sun 公司开发的 Java 数据库访问接口规范，已成为 SQL 2003 标准的一部分。JDBC 是 Java 语言的一部分，为数据库应用开发人员、数据库前台工具开发人员提供了一种标准的应用程序设计接口，使开发人员可以用纯 Java 语言编写完整的数据库应用程序。

Java 自 1995 年 5 月正式发布以来，迅速风靡全球，出现了大量用 Java 语言编写的程序，其中也包括数据库应用程序。但当时由于没有一个 Java 语言的 API，故编程人员不得不在 Java 程序中加入 C 语言的 ODBC 函数调用。这就使很多 Java 的优秀特性无法充分发挥，如平台无关性、面向对象特性等。随着编程人员对 Java 语言的喜爱，很多公司在 Java 程序开发上的投入日益增加，对 Java 语言接口的访问数据库的 API 的要求也越来越强烈。同时 ODBC 又存在明显的不足之处，如不易使用、没有面向对象的特性等。在此背景下，Sun 公司决定开发以 Java 语言为接口的数据库应用程序开发接口。在 JDK 1.x 版中，JDBC 只是一个可选部件，到了 JDK 1.1 版公布时，SQL 类包（也就是 JDBC API）就成为 Java 语言的标准部件。

JDBC 是一种底层 API，可直接调用 SQL 命令，由一组用 Java 语言编写的类和接口组成。通过使用 JDBC，开发人员可以很方便地将 SQL 语句传送给关系数据库管理系统。将 Java 语言与 JDBC 结合使程序员不必为不同的平台编写不同的应用程序，只需要写一遍程序就可以在任何平台上运行，这也是 Java 语言"编写一次，处处运行"的优势所在。

JDBC 采用与 ODBC 类似的分层设计思想，其体系结构如图 6.17 所示。它由 4 部分构成：Java 应用程序、JDBC 驱动程序管理器、JDBC 驱动程序和数据库。

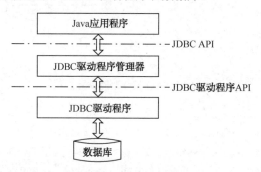

图 6.17　JDBC 的体系结构

（1）Java 应用程序

Java 应用程序提供用户界面、应用逻辑和事务逻辑。Java 应用程序通过 JDBC API 实现对数据库的透明存取。而这种存取需要依赖于驱动程序来实现，不同的数据库制造商提供它们不同的驱动程序。

（2）JDBC 驱动程序管理器

JDBC 驱动程序管理器作用于用户和 JDBC 驱动程序之间，用于将 Java 应用程序连接到 JDBC 驱动程序上，并在数据库和相应驱动程序之间建立连接。它是 JDBC 体系结构的支柱。

（3）JDBC 驱动程序

JDBC 驱动程序负责连接各数据库，提供真正的数据库访问操作，通常由各数据库厂商开发而随 DBMS 系统发布。它得到了许多厂商的支持，大多数数据库系统都推出了自己的 JDBC 驱动程序，包括 IBM、Oracle 和 Microsoft 等。由于数据库厂商比较多，导致驱动程序比较复杂。常见的 JDBC 驱动程序可分为以下 4 种类型。

① JDBC-ODBC bridge plus ODBC driver（类型 1）：指 JDBC-ODBC 桥加 ODBC 驱动程序。

JDBC-ODBC 桥驱动将 JDBC 调用翻译成 ODBC 调用，再由 ODBC 驱动翻译成访问数据库命令，其优点是可以利用现存的 ODBC 数据源来访问数据库，缺点是效率低和安全性差。

② Native-API partly-Java driver（类型 2）：指基于本地 API 的部分 Java 驱动。应用程序通过本地协议跟数据库交互，然后将数据库执行的结果通过驱动程序中的 Java 部分返回给客户端程序，它的执行效率较类型 1 更高，但缺点是客户端必须安装本地驱动，维护不方便，且效率仍低于类型 3 和类型 4。

③ JDBC-Net pure Java driver（类型 3）：指网络协议纯 Java 驱动程序。将 JDBC 转换为与 DBMS 无关的网络协议，并通过网络服务器上的中间件进一步将网络协议命令转换成具体某个 DBMS 所能理解的操作命令。这种方式不需要在客户端加载数据库驱动，因此具有良好的可维护性。由于大部分功能实现都在网络服务器端，所以驱动程序可设计得很小，可快速地加载到内存中，因此在执行效率方面具有一定优势。但由于增加了中间层传递数据，因此它的执行效率还不是最高的。

④ Native-protocol pure Java driver（类型 4）：指本地协议纯 Java 驱动程序。驱动程序直接将 JDBC 调用转换为符合相关数据库系统规范的请求。该类型的驱动完全由 Java 实现。应用程序可直接和数据库服务器通信，不需要中间转换，因此实现了平台独立性。它具有效率高、安全性好的优势。

大多数数据库供应商都提供了类型 3 和类型 4 的驱动程序。JDBC-ODBC 桥由于执行效率不高，仅在数据库系统没有可用的 JDBC 驱动程序时考虑采用（如 Access）。

（4）数据库

JDBC 可直接在应用程序中加载驱动程序连接特定数据库，而不再必须使用数据源。

Java 应用程序向 JDBC 驱动程序管理器发出请求，指定要装载的 JDBC 驱动程序和需连接的数据库。JDBC 驱动程序管理器会根据这些要求装载合适的 JDBC 驱动程序，并要求其负责连接指定的数据库实例。Java 应用程序与数据库之间的交互，就由 JDBC 驱动程序转换为 DBMS 能理解的指令，再将数据库返回的结果转换为 Java 程序能识别的数据，供应用程序处理。

从图 6.17 中可知，JDBC 包含两部分与数据库独立的 API：面向程序开发人员的 JDBC API 和面向底层的 JDBC 驱动程序 API（JDBC Driver API）。面向开发人员的 JDBC API 是 Java 数据库应用程序开发人员要重点掌握的，6.6 节将详细介绍 JDBC API 和数据库编程。JDBC Driver API 是底层驱动程序接口，主要面向底层驱动开发人员，供开发商开发数据库驱动程序使用。它与实际连接到数据库的、由供应商提供的 JDBC 驱动程序进行通信，并且返回查询的信息，或者执行由查询规定的操作。

6.5　C#数据库应用开发

6.5.1　C#程序设计概述

C#是专门为.NET 平台设计的程序语言，它由 C++和 Java 语言发展而来，集成了 C++和 Java 的优秀特点，并使用事件驱动、完全面向对象的编程模式。

1．.NET 框架

.NET 框架（.NET Framework）为各类应用提供了一个一致的面向对象的编程环境，通过它可创建 Windows 应用程序、Web 应用程序、Web 服务和其他各种类型的应用程序。.NET Framework 自 2000 年推出以来已有多个版本，目前已发展到.NET Framework 5.0。随着.NET Framework 版本的不断更新，其功能也在不断增强。

.NET Framework 包含两大核心组件：通用语言运行环境（Common Language Runtime，CLR）

和.NET Framework 类库，如图 6.18 所示。

底层是通用语言运行环境，其作用是负责执行程序，提供内存管理、线程管理、安全管理、异常处理、通用类系统与生命周期监控等核心服务。CLR 之上是.NET Framework 类库，提供许多类与接口，包括 ADO.NET、XML、IO、网络、调试、安全和多线程等。

.NET Framework 类库是以命名空间方式组织的，命名空间与类库就像文件系统中的目录与文件的关系一样。例如，用于处理文件的类属于 System.IO 命名空间。.NET Framework 包含了非常丰富的类库，如 6.4.2 节提到的"System.Data.SqlClient"命名空间就包含了数据库访问相关的类库。在编程语言（如 C#）中可以通过面向对象编程技术来使用类库。

在.NET 框架基础上的应用程序主要包括 ASP.NET 应用程序和 Windows 应用程序等。其中，ASP.NET 应用程序又包含了"Web Form"和"Web Service"，它们组成了全新的 Internet 应用程序；而 Windows 是全新的窗口应用程序。.NET Framework 利用 CLR 解决了各种语言的 Runtime 不可共享问题，具有跨平台特性。Runtime（执行期）是指计算机编译应用程序的运行时（状态），Runtime 包括编程语言所需的函数和对象等。不同编程语言的 Runtime 是不同的，各种语言之间的 Runtime 不能共享。.NET Framework 以通用语言运行环境解决了这个共享问题，CLR 以中间语言（Intermediate Language，IL）实现程序转换。IL 是介于高级语言和机器语言之间的中间语言，包括对象加载、方法调用、流程控制、逻辑运算等多种基本指令。在.NET Framework 之上，无论采用哪种编程语言编写的程序，都被编译成 IL。IL 经过再次编译形成机器代码，完成 IL 到机器代码编译任务的是 JIT（Just In Time）编译器。上述处理过程如图 6.19 所示。

图 6.18　.NET 框架结构

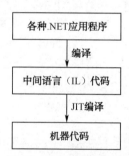

图 6.19　.NET 应用程序编译过程

2. Visual Studio 集成开发环境

Visual Studio（以下简称 VS）是功能强大的集成开发环境，利用其进行应用开发可大大提高开发效率。VS 可以自动执行编译源代码的步骤，VS 文本编辑器可以实现智能检测错误，在输入代码时给出合适的推荐代码。VS 包括 Windows Forms 和 Web Forms 两种设计器，允许进行组件的简单拖放设计，大大简化了界面的设计工作。在 C#中，许多类型的项目都可以用已有的"模板"代码来创建。VS 包含许多强大的工具，可以显示和导航项目中的元素，这些元素可以是 C#源文件代码，也可以是其他资源，如位图图像或声音文件。另外，在 VS 中还可以创建部署项目，以易于为客户提供代码，并可方便地安装该项目。

3. 用 Visual C#设计 WinForm 应用程序

WinForm 应用程序又称窗体应用程序。WinForm 应用程序具有事件驱动、能响应复杂的操作、可产生丰富的回馈信息等优点。利用 C#设计 Windows 应用程序的过程可归结成以下 4 个步骤。

（1）利用窗体设计器和控件组中的控件设计应用程序界面。

（2）设计窗口和控件的属性。

（3）编写事件方法代码。

（4）调试并生成应用程序。

以上是原始的开发流程，对于复杂的业务应用，为提高开发效率和代码复用性能，需要采用分层开发模式，如 MVC（Model View Controller）。

下面的例子给出了一个 WinForm 程序的设计过程。

【例 6.24】　设计一个简易账号和密码的检验程序。若用户输入的密码正确，则弹出消息对话框，提示其输入正确；否则，给出相应的出错提示。

（1）打开 Visual Studio 2019，选择"文件"→"新建"→"项目"，在所弹出如图 6.20 所示的对话框中选择项目类型为"Visual C#"、模板为"Windows 窗体应用程序"，并选择存储位置、输入项目名称，单击"确定"按钮。

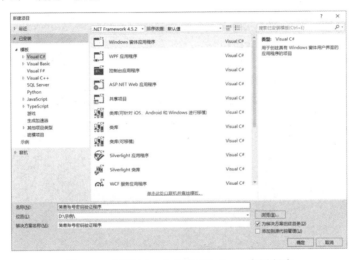

图 6.20　创建 Visual C#的 WinForm 应用程序

（2）进入 VS 集成开发环境，系统会自动创建一个名为"Form1"的新窗体，可在解决方案资源管理器中的该窗体名上单击鼠标右键，在弹出的快捷菜单上选择"重命名"命令更改窗体名。接下来便可利用工具箱中的各类可视化工具设计应用程序界面。VS 的控件十分丰富，包括 Windows 窗体控件、数据类、报表类和打印类等几十个控件。按图 6.21 所示设计本程序界面。向窗体中放入两个 Label 控件，将其 Text 属性值分别设置为"用户名"和"密码"；放入两个 TextBox 控件，分别命名为 TxtUser、TxtPass，并设置 TxtPass 的 PasswordChar 属性为"*"；放入两个 Button 控件，分别命名为 BtnOK、BtnExit，将属性分别设置为"登录"和"退出"。

（3）双击"BtnOK"按钮，输入以下代码：

```
if (TxtUser.Text == "sa" && TxtPass.Text == "sa")
        MessageBox.Show("输入用户名和密码正确！");
    else
        MessageBox.Show("输入用户名和密码错误！");
```

双击"BtnExit"按钮，输入以下代码：

```
    this.Close();
```

（4）单击工具栏上的 ▶ 按钮，执行程序。运行时将出现如图 6.22（a）所示的界面，在"用户名"和"密码"框中分别输入"sa"和"sa"，将出现如图 6.22（b）所示的提示，否则将出现

"输入用户名和密码错误！"的提示。

图 6.21　例 6.24 的程序界面　　　　　图 6.22　例 6.24 的程序运行及结果

整个程序的代码如下：

```
using System;
using System.Collections.Generic;
using System.ComponentModel;
using System.Data;
using System.Drawing;
using System.Text;
using System.Windows.Forms;
namespace 简易账号密码验证程序
{   public partial class Form1 : Form
    {   public Form1()
        {   InitializeComponent();    }
        private void BtnOK_Click(object sender, EventArgs e)
        {   if (TxtUser.Text  == "sa" && TxtPass.Text == "sa")
                MessageBox.Show("输入用户名和密码正确！");
            else
                MessageBox.Show("输入用户名和密码错误！");
        }
        private void BtnExit_Click(object sender, EventArgs e)
        {   this.Close();    }
    }
}
```

VS 可自动生成与项目同名的命名空间，所创建的窗体是一个新类，它继承自 Form 类。

4. 用 Visual C#设计 WebForm 应用程序

这里主要介绍使用 Visual C#开发 ASP.NET 网页程序。ASP.NET 是基于 Web 的应用，需要 Web 服务器环境的支持。在 VS 中设计 ASP.NET 应用程序的主要步骤如下。

（1）创建 ASP.NET 应用程序对应的项目。

（2）利用 VS 的可视化控件设计应用程序界面（可有多个页面，需分别进行设计）。

（3）编写应用程序控件的事件代码（界面中可包含多个控件，编写需要的事件代码）。

以下通过例 6.25 说明在 VS 2019 中设计 ASP.NET 应用程序的方法。

【例 6.25】　设计如图 6.23 所示的数据输入界面，当用户单击"提交"按钮后，返回用户所输入的信息。

（1）新建项目。在 VS 主菜单中选择"文件"→"新建"→"项目"，在出现的"新建项目"对话框中选择项目类型为"Visual C#"、模板为"ASP.NET Web 应用程序"，并选择存储位置，输

入项目名称（本例采用默认项目名 WebApplication1），然后选择项目的模板类别，本例选择空模板。相应操作界面分别如图 6.24 和图 6.25 所示。

图 6.23　例 6.25 的数据输入界面　　　　图 6.24　创建 ASP.NET Web 应用程序

（2）利用 VS 工具箱中的相关控件设计应用程序界面。本例包含两个页面，即主页面和响应页面，其中主页面是运行该程序时所显示的页面，文件名为 Default.aspx；响应页面是用户单击"提交"按钮后由服务器返回给浏览器的页面，文件名为 postback.aspx。

首先创建 Default.aspx 文件。向项目中加入页面文件的方法：在"解决方案资源管理器"窗口中的该项目名上单击鼠标右键，并在出现的快捷菜单上选择"添加新项"→"添加"，将出现的"添加新项"对话框，选择模板为"Web 窗体"，输入新页面文件的名字即可（本例分别添加两个页面文件：Default.aspx 和 postback.aspx）。添加 Default.aspx 的操作如图 6.26 所示。

图 6.25　选择项目模板　　　　图 6.26　向项目中添加 Default.aspx

接下来的工作是向应用程序界面中加入控件并编辑其属性。

向应用程序界面中加入服务器控件的方法：将鼠标移至工具箱图标并打开工具箱，选择控件类别（有 HTML 控件、标准控件、数据控件、报表控件、验证控件等多类，本例选择"标准"控件）。再在控件工具箱中选择所需的控件，将其拖动到界面中即可。例如，向 Default.aspx 中加入一个 TextBox（文本框）控件的过程是，打开标准控件工具箱，选中"TextBox"控件，将其拖动至 Default.aspx 对应页面的适当位置，松开鼠标按键即可。

设置控件属性的方法：在页面文件中选中需编辑的控件，然后在属性编辑器窗口中设置相应属性值。例如，要将所选中的 TextBox 控件的（ID）属性值设置为"TxtName"，可在"属性"窗口中找到"（ID）"属性名，并在其右侧的文本框中输入"TxtName"字符串即可。有些控件属性还有快捷菜单，如 DropDownList 控件（见图 6.27）需选择数据源或编辑项。本例中选择"编辑项"命令，将出现如图 6.28 所示的"ListItem 集合编辑器"窗口，可在其中编辑下拉列表的项。

图 6.27　控件快捷菜单　　　　　　　图 6.28　ListItem 集合编辑器

Default.aspx 和 postback.aspx 所使用的控件及属性设置分别列于表 6.3 和表 6.4 中。

表 6.3　Default.aspx 使用的控件及其属性

控 件 名	控 件 标 识	属　　性	属 性 值
Label	Label1	Text	请输入你的姓名
TextBox	TxtName	—	—
Label	Label2	Text	请输入你的出生年月
TextBox	TxtBirthday	—	—
Label	Label3	Text	请选择你的性别
DropDownList	DpdlGender	Items	男；女
Button	BtnSubmit	Text	提交

表 6.4　postback.aspx 使用的控件及其属性

控 件 名	控 件 标 识	属　　性	属 性 值
Label	Label1	Text	你输入的信息如下
TextBox	TxtName	—	—
TextBox	TxtBirthday	—	—
TextBox	TxtGender	—	—

设计好 Default.aspx 和 postback.aspx 的界面分别如图 6.29 和图 6.30 所示。

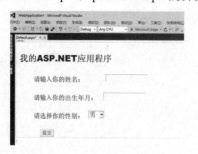

图 6.29　Default.aspx 界面　　　　　　图 6.30　postback.aspx 界面

（3）编写程序代码。ASP.NET 程序代码主要进行事件处理及数据库访问，本例中程序不涉及数据库访问，只进行事件处理。双击 Default.aspx 界面中的"BtnSubmit"按钮控件，将进入代码编辑窗口，在其中输入以下程序代码：

```
protected void BtnSubmit_Click(object sender, EventArgs e)
{ //将流程导向 postback.aspx
```

```
            this.Response.Redirect("postback.aspx?Name=" + TxtName.Text +
                        "&Birthday=" + TxtBirthday.Text + "&Gender =" + DpdlGender.Text);
    }
```

双击 postback.aspx 界面中的空白处，将进入代码编辑窗口，在其中输入以下程序代码：

```
    protected void Page_Load(object sender, EventArgs e)
    {   TxtName.Text = Request.QueryString["Name"];        //获取页面传递变量值
        TxtBirthday.Text = Request.QueryString["Birthday"];
        TxtGender.Text = Request.QueryString["Gender"];
    }
```

（4）单击工具栏上的 ▶ 按钮，执行程序。VS 将启动浏览器窗口，显示程序运行结果，如图 6.31 所示，输入相应信息并单击"提交"按钮后，将出现如图 6.32 所示的信息返回页面。

图 6.31　例 6.25 的信息输入页面　　　图 6.32　例 6.25 的信息返回页面

注意：本例所使用的 Response 和 Request 是 ASP.NET 内置对象。Web 应用程序需要在 Web 服务器上运行，如 IIS（Internet Information Server）；VS 内置简易 Web 服务器，可做调试之用。

6.5.2　ADO.NET 数据库应用技术

在 6.4.2 节已初步介绍 ADO.NET 模型的体系结构，本节将对应用程序开发中使用的主要相关技术做进一步讨论，包括数据库访问对象和 DataSet 对象模型，以及用于数据输出的常用数据控件。

1. 数据库访问对象

ADO.NET 对象模型的两类主要对象是数据库访问对象和数据存储对象（DataSet）。数据库访问对象即.NET 数据提供程序，其作用是数据库的访问接口。

ADO.NET 内置多组数据提供程序，即.NET Data Provider for SQL Server、.NET Data Provider for OLE DB 等，每类提供程序都包含 Connection、Command、DataReader 和 DataAdapter 这 4 个对象。在表 6.5 中列出了常用的数据库访问对象。

表 6.5　常用的数据库访问对象

对　象　名	说　　明
Connection	建立数据库连接
Command	执行 SQL 命令并返回 SqlDataReader 类型结果
DataAdapter	执行 SQL 命令并返回 DataSet 类型结果
DataReader	以只读方式读取数据源的数据，一次只能读取一条记录

数据库访问对象相应类的名称，则是在对象名之前加上数据提供程序名作为前缀，位于相应的

命名空间中。例如，SQL Server 数据库类名 sqlConnection、sqlCommand 等，位于 System.Data.SqlClient 命名空间。

2. ADO.NET 访问数据库流程

ADO.NET 访问数据库的一般流程为连接数据库→执行 SQL 命令→返回结果。

① 利用 Connection 对象创建到数据库的连接。

② 利用 Command 或 DataAdapter 对象对数据源执行 SQL 命令，并返回结果。

③ 利用 DataReader 对象或 DataSet 对象读取数据源的数据，并输出。

这个过程如图 6.33 所示。

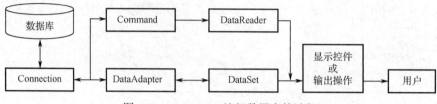

图 6.33　ADO.NET 访问数据库的过程

可以发现，ADO.NET 提供了两组访问数据库的类。

第一组类的内容如下。

- Command（SqlCommand 和 OleDbCommand 等）
- DataReader（SqlDataReader 和 OleDbDataReader 等）

第二组类的内容如下。

- DataAdapter（SqlDataAdapter 和 OleDbDataAdapter 等）
- DataSet（包括 DataSet、DataTable、DataRelation、DataView 等）

这两组类以不同的方式处理数据库中的数据，适合不同需要的数据库应用程序。由于 DataReader 一次只能把数据表中的一条记录读入内存中，因此第一组类处理的是面向连接的数据；而 DataSet 是一个内存数据库，它是 DataTable 的容器，可以将数据表中的多条记录读入 DataTable 中，因此第二组类处理的是面向非连接的数据。

第一组类处理方式的优点是数据读取速度快，不额外占用内存；缺点是不能处理整个查询结果集（如不能获得结果集的记录数、不能排序或过滤记录），并且数据与数据源是保持连接的。第二组类处理方式的优/缺点刚好与第一组相反，它可以处理整个结果集，并可在应用程序中执行更多的操作，但是数据读取速度较慢，要额外占用内存。

本书仅讨论包含在 System.Data.SqlClient 命名空间中，以"Sql"为前缀的数据库对象。其他数据库对象与之类似。

3. DataSet 对象模型

DataSet 对象是 ADO.NET 的核心。DataSet 对象类位于 System.Data 命名空间，用于在内存中暂存数据，可以认为它是一个内存数据库，包含表、列、约束、行和关系等。

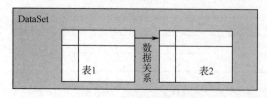

图 6.34　DataSet 数据集的结构

DataSet 对象可由一个或多个数据表（DataTable）构成，表数据可来自数据库、文件或 XML 数据。DataSet 数据集的结构如图 6.34 所示。

每个数据表由数据列（DataColumn）和数据行（DataRow）组成。

DataSet 对象提供方法对数据集中表数据进行浏览、编辑、排序、过滤或建立视图。DataSet 对象模型如图 6.35 所示。

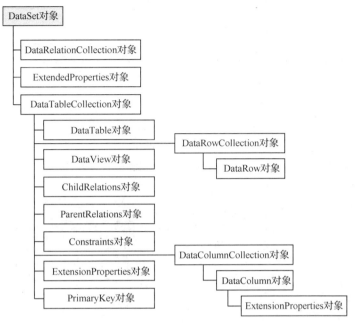

图 6.35　DataSet 对象模型

DataSet 对象中的 DataTable 对象存放在表集合（DataTableCollection 对象）中，通过 DataTableCollection 来访问表。表的行（DataRow 对象）存放在行集合（DataRowCollection 对象）中，使用 DataRowCollection 访问表的行。表的列（DataColumn 对象）存放在列集合（DataColumnCollection 对象）中，通过 DataColumnCollection 对象访问表的列。DataRelationCollection 对象存放数据关系（DataRelation 对象），DataRelation 对象用于描述数据表之间的关系。

DataSet 对象采用非连接的传输模式访问数据源，即在将用户所请求的数据读入 DataSet 对象后，与数据库的连接就关闭。其他用户可继续使用数据源，用户之间无须争夺数据源。每个用户都有专属的 DataSet 对象，所有对数据源的操作（查询、删除、插入和更新等）都在 DataSet 对象中进行，与数据源无关。只有将 DataSet 对象的内容更新至数据源时，才会对实际的数据源进行操作。

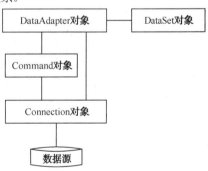

如图 6.36 所示给出了 DataSet 对象与其他对象的关系。

图 6.36　DataSet 与其他对象的关系

4. 连接数据库

SqlConnection 对象创建到数据库的连接，其常用属性和方法如表 6.6 和表 6.7 所示。

表 6.6　SqlConnection 对象的常用属性

属　　性	说　　明
ConnectionString	取得或设置连接字符串
Database	获取当前数据库名称
DataSource	获取数据源的完整路径及文件名，若是 SQL Server 数据库，则获取所连接的 SQL Server 服务器名称

表 6.7　SqlConnection 对象的常用方法

方　　法	说　　明
Open()	打开与数据库的连接。注意，ConnectionString 属性只对连接属性进行了设置，并不打开与数据库的连接。因此，必须使用 Open()方法打开连接
Close()	关闭数据库连接

创建数据库连接的本质是指定连接目标数据库的信息，包括数据库服务器名、数据库名、登录用户名、用户密码等。这些参数值可以通过连接串一次性给出，也可通过 Connection 对象的参数赋值；对于 Web 应用，还可以在配置文件（web.config）中进行设置。

常用的创建 SqlConnection 对象的方法有如下两种。

（1）首先使用 SqlConnection 类的构造函数创建一个未初始化的 SqlConnection 对象，再使用一个连接字符串初始化该对象。例如：

```
SqlConnection con = new SqlConnection();
con.ConnectionString = "server= LAPTOP-JCAOQ0KN\\SQLSRV19; database= GoodsOrder ;
                        uid=sa;pwd=;";
```

（2）使用 SqlConnection 类的构造函数 SqlConnection(string connectionString)创建一个 Connection 对象，并为该构造函数指定一个连接字符串。例如：

```
SqlConnection con = new SqlConnection("server= LAPTOP-JCAOQ0KN\\SQLSRV19; database=
GoodsOrder; uid=sa; pwd=;");
```

对于 SQL Server 数据库，ConnectionString 属性包含的主要参数含义如下。

server：设置需连接的数据库服务器名。

database：设置连接的数据库名称。

uid：登录 SQL Server 的账号。

password(pwd)：登录 SQL Server 的密码。

其他数据库系统的连接参数，读者可以查阅相应技术手册，这里不再赘述。

5. 执行 SQL 命令

成功连接数据库后，接下来就可通过 Command 对象或 DataAdapter 对象执行 SQL 命令了，然后通过返回的各种结果对象来访问数据库。

通过 Command 对象或 DataAdapter 对象都可对数据库执行查询和更新操作。通过 Command 对象执行查询操作，可与 DataReader 对象结合使用；而执行更新操作，则只要通过 Command 对象提交 SQL 语句。通过 DataAdapter 对象执行查询和更新操作，都需要与 DataSet 对象结合使用。

（1）SqlCommand 对象

SqlCommand 对象的常用属性和方法如表 6.8 和表 6.9 所示。

表 6.8　SqlCommand 对象的常用属性

属　　性	说　　明
CommandText	取得或设置要对数据源执行的 SQL 命令、存储过程或数据表名
CommandType	获取或设置命令类别，可取的值为 StoredProcedure、TableDirect、Text，代表的含义分别为存储过程、数据表名和 SQL 语句，默认为 Text。属性的值为 CommandType.StoredProcedure、CommandType.Text 等
Connection	获取或设置 Command 对象所使用的数据连接属性
Parameters	SQL 命令参数集合

表 6.9 SqlCommand 对象的常用方法

方　　法	说　　明
Cancel()	取消 Command 对象的执行
CreateParameter	创建 Parameter 对象
ExecuteNonQuery()	执行 CommandText 属性指定的内容，返回数据表被影响的行数。只有 Update、Insert 和 Delete 命令会影响行数。该方法用于执行对数据库的更新操作
ExecuteReader()	执行 CommandText 属性指定的内容，返回 DataReader 对象

例 6.26 给出一个通过 SqlCommand 和 DataReader 对象执行 SQL 查询语句的示例。例 6.27 给出一个通过 SqlCommand 对象对数据库执行更新操作的示例。注意，对数据库进行增、删、改等更新操作，均使用 SqlCommand 对象的 ExecuteNonQuery()方法。

【例 6.26】 使用 ADO.NET 进行数据访问。应用 ADO.NET 建立与数据库 GoodsOrder 的连接，返回 CustomerInfo 表的所有记录，并在应用程序界面中显示，如图 6.37 所示。

① 创建一个 Windows 应用程序项目。按图 6.37 界面设计一个 Label 控件、Text 属性值为"客户数据"，以及一个 DataGridView 控件，使用默认属性。

图 6.37 例 6.26 的程序界面

② 输入 Form1_Load()窗体加载事件代码。双击页面空白处，输入程序如下：

```
private void Form1_Click(object sender, EventArgs e)
{    SqlConnection con = new SqlConnection();
     con.ConnectionString = "server= LAPTOP-JCAOQ0KN\\SQLSRV19;
                        uid=sa;pwd=;database=GoodsOrder;";   //设置数据库连接串
     SqlCommand cmd = new SqlCommand();              //创建 Command 对象
     cmd.CommandText = "select * from CustomerInfo";   //需执行的 SQL 命令
     cmd.Connection = con;                          //指定命令所用连接
     con.Open();                                   //打开数据库连接
     SqlDataReader rd;
     rd = cmd.ExecuteReader();                      //提交命令执行返回查询结果集
     DataTable dt = new DataTable();
     dt.Load(rd);                                  //将查询结果集加载到数据表对象中
     dataGridView1.DataSource = dt;                 //将数据表对象绑定数据展示控件
      rd.Close();                                  //关闭 DataReader
      con.Close();                                 //关闭数据库连接
}
```

注意，要使用 SQL 数据库类，必须在程序中包含以下语句：

```
using System.Data;
using System.Data.SqlClient;
```

例 6.26 通过 DataReader 对象获取查询结果集。DataReader 对象只能以顺序只读方式访问其中所存储的数据。DataReader 对象是一个抽象类，须通过 Command 对象的 ExecuteReader()方法来创建对象。它的常用属性是 FieldCount（字段数），常用方法是 Read（读取记录）、GetValue（获取列值）和 Close（关闭记录集）。

【例 6.27】 设计如图 6.38 所示的程序界面，其中 DataGridView 控件用于显示已有的客户数据。单击"插入记录"按钮后向数据库中添加一条新记录，数据来源于界面输入。

① 创建一个 Windows 应用程序项目。按图 6.38 设计界面：两个 Button 控件的 Name 属性分别为 BtnInsert 和 BtnExit，Text 属性值分别为"插入记录"和"退出"，其中用于输入客户数据的 7 个文本框的 Name 属性分别为 TxtCID、TxtCName、TxtBirthday、TxtArea、TxtPhone、TxtWechat、TxtMemo，ComboBox 控件的 Name 属性为 comboGender，一个 CheckBox 控件，用于指定是否为 VIP，Name 属性为 sfVIP，Text 属性值为"VIP"，DataGridView 控件在程序加载时绑定客户信息表。

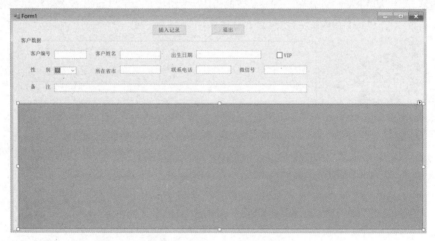

图 6.38　例 6.27 的程序界面

② 输入与例 6.26 相同的 Form_Load()事件代码。
③ 双击"BtnInsert"按钮，输入以下程序：

```
private void BtnInsert_Click(object sender, EventArgs e)
{   SqlConnection con = new SqlConnection();
    con.ConnectionString = "server=LAPTOP-JCAOQ0KN\\SQLSRV19;
                                uid = sa; pwd =; database = GoodsOrder; ";
    SqlCommand cmd = new SqlCommand();
    string sqlstr = "INSERT INTO CustomerInfo VALUES('" + TxtCID.Text + "','" + TxtCName.Text
            + "','" + TxtBirthday.Text + "','" + comboGender.Text + "','" + TxtArea.Text + "','"
            + TxtPhone.Text + "','" + TxtWeChat.Text;    //向 CustomerInfo 表中插入数据语句
    bool vip = sfVIP.Checked;
    if (vip) { sqlstr = sqlstr + "','1','" + TxtMemo.Text + "')"; }
    else    { sqlstr = sqlstr + "','0','" + TxtMemo.Text + "')"; }
    cmd.CommandText = sqlstr;
    cmd.Connection = con;
    con.Open();
    cmd.ExecuteNonQuery();
    cmd.CommandText = "select * from CustomerInfo";
```

```
        SqlDataReader rd;
        rd = cmd.ExecuteReader();
        DataTable dt = new DataTable();
        dt.Load(rd);
        dataGridView1.DataSource = dt;   //更新 dataGridView
        rd.Close(); con.Close();
    }
```

　　程序运行时将显示如图 6.39 所示的界面，在界面中输入客户各字段值，单击"插入记录"按钮，将出现如图 6.40 所示的结果，可见新记录已被成功添加。

图 6.39　例 6.27 的程序界面　　　　　　　　图 6.40　成功添加数据记录

（2）DataAdapter 对象

　　DataAdapter 对象是数据库与 DataSet 对象之间沟通的桥梁，它可以传递各种 SQL 命令，并将命令执行结果填入 DataSet 对象，还可将数据集（DataSet）对象更改过的数据写回数据源。使用 DataAdapter 对象通过数据集访问数据库是 ADO.NET 模型的主要方式。

　　SqlDataAdapter 对象的常用属性和方法如表 6.10 和表 6.11 所示。

表 6.10　SqlDataAdapter 对象的常用属性

属　　性	说　　明
DeleteCommand	获取或设置删除数据源中数据行的 SQL 命令。该值为 Command 对象
InsertCommand	获取或设置向数据源中插入数据行的 SQL 命令。该值为 Command 对象
SelectCommand	获取或设置查询数据源的 SQL 命令。该值为 Command 对象
UpdateCommand	获取或设置更新数据源中数据行的 SQL 命令。该值为 Command 对象

表 6.11　SqlDataAdapter 对象的常用方法

方　　法	说　　明
Fill(dataset,srcTable)	将数据集的 SelectCommand 属性指定的 SQL 命令执行后，所选取的数据行置入参数 dataSet 指定的 DataSet 对象
Update(dataset,srcTable)	调用 InsertCommand 属性、UpdateCommand 属性或 DeleteCommand 属性指定的 SQL 命令，将 DataSet 对象更新到相应的数据源。参数 dataSet 要指定更新到数据源的 DataSet 对象，srcTable 参数为数据表对应的来源数据表名。该方法的返回值为影响的行数

　　可以发现，SqlDataAdapter 对象有两个常用方法：①Fill()用于新增或更新 DataSet 对象中的记录；②当新增、修改或删除 DataSet 对象中的记录，并需要更改数据源时，使用 Update()方法。

　　SqlDataAdapter 对象的常用事件如表 6.12 所示。

表 6.12　SqlDataAdapter 对象的常用事件

事　件	说　明
FillError	调用 DataAdapter 对象的 Fill()方法时，若发生错误，则触发该事件
RowUpdated	当调用 Update()方法并执行完 SQL 命令时，会触发该事件
RowUpdating	当调用 Update()方法并开始执行 SQL 命令时，会触发该事件

【例 6.28】　用 DataAdapter 对象实现与例 6.26 相同的功能。Form_Load()窗体加载事件代码如下：

```
private void Form1_Load(object sender, EventArgs e)
{     String ConStr="server=LAPTOP-JCAOQ0KN\\SQLSRV19;
                         uid = sa; pwd =; database = GoodsOrder; ";
      String sql = "SELECT * FROM CustomerInfo";
      SqlConnection con = new SqlConnection(ConStr);          //创建连接
      SqlDataAdapter Adpt = new SqlDataAdapter(sql,con);       //执行 SQL 语句
      DataSet ds = new DataSet();                              //创建 DataSet 对象
      Adpt.Fill(ds,"CustomerInfo ");                           //填充数据集
      dataGridView1.DataSource = ds.Tables[0];                 //数据表绑定到显示控件
      con.Close();
}
```

注意：DataAdapter 对象对数据源的查询与更新操作一般都要通过 DataSet 对象。使用 DataAdapter 对象对数据进行更新的操作分为以下 3 个步骤。

① 创建 DataAdapter 对象并设置 UpdateCommand 等属性。

② 指定更新操作。

③ 调用 DataAdapter 对象的 Update()方法执行更新。

下面是一个通过 DataAdapter 对象更新数据的示例。

【例 6.29】　将 CustomerInfo 表中客户编号为"100001"客户的所在省市改为"上海市"。

① 创建一个 Windows 应用程序项目。在 Form1 窗体中放入以下控件：Label 控件，Text 属性值设为"所有客户信息"；DataGridView 控件；Button 控件，Text 属性值设为"修改数据"。

② 双击窗体空白处，输入与例 6.27 相同的 Form1_Load()程序。

③ 双击 Button1 控件，输入以下程序代码：

```
private void button1_Click(object sender, EventArgs e)
{ String ConStr ="server=LAPTOP-JCAOQ0KN\\SQLSRV19;
                          uid = sa; pwd =; database = GoodsOrder; ";
   String sql = "SELECT * FROM CustomerInfo";
   SqlConnection con = new SqlConnection(ConStr);
   SqlDataAdapter Adpt = new SqlDataAdapter(sql, con);
   // 创建需赋予 SqlDataAdapter 的 Update 命令对象
   SqlCommand DAUpdateCmd = new SqlCommand("UPDATE CustomerInfo
                         SET 所在省市=@Area  WHERE 客户编号=@CID", con);
   // 创建参数对象并设置属性
   DAUpdateCmd.Parameters.Add(new SqlParameter("@Area", SqlDbType.VarChar));
   DAUpdateCmd.Parameters["@Area"].SourceVersion = DataRowVersion.Current;
   DAUpdateCmd.Parameters["@Area"].SourceColumn = "所在省市";
   DAUpdateCmd.Parameters.Add(new SqlParameter("@CID", SqlDbType.VarChar));
   DAUpdateCmd.Parameters["@CID"].SourceVersion = DataRowVersion.Original;
   DAUpdateCmd.Parameters["@CID"].SourceColumn = "客户编号";
```

```
// 设置 SqlDataAdapter 的 UpdateCommand 属性
Adpt.UpdateCommand = DAUpdateCmd;
DataSet ds = new DataSet();
Adpt.Fill(ds, "CustomerInfo");
int n = ds.Tables[0].Rows.Count;
for (int i = 0; i < n - 1; i++)
{   if ( ds.Tables[0].Rows[i]["客户编号"].Equals("100001") )
        ds.Tables[0].Rows[i]["所在省市"] = "上海市";   }    //修改 100001 号客户的所在省市
Adpt.Update(ds, "CustomerInfo");                          //提交更新数据
dataGridView1.DataSource = ds.Tables[0];                  //数据重新绑定到显示控件
con.Close();
}
```

程序运行时将显示如图 6.41 所示的界面，单击"数据修改"按钮，在提示对话框中单击"确定"按钮后，将出现如图 6.42 所示的页面，可见数据已成功修改。

图 6.41　例 6.29 的程序界面

图 6.42　成功修改数据

本例使用参数对象 Parameters 为 SQL 命令指定参数。读者可查阅资料了解相关技术细节。

使用 DataAdapter 对象可以执行多个 SQL 命令，但要注意的是，在执行 DataAdapter 对象的 UpDate()方法之前，所操作的都是数据集（内存数据库）中的数据，只有执行了 Update()方法后，才会对物理数据库进行更新。

通过 Command 对象或 DataAdapter 对象也可执行存储过程，将在 6.5.3 节的开发实例中介绍。

6. 数据控件

这里的数据控件是指数据库界面控件，用于呈现数据对象，如在上面的几个例子中，都使用了 DataGridView 控件来显示结果。在 WinForm 方式下，主要数据控件是 DataGridView，此外，TextBox、ListBox、ListView、ComboBox 等也都可以绑定数据源展示数据。在 Web Form 方式下，主要数据控件有 GridView、DataList、Repeater 和 DetailView 等。

6.5.3　C#数据库应用系统开发案例——商品订购管理系统

本节结合一个商品订购管理系统来介绍使用 Visual C#开发数据库应用程序的过程。

系统开发的目的：建立一个基于 C/S 模式的商品订购管理系统，作为公司销售部门进行业务管理的一个助手，使得对商品订单的处理工作系统化、规范化和自动化。

1. 系统需求分析

系统应用场景描述：客户通过某种方式（如电话或邮件）订购某种商品，形成订单。由销售部门使用本系统将客户的商品订购信息输入，并可对输入的订单信息进行维护，同时可以查询订单原始信息和统计信息。

通过对应用环境、订单处理过程及各有关环节的分析，系统的数据需求和功能需求分别如下。

（1）数据需求

该系统所涉及的数据包括客户信息、商品信息和商品订购信息。

（2）功能需求

该系统具有客户数据维护（增、删、改）、商品数据维护、订单数据录入与维护、订单查询等功能。

2. 数据库设计与实现

（1）数据库概念结构设计

根据需求分析，系统所涉及的实体包括客户和商品。客户实体、商品实体的 E-R 模型分别如图 6.43 和图 6.44 所示，客户实体、商品实体之间联系的 E-R 模型如图 6.45 所示。

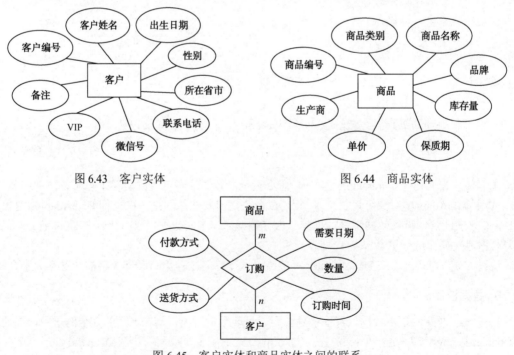

图 6.43　客户实体　　　　　　　　　图 6.44　商品实体

图 6.45　客户实体和商品实体之间的联系

（2）数据库逻辑结构设计

现在需要将上面的数据库概念结构转化为 SQL Server 所支持的实际数据模型（数据库的逻辑结构），并在实体及联系的基础上形成数据库中的表，其中表示客户实体的表为 CustomerInfo、表示商品实体的表为 GoodsInfo、表示客户与商品实体间联系的表为 OrderList，这 3 个表的结构分别在表 3.2、表 3.3 和表 3.4 中给出，读者可参阅第 3 章。

（3）数据库物理结构设计

先简要介绍 SQL Server 物理数据库文件的结构。一个 SQL Server 数据库使用一组操作系统文件来存储数据库的各种逻辑成分，其使用的文件包括以下 3 类。

① 主数据文件。主数据文件简称主文件，它是数据库的关键文件，包含数据库的启动信息，并且存储数据。每个数据库必须有且仅能有一个主文件，其默认扩展名为.MDF。

② 辅助数据文件。辅助数据文件简称辅（助）文件，用于存储未包括在主文件内的其他数据。辅助文件的默认扩展名为.NDF。辅助文件是可选的，根据具体情况可以创建多个辅助文件，也可以不用辅助文件。

③ 日志文件。日志文件用于保存恢复数据库所需的事务日志信息。每个数据库至少有一个日志文件，也可以有多个。日志文件的扩展名为.LDF。

每个 SQL Server 数据库至少要包括主文件和日志文件。当数据库很大时，有可能需要创建多个辅助文件；而当数据库较小时，则只要创建主文件而不需要辅助文件。

每个数据库文件都有 5 个基本属性：逻辑文件名、物理文件名、初始大小、最大大小和每次扩大数据库时的增量。每个文件的属性，连同该文件有关的其他信息都记录在 sysfile 系统表中。构成数据库的每个文件在这个系统表中都有一条记录。

一般来说，当选定了 DBMS 后，数据库的存储结构框架就基本确定了。例如，SQL Server 数据库的物理文件结构是以页为单位的，每页大小为 8 KB，每页的前 96 字节用于存放页的结构信息和属主信息等。这些并不需要数据库设计人员去完成。通常，关系数据库的物理结构设计工作主要是建立索引，即确定在表的列上建立合适的索引，以提高检索性能，这对于包含大量数据的数据库是必需的。

（4）数据库建立与初始数据加载

接下来就可以利用 DBMS 的图形管理界面或 CREATE 语句来创建数据库表及相关内容（如索引、视图等）了。数据库创建后就可加载初始数据。通过图形管理界面或 INSERT 语句可录入数据，也可利用辅助工具（如 SQL Server 的导入工具）进行数据的批量加载。

3. 系统设计与实现

1）系统设计

根据系统需求分析，系统主要实现客户数据维护、商品数据维护、订单数据录入、订单数据维护、订单数据查询和订单数据统计的功能，该系统分为 6 个功能模块，如图 6.46 所示。

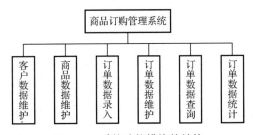

图 6.46　系统功能模块的结构

由于订单涉及多个实体，所以将它的录入与维护分在两个模块中设计。此外，增加用户登录功能，用户使用本系统需要先登录，通过系统验证后才能进入系统。

下面给出每个功能模块的功能描述。

- 用户登录：对用户输入的用户名和密码进行验证。
- 客户数据维护：对客户数据进行添加、修改和删除。
- 商品数据维护：对商品数据进行添加、修改和删除。
- 订单数据录入：对客户的订单数据进行录入。
- 订单数据维护：对客户的订单数据进行修改和删除。
- 订单数据查询：可按客户、商品查询订单数据。
- 订单数据统计：可按客户、商品查询，按时间段进行订单数据统计。

2）系统实现

（1）用户登录模块的实现

在 GoodsOrder 数据库中增加 USERS 表，其包含以下两个字段：

| Name | VARCHAR(20) | 不允许为空 |
| Passwd | VARCHAR(20) | 不允许为空 |

① 创建一个 Windows 应用程序项目，命名为商品订购管理系统。按图 6.47 设计登录界面。该窗体所包含的控件及对象属性如表 6.13 所示。

图 6.47　登录界面

表 6.13　登录窗体所包含的控件及对象属性

控 件 类 型	控 件 名	属 性 名	属 性 值
Form	Form1	Text	登录窗口
Label	Label1	Text	用户名
Label	Label2	Text	密码
TextBox	TxtUser		
TextBox	TxtPass	PasswordChar	*
Button	BtnOK	Text	确定
Button	BtnExit	Text	退出

② 双击窗体空白处，输入以下程序代码：

```
private void Form1_Load(object sender, EventArgs e)
{    TxtUser.Text = "";    //将输入框置空
     TxtPass.Text = "";
}
```

③ 双击"BtnOK"按钮，输入以下程序代码：

```
private void BtnOK_Click(object sender, EventArgs e)
{    string str = "server=LAPTOP-JCAOQ0KN\\SQLSRV19;
                   uid=sa;pwd=;database=GoodsOrder;";
     SqlConnection con = new SqlConnection(str);                    //打开数据库连接
     SqlCommand cmd = new SqlCommand();
     cmd.CommandText = "SELECT Name, passwd FROM USERS WHERE
                        Name=@name AND passwd=@pwd";               //查找用户
     cmd.Parameters.Add("@name",SqlDbType.VarChar, 20);
     cmd.Parameters.Add("@pwd", SqlDbType.VarChar, 20);
     cmd.Parameters[0].Value = (TxtUser.Text).Trim();
     cmd.Parameters[1].Value = (TxtUser.Text).Trim();
     cmd.Connection = con;
     cmd.Open();
```

```
            SqlDataReader rd = cmd.ExecuteReader();        //提交 SQL 查询命令，返回查询结果
            if (rd.Read())                                  //查询结果不为空，用户信息正确
            {    MainForm mForm = new MainForm();
                 mForm.Show();                              //显示主界面窗体
                 con.Close();
                 this.Visible = false;                     //进入主窗体时不显示 Form1 窗体
            }
            else
                { MessageBox.Show("请输入正确的账户和密码!");    }
        }
```

注意：MainForm 是应用程序的主窗体。

④ 双击"BtnExit"按钮，输入以下程序代码：

```
    private void BtnExit_Click(object sender, EventArgs e)
    {      this.Close();        //关闭窗口
    }
```

应用程序中通常都包含多个窗体，除创建项目时系统会自动创建一个窗体外，其他的窗体均需要添加到项目中。向项目中添加一个窗体的方法是，在解决方案资源管理器中该项目名称上单击鼠标右键，并在弹出的快捷菜单上选择"添加"→"新建项"，如图 6.48 所示。在窗口中选择需要添加项的类型，并在名称框中输入新项的名称，单击"添加"按钮。

（2）主界面设计

用户通过用户名/密码验证后将进入系统主界面，如图 6.49 所示。主界面主要进行系统功能导航，选择主菜单的各菜单项可进入相应的操作窗口。

图 6.48　向项目中添加新项

图 6.49　系统主界面（MainForm）

主界面窗体的 Text 属性值设置为"商品订购管理系统"，并选择一幅图片作为背景（通过设置窗体的 BackgroundImage 属性）。主界面窗体上只包含一个 MenuStrip 控件，该控件用做主菜单，可作为系统功能的导航。菜单项的设置为用户管理（用户登录、密码修改）、客户数据维护、商品数据维护、订单数据（订单数据录入、订单数据维护、订单数据查询）、退出，其中括号中的各项为二级菜单项。双击各菜单项，分别输入菜单项的处理程序代码：

```
    private void 用户登录 ToolStripMenuItem_Click(object sender, EventArgs e)
    { //"用户登录"命令项的处理
        Form1 Fmlogin = new Form1();
        Fmlogin.Show();                        // 显示登录窗口

    }
```

```csharp
private void 退出 ToolStripMenuItem_Click(object sender, EventArgs e)
{// "退出"命令项的处理
    this.Close();                              // 退出系统
}
private void 密码修改 ToolStripMenuItem_Click(object sender, EventArgs e)
{// "密码修改"命令项的处理
    FmChangPass ChgPass = new FmChangPass();
    ChgPass.Show();                            //显示密码修改窗口
}
private void 客户数据维护 ToolStripMenuItem_Click(object sender, EventArgs e)
{// "客户数据维护"命令项的处理
    FmDataCustomer Cust = new FmDataCustomer();
    Cust.Show();                               //显示客户数据维护窗口
}
private void 商品数据维护 ToolStripMenuItem_Click(object sender, EventArgs e)
{// "商品数据维护"命令项的处理
    FmDataGoods Goods = new FmDataGoods();
    Goods.Show();                              //显示商品数据维护窗口
}
private void 订单数据录入 ToolStripMenuItem1_Click(object sender, EventArgs e)
{// "订单数据录入"命令项的处理
    FmDataInput OrderInput = new FmDataInput();
    OrderInput.Show();                         //显示订单数据录入窗口
}
private void 订单数据维护 ToolStripMenuItem_Click(object sender, EventArgs e)
{// "订单数据维护"命令项的处理
    FmDataMaint OrderMaint = new FmDataMaint();
    OrderMaint.Show();                         //显示订单数据维护窗口
}
private void 订单数据查询 ToolStripMenuItem_Click(object sender, EventArgs e)
{// "订单数据查询"命令项的处理
    FmDataQuery OrderQry = new FmDataQuery();
    OrderQry.Show();                           //显示订单数据查询窗口
}
```

（3）DBConnect 类的创建

因程序中大多数模块都要使用数据连接，因此可创建一个 DBConnect 类用于封装对数据库的操作。本例为简单起见，仅为该类创建一个方法 con，其功能是创建一个到数据库的连接，其代码如下：

```csharp
class DBConnect
{   public static SqlConnection con()
    {   String ConStr = "server = LAPTOP-JCAOQ0KN\\SQLSRV19;
                         uid = sa ; pwd =; database = GoodsOrder;" ;
        return new SqlConnection(ConStr);      //创建连接并返回
    }
}
```

（4）客户数据维护模块的实现

使用客户数据维护模块实现客户数据的增、删、改操作，其界面如图 6.50 所示。

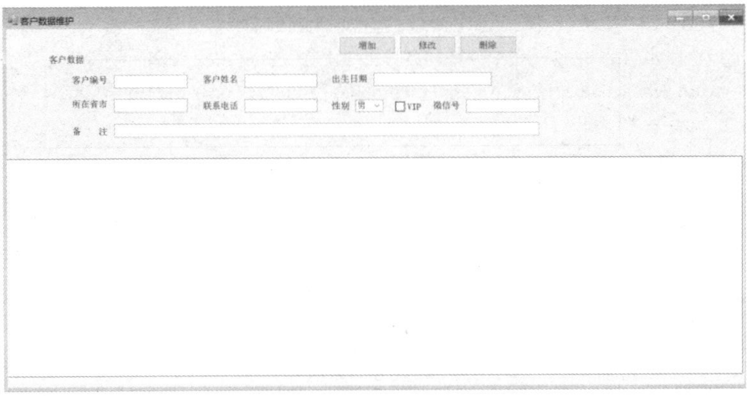

图 6.50　客户数据维护界面

界面设计的思路。

窗体名为 FmDataCustomer，窗体的 Text 属性值为"客户数据维护"。界面上的控件包括 GroupBox1，用于界定客户的各个数据字段，其 Text 属性值为"客户数据"；8 个 Label 控件，分别给出字段名提示；7 个 TextBox 控件，用于显示或输入相应字段值，其 Name 属性分别为 TxtCID、TxtCName、TxtBirthday、TxtArea、TxtPhone、TxtWeChat、TxtMemo；1 个 ComboBox 控件，用于选择性别，Name 属性为 comboGender；1 个 CheckBox 控件，用于指定是否为 VIP，Name 属性为 sfVIP，Text 属性值为"VIP"；1 个 DataGridView 控件，用于显示客户表数据；3 个 Button 控件，Name 属性分别为 BtnAdd、BtnUpdate、BtnDelete，Text 属性值分别为增加、修改、删除。

程序设计的过程。

① 窗体加载 FmDataCustomer_Load：连接数据库，查询 CustomerInfo，将返回结果绑定到 DataGridView1 控件。

```
        private void FmDataCustomer_Load(object sender, EventArgs e)    //窗体加载
        { try
            { SqlConnection con = DBConnect.con();                      //创建数据库连接
              String sql = "SELECT * FROM CustomerInfo";
              SqlDataAdapter Adpt = new SqlDataAdapter(sql,con);        //执行 SQL 语句
              DataSet ds = new DataSet();                               //创建 DataSet 对象
              Adpt.Fill(ds,"CustomerInfo");                             //填充数据集
              //数据表绑定到显示控件
              DataGridView1.DataSource = ds.Tables[0].DefaultView;
              con.Close();
            }
            catch (Exception cw)
            { MessageBox.Show(cw.Message);     }
        }
```

② 数据绑定程序：将数据集中的当前记录各字段值绑定到文本框或 ComboBox 控件。

```
        public void binding()              //将 DataGridView 行记录的各字段数据绑定到输入框
        { try
            { TxtCID.Text = dataGridView1.SelectedCells[0].Value.ToString();
              TxtCName.Text = dataGridView1.SelectedCells[1].Value.ToString();
              TxtBirthday.Text = dataGridView1.SelectedCells[2].Value.ToString();
              comboGender.Text = dataGridView1.SelectedCells[3].Value.ToString();
              TxtArea.Text = dataGridView1.SelectedCells[4].Value.ToString();
              TxtPhone.Text = dataGridView1.SelectedCells[5].Value.ToString();
```

```
            TxtWeChat.Text = dataGridView1.SelectedCells[6].Value.ToString();
            TxtMemo.Text = dataGridView1.SelectedCells[8].Value.ToString();
            string vip = dataGridView1.SelectedCells[7].Value.ToString();
            if (vip == "True") sfVIP.Checked = true;
            else sfVIP.Checked = false;
        }
        catch (Exception cw)
        {    MessageBox.Show(cw.Message);        }
    }
    private void dataGridView1_RowHeaderMouseClick (object sender, EventArgs e)
    {//单击 dataGridView1 移动数据记录位置时的事件处理
        binding();
    }
```

③ Check()：检查客户编号是否已存在，若已存在则返回 TRUE，否则返回 FALSE。

```
    private Boolean Check(string Cid)        //检查客户编号是否存在
    {    SqlConnection con = DBConnect.con();              //创建数据库连接
        con.Open();
        String sql = "select * from CustomerInfo where  客户编号='" + Cid + "'";
        SqlCommand cmd = new SqlCommand(sql, con);    //提交 SQL 查询命令
        SqlDataReader rd;
        rd = cmd.ExecuteReader();                    //获得查询记录集
        int x = 0;
        while (rd.Read())                            //判断查询记录集是否有记录
            x++;
        con.Close();
        if (x > 0) {    return true;    }
        else {    return false;    }
    }
```

④ 增加数据处理：利用 Command 对象提交 INSERT 命令，成功执行后重新绑定数据。

```
    private void BtnAdd_Click(object sender, EventArgs e)            //增加数据
    { if (TxtCID.Text != "")                          //客户编号不为空
        if (!Check(TxtCID.Text))                       //客户编号不存在，可以增加
        {   SqlConnection con = DBConnect.con();
            con.Open();                              //连接数据库
            SqlCommand cmd = new SqlCommand();
            bool vip = sfVIP.Checked;                //VIP 字段处理
            if (vip)                                 //形成 INSERT 语句
                cmd.CommandText = "INSERT INTO CustomerInfo VALUES('" + TxtCID.Text + "','"
                    + TxtCName.Text + "','" + TxtBirthday.Text + "','" + comboGender.Text+ "','"
                    + TxtArea.Text + "','" + TxtPhone.Text + "','"+TxtWeChat.Text
                    +"','1','" + TxtMemo.Text + "')";
            else
                cmd.CommandText = "INSERT INTO CustomerInfo VALUES('" + TxtCID.Text + "','"
                    + TxtCName.Text + "','" + TxtBirthday.Text + "','" + comboGender.Text + "','"
                    + TxtArea.Text + "','" + TxtPhone.Text + "','" + TxtWeChat.Text
                    + "','0','" + TxtMemo.Text + "')";
            cmd.Connection = con;
            cmd.ExecuteNonQuery();                      //提交执行命令
            String sql = "SELECT * FROM CustomerInfo";  //查询更新后的 CustomerInfo 表
            SqlDataAdapter Adpt = new SqlDataAdapter(sql,con);  //执行 SQL 查询语句
```

```
            DataSet ds = new DataSet();                    //创建 DataSet 对象
            Adpt.Fill(ds, "CustomerInfo");                 //填充数据集
            dataGridView1.DataSource = ds.Tables[0].DefaultView;    //更新后的数据表绑定到显示控件
            con.Close();
          }
        else
          {  MessageBox.Show("客户编号不能重复!");   }
      else
      {  MessageBox.Show("客户编号不能为空!");   }
    }
```

⑤ 修改数据处理：利用 Command 对象提交 UPDATE 命令，成功执行后重新绑定数据。

```
    private void BtnUpdate_Click(object sender, EventArgs e)        //修改数据
    {  if (MessageBox.Show("你确认要修改客户数据吗？", "消息框",
        MessageBoxButtons.OKCancel, MessageBoxIcon.Information) == DialogResult.OK)
      {  if (TxtCID.Text != "")                     //客户编号不能为空
          if (Check(TxtCID.Text))                   //客户编号信息正确
          {  try
            {  SqlConnection con = DBConnect.con();
              con.Open();
              SqlCommand cmd = new SqlCommand();
              cmd.CommandText = "UPDATE CustomerInfo SET 客户姓名='" + TxtCName.Text +
                  "',出生日期='" + TxtBirthday.Text + "',性别='" + comboGender.Text +
                  "',所在省市='" + TxtArea.Text + "',联系电话='" + TxtPhone.Text +
                  "',微信号='" + TxtWeChat.Text + "',备注='" + TxtMemo.Text
                  + "'   WHERE 客户编号='" + TxtCID.Text + "'";        //形成 UPDATE 语句
              cmd.Connection = con;
              cmd.ExecuteNonQuery();                      //提交执行命令
              MessageBox.Show("修改数据成功！");
              String sql = "SELECT * FROM CustomerInfo";      //查询更新后的 CustomerInfo 表
              SqlDataAdapter Adpt = new SqlDataAdapter(sql, con);
              DataSet ds = new DataSet();
              Adpt.Fill(ds, "CustomerInfo");
              dataGridView1.DataSource = ds.Tables[0].DefaultView; //更新后的数据表绑定到显示控件
              con.Close();
            }
            catch (Exception cw)
            {  MessageBox.Show(cw.Message);   }
          }
          else
          {  MessageBox.Show("客户编号不存在!");   }
        else
          {  MessageBox.Show("客户编号不能为空!");   }
      }
    }
```

⑥ 删除数据处理：利用 Command 对象提交 DELETE 命令，成功执行后重新绑定数据。

```
    private void BtnDelete_Click(object sender, EventArgs e)        //删除数据
    {  if (MessageBox.Show("你确认要删除客户数据吗？", "消息框", MessageBoxButtons.OKCancel,
                  MessageBoxIcon.Information) == DialogResult.OK)
      {  if (TxtCID.Text != "")
          if (!Check(TxtCID.Text))
```

```
{ try
    { SqlConnection con = DBConnect.con();
      con.Open();
      SqlCommand cmd = new SqlCommand();
      cmd.CommandText = "DELETE FROM CustomerInfo
                    WHERE 客户编号='" + TxtCID.Text + "'";   //形成 DELETE 语句
      cmd.Connection = con;
      cmd.ExecuteNonQuery();
      MessageBox.Show("删除数据成功！ ");                //提交执行命令
      String sql = "SELECT * FROM CustomerInfo ";        //查询更新后的 CustomerInfo 表
      SqlDataAdapter Adpt = new SqlDataAdapter(sql, con);
      DataSet ds = new DataSet();
      Adpt.Fill(ds, "CustomerInfo");
      dataGridView1.DataSource = ds.Tables[0].DefaultView;
      con.Close();
    }
    catch (Exception cw)
    { MessageBox.Show(cw.Message);    }
    }
    else
    { MessageBox.Show("客户数据不存在!");    }
    else
    { MessageBox.Show("客户编号不能为空!");    }
    }
}
```

⑦ 客户数据维护模块程序的执行结果如图 6.51 所示，可增加、修改、删除数据。

图 6.51　客户数据维护模块程序的执行结果

例如，如图 6.52 所示，增加了 "100009" 号新客户。

图 6.52　增加新客户的结果

（5）商品数据维护模块的实现

该模块的实现与客户数据维护模块基本相同，读者可按其方法自行设计。

（6）订单数据录入模块的实现

用订单数据录入模块实现订单数据的录入，其界面如图 6.53 所示。

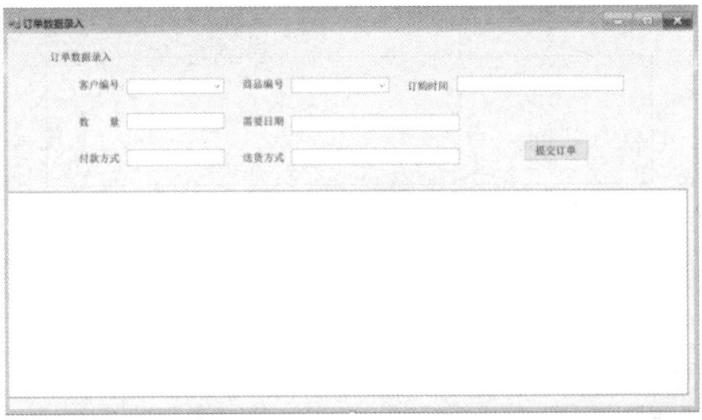

图 6.53　订单数据录入界面

界面设计的思路。

窗体名为 FmDataInput，窗体的 Text 属性值为"订单数据录入"。界面上的控件包括 GroupBox1，用于界定客户的各个数据字段，其 Text 属性值为"订单数据录入"；7 个 Label 控件，分别给出字段名提示；5 个 TextBox 控件，用于显示或输入相应字段值，其 Name 属性分别为 TxtOrderTime、TxtNum、TxtNeedTime、TxtPay、TxtDeliver；2 个 ComboBox 控件，用于选择客户编号和商品编号，Name 属性为 comboCID、comboGID；1 个 DataGridView 控件，用于显示客户表数据；1 个 Button 控件，Name 属性为 BtnSubmit，Text 属性值为"提交订单"。

程序设计的过程。

① 设计存储过程：利用存储过程返回已有的客户编号和商品编号，将它们绑定到相应的 ComboBox 控件上。为此设计了两个存储过程 GetCID 和 GetGID。

GetCID 存储过程代码如下：

```
CREATE PROCEDURE GetCID
AS
SELECT 客户编号 FROM CustomerInfo
```

GetGID 存储过程代码如下：

```
CREATE PROCEDURE GetGID
AS
SELECT 商品编号 FROM GoodsInfo
```

在查询分析器中执行上面的 SQL 语句，创建这两个存储过程。

② 窗体加载 FmDataInput_Load：连接数据库，查询 OrderList 表，将返回结果绑定到 DataGridView1 控件。执行存储过程 GetCID，将返回的客户编号值绑定到 ComboCID 控件。执行存储过程 GetGID，将返回的客户编号值绑定到 ComboGID 控件，其代码如下：

```
private void FmDataInput_Load(object sender, EventArgs e)
{   try
    {   SqlConnection con = DBConnect.con();
        String sql = "SELECT * FROM OrderList";
        SqlDataAdapter Adpt = new SqlDataAdapter(sql, con);
        DataSet ds = new DataSet();
```

```
                Adpt.Fill(ds, "OrderList");
                dataGridView1.DataSource = ds.Tables[0].DefaultView;
                //执行存储过程 GetCID，数据绑定到 comboCID 控件
                SqlCommand cmd = new SqlCommand();
                cmd.Connection = con;
                cmd.CommandType = CommandType.StoredProcedure;    //指明执行存储过程
                cmd.CommandText = "GetCID;                          //指明存储过程名
                Adpt.SelectCommand = cmd;                          //执行存储过程
                Adpt.Fill(ds, "CID");                              //填充数据集
                int i, n = ds.Tables["CID"].Rows.Count;
                for (i = 0; i < n−1; i++)
                    comboCID.Items.Add(ds.Tables["CID"].Rows[i]["客户编号"]);
                //执行存储过程 GetGID，数据绑定到 comboGID 控件
                cmd.CommandText = "GetGID";
                Adpt.SelectCommand = cmd;
                Adpt.Fill(ds, "GID");
                n = ds.Tables["GID"].Rows.Count;
                for (i = 0; i < n−1; i++)
                    comboGID.Items.Add(ds.Tables["GID"].Rows[i]["商品编号"]);
                con.Close();
            }
            catch (Exception cw)
            {   MessageBox.Show(cw.Message);    }
        }
```

③ 添加新的订单记录：利用 Command 对象提交 INSERT 命令，成功执行后重新绑定数据，其代码如下：

```
        private void BtnSubmit_Click(object sender, EventArgs e)        //提交订单
        {   if (comboCID.Text != "" && comboGID.Text != "")
            { try { SqlConnection con = DBConnect.con();
                SqlCommand cmd = new SqlCommand();
                cmd.CommandText = "INSERT INTO OrderList VALUES('" + comboCID.Text + "','" +
                comboGID.Text + "','" + TxtOrderTime.Text + "'," + TxtNum.Text + ",'"
                + TxtNeedTime.Text + "','" + TxtPay.Text + "','" + TxtDeliver.Text + "')";
                cmd.Connection = con;
                con.Open();
                cmd.ExecuteNonQuery();
                SqlDataAdapter Adpt = new SqlDataAdapter("SELECT * FROM OrderList", con);
                DataSet ds = new DataSet();
                Adpt.Fill(ds, "OrderList");
                dataGridView1.DataSource = ds.Tables[0].DefaultView;
                con.Close();
                }
                catch (Exception cw)
                {   MessageBox.Show(cw.Message)      } }
            else
            {   MessageBox.Show("客户编号或商品编号不能为空!");    }
        }
```

④ 程序执行结果如图 6.54 所示，可添加订单记录。

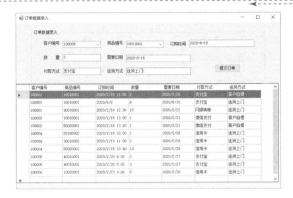

图 6.54　订单数据录入模块的执行结果

（7）订单数据维护模块的实现

该模块的实现与客户数据维护模块中的数据修改与删除基本相同，读者可按其方法自行设计。

（8）订单数据查询模块的实现

用订单数据查询模块实现订单数据的条件查询，其界面如图 6.55 所示。

界面设计的思路。

窗体名为 FmDataQuery，窗体的 Text 属性值为"订单数据查询"。界面的设计使用了 1 个 toolStrip 控件，在其上放置 2 个 Label 控件（Text 属性值分别为客户编号和商品编号）、2 个 ComboBox（Name 属性分别为 toolStripCmbCID 和 toolStripCmbGID，用于选择客户编号和商品编号）、2 个 Button 控件（Name 属性分别为 toolStripBtnQry 和 toolStripBtnExit，Text 属性值分别为查询和退出）。数据显示仍使用 DataGridView 控件。

程序设计的过程。

① 窗体加载 FmDataQuery_Load：与 FmDataInput_Load 的方法完全相同。

② 查询处理：根据用户选择的客户编号、商品编号，提交相应的 SQL 语句。

```
private void toolStripBtnQry_Click(object sender, EventArgs e)
{
    if (toolStripCmbCID.Text == "" && toolStripCmbGID.Text == "")
    {
        MessageBox.Show("客户编号和商品编号不能全为空!");
        return;
    }
    try
    {   String sql = "SELECT * FROM OrderList ";
        // 形成 SELECT 语句
        if (toolStripCmbCID.Text != "" && toolStripCmbGID.Text != "")
        {   sql = sql + "  Where  客户编号='" + toolStripCmbCID.Text + "' AND
                    商品编号='" + toolStripCmbGID.Text + "'";
        }
        else
            if (toolStripCmbCID.Text != "")
                sql = sql + " Where  客户编号='" + toolStripCmbCID.Text + "'";
            else
                sql = sql + " Where  商品编号='" + toolStripCmbGID.Text + "'";
        SqlConnection con = DBConnect.con();
        SqlDataAdapter Adpt = new SqlDataAdapter(sql, con);
```

```
            DataSet ds = new DataSet();
            Adpt.Fill(ds, "OrderList");
            dataGridView1.DataSource = ds.Tables[0].DefaultView;
        }
        catch (Exception cw)
        {
            MessageBox.Show(cw.Message);
        }
    }
```

③ 程序执行结果如图 6.56 所示。

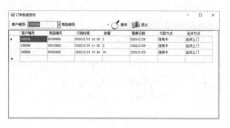

图 6.55　订单数据查询界面　　　　　　　图 6.56　订单数据查询模块的执行结果

6.6 Java 数据库应用开发

Java 是由 Sun Microsystems 公司于 1995 年 5 月推出的面向对象程序设计语言，具有卓越的通用性、高效性、平台移植性和安全性，在当今云计算和移动互联网的产业环境下，Java 具备显著优势和广阔前景。

在 6.4.3 节中已经了解到，Java 应用程序访问数据库的主要方式是通过 JDBC（Java DataBase Connectivity），本节将较详细介绍 JDBC API 和编程的内容，并结合商品订购系统来讲解 Java 数据库应用开发的过程。

6.6.1 JDBC API

JDBC API 是访问数据库的一种高级抽象，是实现 JDBC 标准支持数据库操作的类和接口的集合。这种结构通过提供一个抽象的数据库接口，屏蔽了不同数据库驱动程序之间的差别，使得程序开发人员可以使用一个标准的、纯 Java 的数据库程序设计接口，大大增加了应用程序的可移植性。不同类型的 Java 代码程序，如 Java 应用程序、Java Applet、Java Servlet、Java ServerPages（JSP）、企业级 JavaBeans（EJB）均可以使用 JDBC API 完成所需要的数据库访问功能。

JDBC API 主要完成 3 个功能：建立数据库连接、向 DBMS 发送 SQL 语句和处理返回的数据结果。它内置于 java.sql 包和 javax.sql 包中。

① java.sql 基本功能。这个包中的类和接口主要针对基本的数据库编程服务，如生成连接、执行语句，以及准备语句和运行批处理查询等。

② javax.sql 扩展功能。它主要为数据库高级操作提供了接口和类，如为连接管理、分布式事务等提供了更好的抽象，可引入容器管理的连接池、分布式事务和行集（RowSet）等。

常用的 JDBC API 的类与接口主要包括 4 类：驱动管理（DriverManager）、数据库连接（Connection）、SQL 语句（Statement）和结果集（ResultSet），其中主要的类和接口调用关系如图 6.57 所示。

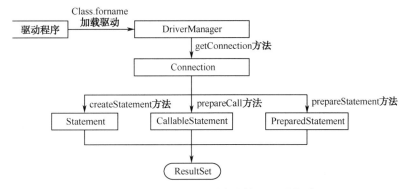

图 6.57　JDBC API 主要类和接口调用关系

通过 JDBC 驱动管理器,应用程序可以建立与多个数据库的连接。每个连接上可建立多个 SQL 语句对象,包括 Statement、CallableStatement 和 PreparedStatement 的类型语句。通过这些语句对象可以对数据库进行更新和查询操作,获取数据库中的数据,并可以使用 ResultSet 的方法对返回的数据进行操作。常用的 JDBC 类和接口如表 6.14 所示。

表 6.14　常用 JDBC 类和接口

名　　称	包	说　　明
DriverManager	java.sql	用于处理加载驱动程序,并为创建数据库连接提供支持
Connection	java.sql	用于数据库连接管理
Statement	java.sql	用于对数据库执行 SQL 语句
PreparedStatement	java.sql	用于执行预编译的 SQL 语句
CallableStatement	java.sql	用于执行数据库存储过程的调用
ResultSet	java.sql	用于保存查询所得结果集

6.6.2　JDBC 数据库访问流程

Java 应用程序通过 JDBC 存取数据库,通常应遵循如下步骤:

① 加载并注册 JDBC 驱动程序;

② 建立数据库连接;

③ 建立语句对象与执行 SQL 语句;

④ 处理结果集;

⑤ 关闭数据库连接。

1. 加载并注册 JDBC 驱动程序

使用 JDBC 驱动程序之前,必须先将驱动程序加载并向 DriverManager 注册。加载 JDBC 驱动程序常用方法是使用 Class 类的 forName 静态方法。

语法:Class.forName(驱动程序名称);

例如:

```
Class.forName("com.microsoft.sqlserver.jdbc.SQLServerDriver"); //加载 SQL Server JDBC 驱动程序
Class.forName("sun.jdbc.odbc.JdbcOdbcDriver");   //加载 jdbc-odbc 驱动程序
```

常用的 JDBC 驱动程序名称和 URL 如表 6.15 所示。

表 6.15　常用 JDBC 驱动程序名和 URL

数 据 库 名	驱动程序名称	URL
SQL Server	com.microsoft.sqlserver.jdbc.SQLServerDriver	jdbc:sqlserver://[IP]:[port];DatabaseName=xxx
Oracle	oracle.jdbc.driver.OracleDriver	jdbc:oracle:thin:@dbip:port:databasename
DB2	com.ibm.db2.jcc.DB2Driver	jdbc:db2://<host>[:<port>]/<database_name>
MySQL	com.mysql.jdbc.Driver	jdbc:mysql://<host>:<port>/<database_name>

注意：

① 由于 JDBC 驱动程序未包含于 JDK 中，因此需要自行安装驱动程序并设置环境变量。以在 Windows 10 操作系统下安装与配置 SQL Server 的 JDBC 驱动程序为例。

首先需要根据 JDK 的版本下载相应的 JDBC 驱动程序（本书采用的是 mssql-jdbc-8.2.2.jre13），然后将驱动程序文件复制到 JDK 的安装目录相应位置。例如，<installation directory>\lib\mssql-jdbc-8.2.2.jre13.jar，这里<installation directory>是 JDK 安装目录。最后，要在系统环境变量 CLASSPATH 的设置值中增加路径%JAVA_HOME%\lib\mssql-jdbc-8.2.2.jre13.jar。

② 在集成开发环境（如 Eclipse）中还需要进一步设置，将 JDBC 驱动程序路径添加到相应的 IDE 的 CLASSPATH 中。在 Eclipse 中设置 JDBC 的方法可参见例 6.31。

③ 如果加载失败将抛出异常，则必须捕捉。

2. 建立数据库连接

（1）使用 DriverManger.getConnection()建立数据库连接

将 DriverManger 类的 getConnection 方法用于建立与数据库的连接。

语法：DriverManager.getConnection(String url, String user, String password); 通过指定数据库 URL 及用户名、密码创建连接。

getConnection 方法的实质是把参数传到数据库驱动程序的 connect()方法中，来获得数据库连接。它返回连接到特定数据库的 Connection 对象。参数 URL 指定数据库资源，user 和 password 分别为用户名和密码。数据库 URL 格式与网络统一资源定位符相似，不同数据库 URL 格式稍有差异，但主要的部分都是类似的；常用的数据库 URL 列于表 6.15 中。如 SQL Server 数据库 URL 格式为

jdbc:sqlserver://hostname:port;DatabaseName=xxxx;

其中，jdbc 为数据库访问接口协议；hostname 为主机名或 IP 地址；port 为端口号，默认端口为 1433；DatabaseName 为数据库名。

例如：

```
String driverName = "com.microsoft.sqlserver.jdbc.SQLServerDriver";        //驱动程序名
String url = "jdbc:sqlserver://localhost:1433;DatabaseName=GoodsOrder";     //数据库 URL
String userName = "sa";                    //用户名
String pwd = "123";                        //密码
Class.forName(driverName);                 //加载 SQL Server JDBC 驱动程序
Connection conn = DriverManager.getConnection(url,userName,pwd);            //建立数据库连接
```

注意： getConnection 若连接失败会抛出 SQLException 异常，则必须捕捉。

（2）JDBC 驱动程序加载及建立连接过程

JDBC 驱动程序加载及建立连接的时序如图 6.58 所示。

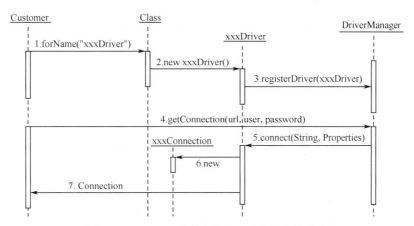

图 6.58 JDBC 驱动程序加载及建立连接的时序

- 客户调用 Class.forName("xxxDriver")加载驱动程序；
- 在 Class 类静态语句块中初始化此驱动的实例；
- 向驱动管理器注册此驱动；
- 客户调用 DriverManager.getConnection(url,user,password)方法；
- 驱动管理器调用注册到其上且能够理解此 URL 的驱动，建立一个连接；
- 在该驱动中建立一个 xxxConnection 连接对象；
- 驱动向客户返回此连接对象。

由上面的介绍可知，与数据库连接建立密切相关的是 DriverManager 类和 Connection 接口，并且建立数据库连接后向 DBMS 提交 SQL 语句也与它们有关。

① DriverManager 类

DriverManager 类是 JDBC 管理层，用于管理 JDBC 驱动程序。此外，DriverManager 类还处理数据库驱动有关的事务，如驱动程序登录时间限制、登录和跟踪消息等。DriverManager 类的最主要方法是 getConnection，此外还包括设置和获取驱动程序信息的方法，DriverManager 类的常用方法如表 6.16 所示。

表 6.16　DriverManager 类的常用方法

方　法　名	说　　明
Connection getConnection(String url)	建立数据库连接
Connection getConnection(String url,Properties info)	
Connection getConnection(String url, String user, String password)	
Driver getDriver(String url)	获取数据库 URL
void registerDriver(Driver driver)	注册指定的 JDBC 驱动程序 driver
void setLoginTimeout(int seconds)	设置/获取连接数据库时驱动程序等待的
int getLoginTimeout()	最长时间，参数 seconds 的单位为秒

② Connection 接口

Connection 接口代表与特定数据库的连接（会话）。表 6.17 中列出了 Connection 接口的常用方法，其中最常用的方法是 createStatement()，用于在数据库连接上传递 SQL 语句至 DBMS 并返回结果。

表 6.17　Connection 接口的常用方法

方 法 名	说　明
Statement createStatement()	创建 SQL 语句执行器
PreparedStatement prepareStatement(String sql)	创建预编译的 SQL 语句执行器
CallableStatement prepareCall(String sql)	创建访问存储过程的 SQL 语句执行器
DatabaseMetaData getMetaData()	获取数据库元数据
void close()	关闭数据库连接

3. 创建语句对象与执行 SQL 语句

数据库连接后，必须建立一个语句对象才能执行 SQL 语句。Java 定义了三类的语句接口，分别是 Statement、PreparedStatement 和 CallableStatement。其中，PreparedStatement 接口和 CallableStatement 接口是 Statement 的子接口，三者均可包含 SQL 语句。

（1）Statement 接口

利用 Statement 对象可以执行静态 SQL 语句。静态 SQL 语句是指不需要传入参数的 SQL 语句。创建 Statement 对象的语法如下：

```
Statement 变量名 = conn.createStatement();            //conn 为数据库连接
```

例如：

```
Statement Stmt = conn.createStatement();            //创建 Statement 对象
String sqlQuery = "SELECT * FROM CustomerInfo";     //静态 SQL 语句
ResultSet rs = Stmt.executeQuery(sqlQuery);         //执行 SQL 语句
```

若 createStatement()执行成功，则创建 Statement 对象，否则抛出 SQLException 异常。

使用语句对象来执行 SQL 语句有两种情况：一种是执行 SELECT 查询语句，将从数据库中获得所需的数据，返回结果集（ResultSet）。另一种是执行 DELETE、UPDATE 和 INSERT 等数据库更新操作语句（DML），操作成功返回更新记录数。

Statement 接口针对不同的 SQL 语句，提供了多个执行 SQL 语句的方法。Statement 接口的常用方法及其功能，如表 6.18 所示。

表 6.18　Statement 接口的常用方法

方 法 名	说　明
ResultSet executeQuery(String sql)	执行 SQL 查询语句；返回包含满足指定 SQL 语句条件的记录组成的结果集
int executeUpdate(String sql)	执行 SQL 更新语句，包括 INSERT、DELETE、UPDATE；返回成功更新的记录数
boolean execute(String sql)	执行 SQL 语句
ResultSet getResultSet()	当用 execute 方法执行 SQL 查询语句时，则可通过该方法获得执行该 SQL 语句返回的结果集
void close()	关闭 SQL 语句执行器

其中，execute()允许执行查询、更新和 DDL 语句，当其返回值为 TRUE 时，表示执行的是查询语句，可通过 getResultSet 方法获取结果；当返回值为 FALSE 时，执行的是更新语句或 DDL 语句，可通过 getUpdateCount 方法获取更新的记录数量。

（2）PreparedStatement 接口

PreparedStatement 接口用于执行预编译的 SQL 语句。语句中可包含输入参数，这种语句也称动态 SQL 语句。通常用"？"（称为占位符）代表 SQL 语句中的参数。PreparedStatement 会先将

SQL 语句发送到数据库进行预编译。当给占位符所代表的变量赋值后，再执行动态 SQL 语句。再次执行相同的 SQL 语句时，直接使用保存于缓冲区中的预编译结果，可提高数据访问的效率。创建 PreparedStatement 接口的语法如下：

```
PreparedStatement 变量名 = conn.prepareStatement(sql);     //conn 为数据库连接
```

例如：

```
String sql = "SELECT * FROM CustomerInfo WHERE 客户编号=? "; //其中?为占位符，代表输入参数
PreparedStatement pStmt = conn.prepareStatement (sql); //将 SQL 语句发送到数据库编译，即预编译
pStmt.setString(1,"100001");              //将参数值存放在 PreparedStatement 对象中
ResultSet rs = pStmt.executeQuery();    //直接执行语句
```

可见，PreparedStatement 接口具有更高的执行效率，并且由于通过"？"传递参数，可避免由于 SQL 拼接而出现 SQL 注入（SQL Injection）问题，所以安全性较好。

PreparedStatement 接口需要使用 setXXX()方法为参数赋值，该方法如表 6.19 所示。

表 6.19　PreparedStatement 接口的 setXXX( )方法

方　法　名	说　　明
void setInt(int parameterIndex,int x)	指定要设置的参数编号，并设置整数内容
void setString(int parameterIndex,String x)	指定要设置的参数编号，并设置字符串内容
void setFloat(int parameterIndex,float x)	指定要设置的参数编号，并设置浮点数内容
void setDate(int parameterIndex,Date x)	指定要设置的参数编号，并设置日期内容

（3）CallableStatement 接口

CallableStatement 接口继承并扩展了 PreparedStatement 接口。使用 CallableStatement 接口执行存储过程的调用。创建 CallableStatement 对象的语法如下：

```
CallableStatement 变量名 = conn.prepareCall(sqlstring);   //conn 为数据库连接
```

sqlstring 为存储过程调用，语法格式：{call 存储过程名[(?, ?, ...)]}

其中，"？"占位符为输入（IN）或输出参数，取决于存储过程。若为无参过程，则参数不必出现。例如：

```
CallableStatement cStmt = conn.prepareCall("{call Customer_info1(?,?)}"); //Customer_info1 定义见例 6.14
cStmt.setString(1,"张小林");     //设置第一个输入参数值
cStmt.setString(2, "咖啡");      //设置第二个输入参数值
cStmt.execute();                //执行存储过程
```

为输入参数赋值使用从 PreparedStatement 接口中继承来的 setXXX()方法。如果有 OUT 类型参数，则在执行存储过程之前，必须使用 registerOutParameter( )方法注册所有 OUT 参数的类型。输出参数的值在执行后通过 getXXX()方法获得。

registerOutParameter()方法的语法：registerOutParameter(parameterIndex,类型);

getXXX()方法的语法：getXXX(parameterIndex);

例如：

```
CallableStatement cStmt = conn.prepareCall("{call TotalCOST(?,?)}"); //存储过程 TotalCOST 定义见例 6.16
cStmt.setString(1,"张小林");            //设置输入参数值
cStmt.registerOutParameter (2, Type.REAL);    //注册输出参数
cStmt.execute();                       //执行存储过程
float tot = cStmt.getFloat(2);                //调用 get 方法获取存储过程的输出参数
```

4. 处理结果集

SQL 查询结果集对应于接口 java.sql.ResultSet 实例对象。ResultSet 对象记录了结果集中的每行数据，也记录了各列的类型信息。结果集不仅具有存储的功能，而且具有操纵数据的功能，可以完成对数据的更新。ResultSet 与 ADO.NET 的 DateSet 相似，可将其视作一个结果表。ResultSet 的创建和操作也要相对复杂，相关内容将在 6.6.3 节中进行介绍。

5. 关闭数据库连接

通过 JDBC 存取数据库时的最后一个操作是关闭 Connection、Statement、ResultSet 等对象，这些对象均具有 close 方法。例如：

```
rs.close();
Stmt.close();
conn.close();
```

【例 6.30】 使用 JDBC 访问 GoodsOrder 数据库示例，输出 CustomerInfo 表中全部记录。

```java
import java.io.*;
import java.sql.*;                            //导入 java.sql 包
public class JDBCDemo
{   public JDBCDemo() {}
    public static void main(String args[ ])
    {   try {
            //步骤 1，加载注册驱动程序
            Class.forName("com.microsoft.sqlserver.jdbc.SQLServerDriver");
            //步骤 2，建立连接
            String url = "jdbc:sqlserver://localhost:1433;DatabaseName=GoodsOrder";
            String userName = "sa";       //用户名
            String pwd = "***";           //密码
            Connection conn = null;
            conn = DriverManager.getConnection(url,userName,pwd);    //建立数据库连接
            //步骤 3，建立与执行 SQL 语句
            Statement Stmt = conn.createStatement();                 //创建 Statement 对象
            String sqlQuery = "select * from CustomerInfo";          //静态 SQL 语句
            ResultSet rs = Stmt.executeQuery(sqlQuery);              //执行 SQL 语句
            while(rs.next()) {   //步骤 4，处理结果集
                System.out.print(rs.getString(1)+",");
                System.out.print(rs.getString(2)+",");
                System.out.print(rs.getDate(3)+",");
                System.out.print(rs.getString(4)+",");
                System.out.print(rs.getString(5)+",");
                System.out.print(rs.getString(6)+",");
                System.out.println(rs.getString(7));
            }
            rs.close();Stmt.close();conn.close();   //步骤 5，关闭连接
            }
            catch (Exception e)
            { e.printStackTrace(); }
        }
    }
```

在控制台输入编译与执行命令，所得结果如图 6.59 所示。

图 6.59　例 6.30 的运行结果

6.6.3　结果集

JDBC 的核心是结果集（ResultSet），对数据库的执行 SQL 命令的结果是返回一个 ResultSet 对象，对返回的结果往往还需要进行处理，本节将介绍结果集的处理方法。

1. 行与指针

对 ResultSet 对象的处理是按行进行的，而对每一行中的各个列可按任何顺序进行处理。ResultSet 对象维持一个指向当前行的指针，当指针初始指向结果集第一行之前，ResultSet 对象的 next()方法、previous()方法分别使指针下移、上移一行。这两个方法的返回值是 boolean 型的值，该值若为 true，则说明结果集中还存在下一条（上一条）记录，并且指针已经成功指向该记录；若返回值是 false，则说明没有下一条（上一条）记录。

2. 结果集的类型

ResultSet 对象的类型依赖于 Connection 接口，当创建结果集的参数设置不同时，所生成的结果集特性将各异。

（1）不可滚动结果集

不可滚动结果集即顺序只读结果集，其中的记录只能按自前向后顺序（调用 ResultSet 对象的 next 方法）单向读取，并且结果集中数据只能访问一次。如果再次需要访问该数据，则必须重新查询数据库。执行 Statement 接口的 excuteQuery()方法，若采用 ResultSet 对象默认设置属性值，则产生该类结果集。

（2）可滚动结果集

可滚动结果集支持指针在结果集中的移动操作，包括前后移动定位、绝对位置定位、相对位置定位等，从而实现对记录的随机读取。

Connection 接口有一个带参数的 createStatement()方法，通过设置不同的参数值，可创建不同特性的结果集。该 createStatement()方法的声明如下：

Statement st = conn.createStatement(int resultSetType, int resultSetConcurrency)

两个参数 resultSetType 和 resultSetConcurrency 的含义如下。

① resultSetType：设置 ResultSet 对象的类型，取值为常量。

- ResultSet.TYPE_FORWARD_ONLY：指针只能自前向后移动，此为默认值。
- ResultSet.TYPE_SCROLL_INSENSITIVE：指针可任意移动，对更新不敏感。
- ResultSet.TYPE_SCROLL_SENSITIVE：指针可任意移动，对更新敏感。

② resultSetConcurrency：设置 ResultSet 对象是否能够修改，取值如下。

- ResultSet.CONCUR_READ_ONLY：设置为只读，此为默认值。

- ResultSet.CONCUR_UPDATABLE：设置为可修改。

3. 结果集的处理方法

ResultSet 接口的常用方法如表 6.20 所示。

表 6.20   ResultSet 接口的常用方法

方 法 名	说 明
XXX getXXX([index|columnName]);	XXX 表示各种数据类型，如 String、int 等；index 指出列号，columnName 指出列名。该方法获取类型为 XXX 的数据
void updateRow();	将 ResultSet 接口中被更新过的行提交到数据库，更新数据库中对应的行
void deleteRow();	删除 ResultSet 接口中当前行，并更新数据库
void insertRow();	插入 ResultSet 接口中当前行，并更新数据库
boolean next();	指针下移一行
boolean previous();	指针上移一行
boolean absolute(int row);	指针移动到第 row 行
boolean relative(int rows);	让指针相对于当前行移动 rows 行
void close();	关闭结果集

（1）获取列数据

在对每一行进行处理时，各个列的访问顺序是任意的。ResultSet 类的 getXXX()方法可以获取列数据，这里 XXX 是 Java 数据类型，如 int、String、Date 等。

（2）更新数据

使用 ResultSet 接口的 insertRow()方法、deleteRow()方法和 updateRow()方法，可以增加、删除和修改结果集的行数据，从而实现对数据库的更新。

（3）结果集元数据

结果集元数据是描述结果集属性的数据，封装于 ResultSetMetaData 对象中。这些信息包括表名、列名、列数、列数据类型、列宽等。ResultSetMetaData 接口的常用方法如表 6.21 所示。ResultSetMetaData 接口使用的示例见例 6.31。

表 6.21   ResultSetMetaData 接口的常用方法

方 法 名	说 明
int getColumnCount();	获取结果集的列数
String getColumnName(int column); String getColumnLabel(int column);	获取第 Column 列的列名
String getColumnTypeName(int column);	获取第 Column 列的数据类型名
String getColumnDisplaySize(int column);	获取第 Column 列的宽度

6.6.4   JDBC 数据库编程

本节讨论使用 JDBC 实现对数据库的查询和更新等操作，利用 Eclipse 进行程序开发。

1. 使用 Eclipse 创建 Java 数据库项目

Eclipse 创建数据库项目需要将 JDBC 驱动程序路径配置到项目中。以例 6.31 加以说明。

【例 6.31】   用 JTable 控件显示 CustomerInfo 表中的所有数据，执行结果如图 6.60 所示。

客户编号	客户姓名	出生日期	性别	所在省市	联系电话	微信号	VIP	备注
100001	张小林	1982-02-01 …	男	江苏南京	02581334567	13980030075	1	银牌客户
100002	李红红	1991-03-22 …	女	江苏苏州	13908899120	13908899120	1	金牌客户
100003	王晓美	1986-08-20 …	女	上海	02166552101	wxid_0021001	0	新客户
100004	赵明	1992-03-28 …	男	河南郑州	13809900118		0	新客户
100005	张帆一	1990-08-10 …	男	山东烟台	13880933201		0	
100006	王芳芳	1996-05-01 …	女	江苏南京	13709092011	wxid_7890921	0	

图 6.60　例 6.31 的运行结果

在 Eclipse 中创建项目的步骤如下。

（1）新建项目（"文件"→"新建"→"项目"），选择"Java Project"项目类型；

（2）在"新建 Java 项目"中输入项目名（如 jdbcConnect），即可创建一个 Java 项目；

（3）在项目文件上单击右键，在快捷菜单上选择"构建路径"→"添加外部归档"，并选择 JDBC 驱动程序路径（如 D:\jvm\lib），即可将 JDBC 驱动程序路径配置到项目中，如图 6.61 所示。

图 6.61　将 JDBC 驱动程序路径配置到项目中

程序结构如下：设计两个类，分别是 jdbcJTable 和 MyJDBC1。其中，jdbcJTable 类包含入口方法 main()，它可传入数据库相关参数，创建 MyJDBC1 类对象。MyJDBC1 类通过继承方式生成框架，并执行加载数据库驱动程序、建立数据连接，然后调用 query() 成员方法获取表记录，采用 JTable 控件显示。query() 是 MyJDBC1 类最主要的方法，它可接收表名、查询表并返回表中所有记录。

程序中用 Swing 包中的 JTable 控件显示数据，因此需要导入 javax.swing.*，其代码如下：

```
import javax.swing.*;
import javax.swing.table.DefaultTableModel;
import javax.swing.JScrollPane;
import java.sql.*;
public class jdbcJTable {
public static void main(String args[]){
        String driver="com.microsoft.sqlserver.jdbc.SQLServerDriver";        //驱动程序名
        String url = "jdbc:sqlserver://localhost:1433;DatabaseName=GoodsOrder";   //数据库 URL
        String userName = "sa";           //用户名
        String pwd = "***";               //密码
        String tab = "CustomerInfo";      //数据表名
        MyJDBC1 frame = new MyJDBC1(driver,url,userName,pwd,tab);
    }
}
class MyJDBC1 extends JFrame{
  JTable table=new JTable();       //创建 JTable 对象
   private Connection conn;        //连接对象
   public MyJDBC1(String drv,String url,String usr,String pwd,String tb)        //构造方法
   {
```

```
        this.setSize(800,200);              //设置窗口大小
        this.setTitle("显示数据");          //设置窗口标题文字
        this.setDefaultCloseOperation(JFrame.EXIT_ON_CLOSE);          //设置默认窗口关闭属性
        try {
                Class.forName(drv);                              //加载并注册驱动程序
                 this.conn = DriverManager.getConnection(url,usr,pwd);   //建立数据库连接
                 table= query(tb);                               //查询表
        }   catch (Exception e)     { e.printStackTrace(); }
         this.getContentPane().add(new JScrollPane(table));            //添加 JTable 控件
         this.setVisible(true);                               //显示窗口
         try { conn.close(); }    catch (Exception e)     { e.printStackTrace(); }  //关闭连接
    }
    public JTable query(String table) throws SQLException{ //对传入的表进行查询并返回表对象
        DefaultTableModel tbmode=new DefaultTableModel();   //设置默认表模型
        String sql="SELECT * FROM "+table+";";
        try {
                Statement Stmt = conn.createStatement();         //创建 Statement 对象
                ResultSet rs = Stmt.executeQuery(sql);           //执行静态 SQL 语句
                ResultSetMetaData meta=rs.getMetaData();         //获取数据集元数据
                int colcount=meta.getColumnCount();              //结果集记录数
                for (int i=1;i<=colcount;i++)                    //获取各列名
                   tbmode.addColumn(meta.getColumnName(i));
                Object[] col=new Object[colcount];               //对象数组
                while (rs.next()){                               //将结果集中各记录添加到 tbmode 中
                   for (int j=1;j<=col.length;j++)
                      col[j-1]=rs.getString(j);
                   tbmode.addRow(col);
                }
                rs.close();
                Stmt.close();
        }
        catch (Exception e)     { e.printStackTrace(); }
        return new JTable(tbmode);                               //返回结果表
    }
}
```

例中数据库访问的流程非常清晰（读者也可参照例 6.30 理解）。另外，使用了结果集元数据的方法来获取表的属性，这些方法在 JDBC 编程中很常用，需要很好掌握。本例中还使用了 javax 包的 JTable 控件来展示数据，并涉及一些相关的对象，如 DefaultTableModel 对象，它们在 Java 数据展示中也是经常使用的，所以下面进行简介。

2. JTable 和 TableModel

（1）JTable

JTable 是表格控件类，其功能是以二维表的方式来显示数据，具有以下特点。

- 可定制性：可定制数据的显示方式和编辑状态。
- 异构性：可显示不同类型的数据对象，甚至包括颜色、图标等复杂对象。
- 简便性：可以默认方式显示一个二维表。

JTable 的可定制性能满足不同用户和场合的要求，异构性也正好符合数据库访问结果集中属

性类型不一的特点。JTable 的构造方法进行了重载，具体内容如下。

① JTable()：建立一个新的 JTable，并使用系统默认的数据模型。

② JTable(int numRows,int numColumns)：建立一个具有 numRows 行和 numColumns 列的空表格，使用的是 DefaultTableModel 对象。

③ JTable(TableModel dm)：按 dm 表模板建立一个 JTable。

④ JTable(Object[][] rowData,Object[][] columnNames)：建立一个显示二维数组数据的表格，且可以显示列的名称。

在例 6.31 中，语句 "return new JTable(tbmode);" 采用的是第 3 种构造方法。

JTable 提供了极为丰富的二维表格操作方法，如设置编辑状态、显示方式、选择行列等，读者可查阅有关技术资料，在此不一一赘述。JTable 接口的常用方法如表 6.22 所示。

表 6.22　JTable 接口的常用方法

方 法 名	说　明
int getColumnCount()	获取 JTable 的列数
int getRowCount()	返回 JTable 的行数
Object getValueAt(int row, int column)	返回 row 和 column 位置的单元格值
void setValueAt(Object aValue, int row, int column)	设置 TableModel（表模板）中 row 和 column 位置的单元格值
void setModel(TableModel dataModel)	将 JTable 的 TableModel 设置为 newModel
TableModel getModel()	返回 JTable 的 TableModel

（2）TableModel

JTable 需要与表模型（TableModel）结合使用。JTable 仅是一个界面控件，负责显示功能。而对表中内容的控制需要由 TableModel 对象来实现，即由 TableModel 生成数据模型，再传递给 JTable 显示。TableModel 接口定义了 JTable 的基础数据结构，用户可通过实现 TableModel 接口的方法来生成自己的数据模型。这种方式可灵活控制表的格式和操作，但比较烦琐和复杂。为减轻程序设计人员的负担，Swing 包提供了 AbstractTableModel 抽象类和 DefaultTableModel 实体类。AbstractTableModel 实现了大部分的 TableModel 方法，使用户可以较方便地构造自己的表模型；DefaultTableModel 继承 AbstractTableModel，实现了 getRowCount()、getColumnCount() 和 getValueAt()，是 Java 默认的表模型，更简单易用。例 6.31 即使用 DefaultTableModel 作为表模板。DefaultTableModel 重载了构造方法，常用的方法如下。

① DefaultTableModel()：建立一个不包含任何数据的表模型。

② DefaultTableModel(int numRows,int numColumns)：建立一个指定行列数的表模型。

DefaultTableModel 接口的常用方法如表 6.23 所示。

表 6.23　DefaultTableModel 接口的常用方法

方 法 名	说　明
void addRow(Object[] col)	增加一行
void addColumn(String column)	增加一列
void removeRow(int rowIndex)	删除 rowIndex 行
void removeColumn(int columnIndex)	删除 columnIndex 列

使用 JTable 和 TableModel 的编程步骤如下：

① 创建 JTable 对象；

② 设置表模型；

③ 创建 JScrollPane 对象并指示其 ScrollBar 的使用策略，将表格控件加入 JScrollPane 中；

④ 将 JScrollPane 对象加入顶级容器的 ContentPane 中。

3. 使用 PreparedStatement 查询数据

通过向数据库管理系统提交 SQL 语句进行查询是数据库最常用的操作，ResultSet 返回查询结果。前面的例子都是通过 Statement 接口提交 SQL 语句，而在实际应用中由于效率和安全性方面的优势，PreparedStatement 更为常用，本节将举例加以说明。

在这里先简要介绍 MVC（Model-View-Control）设计模式。MVC 是为便于管理维护，按面向对象设计思想进行分层设计的方法。它的核心是将业务逻辑和数据显示分离。

模型：包括数据模型和数据访问模型，将项目中涉及的数据及相关数据处理进行封装。

视图：这里的视图指用户界面，主要实现系统与用户的交互。

控制：主要负责控制系统流程和调度，将视图传来的任务分配给特定的模型处理，再将处理完的结果返回给视图。

MVC 设计模式的优势如下。

① 将业务逻辑与展现分离开来，避免了将业务逻辑与展现混杂带来的不清晰现象；

② 更好的重用性，包括用户界面的重用和业务逻辑处理包的重用；

③ 系统更易于维护、扩展和移植；

④ 采用 MVC 设计模式开发的系统具有更好的健壮性。

正因如此，MVC 设计模式广为流行，特别对于大型的应用程序和 Web 应用优势更为明显，并且出现了专用的开发框架。

【例 6.32】 本例是一个通过 PreparedStatement 提交 SQL 语句的示例。在界面上设置"查询"按钮，单击该按钮后查询 CustomerInfo 表并将返回结果在 JTable 中显示出来，如图 6.62 所示。

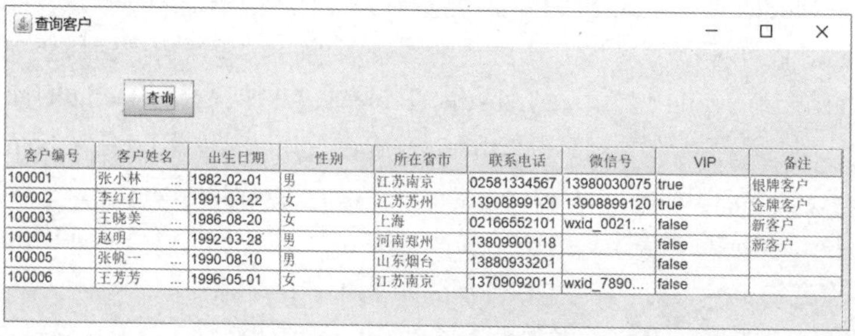

图 6.62　例 6.32 的运行结果

借鉴 MVC 的思想，按数据库模型层、数据访问层、逻辑控制和视图层设计 4 个类：

- 数据库连接类 GetConnection，包含建立连接 getConnection()和关闭连接 closed()。
- 数据模型类 CustomerModel，对 CustomerInfo 表记录各字段对应进行封装，实现数据访问。
- 客户表数据访问处理类 CustomerDao，包含 selectCustomer()方法。
- 控制类 MyJDBC2，接受用户单击按钮的操作，发送请求，并将返回结果进行呈现。

① 数据库连接类 GetConnection。

```
class GetConnection {
private String classname = "com.microsoft.sqlserver.jdbc.SQLServerDriver";
private String url = "jdbc:sqlserver://localhost:1433;DatabaseName=GoodsOrder";
private String userName = "sa";
private String pswd = "***";
```

```
public Connection getConnection() { //创建数据库连接
    Connection conn;
    try{
        Class.forName(classname);
        conn = DriverManager.getConnection(url, userName,pswd);
        }catch(Exception e){
            System.out.println("连接失败...");
            conn = null;
            e.printStackTrace();
            }
    return conn;
    }
public void closed(ResultSet rs,PreparedStatement pstm,Connection conn){ //关闭数据库连接
    try{
        if(pstm!=null) pstm.close();
        }catch(SQLException e){
            System.out.println("关闭 pstm 对象失败！");
            e.printStackTrace();
            }
    try{
        if(conn!=null){ conn.close();}
        }catch(SQLException e){
            System.out.println("关闭 conn 对象失败！");
            e.printStackTrace();
            }
        }
    }
```

② 数据模型类 CustomerModel。

```
class CustomerModel{
    private String CID;          //客户编号
    private String CName;        //客户姓名
    private Date Birthday;       //出生日期
    private String Gender;       //性别
    private String Area;         //所在省市
    private String Phone;        //联系电话
    private String Wechat;       //微信号
    private boolean SFVIP;       //是否 VIP
    private String Memo;         //备注
    public CustomerModel(){}              //构造方法
    public CustomerModel(String cid,String cname,Date birthday,String gender,String area,String
phone,String wechat,boolean vip,String memo){   //构造方法
            CID=cid;CName=cname;Birthday=birthday;Gender=gender;Area=area;Phone=phone;
            Wechat=wechat;SFVIP=vip;Memo=memo;
        }
    String getCID(){return CID;}          //获取各字段值
    String getCName(){return CName;}
    Date getBirthday(){return Birthday;}
    String getGender(){return Gender;}
```

```
        String getArea(){return Area;}
        String getPhone(){return Phone;}
        String getWechat(){return Wechat;}
        boolean getSFVIP(){return SFVIP;}
        String getMemo(){return Memo;}
    }
```

③ 客户表数据访问处理类 CustomerDao。

```
    class CustomerDao{
     private Connection conn;
     private GetConnection connection = new GetConnection();
     public List<CustomerModel> selectCustomer () { //查询 CustomerInfo 表，将结果集转换到 list 表中并返回
        List<CustomerModel> list = new ArrayList<CustomerModel>();
        conn = connection.getConnection();
        try {
          String sql="select * from CustomerInfo";
          PreparedStatement pstm = conn.prepareStatement(sql);    //预编译语句
          ResultSet rs = pstm.executeQuery();   //查询数据库并返回到结果集
          while (rs.next()) { //将结果集中每条记录封装为 CustomerModel 对象，存入 list 表
                String cid=rs.getString("客户编号");
                String cname=rs.getString("客户姓名");
                Date birthday=rs.getDate("出生日期");
                String gender=rs.getString("性别");
                String area=rs.getString("所在省市");
                String phone=rs.getString("联系电话");
                String wechat=rs.getString("微信号");
                boolean vip=rs.getBoolean("VIP");
                String memo=rs.getString("备注");
                CustomerModel cust=new CustomerModel(cid,cname,birthday,
                                        gender,area,phone,wechat,vip,memo);
                list.add(cust);
          }
          }catch (SQLException e){
                e.printStackTrace();
          }finally {
                connection.closed(rs, pstm, conn);
          }
       return list;   // 返回 list
    }
```

④ 控制类 MyJDBC2，包含构造方法 MyJDBC2()和 getJtable()。MyJDBC2 类的构造方法用于创建界面，接受用户单击按钮的输入，提交请求，并设置按钮事件监听器，当单击按钮后，调用 getJtable()方法获取结果表并显示。getJtable()方法调用 CustomerDao 类的 selectCustomer()方法，将获得的查询结果表 list 转换到 JTable 中返回。

```
    class MyJDBC2 extends JFrame{
     DefaultTableModel dm = new DefaultTableModel();    //默认表模型
     JScrollPane scrollPane = new JScrollPane();          //滚动条
     private JTable CustomerTable = new JTable(dm);       //JTable 对象
     public MyJDBC2()    //构造方法
     {   this.setSize(720,400);              //设置窗口大小
```

```
        this.setTitle("查询客户");                              //设置窗口标题文字
        JButton btnQuery = new JButton("查询");                 //创建"查询"按钮
        Container container=this.getContentPane();              //窗口容器初始化
        scrollPane.setViewportView(CustomerTable);              //表格显示设置
        this.setDefaultCloseOperation(JFrame.EXIT_ON_CLOSE);    //设置默认窗口关闭属性
        this.add(scrollPane);
        btnQuery.setBounds(100, 30, 60, 30);                    //查询按钮位置
        scrollPane.setBounds(0, 80, 700, 400);                  //结果表位置
        this.setLayout(null);
        container.add(btnQuery);
        container.add(scrollPane);
        this.setVisible(true);
        btnQuery.addActionListener(new ActionListener() {   // "查询"按钮事件监听
                public void actionPerformed(ActionEvent e) {
                            CustomerTable = getJtable();    //获取查询结果
                }});
    }
    public JTable getJtable() { //调用 CustomerDao 类的 selectCustomer()方法，将 list 表装入到 JTable 并返回
        CustomerDao dao = new CustomerDao();
        List<CustomerModel> list = dao.selectCustomer();
        int n=list.size();
        Object[][] data=new Object[n][9];
        String[] ColName=
        {"客户编号","客户姓名","出生日期","性别","所在省市","联系电话","微信号"," VIP","备注"};
        int i=0;
        for(CustomerModel Customer:list){
                data[i][0]=Customer.getCID();
                data[i][1]=Customer.getCName();
                data[i][2]=Customer.getBirthday();
                data[i][3]=Customer.getGender();
                data[i][4]=Customer.getArea();
                data[i][5]=Customer.getPhone();
                data[i][6]=Customer.getWechat();
                data[i][7]=Customer.getSFVIP();
                data[i][8]=Customer.getMemo();
                i++;
        }
        CustomerTable.setModel(new DefaultTableModel(data,ColName));
        return CustomerTable;
    }
}
```

⑤ 最后，创建类 PreQuery，其中只包含 main()方法。

```
public class PreQuery {
    public static void main(String args[]){
        MyJDBC2 frame = new MyJDBC2();
    }
}
```

4. 更新数据

JDBC 更新数据有两种常用方法：一是使用 Statement 接口或 PreparedStatement 接口的 executeUpdate()方法或 execute()方法；二是通过 ResultSet 结果集。

（1）使用 PreparedStatement 接口或 Statement 接口方法更新数据

使用 PreparedStatement 接口或 Statement 接口的 executeUpdate()方法或 execute()方法，可以提交执行 SQL 的更新（INSERT、UPDATE 和 DELETE）语句，返回成功更新的记录数。

图 6.63   例 6.33 的运行结果

【例 6.33】   从界面上输入客户信息，单击"添加"按钮将该客户添加到 CustomerInfo 表中，运行结果如图 6.63 所示。要求进行输入检查，对于空编号、已存在的编号给予相应提示。

数据库连接类 GetConnection 与前面相同，主要设计数据访问类 CustomerDao、程序控制类 MyJDBC4，以及按钮事件接口 MyListener。

① CustomerDao 类，实现对用户输入的客户编号是否已经存在的检查（checkCustomer()方法），以及将合法的客户数据添加到 CustomerInfo 表中（insertCustomer()方法），其代码如下：

```
class CustomerDao {
    private Connection conn;
    private GetConnection connection = new GetConnection();
    private PreparedStatement pstm;
    private ResultSet rs=null;
    public int insertCustomer(String cid,String cname,String birth,String gender,String area,String phone,
String wechat) {   //添加客户方法
        conn = connection.getConnection();
        int n=0;
        try {
                if (checkCustomer(cid)) {JOptionPane.showMessageDialog(null,"该客户编号已存在，不能添
加！", "错误", JOptionPane.ERROR_MESSAGE);    return -1;    //检查客户编号是否已存在，若存在则添加失败
                }
            String sql="INSERT INTO CustomerInfo(客户编号,客户姓名,出生日期,性别,所在省市,
                            联系电话,微信号) VALUES (?,?,?,?,?,?,?)";
            pstm = conn.prepareStatement(sql);
            pstm.setString(1,cid); pstm.setString(2,cname); pstm.setString(3,birth);    //设置各参数值
            pstm.setString(4,gender); pstm.setString(5,area);
            pstm.setString(6,phone); pstm.setString(7,wechat);
            n=pstm.executeUpdate();
            }catch (SQLException e){
                e.printStackTrace();
                }finally {   connection.closed(rs, pstm, conn); }
        return n;
    }
    public boolean checkCustomer(String cid) { //检查客户编号是否存在
        conn = connection.getConnection();
        boolean exists=false;
        try {    String sql="Select 客户编号 FROM CustomerInfo WHERE 客户编号=?";
            pstm = conn.prepareStatement(sql);
            pstm.setString(1,cid);
```

```
            rs=pstm.executeQuery();
            if (rs.next()) exists=true;     //若结果集不空则表明该客户已存在
        }catch (SQLException e){
                e.printStackTrace();   }
        return exists;
        }
    }
```

② 程序控制类 MyJDBC4，该类由构造方法 MyJDBC4()创建界面，加载"添加"按钮的事件监听器。当单击按钮后，调用 MyListener 接口的方法执行业务逻辑，其代码如下：

```
class MyJDBC4 extends JFrame{
    JLabel pageLabel = new JLabel("添加客户界面");      //创建各界面控件
    JLabel lblCID=new JLabel("客户编号");
    JLabel lblCName=new JLabel("客户姓名");
    JLabel lblBirthday=new JLabel("出生日期");
    JLabel lblGender=new JLabel("客户性别");
    JLabel lblArea=new JLabel("所在省市");
    JLabel lblPhone=new JLabel("联系电话");
    JLabel lblWechat=new JLabel("微信号");
    JTextField txtCID=new JTextField(10);
    JTextField txtCName=new JTextField(10);
    JTextField txtBirthday=new JTextField(10);
    JTextField txtGender=new JTextField(5);
    JTextField txtArea=new JTextField(10);
    JTextField txtPhone=new JTextField(10);
    JTextField txtWechat=new JTextField(10);
    JButton btnAdd = new JButton("添加");
    public MyJDBC4()                            //构造方法
    {   this.setTitle("添加客户");                 //设置窗口标题文字
        GridBagLayout gbl = new GridBagLayout();      //设置界面布局方式
        setLayout(gbl);
        GridBagConstraints g1=new GridBagConstraints();
        GridBagConstraints g2=new GridBagConstraints();
        GridBagConstraints g3=new GridBagConstraints();
        GridBagConstraints g4=new GridBagConstraints();
        g1.gridwidth=3;  g1.gridheight=1;
        g1.fill=GridBagConstraints.BOTH;
        g1.gridwidth = GridBagConstraints.REMAINDER;
        g2.gridwidth=2;  g2.gridheight=1;
        g2.fill=GridBagConstraints.BOTH;
        g2.gridwidth = GridBagConstraints.REMAINDER;
        g3.gridwidth=1; g3.gridheight=1;
        g3.fill=GridBagConstraints.BOTH;
        g4.gridwidth=1; g4.gridheight=1;
        g4.fill=GridBagConstraints.BOTH;
        g4.gridwidth = GridBagConstraints.REMAINDER;
        getContentPane().setBackground(new Color(185, 240, 80));   //设置颜色
        pageLabel.setHorizontalAlignment(JLabel.CENTER);       // "添加客户界面"
        JPanel southPanel=new JPanel();                        //用 Panel 放置按钮
```

```
            southPanel.setOpaque(false);
            southPanel.add(btnAdd);
            gbl.setConstraints(pageLabel, g1);                              //使用布局方式
            gbl.setConstraints(lblCID, g3); gbl.setConstraints(txtCID, g2);
            gbl.setConstraints(lblCName, g3); gbl.setConstraints(txtCName, g2);
            gbl.setConstraints(lblBirthday, g3); gbl.setConstraints(txtBirthday, g2);
            gbl.setConstraints(lblArea, g3); gbl.setConstraints(txtArea, g2);
            gbl.setConstraints(lblPhone, g3); gbl.setConstraints(txtPhone, g2);
            gbl.setConstraints(lblWechat, g3); gbl.setConstraints(txtWechat, g2);
            gbl.setConstraints(southPanel, g1);
            this.add(pageLabel); this.add(pageLabel);                       //加载控件
            this.add(lblCID); this.add(txtCID);
            this.add(lblCName); this.add(txtCName);
            this.add(lblBirthday); this.add(txtBirthday);
            this.add(lblGender); this.add(txtGender);
            this.add(lblArea); this.add(txtArea);
            this.add(lblPhone); this.add(txtPhone);
            this.add(lblWechat); this.add(txtWechat);
            this.add(southPanel);
            this.setBounds(100, 100, 300,450);                             //窗口大小
            this.pack(); this.setVisible(true);
            this.setLocationRelativeTo(null);
            this.setDefaultCloseOperation(JFrame.EXIT_ON_CLOSE);
            this.setVisible(true);
            MyListener listener = new MyListener();
            btnAdd.addActionListener(listener);                            //加载"添加"按钮事件监听器
        }
    class MyListener implements ActionListener  { @Override
        public void actionPerformed(ActionEvent arg0) { // "添加"按钮事件监听器处理方法
            int n;
            if (arg0.getSource()==btnAdd){
                String cid = txtCID.getText();
                String cname = txtCName.getText();
                String birthday = txtBirthday.getText();
                String gender = txtGender.getText();
                String area = txtArea.getText();
                String phone = txtPhone.getText();
                String wechat = txtWechat.getText();
                if (cid.length() == 0)    // "客户编号"输入为空
                {    JOptionPane.showMessageDialog(null,"客户编号不能为空！ ","错误",
                                JOptionPane.ERROR_MESSAGE);    //出错提示
                    return;    }
                CustomeDao dao = new CustomeDao();
                n = dao.insertCustomer(cid,cname,birthday,gender,area,phone,wechat);  //插入客户数据
                if (n==1) JOptionPane.showMessageDialog(null,"客户信息添加成功！ ", "提示",
                                JOptionPane.INFORMATION_MESSAGE);    //操作成功提示
        }  }
    }
```

（2）使用 ResultSet 结果集更新表数据

通过结果集可对数据库中的表数据进行修改、插入和删除操作。要执行更新操作就必须在创建语句对象时指定数据集是更新敏感的和可修改的，其创建方法如下：

Statement st=conn.createStatement(ResultSet.TYPE_SCROLL_SENSITIVE, ResultSet.CONCUR_UPDATABLE)

使用 ResultSet 的 insertRow()方法、deleteRow()方法和 updateRow()方法，可以增加、删除和修改结果集的行数据，从而实现对数据库的更新。

【例 6.34】　通过 ResultSet 结果集更新 CustomerInfo 表数据。查询 CustomerInfo 表获取客户信息，将第一条记录的客户姓名修改为"朱新名"，删除最后一条记录；并输出更新后的 CustomerInfo 表记录，如图 6.64 所示。以下是程序操作数据的核心代码（省略了建立连接和 I/O 部分）。

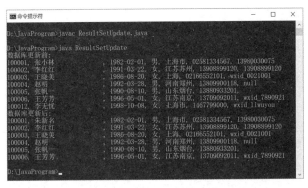

图 6.64　例 6.34 的运行结果

```
String sql = "SELECT * FROM CustomerInfo";
Statement stmt=conn.createStatement(ResultSet.TYPE_SCROLL_SENSITIVE,
        ResultSet.CONCUR_UPDATABLE);      //指明结果集是更新敏感的和可修改的
ResultSet rs = stmt.executeQuery(sql);      //执行 SQL 查询
System.out.println("数据库更新前：");
// *********输出原记录值
rs.first();                      //指针移到第一条记录
rs.updateString(2,"朱新名");          //修改第一条记录的"客户姓名"字段值
rs.updateRow();                    //提交修改
rs.last();                        //指针移到最后一条记录
rs.deleteRow();                    //删除当前行并提交数据库
rs = stmt.executeQuery(sql);       //重新执行 SQL 查询
System.out.println("数据库更新后：");
// *********输出更新后的记录值
```

6.6.5　Java 数据库应用系统开发案例——商品订购管理系统

本节结合商品订购管理系统来介绍使用 Java 开发 SQL Server 数据库应用程序的过程。该系统的主要功能描述和设计已在 6.5.3 节中详细讨论了，这里不再赘述。系统实现中所涉及的数据库连接、查询和更新，以及主要界面控件也已做了详细介绍，本节主要阐述项目建立过程、数据库相关类和主要模块的设计开发。

1. 项目建立过程

本项目在 Eclipse 中建立，过程为新建 OrderManagement 项目→创建包（package）→创建类，

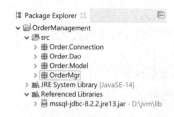

图 6.65　商品订购项目结构

层次关系如图 6.65 所示。

OrderMgr 包中为管理控制类，包括登录、信息查询、修改和删除等业务管理；Order.Connection 包中为数据库连接类；Order.Model 包中为数据模型接口；Order.Dao 包中为数据库访问类，包括数据查询和更新的处理。

2. 数据库相关类

数据库相关类有三个。

① 数据库连接类，包含于 Order.Connection 包中，主要实现建立连接和关闭连接的方法。

② 数据模型类，封装数据表结构和各字段底层访问方法，包含于 Order.Medel 包中。以 CustomerModel 为例，其定义可见例 6.32。

③ 数据访问类，实现对数据库的查询和更新操作，包含于 Order.Dao 包中。以 CustomerDao 为例，其定义可见例 6.32 和例 6.33。一般可在该类中实现查询、插入、修改和删除等方法。

3. 主要模块实现

① 登录模块。

登录模块检查验证用户身份，只有合法的用户才可进入系统，其主要原理是接收用户输入的用户名和密码，调用 userDao 类的检查用户方法 checkUsr()，在 users 表中查询，返回相应结果。注意密码输入框采用 JPasswordField 控件，可避免显示密码字符。登录模块的运行结果如图 6.66 所示。

图 6.66　登录模块运行结果

程序代码如下：

```
package OrderMgr;
import javax.swing.*;
import java.awt.*;
import java.awt.event.*;
import Order.Dao.userDao;
public class login {
   public static void main(String[] args) {
        LoginPage loginFrame = new LoginPage(); }
}
class LoginPage extends JFrame implements WindowListener,ActionListener
{
        JButton loginBut =new JButton("登录");
        JButton exitBut=new JButton("退出");
        JTextField userNameText=new JTextField(15);
        JTextField userPassText=new JPasswordField(15);      //密码框，不显示字符，以"."代替
        JLabel lblusername=new JLabel("用户账号");
        JLabel lblpwd=new JLabel("登录密码");
        JPanel p1=new JPanel(); JPanel p2=new JPanel();      //使用 JPanel 装载显示和输入控件
        JPanel p3=new JPanel(); JPanel p4=new JPanel();
        LoginPage(){
            this.addWindowListener(this);                    //窗口事件监听器
            this.setSize(300,200);                           //窗口大小
            Container container=this.getContentPane();       //界面布局
```

```
        FlowLayout fleft=new FlowLayout(FlowLayout.CENTER,10,10);
        FlowLayout fright=new FlowLayout(FlowLayout.RIGHT,10,10);
        BorderLayout border=new BorderLayout(10,10);
        GridLayout g=new GridLayout(2,1);
        container.setLayout(border);
        p1.setLayout(fleft); p2.setLayout(fleft);        //设置 JPanel 对齐方式
        p3.setLayout(fright); p4.setLayout(g);
        p1.add(lblusername); p1.add(userNameText);
        p2.add(lblpwd); p2.add(userPassText);
        p3.add(loginBut); p3.add(exitBut);
        p4.add(p1); p4.add(p2);
        container.add(p4,BorderLayout.CENTER);
        container.add(p3,BorderLayout.SOUTH);
        loginBut.addActionListener(this);
        exitBut.addActionListener(this);
        this.setTitle("用户登录");
        this.setVisible(true);
        this.setDefaultCloseOperation(JFrame.EXIT_ON_CLOSE);
    }
    public void windowClosing(WindowEvent e){ //实现窗口关闭事件处理
        int result=JOptionPane.showConfirmDialog(null,"确实要退出吗？",
                        "系统消息",JOptionPane.YES_NO_OPTION);    //提示对话框
        if (result==JOptionPane.YES_OPTION){
            this.setDefaultCloseOperation(JFrame.EXIT_ON_CLOSE);
        }
    }
    public void windowClosed(WindowEvent e){}    //实现 Window 的事件
    public void windowActivated(WindowEvent e){}
    public void windowDeactivated(WindowEvent e){}
    public void windowDeiconified(WindowEvent e){}
    public void windowIconified(WindowEvent e){}
    public void windowOpened(WindowEvent e){}
    public void actionPerformed(ActionEvent e){    //按钮事件处理
        if(e.getSource()==loginBut)    //单击"确定"按钮
        {    //查询用户
            String usrName=userNameText.getText();
            String usrPass=userPassText.getText();
            userDao userquery = new userDao();           //调用 Dao 层 users 表访问接口
            if (userquery.checkUsr(usrName, usrPass))    //调用 checkUsr()方法验证用户信息
            { MainMenu goodsorder=new MainMenu();  //显示主菜单模块
                LoginPage.this.setVisible(false);        //本页隐藏
            }
            else    //用户信息检查失败
                JOptionPane.showMessageDialog(null,"登录失败！","错误",
                                    JOptionPane.ERROR_MESSAGE);
        }
        else if(e.getSource()==exitBut)    //单击"退出"按钮
        { System.exit(0); }
```

```
        }
        public void keyTyped(KeyEvent arg0) {   }   //实现 keyboard 的事件
        public void keyPressed(KeyEvent arg0) {}
        public void keyReleased(KeyEvent arg0) {}
    }
```

② 主菜单模块。

主菜单模块起系统功能导航的作用。采用菜单控件 JMenu 设计，根据系统的功能要求，菜单项的设计如下（括号中为二级菜单）：用户管理（用户登录、密码修改），客户信息（客户数据录入、客户数据维护、客户数据查询），商品信息（商品数据录入、商品数据维护、商品数据查询），订单信息（订单数据录入、订单数据维护、订单数据查询），系统（帮助、退出）。主菜单模块的运行结果界面如图 6.67 所示，其程序代码如下：

图 6.67　主菜单模块的运行结果

```
package OrderMgr;
import java.awt.*;
import java.awt.BorderLayout;
import java.awt.event.ActionEvent;
import javax.swing.AbstractAction;
import javax.swing.Action;
import javax.swing.ImageIcon;
import javax.swing.JFrame;
import javax.swing.JLabel;
import javax.swing.JMenu;
import javax.swing.JMenuBar;
import javax.swing.JPanel;
public class spdgmenu extends JFrame {
        private JMenuBar jmb=new JMenuBar();
        private JMenu UserManage=new JMenu("用户管理");        //定义一级菜单项
        private JMenu CustomerManage=new JMenu("客户信息");
        private JMenu GoodsManage=new JMenu("商品信息");
        private JMenu GoodsOrderManage=new JMenu("订单信息");
        private JMenu sys=new JMenu("系统");
        // 定义二级菜单项及其功能
        private Action usrLoginAction=new AbstractAction("用户登录") {
            @Override   public void actionPerformed(ActionEvent arg0) {
                LoginPage log=new LoginPage();                //打开登录页面
            }
        };
        private Action updatepassAction=new AbstractAction("修改密码") {
            @Override   public void actionPerformed(ActionEvent arg0) {
                updatePwdFrame pwd=new updatePwdFrame (); //打开修改密码页面
            }
        };
        private Action customerQueryAction=new AbstractAction("客户数据查询") {
            @Override public void actionPerformed(ActionEvent arg0) {
                customerQryFrame cQry=new customerQryFrame ();   //打开客户查询页面
            }
        };
        private Action customerInputAction=new AbstractAction("客户数据录入") {
            @Override   public void actionPerformed(ActionEvent arg0) {
                CustomerInputFrame cInput=new CustomerInputFrame();    //打开客户增加页面
```

```
        }
    };
    private Action customerUpdateAction=new AbstractAction("客户数据维护") {
        @Override   public void actionPerformed(ActionEvent arg0) {
            CustomerUpdateFrame cUpdt=new CustomerUpdateFrame();//打开客户数据维护页面
        }
    };
    private Action goodsInputAction=new AbstractAction("商品数据录入") {
        @Override   public void actionPerformed(ActionEvent arg0) {
            goodsInputFrame gInput=new goodsInputFrame();          //打开商品增加页面
        }
    };
    private Action goodsQueryAction=new AbstractAction("商品数据查询") {
        @Override   public void actionPerformed(ActionEvent arg0) {
            goodsQryFrame gQry=new goodsQryFrame ();        //打开商品查询页面
        }
    };
    private Action goodsUpdateAction=new AbstractAction("商品数据维护") {
        @Override   public void actionPerformed(ActionEvent arg0) {
            goodsUpdateFrame gUpdt=new goodsUpdateFrame (); //打开商品数据维护页面
        }
    };
    private Action inputBillAction=new AbstractAction("订单数据录入") {
        @Override   public void actionPerformed(ActionEvent arg0) {
            billInputFrame bInput=new billInputFrame ();          //打开订单录入页面
        }
    };
    private Action updateBillAction=new AbstractAction("订单数据维护") {
        @Override   public void actionPerformed(ActionEvent arg0) {
            billUpdtFrame gUpdt=new billUpdtFrame ();        //打开订单数据维护页面
        }
    };
    private Action queryBillAction=new AbstractAction("订单数据查询") {
        @Override   public void actionPerformed(ActionEvent arg0) {
            billQryFrame gQry=new billQryFrame ();          //打开订单查询页面
        }
    };
    private Action helpAction=new AbstractAction("帮助") {
        @Override   public void actionPerformed(ActionEvent arg0) {
            helpPage sHelp=new shelpPage ();         //打开帮助页面
        }
    };
    private Action quitAction=new AbstractAction("退出") {
        @Override   public void actionPerformed(ActionEvent arg0) {
            System.exit(0);          //退出系统
        }
    };
    public static void main(String[] args) {
        MainMenu goodsorder =new MainMenu();
    }
```

```
public MainMenu(){
    init();
}
void init()
{
    this.setTitle("商品订购管理系统");
    this.setDefaultCloseOperation(JFrame.EXIT_ON_CLOSE);
    ImageIcon img = new ImageIcon(".\\src\\bg2.jpg");        //背景图设置
    JLabel imgLabel = new JLabel(img);                      //将背景图放在标签中
    this.getLayeredPane().add(imgLabel, new Integer(Integer.MIN_VALUE));
    imgLabel.setBounds(0,0,img.getIconWidth(), img.getIconHeight()); //设置背景标签位置
    Container cp=this.getContentPane();    cp.setLayout(new BorderLayout());
    ((JPanel)cp).setOpaque(false);                          //将内容面板设为透明
    UserManage.add(usrLoginAction); UserManage.add(updatepassAction); //加载二级菜单项
    CustomerManage.add(customerInputAction); CustomerManage.add(customerUpdateAction);
    CustomerManage.add(customerQueryAction);GoodsManage.add(goodsInputAction);
    GoodsManage.add(goodsUpdateAction); GoodsManage.add(goodsQueryAction);
    GoodsOrderManage.add(inputBillAction); GoodsOrderManage.add(updateBillAction);
    GoodsOrderManage.add(queryBillAction);
    sys.add(helpAction); sys.add(quitAction);
    jmb.add(UserManage); jmb.add(CustomerManage); jmb.add(GoodsManage);
    jmb.add(GoodsOrderManage); jmb.add(sys);
    this.setJMenuBar(jmb);
    this.setSize(430,370);                                  //窗口设置
    this.setLocationRelativeTo(null);
    this.setVisible(true);
    this.setDefaultCloseOperation(this.EXIT_ON_CLOSE);
}
}
```

③ 订单数据录入模块。

订单数据录入模块的运行界面如图 6.68 所示。进入该页面会将 GoodsOrder 的记录列于 JTable 中，客户编号和商品编号 JComboBox 分别绑定 CustomerInfo 表和 GoodsInfo 表中的客户编号和商品编号值。各输入框中的内容将随表中当前记录指针的移动而联动变化。这种联动变化是由 MouseListener 事件处理实现的。用户在输入框中选择或输入记录值并单击"录入"按钮，将调用 OrderListDao 类的 insertGoodsOrder()方法，添加订单记录。

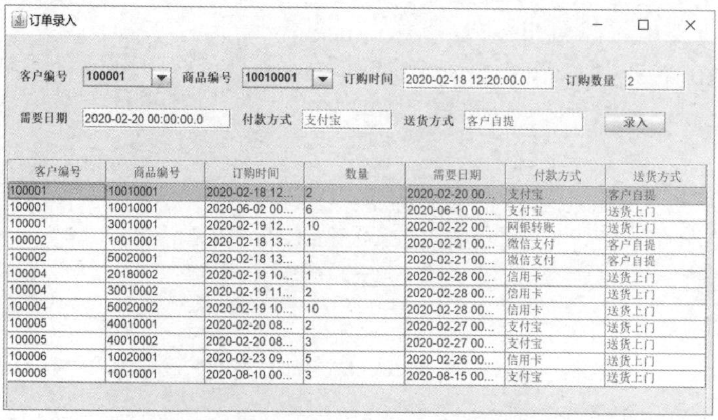

图 6.68　订单数据录入模块的运行界面

将 CustomerInfo 表中的客户编号和 GoodsInfo 表中的商品编号值绑定到 JComboBox 的实现原理是在 CustomerDao 和 GoodsDao 中分别设计调用存储过程 GetCID 和 GetGID（这两个存储过程的定义见 6.5.3 节）返回所有客户编号和商品编号的方法 QueryCustomer() 和 QueryGoods()，再以返回的字符串表为选项创建 JComboBox。调用存储过程的代码如下：

```
public List<String> QueryGID() {      //查询所有商品编号并返回字符串表
       List <String> list = new ArrayList<String>();
       conn = connection.getConnection();
       try {     String sql="{call GetGID()}";      //指定需执行的存储过程
              proc = conn.prepareCall(sql);      //创建 CallableStatement 对象以提交存储过程
              if (proc.execute()){              //提交执行存储过程
                     rs = proc.getResultSet();     //获取结果集
                     while (rs.next()) {
                     list.add(rs.getString("商品编号"));      //将结果集各记录添加到 list
                   }
                 }
              }catch (SQLException e){
                     e.printStackTrace();
              }finally {   connection.closed(rs, pstm, conn);   }
       return list;                            //返回 list
   }
```

将商品编号表绑定到 JComboBox 控件，用户可实现商品编号的选择，避免输入的烦琐和错误。但这种方式在记录数较多时有局限性，需要酌情使用，其相应的代码如下：

```
GoodsDao dgoods = new GoodsDao();
List <String> listgoods = dgoods.QueryGoods();      //查询所有商品编号
n=listgoods.size();
String[] allGID = new String[n];
j=0;
for (String s:listgoods){                      //将商品编号 list 各项填入 allGID 数组
     allGID[j]=s.toString();
     j++;
}
cbGID=new JComboBox(allGID);                //绑定到 cbGID
```

用 OrderListDao 类的 insertOrderList() 方法向 OrderList 表插入一条新记录，代码如下：

```
public int insertOrderList(String  cid,String  gid,String  ordertime,int  num,String  needtime,String
pay,String deliver) {   conn = connection.getConnection();
            int n=0;
            try {
                    if (checkBill(cid,gid,ordertime)) {JOptionPane.showMessageDialog(null,
                        "该订单已存在，不能添加！", "错误", JOptionPane.ERROR_MESSAGE);
                    return -1;
                 }
                    String sql="INSERT INTO OrderList(客户编号,商品编号,订购时间,数量,需要日期,付款
                                 方式,送货方式) VALUES (?,?,?,?,?,?,?)";
                    pstm = conn.prepareStatement(sql);
                    pstm.setString(1,cid);   pstm.setString(2,gid); pstm.setString(3,ordertime);
                    pstm.setInt(4,num); pstm.setString(5,needtime); pstm.setString(6,pay);
                    pstm.setString(7,deliver);      n=pstm.executeUpdate();
```

```
            }catch (SQLException e){
                e.printStackTrace();
            }finally {
                connection.closed(rs, pstm, conn);
            }
        return n;
    }
```

④ 订单数据维护模块。

订单数据维护模块的运行界面如图 6.69 所示，在该页面中可实现订单数据的修改和删除。与订单录入界面类似，各输入框中的内容将随表中当前记录指针的移动而联动变化。主码属性客户编号、商品编号和订购时间 3 个字段不可更新。用户在可编辑的输入框中输入记录值并单击"修改"按钮，将调用 OrderListDao 类的 updateOrderList()方法，修改指定的订单记录；单击"删除"按钮，将调用 OrderListDao 类的 deleteOrderList ()方法，删除指定的订单记录。这两个方法的代码如下：

```
    public int updateOrderList(String cid,String gid,String ordertime,int num,String needtime,String pay,String deliver) { conn = connection.getConnection();
        CustomerDao cust=new CustomerDao();
        GoodsDao goods=new GoodsDao();
        int n=0;
        try {   if (checkBill(cid,gid,ordertime)==false) {JOptionPane.showMessageDialog(null,"该订单
不存在，不能修改！", "错误", JOptionPane.ERROR_MESSAGE);        return -1;        }
            String sql="UPDATE OrderList SET 数量=?,需要日期=?,付款方式=?,送货方式=?
WHERE 客户编号=? and 商品编号=? and 订购时间=?";
            pstm = conn.prepareStatement(sql);
            pstm.setInt(1,num);       pstm.setString(2,needtime);  pstm.setString(3,pay);
            pstm.setString(4,deliver);pstm.setString(5,cid); pstm.setString(6,gid);
            pstm.setString(7,ordertime); n=pstm.executeUpdate();
            }catch (SQLException e){
                e.printStackTrace();
            }finally {   connection.closed(rs, pstm, conn);          }
        return n;
    }

    public int deleteOrderList(String cid,String gid,String ordertime) {
        conn = connection.getConnection();
        CustomerDao cust=new CustomerDao();
        GoodsDao goods=new GoodsDao();
        int n=0;
        try {   if (checkBill(cid,gid,ordertime)==false) {JOptionPane.showMessageDialog(null,"该订
单不存在，不能删除！", "错误", JOptionPane.ERROR_MESSAGE);        return -1; }
                int result=JOptionPane.showConfirmDialog(null,"确实要删除吗？","系统消息",
                            JOptionPane.YES_NO_OPTION);
            if (result==JOptionPane.YES_OPTION){
                String sql= "DELETE FROM OrderList WHERE 客户编号=? and 商品编号=?
                            and 订购时间=?";
                pstm = conn.prepareStatement(sql);
                pstm.setString(1,cid);  pstm.setString(2,gid);  pstm.setString(3,ordertime);
                n=pstm.executeUpdate();
```

```
        }
        }catch (SQLException e){
            e.printStackTrace();
        }finally {    connection.closed(rs, pstm, conn);    }
    return n;
    }
```

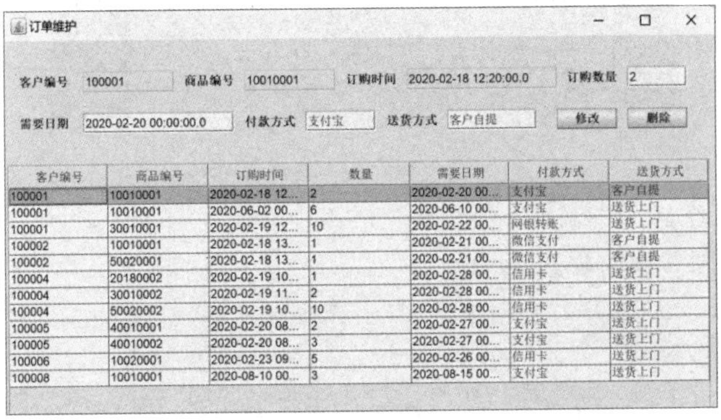

图 6.69　订单数据维护模块的运行界面

⑤ 订单数据查询模块。

订单数据查询模块的运行界面如图 6.70 所示，在该页面中可实现指定客户和商品的订单数据查询和全部订单查询。在 OrderListDao 中设计 Query(String cid,String gid)和 Query()两个方法来实现上述查询。

图 6.70　订单数据查询模块的运行界面

客户数据、商品数据的添加、维护和查询操作，与订单数据类似，限于篇幅不再介绍，读者可根据已经介绍的设计和实现技术自行完成，也可从本书提供的电子资源中获得商品订购管理系统的全部源代码。

*6.7　Python 数据库访问

Python 语言是一种结合了解释性、编译性、互动性和面向对象的脚本化的程序设计语言。最初被设计用于编写自动化脚本（shell）。从 20 世纪 90 年代初 Python 语言诞生至今，已逐渐广泛应用于系统管理任务的处理和 Web 编程。自 2004 年以后，其使用率更是呈线性增长。

目前，Python 已成为最受欢迎的程序设计语言之一。由于 Python 语言的简洁性、易读性和可扩展性，以及新版本的不断更新和语言新功能的引入，越来越多的大型项目开发也使用 Python 作为实现语言。本节简要介绍 Python 语言访问 SQL Server 数据库和 MySQL 数据库的方法。

Python 连接 SQL Server 数据库时可以通过 ODBC 存取数据库，通常应遵循如下步骤。

（1）下载并安装 ODBC 功能扩展包。

在命令行窗口中输入指令 pip install pyodbc，如图 6.71 所示。

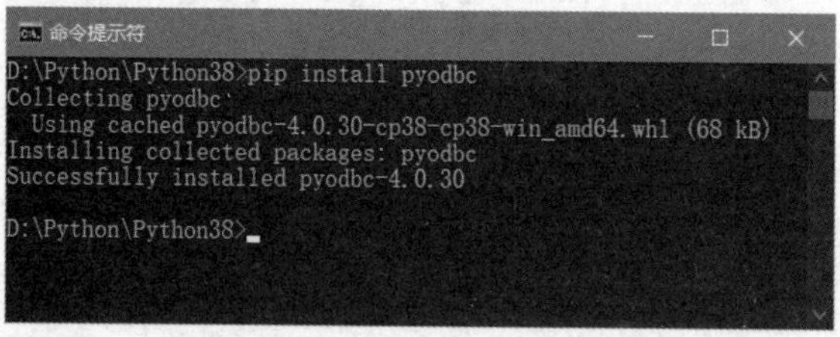

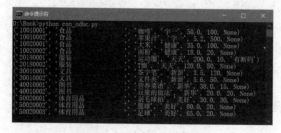

图 6.71　安装 pyodbc 扩展包

（2）建立数据库连接。

（3）建立语句对象与执行 SQL 语句。

（4）处理结果集。

（5）关闭数据库连接。

【例 6.35】　在 SQL Server 数据库中使用 ODBC 访问 GoodsOrder 数据库，输出 GoodsInfo 表中全部记录。

```
import pyodb
server = 'localhost'
database = 'GoodsOrder'
username = 'sa'
password = '***'
cnxn=pyodbc.connect('DRIVER={ODBC Driver 17 for SQL Server};
        SERVER='+server+';DATABASE='+database+';UID='+username+';PWD='+ password)
cursor = cnxn.cursor()
cursor.execute('SELECT 商品编号,商品类别,商品名称,品牌,单价,库存量,备注 FROM GoodsInfo')
result = cursor.fetchall()
for res in result:
    print(res)
cursor.close()
cnxn.close()
```

在控制台输入编译与执行命令，所得结果如图 6.72 所示。

图 6.72　例 6.35 的运行结果

Python 使用 ODBC 方式访问 MySQL 数据库，其过程与访问 SQL Server 数据库类似。首先安装 MySQL 数据库的 Connector/ODBC 8.0.21（为版本号）功能模块；其次通过建立系统 DSN 或文件 DSN 等连接方式，并测试连接的正确性；然后下载并安装 pyodbc 功能扩展包，使用命令 pip install pyodbcsql；接下来的步骤与访问 SQL Server 数据库相同。以下是 Python 访问 MySQL 数据库的示例。

【例6.36】 MySQL 数据库中使用 ODBC 访问 GoodsOrder 数据库，输出 GoodsInfo 表中全部记录。

```
import pyodbc
server = 'localhost'
database = 'GoodsOrder'
username = 'root'
password = '***'
cnxn = pyodbc.connect('DSN=MySQLODBC;SERVER='+server+';DATABASE='+database+';
        UID='+username+';PWD='+ password)
cursor = cnxn.cursor()
cursor.execute('SELECT 商品编号,商品类别,商品名称,品牌,单价,库存量,备注 FROM GoodsInfo')
result = cursor.fetchall()
for res in result:
    print(res)
cursor.close()
cnxn.close()
```

Python 语言可扩展性非常好，其众多的扩展库极大丰富了 Python 的功能，如经典的科学计算扩展库 NumPy、SciPy 和 matplotlib，分别为 Python 提供了快速数组处理、数值运算和绘图功能。因此 Python 语言及其众多的扩展库所构成的开发环境十分适合工程技术、科研人员处理实验数据、制作图表，甚至开发科学计算应用程序。

本章小结

介绍了数据库应用系统的开发过程、应用系统的体系结构、常用的关系数据库管理系统，以及常用的应用开发工具，详细讨论了 C#和 Java 两种程序语言的数据库应用开发技术，并以商品订购管理系统为例，详细介绍了系统的需求分析、系统设计和实现技术。

数据库应用系统的开发过程包括需求分析、总体设计、详细设计、编码与单元测试、系统测试与交付、系统使用与维护等阶段。每个阶段都有特定的任务，并可采用不同的工具和方法来完成。

数据库应用系统的体系结构可分为 4 种模式：单用户模式、主从式多用户模式、客户机/服务器模式（C/S）和 Web 浏览器/服务器模式（B/S）。目前广泛使用的是 C/S 模式和 B/S 模式。

当今的数据库市场上产品十分丰富。选择数据库系统产品时，一要了解各数据库系统功能、体系结构、性能等方面的特性；二要根据数据库应用系统对数据库产品的需求来选择。本章简要介绍了目前数据库市场上几种较流行的数据库管理系统产品。

选择合适的数据库应用开发工具能有效提高应用系统的开发效率，达到事半功倍的效果。本章简要介绍了使用较广的两个集成应用开发环境：Visual Studio 和 Eclipse。

本章有较强的实践性，建议读者在学习本章内容时能理论联系实际，多进行上机练习。

习题6

1. 简述数据库应用系统的开发过程。
2. 数据库应用系统的体系结构主要有哪些？
3. 目前数据库市场上有哪些主流厂商和产品？
4. 简述两个主要的数据库访问通用接口的概况。
5. T-SQL 中的函数分为哪两类？

6. T-SQL 中用户自定义函数的创建、修改、删除语句分别是什么？

7. 什么是存储过程？存储过程有哪些优点？如何定义和执行存储过程？

8. 什么是触发器？触发器有哪些特点？

9. 简述 ADO.NET 访问数据库的一般流程。ADO.NET 用于数据库访问的主要类有哪些？

10. 如何使用 ADO.NET 查询数据库？如何更新数据库？

11. JDBC 有哪三种创建语句对象的方式？各有什么特点？

12. 简述 JDBC 访问数据库的一般流程。JDBC 用于数据库访问的主要接口和类有哪些？

13. JDBC 的结果集（ResultSet）的主要作用是什么？

14. 如何使用 JDBC 查询数据库？如何更新数据库？

第 7 章

数据库保护——数据库 管理基础

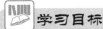 学习目标

1. 了解数据库安全性的概念和数据库安全目标；
2. 理解身份认证、访问控制、视图及审计等数据库安全机制；
3. 掌握 SQL Server 安全体系结构，以及安全管理机制的实现；
4. 理解数据库完整性概念及其实现机制；
5. 掌握 SQL Server 的数据库完整性的实现方法；
6. 理解事务的概念和特性及并发调度的可串行化；
7. 理解锁概念、锁类型和封锁协议；
8. 掌握 SQL Server 的事务处理和锁机制；
9. 了解数据库恢复的概念；
10. 理解数据库备份与数据库恢复的原理；
11. 掌握 SQL Server 的数据库恢复技术。

在第 1 章中就讲到，数据库的特点之一就是由数据库管理系统提供统一的数据保护控制功能，来保证数据的正确有效和安全可靠。数据库中的数据均由 DBMS 统一管理与控制，应用程序对数据的访问均经由 DBMS。数据库的数据保护主要包括数据安全性和数据完整性，DBMS 必须提供数据安全性保护、数据完整性检查、并发访问控制和数据库恢复功能，来实现对数据库中数据的保护。安全性、完整性、数据库恢复和并发控制这 4 大基本功能，也是数据库管理员和数据库开发人员为更好地管理、维护和开发数据库系统所必须掌握的数据库知识。

7.1 数据库保护的概述

数据库是共享资源，既要充分利用，又要实施保护，使其免受各种因素所造成的破坏。对数据库进行保护既是 DBMS 的任务，又是对数据库系统所涉及用户（特别是 DBA）的责任。

对数据库的破坏主要来自以下 4 个方面。

（1）非法用户。非法用户是指那些未经授权而恶意访问、修改，甚至销毁数据库的用户，包括越权访问数据库的用户。

（2）非法数据。非法数据是指那些不符合规定或语义要求的无效数据。这些数据没有正确地

反映客观世界的信息，往往是由用户误操作引起的。

（3）各种故障。故障包括硬盘损坏使得存储于其上的数据丢失；软件设计的失误或用户使用不当，使软件系统误操作数据而引起数据破坏；破坏性病毒会破坏系统软件、硬件和数据；用户误操作，如误用 DELETE、UPDATE 等命令而引起数据丢失或被破坏；自然灾害，如火灾、洪水或地震等造成的破坏。这些故障，轻者会导致运行事务的非正常结束，影响数据库中数据的正确性，严重的则会破坏数据库，造成数据库中的数据部分或全部丢失。

（4）多用户的并发访问。数据库中的数据是共享资源，允许多个用户并发访问。由此会出现多个用户同时存取一个数据而产生冲突的情况。如果对这种并发访问不加以控制，各个用户就可能存取到不正确的数据，而不能保证数据的一致性。

针对以上 4 种破坏情况，DBMS 必须采取相应的措施对数据库实施保护，具体内容如下。

（1）数据库安全（Security）保护：主要利用权限机制，只允许有合法权限的用户存取其允许访问的数据。

（2）数据库完整性（Integrity）约束与检查机制：利用完整性约束机制防止非法数据进入数据库，数据完整性检查的目的是保证数据是有效的，或保证数据之间满足一定的约束关系。

（3）并发控制（Concurrency）机制：DBMS 必须对多用户的并发操作加以控制，以保证多个用户并发访问的顺利进行。

（4）数据库恢复（Recovery）：当计算机系统出现各种故障后，DBMS 应能将其恢复到之前的某个正常状态，这就是数据库的恢复功能。

7.2　数据库安全

数据库的安全性是指保证数据不被非法访问，不会因非法使用而被泄密、更改和破坏。由于数据库系统是建立在计算机系统之上的，其运行需要有计算机硬件和操作系统的支持，所以数据库中数据的保护并不仅仅是 DBMS 的任务，还涉及计算机系统本身的安全防护，以及操作系统的安全性等，而这些并不在本书的讨论范围之内。因此，在介绍 DBMS 的数据库安全保护机制之前，先对其作用范围做一个界定。

7.2.1　数据库安全保护范围

数据库中有关数据保护是多方面的，它是一个系统工程，包括计算机系统外部环境因素和计算机系统内部环境因素。

（1）计算机外部环境保护

① 自然环境保护。加强计算机房、设备及其周边环境的警戒、防火、防盗等，防止人为的物理破坏。

② 社会环境中的安全保护。建立各种法律法规、规章制度，对计算机工作人员进行安全教育，使其能正确使用数据库。

③ 设备环境中的安全保护。对设备及时进行检查和维护等。

（2）计算机内部系统保护

① 计算机操作系统中的安全保护。防止病毒侵入、黑客攻击，以及防止用户未经授权就从操作系统进入数据库系统。

② 网络安全保护。由于许多数据库系统都允许用户通过网络进行远程访问，所以必须提供网络软件的安全保护。

③ 数据库系统的安全保护。检查用户身份是否合法，检验使用数据库的权限是否正确等。

④ 应用系统中的安全保护。各种应用系统中对用户使用数据的安全保护。

在上述安全保护问题中，外部环境的安全性主要属于社会组织、法律法规及伦理道德的范畴；计算机操作系统和网络安全措施已经得到广泛应用；应用系统的安全问题涉及具体的应用过程。本章所讨论的数据库安全所涉及的是在数据库系统中数据保护的相关内容。

7.2.2 数据库安全性目标

数据库安全属于信息安全领域，因此也具有信息安全中的 5 个要素：数据的机密性、完整性、可用性、认证性和审计。针对信息安全的 5 个要素，国际标准化组织 ISO（International Standard Organization）规定了对应的标准安全服务，即数据保密安全服务、数据完整性安全服务、访问控制安全服务、对象认证安全服务和防抵赖安全服务。

一般将前三项作为数据库安全性的目标。其中，

① 机密性是指信息不能对未授权的用户公开。

② 完整性是指保证数据是正确的，没有经过非授权用户的修改（保证只有授权用户才被允许修改数据），注意，这里的完整性概念与数据库中的数据完整性概念的侧重点有所不同。

③ 可用性是指授权的用户不能被拒绝访问。

大多数商用 DBMS 除完成以上 3 个安全性目标外，还提供了一定程度的审计功能。DBMS 通过提供身份认证和访问控制服务，来实现数据库的安全目标。

7.2.3 数据库安全控制

为了保证数据库的安全，安全控制原则既要注重数据访问的安全性，也要兼顾数据访问性能的需求。通常，数据库在安全性机制设置方面可分为 4 个控制层次，如图 7.1 所示。

图 7.1 安全控制层次模型

在安全层次模型中，用户标识与鉴别在最外层，表明用户需要经过身份认证后才能进入数据库系统。对已获得系统访问权的用户，DBMS 还要进行数据的访问控制等安全保护。当然，在操作系统级上，OS 都有自己的安全保护措施。最后，数据的物理存储可选择加密存储，以实现更严格的安全保护。

1. 用户标识与鉴别

用户标识与鉴别（Identification and Authentication）即用户身份认证。这是数据库管理系统提供的最外层安全保护措施，其方法是由系统提供一定的方式让用户标识自己的名字或身份。每次用户要求进入系统时，由系统核对用户身份，通过鉴定后才允许用户使用系统。

用户标识与鉴别的方法很多，系统通常采用多种方法并举，以获得更强的安全性。用户标识采用一个用户名（User Name）或用户标识（UID）。对用户进行鉴别的途径如下。

（1）只有用户知道的信息，如口令（Password）。这是较为常用的方式，简单易行，但其缺点是易猜测、易被窃取和易忘记。

（2）只有用户具有的物品，如 IC 卡，其优点是不会被仿冒、可加密、安全性高，缺点是需要相应的硬件设备。

（3）个人特征。以用户主体的生物特征进行鉴别，如指纹、虹膜等，其优点是不会被仿冒、可靠性好、安全性高，缺点是成本较高。

目前，商品化的 DBMS 几乎都用口令作为鉴别手段，并要求用户不定期地更换口令。在输入口令时，往往还有输入次数的限制，如果在规定次数内不能输入正确的口令，则不允许进入系统。

2. 访问控制

用户标识与鉴别解决了用户合法性问题，但合法用户对数据库中数据的使用权利通常还有区别，合法用户只能执行被授权的操作而不能越权访问。访问控制（Access Control）的目的就是解决合法用户的权限问题，主要包括授权和权限检查。

访问控制是 DBMS 杜绝对数据库非法访问的主要措施。访问控制机制主要包括以下两部分。

① 授权（Authorization）：定义用户权限，并将用户权限登记到数据字典中。

② 验证（Authentication）：当用户提出操作请求时，系统进行权限检查，拒绝用户的非法操作。

数据库中的数据访问权限是一个二元组（数据对象、操作类型），其中数据对象是操作所施加的对象，包括模式、表等；操作类型包括查询、插入、修改、删除等。访问权限定义就是定义用户可以操作的数据对象和对数据对象可进行的操作。这个定义过程就是授权。所定义的授权内容经过编译后存放在数据库的数据字典中，称为安全规则或授权规则。

访问控制的实现策略主要有自主访问控制（Discretionary Access Control，DAC）、强制访问控制（Mandatory Access Control，MAC）和基于角色的访问控制（RBAC）3 种方式，这里主要介绍 DAC。

DAC 的主要特征：访问控制是基于主体的，主体可以自主地把自己所拥有客体的访问权限授予其他主体或从其他主体收回所授予的权限，这使得访问控制具有较高的灵活性。

在 DAC 系统中，一般利用访问控制矩阵（Access Control Matrix，ACM）或访问控制列表（Access Control List，ACL）来实现访问权限的控制。访问控制矩阵通过矩阵形式表示访问权限，矩阵中每一行代表一个主体，每一列代表一个客体，矩阵中行列的交叉元素代表某主体对某客体的访问权限。访问控制列表是以客体为中心建立的访问权限表，对每个客体单独指定对其有访问权限的主体，还可以把有相同权限的主体分组，将访问权限授予组。ACL 表述直观，易于理解，可以较方便地查询对某个特定资源拥有访问权限的所有用户。

大型数据库管理系统几乎都支持 DAC。目前的 SQL 标准也对 DAC 提供支持，主要通过 SQL 的授权语句（GRANT）和权限回收语句（REVOKE）来实现。

（1）授权语句

某个用户对某类数据库对象具有何种操作权利是一个政策问题，需要由管理者来决定。DBMS 的任务是保证这些决定的执行。SQL 的授权语句 GRANT 用于为用户进行授权，该语句的基本格式如下：

```
GRANT  <权限> [,<权限> ...]
    ON <对象类型> <对象名> [ ,<对象类型> <对象名> ... ]
    TO <用户> [,<用户>   ... ]
    [ WITH GRANT OPTION ]
```

GRANT 语句的功能是将对操作对象的指定权限授予指定用户。使用 GRANT 语句的可以是 DBA、数据库对象创建者（Owner）或已拥有该权限的用户。关系数据库中对象类型、对象和操作类型如表 7.1 所示，表中的 ALL PRIVILEGES 表示全部权限。如果使用了 WITH GRANT OPTION 子句，则表示允许获得此权限的用户还可将指定的对象权限转授其他用户。

表 7.1　关系数据库中的用户访问权限

对 象 类 型	对　　象	操 作 类 型
数据库	基本表	CREATE、ALTER
模式	视图	CREATE
模式	索引	CREATE
数据	基本表、视图、列	SELECT、INSERT、UPDATE、REFERENCE、ALL PRIVILEGES

【例 7.1】　把 CustomerInfo 表和 GoodsInfo 表中的全部权限授予用户 Liu。

```
GRANT ALL PRIVILEGES
ON TABLE CustomerInfo, GoodsInfo
TO Liu
```

【例 7.2】　把 CustomerInfo 表中的 UPDATE 权限授予用户 Li，并允许将此权限再授予其他用户。

```
GRANT UPDATE
ON TABLE CustomerInfo
TO Li
WITH GRANT OPTION
```

（2）权限回收语句

权限回收语句是 REVOKE，其基本格式如下：

```
REVOKE  <权限> [,<权限> …]
     ON <对象类型> <对象名> [ ,<对象类型> <对象名> … ]
     FROM   <用户> [,<用户>   … ] [ CASCADE ]
```

关键字 CASCADE 表示权限回收时必须级联收回。例如，在例 7.2 中的权限授予了用户 Li，Li 可能还把该权限授予了用户 Zhang，那么在回收授予给 Li 的这个权限时，就要将由 Li 开始的授权链一起撤销。

【例 7.3】　把用户 Li 对 CustomerInfo 表的 UPDATE 权限收回。

```
REVOKE UPDATE
ON TABLE CustomerInfo
FROM Li CASCADE
```

DAC 的自主性给用户提供了灵活的访问控制方式，但信息在传递的过程中可能会被修改或破坏。用户可以自由地将自己的访问权限授予他人，系统对此很难控制。访问权限的传递容易产生安全漏洞，造成信息的泄露。

3. 视图机制

视图机制可以把用户使用的数据定义在视图中，使用户不能访问视图定义范围之外的数据，从而把要保密的数据对无权限的用户隐藏起来，给数据提供了一定程度的安全保护。有关视图的定义与使用见 3.6 节。

4. 安全审计机制

审计用于跟踪和记录所选用户对数据库的操作。通过审计可以跟踪、记录可疑的数据库操作，并将结果记录在审计日志中。根据审计日志记录可对非法访问进行事后分析与追查。

审计日志记录包括操作类型、操作终端标识和操作员标识、操作日期和时间、操作的数据对象、数据修改前后的值等。DBA 可以利用审计根据总的信息，重现导致数据库现有状况的一系列事件，找出非法存取数据的用户、时间和细节。

审计通常是很费时间和空间的，所以 DBMS 一般都将其作为可选设置，允许 DBA 可根据对安全性的要求，灵活地打开或关闭审计功能。

7.2.4　SQL Server 的安全机制

本节介绍 SQL Server 的安全机制。图 7.2 所示为 SQL Server 的安全体系结构。

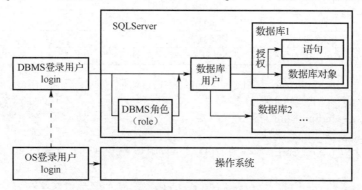

图 7.2　SQL Server 的安全体系结构

可以看出，SQL Server 安全体系由它的三级构成，从外向内分别是数据库服务器级、数据库级、数据库对象级，并且一级比一级高。它的安全策略是要访问数据库服务器，必须先成为 DBMS 的登录用户；要访问某个数据库，必须将某个登录用户或其所属的角色设置为该数据库的用户；成为某个数据库的用户后，如要访问该数据库下的某个数据库对象或执行某个 SQL 语句，还必须为该用户授予所要操作对象或语句的权限。

SQL Server 运行于操作系统之上，它与 OS 各自有其安全体系。操作系统的用户只有成为 SQL Server 的登录用户后，才能访问 SQL Server。

1. 身份验证模式

身份验证模式是指系统确认用户的方式。SQL Server 有两种身份验证模式，即 Windows 身份验证模式和 SQL Server 身份验证模式。

Windows 身份验证模式：使用 Windows 操作系统的安全机制进行身份验证。只要用户能够通过 Windows 用户账号验证，即可连接到 SQL Server，SQL Server 将不再进行验证。

SQL Server 身份验证模式：在此模式下，SQL Server 要进行身份验证。用户须提供登录名和口令，这些信息存储在 SQL Server 的系统表 syslogins 中，与 Windows 的登录账号无关。这种验证模式可使某些非可信的 Windows 操作系统账户（如 Internet 客户）连接到 SQL Server 上。它相当于在 Windows 身份验证机制之后又加入了 SQL Server 身份验证机制，对非可信的 Windows 账户进行自行验证。对可信客户可采用 SQL Server 身份验证方式。

指定或修改 SQL Server 身份验证模式的方法是在 SQL Server Management Studio 的对象资源管理器中，右击要修改的 SQL Server 服务器，在弹出的快捷菜单上选择"属性"命令，打开如图 7.3 所示的窗口，并选择"安全性"命令，其右侧即为服务器身份验证方式选择。

注意：修改了验证模式后，需要重启 SQL Server 服务，才能使设置生效。

2. 登录和用户

登录与用户是 SQL Server 安全管理的两个基本概念。

（1）登录

登录是连接到 SQL Server 的账号信息，包括登录名、口令等。登录属于数据库服务器级的安全策略。无论采用哪种身份验证方式都需要具备有效的登录账号。SQL Server 建有默认的登录账号：sa（System Administrator，系统管理员）其在 SQL Server 中拥有系统和数据库的所有权限。

BUILTIN\Administrators 是 SQL Server 为每个 OS 系统管理员提供的默认登录账号，拥有系统和数据库的所有权限。

创建登录的方法是打开 SQL Server Management Studio 并连接到目标数据库服务器，在对象资源管理器中单击"安全性"节点前的"+"，展开安全节点。在"登录名"上单击鼠标右键，在弹出的快捷菜单上选择"新建登录名"命令，将出现如图 7.4 所示的窗口。选择身份验证模式，输入登录名、密码、确认密码等，单击"确定"按钮，即可创建登录。此时展开"安全性"节点即可查看到新建的登录名。

图 7.3 设置 SQL Server 身份验证模式

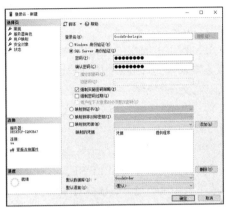
图 7.4 新建登录窗口

在创建登录时，可选择默认数据库。若进行了默认数据库的选择，那么以后每次连接到服务器后，都会自动转到默认数据库上。若不指定默认数据库，则 SQL Server 使用 Master 数据库作为登录的默认数据库。

（2）用户

用户是数据库级的安全策略，它是为特定数据库定义的。因此这里的用户特指"数据库的用户"。也有人按一般软件系统使用习惯，将上面的登录概念称为"用户"，这在 SQL Server 中是欠准确的。为了和这里特指的"数据库用户"相区别，可以称登录为"登录用户"。

在为某个数据库创建新用户之前，必须已存在登录名。创建用户的方法是打开 SQL Server Management Studio 并连接到目标数据库服务器，在对象资源管理器中展开数据库节点→目标数据库节点（如 GoodsOrder）→安全性节点，在"用户"上单击鼠标右键，并在弹出的快捷菜单上选择"新建用户"命令，出现如图 7.5 所示的窗口。

图 7.5 新建用户

输入用户名，选择"登录名"，单击"确定"按钮，即可创建用户。

注意：用户名可以与登录名相同，也可以不同。此时展开目标数据库的"安全性"节点下的"用户"，即可查看到新建的用户名。

另外，在创建登录时，如果选择了默认访问的数据库名，并且进行了用户映射，则在相应的数据库中会自动添加以该登录名为用户名的用户。

3. 权限管理

权限用于对数据库对象的访问控制，以及用户对数据库可以执行操作的限定。

（1）权限种类

SQL Server 中的权限包括两种类型：服务器权限和数据库权限。

服务器权限允许 DBA 执行管理任务；数据库权限用于控制对数据库对象的访问与语句执行。这些权限定义在固定服务器角色上（角色是 SQL Server 安全机制中既重要又复杂的概念，将在下面讨论）。一般只把服务器权限授给 DBA。服务器权限是一种隐含权限，即系统自行预定义的、不需要授权就有的权限。

数据库权限是 SQL Server 数据库对象级的安全策略，包括对象权限和语句权限两类。对象权限主要包括对表、视图等的 SELECT、INSERT、UPDATE、DELETE 操作，以及存储过程的执行权限。语句权限主要指用户是否有权执行某语句，这些语句通常是一些具有管理功能的操作，如创建数据库、表、视图、存储过程等。SQL Server 权限管理的主要任务是管理对象权限和语句权限。

数据库权限可被授予用户，以允许其访问数据库中的指定对象或执行语句。用户访问数据库对象或执行语句必须获得相应权限。在数据库权限中，固定数据库角色所拥有的权限也是隐含权限。

（2）权限授予

若创建数据库用户时未为其指定任何角色，那么该用户将不能访问数据库中的任何对象。权限授予可以使用 GRANT 语句实现，其格式与作用在 7.2.3 节已做介绍。下面介绍在 SQL Server Management Studio 中给用户添加对象权限的步骤。

① 在对象资源管理器中找到该用户名，在"用户"上单击鼠标右键，并在弹出的快捷菜单上选择"属性"命令，在所出现窗口的"选择页"中双击"安全对象"图标，进入权限设置窗口，如图 7.6 所示。

② 单击"搜索"按钮，在所出现的对话框中选中"特定对象"单选项，单击"确定"按钮，如图 7.7 所示。进入"选择对象"对话框后，单击"对象类型"按钮，在所出现的如图 7.8 所示的"选择对象类型"对话框中选择要授权的数据对象（如"表"），单击"确定"按钮。

图 7.6　数据库用户设置

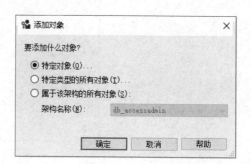

图 7.7　添加对象

③ 在返回的"选择对象"对话框中单击"浏览"按钮，进入"查找对象"对话框，在其中进行选择，如图 7.9 所示。单击"确定"按钮。

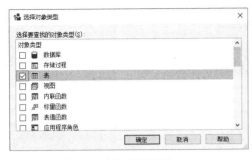

图 7.8　选择对象类型

图 7.9　选择具体对象

④ 回到"数据库用户"窗口，如图 7.10 所示。此窗口已包含添加的对象。依次选择每个对象，并在下面该对象的显示权限窗口中，根据需要勾选"授予"或"拒绝"复选框。设置完每个对象的访问权限后，单击"确定"按钮。此时就完成了给用户添加数据库对象权限的所有操作。

图 7.10　数据库对象权限设置

（3）禁止与撤销权限

禁止权限指拒绝对数据库对象的访问或执行语句。使用 DENY 命令可以拒绝给用户授予的权限，并防止数据库用户通过加入角色来获得权限。

撤销权限指不允许某个用户或角色向对象执行某种操作或某个语句。使用 REVOKE 命令可以撤销权限。

注意：不允许与拒绝是不同的。不允许执行某操作时，可以通过加入角色来获得允许权限。而当拒绝执行某操作时，则无法再通过角色来获得允许权。

4. 角色管理

在 SQL Server 中，通过角色可将用户分为不同的类，相同类的用户（相同角色的成员）进行统一管理，赋予相同的操作权限。SQL Server 给用户提供了预定义的服务器角色（固定服务器角色）和数据库角色（固定数据库角色）。固定服务器角色和固定数据库角色都是 SQL Server 内置的，不能进行添加、修改和删除操作。用户可根据需要创建自己的数据库角色，以便对具有同样操作的用户进行统一管理。

（1）固定服务器角色

服务器角色独立于各个数据库，每个角色对应着相应的管理权限。SQL Server 提供以下固定服务器角色。

① sysadmin：系统管理员，可对服务器进行所有的管理工作，为最高管理角色。

② securityadmin：安全管理员，可以管理登录和 CREATE DATABASE 权限，还可以读取错误日志和更改密码。

③ serveradmin：服务器管理员，具有对服务器进行设置及关闭服务器的权限。

④ setupadmin：设置管理员，添加和删除链接服务器，并执行某些系统存储过程（如 sp_serveroption）。

⑤ processadmin：进程管理员，可以管理磁盘文件。

⑥ dbcreator：数据库创建者，可以创建、更改和删除数据库。

⑦ bulkadmin：可执行 BULK INSERT 语句，但是这些成员必须对要插入数据的表有 INSERT 权限。BULK INSERT 语句的功能是以用户指定的格式复制一个数据文件至数据库表或视图。

如果要为在 SQL Server 中创建的登录账号赋予管理服务器的权限，则可设置该登录账号为服务器角色的成员。只能将一个登录账号添加为上述某个固定服务器角色的成员，不能自定义服务器角色。

（2）固定数据库角色

固定数据库角色定义在数据库级别上，并且有权进行特定数据库的管理及操作。SQL Server 提供以下固定数据库角色。

① db_owner：数据库所有者，可执行数据库的所有管理操作。SQL Server 数据库中的每个对象都有所有者，通常创建该对象的用户即为其所有者。其他用户只有在相应所有者对其授权后，方可访问该对象。

用户发出的所有 SQL 语句均受限于该用户具有的权限。例如，CREATE DATABASE 仅限于 sysadmin 和 dbcreator 固定服务器角色的成员使用。

② db_accessadmin：数据库访问权限管理者，具有添加、删除数据库使用者、数据库角色和组的权限。

③ db_securityadmin：数据库安全管理员，可管理数据库中的权限，如设置数据库表的增、删、改和查询等存取权限。

④ db_ddladmin：数据库 DDL 管理员，可增加、修改或删除数据库中的对象。

⑤ db_backupoperator：数据库备份操作员，具有执行数据库备份的权限。

⑥ db_datareader：数据库数据读取者。

⑦ db_datawriter：数据库数据写入者，具有对表进行增、删、改的权限。

⑧ db_denydatareader：数据库拒绝数据读取者，不能读取数据库中任何表的内容。

⑨ db_denydatawriter：数据库拒绝数据写入者，不能对任何表进行增、删、改操作。

⑩ public：一个特殊的数据库角色，每个数据库用户都是 public 角色的成员，因此，不能将用户、组或角色指派为 public 角色的成员，也不能删除 public 角色的成员。通常将一些公共的权限赋给 public 角色。

（3）用户自定义角色

一个用户登录到 SQL Server 服务器后必须是某个数据库用户，并具有相应的权限，才可对该数据库进行访问操作。如果有若干个用户对数据库有相同的权限，此时可考虑创建用户自定义数据库角色，赋予一组权限，并把这些用户作为该数据库角色的成员。

可以在 SQL Server Management Studio 中或使用 sp_addrole 存储过程创建数据库角色。

7.3　数据库的完整性

数据库的完整性是数据库系统中非常重要的概念，数据库管理员、系统开发人员都应深刻理解完整性的含义及 DBMS 中的相关机制。本书已经介绍了完整性的基本概念，以及基本的完整性约束条件定义。下面将进一步讨论完整性约束条件和完整性规则，着重介绍 DBMS 的数据完整性控制机制。

7.3.1　数据完整性概念

数据库的完整性是指数据库中的数据在逻辑上的正确性、有效性和相容性，其主要目的是防止错误的数据进入数据库，以保证数据库中的数据质量。其中，正确性（Correctness）是指数据的合法性；有效性（Valid）是指数据属于所定义的有效范围；相容性（Consistency）是指表示同一事实的两个数据应当一致。数据库是否满足完整性的约束条件，关系到数据库系统能否真实地反映现实世界，因此，维护数据库的完整性是非常重要的。

DBMS 必须提供相应的功能使得数据库中的数据合法，以确保数据的正确性；同时要避免不符合语义的数据进入数据库，以保证数据的有效性；另外还要保证数据的相容性。这里就涉及两个方面的问题：一是如何描述数据是"完整"的？二是如何保证数据是"完整"的？这里的"完整"是指数据满足正确性、有效性和相容性。

第一个问题是描述问题，通常采用完整性约束条件来描述，本节主要讨论此问题。第二个问题是 DBMS 的完整性控制执行问题，将在 7.3.2 节讨论。

在数据库的数据完整性机制中，整个完整性控制都是围绕着完整性约束条件进行的，可以说，完整性约束条件是完整性控制机制的核心。

完整性约束条件作用的对象是指关系、元组和列，这三种对象的状态可以是静态的，也可以是动态的。静态约束指数据库在一种确定状态时，数据对象应满足的约束条件，它是反映数据库状态合理性的约束。动态约束指数据库从一种稳定状态转变为另一种稳定状态时，新、旧值之间应满足的约束，它是反映数据库状态变迁的约束。

数据完整性约束的描述有两类方式：一是在数据定义语言（DDL）中，通过数据类型和约束子句描述；二是采用专门的 SQL 语句（如 ASSERT）或程序进行描述（如触发器）。

在 DDL 中，通过为每列定义数据类型实现了最基本的数据取值要求，可认为这种约束是隐式的约束，一般讨论完整性时将其忽略；DDL 中的完整性条件约束主要是通过 CREATE TABLE 语句中的约束子句来实现的，其中完整性约束包括列级完整性约束、表级完整性约束，它们的作用范围分别是列和表。在 CREATE TABLE 语句中可定义的约束如下。

① NOT NULL：限制列取值不能为空，只能用于列级约束。

② PRIMARY KEY：指定本列为主码，用于定义主码约束。

③ FOREIGN KEY：指定本列为引用其他表的外码，用于定义外码约束。

④ CHECK：限制列的取值范围。

各 DBMS 对约束的定义可能会有一些扩展。将在 7.3.3 节给出 T-SQL 中约束的定义格式。

为增强数据库的约束描述能力，在 SQL 标准中增加了专门描述完整性约束的 SQL 语句——ASSERT 语句。ASSERT 语句用于描述断言。断言（Assertions）指数据库状态必须满足的逻辑条件，DBA 可用断言的形式描述完整性约束，并由系统编译成约束库。DBMS 系统对执行的每个更新事务，用约束库中的断言对其进行检查。如果更新事务违反断言，则回滚该事务。ASSERT 语句格式为：

> ASSERT 约束名 ON 表名:断言

例如，以下语句说明了一个断言，即一种商品的库存量不能为负。

> ASSERT KCL_CONSTRAINT ON GoodsInfo:库存量>=0

SQL 标准中还提出了域完整性概念，允许用户使用 CREATE DOMAIN 语句建立一个域，并且定义该域应该满足的完整性约束条件。例如，下面的语句创建名为 address 域，并声明其取值约束为包含 35 个字符长的字符串，可以为 NULL。

> CREATE DOMAIN address CHAR(35) NULL

另外，利用触发器技术可以实现类似于约束的功能，但它比约束更为灵活，能够实现数据动态一致性的维护，因此也可以将其作为描述数据完整性约束的方法。

但这些描述方式并非各 RDBMS 都能提供支持，也有一些 DBMS 提供了相近的功能。例如，SQL Server 提供 CREATE RULE 语句，其功能与 CREATE DOMAIN 相似。所以在使用 DBMS 进行完整性定义时，还要参考其使用手册。

关系完整性约束条件的所有描述形成规则，被编译后存入数据库的数据字典或约束库中，在 DBMS 对数据更新操作时作为完整性检查处理的依据。

在关系数据库的三类完整性约束规则中，实体完整性约束由 PRIMARY KEY 定义；参照完整性由 FOREIGN KET 子句和 REFERENCES 子句定义；其他对完整性的描述均可归为用户定义完整性。

7.3.2 数据完整性控制

商用 DBMS 都支持数据库完整性控制，即完整性定义和检查控制由 DBMS 实现。DBMS 的完整性控制机制应具有以下三方面的功能。

（1）定义功能。为数据库用户提供定义完整性约束条件的机制。

（2）检查功能。检查用户发出的操作请求是否违背了完整性约束条件。

（3）违约处理。若发现用户的操作请求使数据违背了完整性约束条件，则执行相应的处理（如拒绝执行该操作），以保证数据库中数据的完整性。

以下简介关系数据库的实体完整性、参照完整性和用户定义完整性的实现机制。

1. 实体完整性的实现机制

实体完整性约束由 PRIMARY KEY 定义。若主码为单属性，则既可以定义为列级约束，也可定义为表级约束；若主码为多属性，则只能定义为表级约束。用 PRIMARY KEY 定义了关系主码后，每当用户对表插入记录或对主码列进行更新时，DBMS 就将按照实体完整性规则自动进行检查。

① 检查主码值是否唯一，若不唯一，则拒绝插入或修改。

② 检查主码的各个属性是否为空，只要有一个为空就拒绝插入或修改。

2. 参照完整性的实现机制

参照完整性由 FOREIGN KET 子句和 REFERENCES 子句进行定义，其中，FOREIGN KET 定义哪些列为外码，REFERENCES 则指明外码是参照哪些表的主码。定义如下：

> CREATE TABLE OrderList (
>   客户编号   char(6)   NOT NULL,
>   商品编号   char(8)   NOT NULL,
>   订购时间   datetime   NOT NULL,
>   数量   int,

```
需要日期    datetime,
付款方式    varchar(40),
送货方式    varchar(50),
PRIMARY KEY (客户编号,商品编号,订购时间),
FOREIGN KEY (客户编号) REFERENCE CustomerInfo(客户编号),
FOREIGN KEY (商品编号) REFERENCE GoodsInfo(商品编号)
)
```

关系 OrderList 的主码为(客户编号,商品编号,订购时间),外码为客户编号、商品编号,分别参照了表 CustomerInfo、GoodsInfo 的主码。

参照完整性将两个表中的元组联系起来。对被参照表和参照表进行增、删、改操作时有可能破坏参照完整性,必须进行检查。例如,对于 OrderList 表和 CustomerInfo 表就有 4 种可能破坏参照完整性的情况。

① OrderList 表中增加一个元组时,将使该元组的客户编号值在 CustomerInfo 表中不存在。

② 修改 OrderList 表中的一个元组时,将使修改后该元组的客户编号值在 CustomerInfo 表中不存在。

③ 从 CustomerInfo 表中删除一个元组,将使 OrderList 表的某些元组客户编号值在 CustomerInfo 表中不存在。

④ 修改 CustomerInfo 表中某些元组的客户编号值时,将使 OrderList 表中某些元组的客户编号值在 CustomerInfo 表中不存在。

若发现操作会破坏完整性,DBMS 可采用如下策略进行处理。

① 拒绝执行。不允许执行该操作,一般这是默认策略。

② 级联(CASCADE)操作。当删除或修改被参照表的一个元组,造成了与参照表不一致时,则删除或修改参照表中所有造成不一致的元组。

③ 设置为空值。当删除或修改被参照表的一个元组,造成了与参照表不一致时,将参照表中所有不一致的元组对应属性设置为空值。

3. 用户定义完整性的实现机制

用户定义完整性针对具体应用中数据必须满足的语义约束。用户可定义对属性列的约束、对元组的约束(如使用 CHECK 子句),可参见 3.3.2 节中对 CREATE TABLE 语句的说明。目前的 DBMS 都提供了定义和检查这类完整性的机制,可使用与实体完整性和参照完整性基本相同的技术和方法来处理它们。

用户定义完整性约束条件定义较为复杂,各 DBMS 相差也较大,关于 SQL Server 中的约束定义及检查机制内容将在 7.3.3 节中详细介绍。

7.3.3 SQL Server 的完整性机制

在 SQL Server 中,数据完整性可通过以下两种方式实施。

一种是声明式数据完整性。声明式数据完整性是将数据所需符合的条件融入到对象定义中,这样 SQL Server 就会自动确保符合事先指定的约束条件。这是实施数据库完整性的首选。这种方式的特点是通过对表和列定义的约束,可使数据完整性成为数据定义的一部分。

另一种是程序式数据完整性。如果约束条件及其实施均通过程序完成,则这种完整性实施方式称为程序式数据完整性。它的特点是可实现更复杂的条件约束。在实现中可利用存储过程或触发器。

在 SQL Server 完整性控制中,主要采用的是第一种实施方式。这种方式可通过约束

（Constraint）、规则（Rule）和默认（Default）来实现对完整性约束条件的定义，在这三种定义方式中，应优选约束，因为约束在 SQL Server 的可执行部分有代码路径，其执行速度比规则和默认要快。下面讨论 SQL Server 中的约束、规则和默认的定义和使用。

1. 约束

SQL Server 的约束（Constraint）是指由用户定义使系统自动强制保证数据库完整性的方式。SQL Server 支持 6 类约束：NOT NULL、PRIMARY KEY、CHECK、FOREIGN KEY、DEFAULT 和 UNIQUE。所有的约束都可作为列级约束，除 NOT NULL 和 DEFAULT 外，其余均可作为表级约束。每个约束类型之前都可以 "CONSTRAINT" 关键字指定约束名，格式如下：

```
[CONSTRAINT <约束名> ] <约束类型>
```

例如：

```
CREATE TABLE S
( SNO CHAR(8) CONSTRAINT Sno_CONS NOT NULL
    …
)
```

其中将 Sno 列的 NOT NULL 约束命名为 Sno_CONS，为约束命名可方便修改约束的定义。若不指定约束名，则系统会自动给定一个名字。

不仅可以在创建表时定义约束，也可在 ALTER TABLE 语句中增加或修改约束的定义。

在上述 6 类约束中，NOT NULL、PRIMARY KEY、FOREIGN KEY 和 DEFAULT 已经在第 3 章中介绍了，但对外码约束 FOREIGN KEY 未深入讨论，这里对其做进一步讲解，并介绍 CHECK 约束和 UNIQUE 约束。

（1）FOREIGN KEY 约束

外码约束 FOREIGN KEY 用于实现两个表之间的参照完整性，其定义格式如下：

格式 1：

```
CREATE TABLE <表名>
( 列名 数据类型  [ FOREIGN KEY ]                       --定义外码
REFERENCES <被参照表> (参照列名)
              [ ON DELETE { CASCADE | NO ACTION } ]
              [ ON UPDATE { CASCADE | NO ACTION } ]
)
```

格式 2：

```
CREATE TABLE <表名>
(  列名 1 数据类型 …
列名 2 数据类型 …
…
FOREIGN KEY(列名  [ ,...n ])                       --定义外码
REFERENCES <被参照表> [(参照列名[ ,...n ])]
[ ON DELETE [CASCADE | NO ACTION ]]
[ ON UPDATE [ CASCADE | NO ACTION ]]
)
```

格式 1 将外码约束作为列级完整性定义，格式 2 将外码约束作为表级完整性定义。关键字 FOREIGN KEY 指明外码字段。外码字段必须与<被参照表>中的主码（参照列名）对应（但不一定同名）。

其中，ON DELETE {CASCADE | NO ACTION}指出了当删除<被参照表>中的记录时，对参照表中的相应记录应执行的操作。如果指定 CASCADE，则删除<被参照表>中的记录时，对参照

表也删除相应记录，即进行级联删除；若指定 NO ACTION，SQL Server 将报告出错信息，并回滚<被参照表>中的删除操作，默认设置为 NO ACTION。

ON UPDATE {CASCADE | NO ACTION}指出了当修改<被参照表>中的记录时，对参照表中的相应记录应执行的操作。参数含义与默认设置都与 ON DELETE 子句相同。

通过修改表结构定义外码约束的语法如下：

```
ALTER TABLE table_name
    ADD   [ CONSTRAINT <约束名>]
    FOREIGN KEY(列名 [ ,...n ])                          --定义外码
    REFERENCES <被参照表> [(参照列名[ ,...n ] )]
    [ ON DELETE [CASCADE | NO ACTION ]]
    [ ON UPDATE [ CASCADE | NO ACTION ]]
```

参数含义与 CREATE TABLE 语句相同。

【例 7.4】 在 GoodsOrder 数据库中创建表 CustomerInfo_1，CustomerInfo_1 的客户编号为主码；创建表 GoodsInfo_1，GoodsInfo_1 的商品编号为主码；然后定义表 OrderList_1，OrderList_1 的客户编号、OrderList_1 的商品编号为外码。修改被参照表（CustomerInfo_1 和 GoodsInfo_1）中主码值时，参照表（GoodsInfo_1）中对应外码采用级联修改；删除被参照表中某个记录时，如果参照表中有对应记录，则拒绝删除。定义表 CustomerInfo_1、GoodsInfo_1、OrderList_1 的 SQL 语句如下：

```
CREATE TABLE CustomerInfo_1 (
    客户编号      char(6)      PRIMARY KEY,
    客户姓名      char(20)    NOT NULL,
    出生日期      datetime,
    性别          bit,
    所在省市      varchar(50),
    联系电话      varchar(12),
    微信号        varchar(30),
    VIP           bit,
    备注          text
    )

CREATE TABLE GoodsInfo_1 (
    商品编号      char(8)         PRIMARY KEY,
    商品类别      char(20)         NOT NULL,
    商品名称      varchar(50)      NOT NULL,
    品牌          varchar(30),
    单价          float,
    生产商        varchar(50),
    保质期        datetime          DEFAULT '2000-1-1',
    库存量        int,
    备注          text
    )

CREATE TABLE OrderList_1 (
    客户编号      char(6)      NOT NULL,
    商品编号      char(8)      NOT NULL,
    订购时间      datetime         NOT NULL,
    数量          int,
```

```
需要日期      datetime,
付款方式      varchar(40),
送货方式      varchar(50),
PRIMARY KEY (客户编号,商品编号,订购时间),
FOREIGN KEY (客户编号) REFERENCES CustomerInfo_1(客户编号)
ON DELETE NO ACTION ON UPDATE CASCADE,
FOREIGN KEY (商品编号) REFERENCED GoodsInfo_1(商品编号)
ON DELETE NO ACTION ON UPDATE CASCADE
)
```

（2）CHECK 约束

CHECK 约束用来检查字段值所允许的范围。CHECK 约束定义的语法格式如下：

```
[CONSTRAINT <约束名> ] CHECK(<条件>)
```

其中，<条件>是逻辑表达式，称为 CHECK 约束表达式，其构成与 WHERE 子句中逻辑表达式的构成相同。

【例 7.5】 以下的表定义中限定 Age 字段只能输入整数，并且范围为 0～100。

```
CREATE TABLE Client
( …
Age INT CONSTRAINT age_check CHECK(Age>=0 AND Age<=100),
…
)
```

（3）UNIQUE 约束

UNIQUE 约束用于指明某列或多个列组合的取值必须唯一。若对列指明了 UNIQUE 约束，则系统会自动为其建立索引。UNIQUE 约束定义的语法格式如下：

```
[CONSTRAINT <约束名> ] UNIQUE
```

【例 7.6】 以下的表定义中为 Name 字段定义 UNIQUE 约束。该约束确保没有同名记录。

```
CREATE TABLE Client
( …
Name CHAR(8) CONSTRAINT name_unique UNIQUE,
…
)
```

通常指定唯一约束的列不能取空值。SQL Server 中将定义了 UNIQUE 约束的列称为唯一键，并允许唯一键取空值。但系统为了保证其唯一性，最多只允许出现一个 NULL 值。系统在唯一键上所建的索引为非聚集索引。

2. 规则

规则（Rule）是数据库对存储在表的列或用户自定义数据类型中值的规定或限制。规则是独立存储在数据库中的对象。规则与 CHECK 约束类似，也是用来限制列所允许的范围。但它与 CHECK 有 5 点差异：①一个列可有多个 CHECK 约束，但只能应用一个规则；②CHECK 约束不能作用于用户自定义类型，而规则可以；③规则需要单独创建，而 CHECK 约束可在创建表时一起创建；④规则可实现比 CHECK 更复杂的约束条件；⑤规则可以只创建一次，使用多次。

使用规则包括创建、绑定、解绑和删除。

（1）创建规则

创建规则的语句是 CREATE RULE，其语法格式如下：

```
CREATE RULE <规则名> AS <条件表达式>
```

其中，<条件表达式>可为 WHERE 子句中任何有效的表达式，但不能包含列或其他数据库对象，可以包含不引用数据库对象的内置函数。在<条件表达式>中可包含局部变量，每个局部变量的前面都有一个@符号。在创建规则时，一般使用局部变量表示 UPDATE 语句或 INSERT 语句输入的值。

【例 7.7】 使用如下语句创建一个年龄规则。

```
CREATE RULE AGE_RULE
    AS @age >=0 AND @age<=100
```

（2）绑定规则

规则创建后，仅为一个数据库对象，并未发生作用。需要将规则与表中的列或用户自定义类型关联起来后，规则才能起作用。这里"关联"即为绑定。一个规则可绑定到多个对象上，但一个对象只能绑定一个规则。将规则绑定到对象要使用系统存储过程 sp_bindrule，其语法格式如下：

```
[EXEC[UTE]] sp_bindrule [@rulename=] '<规则名>' [@objname=] '<绑定对象名>'
```

注意：<规则名>和<绑定对象名>要用单引号括起来。如果<绑定对象名>采用"表名.字段名"的格式，则认为绑定到表的列，否则绑定到用户自定义数据类型。

【例 7.8】 将年龄规则 AGE_RULE 绑定到 S 表的"年龄"字段（假设之前已创建该表）。

```
EXEC sp_bindrule 'AGE_RULE', 'S.年龄'
```

（3）解绑规则

系统存储过程 sp_unbindrule 可解除规则的绑定，其语法格式如下：

```
[ EXEC[UTE] ] sp_unbindrule [ @objname= ] '<绑定对象名>'
```

例如，以下语句可解除绑定到 S 表"年龄"字段的规则：

```
EXEC sp_unbindrule 'S.年龄'
```

（4）删除规则

使用 DROP RULE 语句可删除一条或多条规则，其语法格式如下：

```
DROP RULE <规则名> [,...]
```

例如，以下语句将删除 AGE_RULE 规则：

```
DRPT RULE AGE_RULE
```

注意：在删除规则前必须解除该规则与对象的绑定。

3. 默认

默认（Default）是一种数据对象，它与 DEFAULT 约束的作用相同，也是当向表中输入数据而没有为列输入值时，系统自动为列赋予的值。与 DEFAULT 约束不同的是默认对象的定义独立于表，类似于规则。它的使用也与规则非常相似，即可以一次定义，多次使用；可以绑定到多个对象，但一个对象只能绑定一个默认等。

创建默认的语句是 CREATE DEFAULT，其语法格式为：

```
CREATE DEFAULT <默认名> AS <条件表达式>
```

例如，以下语句创建保质期的默认 Expire_default：

```
CREATE DEFAULT Expire_default AS '2000-1-1'
```

使用系统存储过程 sp_bindefault 将一个默认绑定到指定对象，其语法格式为：

```
[EXEC[UTE]] sp_bindefault [@defaultename=] '<默认名>' [@objname=] '<绑定对象名>'
```

例如，以下语句将默认 Expire_default 绑定到 GoodsInfo 的"保质期"字段上：

```
EXEC sp_bindrule 'Expire_default', 'GoodsInfo.保质期'
```

使用系统存储过程 sp_unbindefault 可解除指定对象绑定的默认，其语法格式为：

```
[ EXEC[UTE] ] sp_unbindefault [ @objname= ] '<绑定对象名>'
```

例如，以下语句解除绑定到 GoodsInfo 的"保质期"字段的默认：

```
EXEC sp_unbindefault ' GoodsInfo.保质期'
```

使用 DROP DEFAULT 语句可删除一个或多个默认，其语法格式为：

DROP DEFAULT <规则名> [,…]

7.4 并发控制

数据库是共享资源，可为多个应用程序所共享。为了有效地利用数据库资源，让多个程序或一个程序的多个进程并行地运行，这就是数据库的并发操作。在多用户数据库环境中，多个用户程序可并发地存取数据库中的数据，如果不对并发操作进行控制，就会存取不正确的数据，或破坏数据库数据的一致性。

事务是并发控制和数据库恢复的基本单位，本节先介绍事务的概念和特征，然后讨论数据库系统的并发控制机制。

7.4.1 事务

1. 事务概念

事务（Transaction）是一系列数据库操作的有限序列，是数据库的基本执行单元。例如，一条或一组 SQL 语句就构成一个事务。事务的根本特征是其包含的操作序列要么全做，要么全不做，整个序列是一个不可分割的整体。一般数据库应用程序都是由若干事务构成的，每个事务都可以看成是数据库的一个状态，而整个应用程序的操作过程则通过不同事务使得数据库从一个状态变换到另一个状态。

2. 事务的 ACID 性质

DBMS 在数据管理中需要保证事务本身的有效性，维护数据库的一致状态，所以对事务的处理必须满足 ACID 原则，即原子性（A）、一致性（C）、隔离性（I）和持久性（D）。

① 原子性（Atomicity）。事务必须是数据库的逻辑工作单元，即事务中包括的诸操作要么全执行，要么全不执行。

② 一致性（Consistency）。事务在完成时，必须使所有的数据都保持一致状态。如果数据库系统因运行中发生故障，使有些事务尚未完成就被迫中断。由于这些未完成的事务对数据库所做的修改有一部分已写入物理数据库，此时数据库便处于一种不一致的状态。

例如，某公司有 A、B 两个账号，现要从 A 账号划 1 万元到 B 账号，则可定义一个事务，该事务包括从账号 A 减去 1 万元和向账号 B 增加 1 万元两个操作。这两个操作要么全做，要么全不做，在这两种情况下，数据库均处于一致状态，但如果只做第一个操作，则逻辑上就出现了错误，用户少了 1 万元，此时数据库处于一种不一致的状态。可见一致性与原子性是密切相关的。

③ 隔离性（Isolation）。一个事务的执行不能被其他事务干扰，即一个事务内部的操作及使用的数据对其他并发事务是隔离的，并发执行的各个事务间不能互相干扰。事务查看数据时数据所处的状态，要么是另一并发事务修改它之前的状态，要么是另一事务修改它之后的状态，这称为事务的可串行性。

④ 持久性（Durability）。指一个事务一旦提交，它对数据库中数据的改变就是永久的。即使以后出现系统故障也不应该对其执行结果有任何影响。

事务的这种机制保证了一个事务或者提交后可成功执行，或者提交后失败滚回，二者必居其一。因此，它对数据的修改具有可恢复性，即当事务失败时，它对数据的修改都会恢复到该事务执行前的状态。而使用批处理，则有可能出现有的语句被执行，而另外一些语句没有被执行的情况，从而造成数据不一致。

事务是数据库并发控制和恢复的基本单位。保证事务的 ACID 性质是 DBMS 事务管理的重要任务。可能造成事务 ACID 特性被破坏的主要原因是多个事务并行运行时，不同事务的操作交叉执行；或者事务在运行中被强行停止。因此，DBMS 必须保证多个事务的交叉执行不影响各事务的原子性，并且要保证强行终止的事务对其他事务没有影响。

3. 事务的活动过程

在数据库运行中，一个事务的操作包括以下 4 个状态。

① 事务开始：事务开始执行。

② 事务读/写：事务进行数据操作。

③ 事务提交（COMMIT）：事务完成所有数据操作，并保存操作结果，它标志着事务成功完成。

④ 事务回滚（ROLLBACK）：当事务在执行过程中遇到错误时，事务未完成所有数据的操作，重新返回到事务开始或指定位置，释放事务所占用的资源。它标志着事务失败。

一个事务一般由事务开始至事务提交或事务回滚结束。事务执行的结果有成功提交和事务失败两种。当执行过程中产生故障时，事务会终止执行，此时根据事务的原子性特性，事务中已执行的步骤应当撤销（UNDO），这就是事务的回滚，即将数据库的状态恢复到该事务执行前的状态。

DBMS 对事务的控制有隐式事务控制和显式事务控制两种方法。隐式控制通常用于对数据库操作的一个语句，DBMS 将其作为一个事务来控制执行。显式控制用于由多个语句构成的事务，需要用相关的事务语句将这些语句界定起来。

在 SQL 中，显式定义事务的语句有 3 条：BEGIN TRANSACTION、COMMIT、ROLLBACK。其中，BEGIN TRANSACTION 指开始事务；COMMIT 指提交事务，即将事务中的所有操作提交服务器执行，事务中所有对数据的更新操作将被写入物理数据库；ROLLBACK 指回滚事务，当在事务执行过程中出现了异常或故障，事务不能继续执行，则将之前所做的对数据的更新全部撤销，退回到事务开始时的状态。

DBMS 对事务进行管理，保证事务的 ACID 特性，实质上涉及 DBMS 的另外两个重要功能的实现，即并发控制和数据库恢复。

7.4.2　事务的并发执行

并发执行的事务可能会出现同时存取数据库中同一个数据的情况。如果不加以控制，则可能引起读/写数据的冲突，对数据一致性造成破坏。下面先来了解事务的并发执行可能引起的问题，然后再据此做出相应的控制。

事务并发执行时的数据访问冲突，表现为丢失更新、读"脏"数据和不可重复读这 3 个问题。

1. 丢失更新

丢失更新（Lost Update）指当两个或多个事务选择同一行，然后基于最初选定的值更新该行时，由于每个事务都不知道其他事务的存在，因此最后的更新将重写由其他事务所做的更新，这将导致前面事务更新的数据丢失。

设有两个事务 T_1 和 T_2 都要访问数据 A，在事务执行前 A 的值为 100。以图 7.11（a）的调度顺序执行事务 T_1 和 T_2 中的语句。操作执行顺序是 T_1 读取 A，为 100，T_2 也读取 A，仍为 100；T_1 将 A 减 1，T_2 也将 A 减 1；T_1 将 A（99）值写入，T_2 也将 A（99）值写入。可见，事务操作这样的执行序列，使得 T_1 对数据的修改被 T_2 覆盖了，也就是 T_1 对数据的更新丢失了。

2. 读"脏"数据

读"脏"数据也称脏读（Dirty Read），指事务 T_1 修改数据，将其写回，事务 T_2 读取了该数据，但 T_1 随后又因某种原因被撤销了，使得 T_2 读取的数据与数据库中的数据不一致，即 T_2 读取的是"脏"（不正确）数据。

现以图 7.11（b）的调度顺序执行事务 T_1 和 T_2 中的语句。操作执行顺序是 T_2 读取 A，为 100；T_1 也读取 A，为 100；T_1 将 A 减 1，并写回；T_2 再读取 A（99）；但随后 T_1 回滚，撤销事务之前对数据的操作，使 A 恢复为原值 100。显然，T_2 第二次读到的 A 值是一个不正确的数据，即"脏"数据。

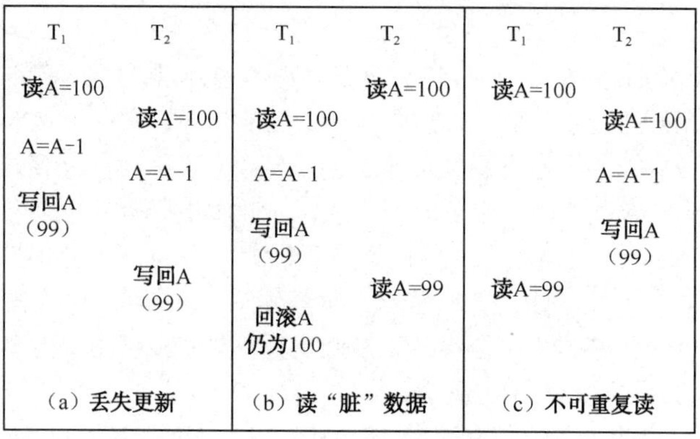

T_1	T_2	T_1	T_2	T_1	T_2
读A=100			读A=100	读A=100	
	读A=100	读A=100			读A=100
A=A-1					
	A=A-1	A=A-1		A=A-1	
写回A（99）					
		写回A（99）		写回A（99）	
	写回A（99）		读A=99		读A=99
		回滚A仍为100			
(a) 丢失更新		(b) 读"脏"数据		(c) 不可重复读	

图 7.11　3 种数据不一致的情况

3. 不可重复读

当事务 T_1 读取某数据后，事务 T_2 对该数据执行了更新操作，使得 T_1 无法再次读取与前一次相同的数据。这种数据不一致的情况称为不可重复读（Unrepeateable Read）。

现以图 7.11（c）的调度顺序执行事务 T_1 和 T_2 中的语句。操作执行顺序是 T_1 读取 A 为 100；T_2 也读取 A 为 100；T_2 将 A 减 1，并写回；T_1 再读取 A（99）。显然 T_1 第二次读到的 A 值与第一次读到的数据产生了不一致。

产生上述 3 类数据不一致的主要原因是并发调度不当，破坏了事务的隔离性。

DBMS 对事务的并发控制，可归结为对数据访问冲突的控制，使并发事务间数据访问互不干扰，以保证事务的隔离性。

7.4.3　并发调度的可串行化

对同一事务集存在多种调度。若调度不当，就会出现上述数据不一致的情况。那么如何调度才能保证不出现这些异常情况呢？

显然，串行调度是正确的。因此，当某个并发调度的执行结果与串行调度执行结果相同时，这个并发调度就是正确的。

对于一个并发事务集，如果一个调度与一个串行调度等价，则称该调度是可串行化的。按可串行化调度的事务执行，称为并发事务的可串行化。使并发调度可串行化的技术称为并发控制技术。在一般的 DBMS 中，都以可串行化作为并发控制的正确性准则。

【例 7.9】设有两个事务 T_1、T_2，伪代码分别为：

```
T₁:                    T₂:
   读A                    读A
   A=A-10                 C=A*0.1
   写回A                   A=A-C
   读B                    写回A
   B=B+10                 读B
   写回B                   B=B+C
                          写回B
```

设事务开始执行前 A 的初值为 100，B 的初值为 200。对 T_1 和 T_2 的串行调度有两种：T_1T_2 和 T_2T_1，两种调度执行结果分别为(T_1T_2:A=81,B=219)、(T_2T_1:A=80,B=220)。对 T_1 和 T_2 的两种并行调度如表 7.2 所示。可以看出，并发调度 1 执行结果为(A=81,B=219)，并发调度 2 执行结果为(A=90,B=210)。并发调度 1 是正确的，而并发调度 2 的执行结果与两个可能的串行执行结果都不同，所以是不正确的。

表 7.2　例 7.9 的两种并发调度

序　号	并发调度 1		并发调度 2	
	T_1	T_2	T_1	T_2
1	读 A		读 A	
2	A=A-10		A=A-10	
3	写回 A			读 A
4		读 A		C=A*0.1
5		C=A*0.1		A=A-C
6		A=A-C		写回 A
7		写回 A		读 B
8	读 B		写回 A	
9	B=B+10		读 B	
10	写回 B		B=B+10	
11		读 B	写回 B	
12		B=B+C		B=B+C
13		写回 B		写回 B

7.4.4　封锁

事务并发控制要对多事务并发执行中的所有操作按照正确方式进行调度，使得一个事务的执行不受其他事务的干扰。并发控制的主要技术有封锁、时间戳、乐观并发控制和多版本并发控制等。常用的是封锁技术，下面讨论该技术。

封锁（Lock）的基本思想是如果事务 T_1 要修改数据 A，则在读 A 之前先封锁 A；封锁成功后再修改，直到 T_1 写回并解除封锁后，其他事务才能读取 A。

1. 封锁类型

DBMS 通常提供了多种类型的封锁。一个事务对某个数据对象加锁后究竟拥有什么样的控制，这是由封锁的类型决定的。常见锁模式有排他锁和共享锁。

排他锁（Exclusive Lock），也称写锁或 X 锁。若事务 T 对数据 A 加上排他锁，则 T 可对 A 进行读/写，其他事务只有等到 T 解除对 A 的封锁后，才能对 A 进行封锁和操作。

共享锁（Sharing Lock），也称读锁或 S 锁。若事务 T 对数据 A 加上共享锁，则 T 对 A 只能读取而不能修改，其他事务可对 A 加 S 锁，但不能加 X 锁。

排他锁的实质是保证数据的独占性，排除了其他事务对修改操作的干扰。共享锁的实质是保证多个事务可以同时读数据，但在有事务读数据时不能修改数据。

排他锁和共享锁的控制方式可用表 7.3 中的相容矩阵来表示。表中 Y 表示相容的封锁请求，N 表示不相容的封锁请求。最左列表示事务 T 已获得的锁类型，"—"表示没有封锁。最上面一行表示事务 T_2 请求在同一数据上的封锁类型，Y 表示 T_2 的封锁请求能够满足，N 表示不能满足。

表 7.3　排他锁和共享锁的相容矩阵

T_1＼T_2	X	S	—
X	N	N	Y
S	N	Y	Y
—	Y	Y	Y

一个事务在执行数据读/写操作前必须申请相应的锁。如果封锁请求不成功，表明其他事务正对数据进行操作，则该事务应当等待。直至其他事务将锁释放后，该事务封锁请求成功，才可以进行数据操作。另外，一个事务在对数据操作完成后必须释放锁，这样的事务称为合适（Well Formed）事务。合适事务是保证正确的并发执行所必需的基本条件。

2. 封锁协议

在使用 X 锁和 S 锁给数据对象加锁时，还需要约定一些规则，如何时请求封锁、锁定时间、何时释放锁等，称这些规则为封锁协议（Locking Protocol）。对封锁方式制定的不同规则形成了不同级别的封锁协议。封锁协议的级别主要分为三级，不同级别的封锁协议所能达到的系统一致性是不同的。

（1）一级封锁协议

一级封锁协议指事务 T 在对数据 A 进行写操作之前，必须对 A 加 X 锁，直到事务结束（包括 Commit 和 Rollback）才可释放 X 锁。

一级封锁协议可防止"丢失更新"所产生的数据不一致。这是因为采用一级封锁协议后，事务在对数据进行写操作前必须申请 X 锁，以保证其他事务对该数据不能做任何操作，相当于在这段时间内，该事务独占了此数据。

在一级封锁协议中，若事务只是读数据，则不需加锁，因此，该协议不能解决读"脏"数据和不可重复读的问题。

（2）二级封锁协议

二级封锁协议指在一级封锁协议的规则上再增加一条规则，即事务 T 在读数据 A 之前必须先对 A 加 S 锁，读完后即释放该 S 锁。这样形成的规则集就是二级封锁协议。

二级封锁协议包含了一级封锁协议的内容，因此它可以防止出现丢失更新的问题。同时由于在读操作之前必须使用 S 锁，所以它还能解决读"脏"数据问题。

（3）三级封锁协议

三级封锁协议指在一级封锁协议的规则上再增加一条规则，即事务 T 在读数据 A 之前必须先对 A 加 S 锁，直到事务结束才释放该 S 锁。这样形成的规则集就是三级封锁协议。

三级封锁协议包含了二级封锁协议的内容，因此它可以防止出现丢失更新、读"脏"数据的问题。同时由于 X 锁和 S 锁都是在事务结束后才释放的，所以它还可以解决不可重复读的问题。

3. 两段锁协议

上面的封锁协议可以防止事务并发执行中的问题，但并不一定能保证并发调度是可串行化的。为了保证并发调度是可串行化的，必须使用其他附加规则来限制封锁的时机。两段锁协议就是一种已证明能产生可串行化调度的封锁协议。

两段锁协议指所有事务必须分两个阶段对数据加锁和解锁。

① 在对任何数据进行读/写操作之前，要申请并获得对该数据的封锁。

② 在释放一个封锁之后，事务不再申请和获得其他封锁。

7.4.5　活锁与死锁

数据库中的封锁技术也会带来活锁与死锁的问题。

1. 活锁

活锁（Live Lock）指在封锁过程中，系统可能使某个事务永远处于等待状态而得不到封锁机会。

例如，若事务 T_1 封锁数据 A 后，T_2 也请求封锁 A，于是 T_2 等待，接着 T_3 也申请封锁 A。当 T_1 解除 A 的封锁后，系统响应了 T_3 的请求，T_2 则继续等待。此时 T_4 又申请封锁 A。当 T_3 解除 A 的封锁后，系统响应了 T_4 的请求，T_2 继续等待。以此类推，T_2 只能一直等待下去。这就是活锁的情形。

解决活锁的最有效办法是对封锁请求按"先到先服务"的响应策略，即采用队列方式。当多个事务请求封锁同一数据时，系统按请求的顺序进行排队。该数据上的锁一旦释放，就从队列头部取出一个事务响应其锁定要求。

2. 死锁

死锁（Dead Lock）指若干事务都处于等待状态，相互等待对方释放锁，结果造成这些事务都无法进行，系统进入对锁的循环等待。

当两个或更多应用程序每个都持有另一个应用程序所需资源上的锁，若没有这些资源，应用程序都无法继续完成其工作时，就会出现死锁的状况。

以下是一个简单的死锁场景。

① 事务 T_1 对 A 加上 X 锁，还申请对 B 的 X 锁。

② 事务 T_2 对 B 加上 X 锁，还申请对 A 的 X 锁。

数据库解决死锁问题主要通过两种方法：预防法和解除法。

（1）预防法。预先采用一定的操作模式以避免死锁的发生，主要有以下两种途径。

① 顺序申请法。将封锁对象按顺序编号，事务在申请封锁时按编号顺序申请。

② 一次申请法。事务在开始执行前将所需的所有锁一次申请完成，并在操作完成后一次性归还所有的锁。

（2）解除法。允许发生死锁，在死锁发生后通过一定的方法予以解除，主要有以下两条途径。

① 定时法。对每个锁设置一个时限，当事务等待超过时限后即认为已产生死锁，调用解锁程序解除死锁。

② 死锁检测法。定时执行系统内的死锁检测程序，一旦发现死锁，即调用解锁程序解除死锁。

7.4.6　SQL Server 的事务处理和锁机制

1. SQL Server 事务处理

（1）事务模式

SQL Server 事务是在连接层进行管理的。当事务在一个连接上启动时，这些在连接上执行的 T-SQL 语句于该事务结束之前都是事务的一部分。SQL Server 用 3 种模式来管理事务。

① 自动提交事务模式。每条单独的语句都是一个事务。在此模式下，每个 T-SQL 语句在成功执行后，都被自动提交。如果遇到错误，则自动滚回该语句。该模式为系统默认的事务管理模式。

② 显式事务模式。该模式允许用户定义事务的启动与结束。事务以 BEGIN TRANSACTION 语句显式开始，以 COMMIT 或 ROLLBACK 语句显式结束。

③ 隐式事务模式。在当前事务完成提交或回滚后，新事务自动启动。隐式事务不需要以 BEGIN TRANSACTION 语句标识事务的开始，但需要以 COMMIT 语句或 ROLLBACK 语句来提交或回滚事务。使用语句 SET IMPLICIT_TRANSACTIONS ON/OFF 可开启/关闭隐式事务模式。

（2）事务类型

SQL Server 的事务可分为两类：系统提供的事务和用户定义的事务。

系统提供的事务是指在执行某些 T-SQL 语句时，一条语句就构成了一个事务，这些语句包括：

ALTER TABLE	CREATE	DELETE	DROP
FETCH	GRANT	INSERT	OPEN
REVOKE	SELECT	UPDATE	TRUNCATE TABLE

例如，执行如下的创建表语句：

```
CREATE TABLE TABLE1(
    col1 INT NOT NULL,
    col2 CHAR(10),
    col3 VARCHAR(30))
)
```

这条语句本身就构成了一个事务，它要么建立起含 3 列的表结构，要么对数据库没有任何影响，而不会建立起含 1 列或 2 列的表结构。

在实际应用中，大量使用的是用户定义的事务。T-SQL 语句用于事务的定义方法是用 BEGIN TRANSACTION 语句指定一个事务的开始，用 COMMIT 语句或 ROLLBACK 语句表明一个事务的结束。

注意：必须明确指定事务的结束，否则，系统将把从事务开始到用户关闭连接之间所有的操作都作为一个事务来处理。

（3）事务处理语句

与事务处理有关的语句包括 BEGIN TRANSACTION、COMMIT TRANSACTION 和 ROLLBACK TRANSACTION。

① BEGIN TRANSACTION 语句，用于定义事务的开始，其语法格式为：

```
BEGIN TRAN[SACTION] [ <事务名> | @<事务变量名>
    [ WITH MARK [ 'description' ] ] ]
```

其中，@<事务变量名>是用户定义的、含有效事务名称的变量，该变量必须是 char、varchar、nchar 或 nvarchar 类型的。WITH MARK 指定在日志中标记事务，description 是描述该标记的字符串。

BEGIN TRANSACTION 语句的执行使全局变量 @@TRANCOUNT 的值加 1。

② COMMIT TRANSACTION 语句。它是提交语句，使自事务开始以来所执行的所有数据修改成为数据库的永久部分，也标志一个事务的结束，其语法格式为：

```
COMMIT [ TRAN[SACTION] [<事务名> | @<事务变量名> ] ]
```

与 BEGIN TRANSACTION 语句相反，COMMIT TRANSACTION 语句的执行使全局变量 @@TRANCOUNT 的值减 1。

③ ROLLBACK TRANSACTION 语句。它是回滚语句，可使事务回滚到起点或指定的保存点处，也标志一个事务的结束，其语法格式为：

```
ROLLBACK [ TRAN[SACTION]
    [<事务名> | @<事务变量名> | <保存点名> | @<保存点变量名>] ]
```

其中，保存点名和保存点变量名可用 SAVE TRANSACTION 语句设置：

```
SAVE TRAN[SACTION] {<保存点名> | @<保存点变量名> }
```

ROLLBACK TRANSACTION 语句将清除自事务的起点到某个保存点所做的所有数据修改，并且释放由事务控制的资源。如果事务回滚到开始点，则全局变量@@TRANCOUNT 的值减 1；如果只回滚到指定保存点，则@@TRANCOUNT 的值不变。

以下例子说明事务处理语句的使用。

【例 7.10】 显式事务处理（带有回滚）。本例在存储过程中创建一个事务，实现向 GoodsOrder 数据库的 OrderList 表中增加一条订单记录时，检查"客户编号"是否存在于 CustomerInfo 表中，"商品编号"是否存在于 GoodsInfo 表中，该商品的库存数是否满足订购需求。只要三者之一为否，撤销插入操作；否则，提交数据操作。

```
CREATE PROCEDURE proc_order
@CID char(6), @GID char(8), @OrderDate datetime, @num int
AS
DECLARE @stock INT
BEGIN TRANSACTION          --事务开始
    INSERT INTO OrderList (客户编号，商品编号，订购时间，数量)
    VALUES (@CID, @GID, @OrderDate, @num)
    IF ( @CID   NOT IN (SELECT  客户编号  FROM   CustomerInfo) )
        BEGIN
            PRINT '订单中的客户编号不存在'
            ROLLBACK TRANSACTION        --事务回滚到起点
            RETURN
        END
    IF (@GID NOT IN (SELECT  商品编号  FROM   GoodsInfo))
        BEGIN
            PRINT '订单中的商品编号不存在'
            ROLLBACK TRANSACTION        --事务回滚到起点
            RETURN
        END
    SELECT @stock = 库存量
    FROM GoodsInfo
    WHERE  商品编号=@GID
    IF (@stock<@num)
        BEGIN
            PRINT '该商品库存量不足，不满足订购数量'
            ROLLBACK TRANSACTION        --事务回滚到起点
            RETURN
        END
    ELSE
        BEGIN
            UPDATE GoodsInfo
            SET  库存量=库存量-@num
            WHERE  商品编号=@GID
            COMMIT TRANSACTION          --事务提交
        END
```

【例 7.11】　本例定义一个事务，向 GoodsOrder 数据库的 CustomerInfo 表中插入一行数据，然后再删除该行；但执行后，新插入的数据行并没有被删除，因为事务中使用 ROLLBACK 语句将操作回滚到保存点 My_sav，即删除前的状态。

设置事务保存点。本例定义一个事务，在 GoodsOrder 数据库中有一个新客户订购了商品，先向 CustomerInfo 表中插入一行客户信息，操作后并设置保存点 My_sav，然后再向 OrderList 表中插入该客户的订单信息。即使操作 OrderList 表时发生了错误，由于事务中使用 ROLLBACK 语句将操作回滚到保存点 My_sav，事务对 CustomerInfo 表的插入操作还是有效的。

```
BEGIN TRANSACTION
USE GoodsOrder
INSERT INTO CustomerInfo(客户编号,客户姓名,出生日期,性别,所在省市,联系电话)
VALUES('100007','周远','1999-08-20','男','安徽合肥','13388080088')
IF @@error!=0        --@@error 是全局变量，若不为 0，则表示 SQL 命令执行失败
    BEGIN
        PRINT '插入客户操作错误'
        RETURN
    END
SAVE TRAN My_sav        --设置事务保存点
INSERT INTO OrderList(客户编号,商品编号,订购时间)
VALUES('100007', '10010002', getdate())
IF @@error!=0
    BEGIN
        ROLLBACK TRAN My_sav        --事务回滚到保存点 My_sav
        PRINT '插入订单操作错误'
        RETURN
    END
COMMIT TRAN
```

【例 7.12】　隐式事务处理过程。

```
CREATE TABLE im_tran(
    Col1 CHAR(2)PRIMARY KEY,
    Col2 CHAR(10)NOT NULL,
)
GO
SET IMPLICIT_TRANSACTIONS ON            --启动隐式事务模式
GO
INSERT INTO im_tran VALUES('1',  'Record1')    --第一个隐式事务开始
INSERT INTO im_tran VALUES('2',  'Record2')
COMMIT TRAN                    --提交第一个隐式事务
GO
SELECT * FROM im_tran            --第二个隐式事务开始
INSERT INTO im_tran VALUES('3','Record3')
SELECT * FROM im_tran
COMMIT TRAN                    --提交第二个隐式事务
GO
SET IMPLICIT_TRANSACTIONS ON            --关闭隐式事务模式
GO
```

2. SQL Server 的锁机制

（1）封锁粒度

在 SQL Server 中，可锁定的资源从小到大分别是行、页、扩展盘区、表和数据库，被锁定的资源单位称为锁定粒度，锁定粒度不同，系统的开销也不同，并且锁定粒度与数据库访问并发度是一对矛盾体，锁定粒度大，系统开销小但并发度会降低；锁定粒度小，系统开销大，但可提高并发度。

（2）锁模式

SQL Server 使用不同的锁模式锁定资源，这些锁模式确定了并发事务访问资源的方式。SQL Server 更强调由系统来管理锁。在用户有 SQL 请求时，系统分析请求，自动在满足锁定条件和系统性能之间为数据库加上适当的锁，同时系统在运行期间常常自动进行优化处理，实行动态加锁。对于一般的用户而言，通过系统的自动锁定管理机制基本能够满足使用需要。但如果对数据一致性有特别需要，就需要了解 SQL Server 的锁机制，掌握数据库锁定方法。SQL Server 有 6 种锁模式：共享锁、更新锁、排他锁、意向锁、架构锁和大容量更新锁。

① 共享锁。共享锁允许并发事务读取一个资源。当一个资源上存在共享锁时，任何其他事务都不能修改数据。一旦读取数据完毕，便立即释放资源上的共享锁，除非将事务隔离级别设置为可重复读或更高级别，或者在事务生存周期内用锁定提示保留共享锁。

② 更新锁。更新锁可以防止通常形式的死锁。一般数据更新操作由一个事务完成，此事务读取记录，获取资源的共享锁，然后修改行，此操作要求锁转换为排他锁。如果两个事务获得了资源上的共享锁，然后试图同时更新数据，则其中的一个事务将尝试把锁转换为排他锁。共享模式到排他锁的转换必须等待一段时间，因为一个事务的排他锁与其他事务的共享锁不兼容，这就是锁等待。另一个事务试图获取排他锁以进行更新。由于两个事务都要转换为排他锁，并且每个事务都等待另一个事务释放共享锁，因此会发生死锁，这就是潜在的死锁问题。要避免这种情况的发生，可使用更新锁。一次只允许一个事务可获得资源的更新锁，如果该事务要修改锁定的资源，则更新锁将转换为排他锁；否则为共享锁。

③ 排他锁。排他锁是为修改数据而设置的。排他锁所锁定的资源，其他事务不能读取也不能修改。

④ 意向锁。意向锁表示 SQL Server 需要在某些底层资源（如表中的页或行）上获取共享锁或排他锁。意向锁又分为共享意向锁、独占意向锁和共享式排他锁。共享意向锁说明事务意图在共享意向锁所锁定的底层资源上放置共享锁来读取数据。独占意向锁说明事务意图在共享意向锁所锁定的底层资源上放置排他锁来修改数据。共享式排他锁说明事务允许其他事务使用共享锁来读取顶层资源，并意图在该资源底层上放置排他锁。

⑤ 架构锁。执行表的数据定义语言（DDL）操作（如添加列或删除表）时使用架构修改（Sch-M）锁。当编译查询时，使用架构稳定性（Sch-S）锁。Sch-S 锁不阻塞任何事务锁，包括排他锁。因此在编译查询时，其他事务（包括在表上有排他锁的事务）都能继续运行，但不能在表上执行 DDL 操作。

⑥ 大容量更新锁。当将大容量数据复制到表，并且指定了 TABLOCK 提示，或使用 sp_tableoption 配置了 table lock on bulk 表选项时，将使用大容量更新锁。大容量更新锁允许进程将数据并发地复制到同一表，同时防止其他不进行大容量复制的进程访问该表。

（3）隔离级别

事务准备接受不一致数据的级别称为隔离级别（Isolation Level）。隔离级别反映了一个事务必须与其他事务进行隔离的程度。较低的隔离级别可增加事务并发度，但代价是降低了数据的正确性。隔离级别决定了 SQL Server 使用的锁定模式。它有以下 4 种隔离级别。

① 提交读（Read Committed）。在此隔离级别下，SELECT 语句不会也不能返回尚未提交（Committed）的数据（"脏"数据）。这是 SQL Server 的默认隔离级别。

② 未提交读（Read Uncommitted）。与提交读隔离级别相反，它允许读"脏"数据，即已被其他事务修改但尚未提交的数据。这是最低的事务隔离级别。

③ 可重复读（Repeatable Read）。在此隔离级别下，SELECT 语句读取的数据在整个语句执行过程中不会被修改。但这个隔离级别会影响系统性能。

④ 可串行读（Serializable）。将共享锁保持到事务完成。它是最高的事务隔离级别，事务之间完全隔离。

可通过 SET TRANSACTION ISOLATION LEVEL 语句来设置隔离级别，其语法格式如下：

```
SET TRANSACTION ISOLATION LEVEL
{READ COMMITTED|READ UNCOMMITTED|REPEATABLE READ|SERIALIZABLE}
```

（4）死锁

在 SQL Server 中，系统能够自动定期搜索和处理死锁问题。系统在每次搜索中标识所有等待锁定请求的进程。如果在下一次搜索中该标识的进程仍处于等待状态，SQL Server 就开始进行死锁搜索。当搜索检测到锁定请求时，SQL Server 选择一个可以打破死锁的进程（称为"死锁牺牲品"），将其事务回滚，并向此进程的应用程序返回 1205 号错误信息，这样来结束死锁。SQL Server 通常会选择运行撤销时花费最少的事务进程作为死锁牺牲品。另外，用户可以使用 SET 语句将会话的 DEADLOCK_PRIORITY 设置为 LOW。DEADLOCK_PRIORITY 选项控制在死锁情况下如何衡量会话的重要性。如果会话的设置为 LOW，则当会话陷入死锁情况时将成为首选牺牲品。

7.5　数据库恢复

尽管系统中采取了各种措施来保证数据库的安全性和完整性，但硬件故障、软件错误、病毒、误操作或故意破坏仍可能发生，这些故障会造成运行事务的异常中断，影响数据正确性，甚至会破坏数据库，使数据库中的数据部分或全部丢失。因此数据库管理系统都提供了把数据库从错误状态恢复到某个正确状态的功能，这种功能称为恢复。数据库采用的恢复技术是否有效，不仅对系统的可靠性起着重要作用，对系统的运行效率也有很大的影响。

7.5.1　故障种类

数据库中的数据丢失或被破坏可能存在以下几类原因：系统故障、事务故障、介质故障、计算机病毒、误操作、自然灾害和盗窃等。

（1）系统故障。指造成系统停止运行的任何事件，使得系统需要重新启动，常称作软故障。例如，硬件错误、操作系统错误、突然停电等。

（2）事务故障。指由于事务非正常终止而引起的数据破坏。

（3）介质故障。指外存储器故障，如磁盘损坏、磁头碰撞等，常称作硬故障。

（4）计算机病毒。破坏性病毒会破坏系统软件、硬件和数据。

（5）误操作。用户误使用 DELETE、UPDATE 等命令而引起的数据丢失或被破坏。

（6）自然灾害，如火灾、洪水或地震等。它们可造成极大的破坏，会毁坏计算机系统及其数据。

（7）盗窃。一些重要数据可能会遭窃。

各种故障对数据库可能造成的影响，一种是数据库本身被破坏；另一种是数据库本身虽然没有被破坏，但数据可能不正确。

要消除故障对数据库造成的影响，就必须制作数据库的副本，即进行数据库备份，以在数据库遭到破坏时能够修复数据库，即进行数据库恢复。数据库恢复就是把数据库从错误状态恢复到某个正确状态。

7.5.2　数据库恢复技术

数据库恢复机制包括两个方面：一是建立冗余数据，即进行数据库备份；二是在系统出现故障后，利用冗余数据将数据库恢复到某个正常状态。

数据库备份最常用的技术是数据转储和登录日志文件，并且通常这两种技术是一起使用的。而数据库的恢复则需依据故障的类别来选择不同的恢复策略。

1. 数据库备份

（1）数据转储

数据转储是指由 DBA 定期将整个数据库复制到磁带或另一个磁盘上保存起来的过程，是数据库恢复中采用的基本技术。当数据库遭到破坏后，可以将后备副本重新装入，但重装后备副本只能将数据库恢复到转储时的状态，如果要恢复到故障发生时的状态，必须重新运行自转储以后的所有更新事务。转储与恢复的基本过程如图 7.12 所示。

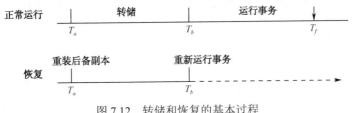

图 7.12　转储和恢复的基本过程

由图 7.12 可以发现，系统在 T_a 时刻停止当前运行事务，进行数据库转储，在 T_b 时刻转储结束。此时可以得到一个数据库副本。如果系统运行到 T_f 时刻发生故障，就可以利用已有副本将数据库恢复到 T_b 时刻的状态，然后重新运行 $T_b \sim T_f$ 时刻的所有更新事务，这样就把数据库恢复到故障发生前的一致状态。

转储操作是十分费时并且需要消耗大量资源的，因此不能频繁进行。DBA 可根据数据库实际情况选择转储策略和转储方式。转储方式有海量（全量）转储和增量转储两种，转储策略有静态转储和动态转储两种，因此，数据转储类别共有 4 种，如表 7.4 所示。

表 7.4　4 种数据转储类别

转 储 类 别	转 储 方 式	转 储 策 略
静态海量转储	海量转储	静态转储
静态增量转储	增量转储	静态转储
动态海量转储	海量转储	动态转储
动态增量转储	增量转储	动态转储

① 静态转储和动态转储。静态转储是在系统中没有事务运行时进行转储操作，即在转储操作开始前必须先停止对数据库的任何存取与更新操作，并且在转储进行期间也不能进行任何数据库存取与访问操作。动态转储则没有这些限制，它允许在转储期间对数据库进行存取与更新操作。

静态转储必须停止所有数据库的存取与更新操作，这会降低数据库的可用性。动态存储虽可以克服静态转储的缺点，提高数据库的可用性，但可能会产生转储结束后保存的数据副本并不是正确有效的问题。这个问题可通过如下技术解决，即记录转储期间各事务对数据库的修改活动，建立日志文件，在恢复时采用数据副本加日志文件的方式，将数据库恢复到某个时刻的正确状态。

　　② 海量转储和增量转储。海量转储指每次转储全部数据库，也称全量转储。增量转储则指每次只转储自上次转储后更新过的数据。

　　使用海量转储得到的后备副本进行恢复时会更加方便一些。如果数据库很大并且事务处理十分频繁，则采用增量转储更有效。

　　（2）登录日志文件

　　日志文件是用来记录事务对数据库的更新操作的文件，它对数据库中数据的恢复起着非常重要的作用。在数据库中用日志文件记录数据的修改操作，其中每条日志记录主要记录所执行的逻辑操作、已修改数据执行前的数据副本及执行后的数据副本。

　　因此登记日志文件时必须遵循两条原则：

　　① 登记的次序严格按照并发事务的时间次序；

　　② 先写日志文件，后写数据库。

　　如图 7.13 所示，如果数据库遭到破坏，要把数据恢复到转储结束时刻的正确状态，不必重新运行事务，利用日志文件即可恢复到故障前某个时刻的正确状态。

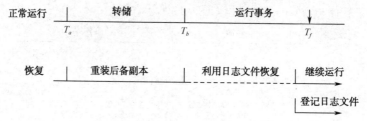

图 7.13　利用日志文件恢复

2. 恢复策略

　　一旦系统发生故障，利用数据库后备副本和日志文件就可以将数据库恢复到出现故障前的某个正常状态。不同故障其恢复策略有所不同。

　　（1）系统故障的恢复

　　系统故障的恢复由系统在重启时自动完成，其步骤如下。

　　① 从头开始扫描日志文件，找出故障发生前已提交的事务，将其事务标识记入重做（REDO）队列，同时找出故障发生时尚未完成的事务，将其记入撤销（UNDO）队列。

　　② 对撤销队列的各事务进行撤销处理。

　　③ 对重做队列中的各事务进行重做处理。

　　（2）事务故障的恢复

　　事务故障指的是事务在运行至正常结束点前被终止，这时 DBMS 的恢复子系统利用日志文件撤销该事务对数据库的修改。事务故障的恢复由 DBMS 自动完成，其步骤如下。

　　① 从尾部开始反向扫描日志文件，查找该事务的数据更新操作。

　　② 对该事务的所有数据更新操作执行其"逆操作"。

　　（3）介质故障的恢复

　　介质故障是最严重的一类故障，此时磁盘上的数据和日志文件可能都被破坏。介质故障的恢复方法是重装数据库，然后重做已完成的事务，其步骤如下。

　　① 装入最新的数据库后备副本，使数据库恢复到最近一次转储的一致性状态。

　　② 装入相应的日志文件副本，重做已完成的事务。

这样就可以将数据库恢复至故障前某个时刻的一致状态了。

对于由误操作、计算机病毒、自然灾害或者介质被盗造成的数据丢失也可以采用这种方法进行恢复。

介质故障的恢复需要 DBA 介入，DBA 重装最近转储的数据库副本和有关的日志文件副本，然后启动执行恢复命令。

7.5.3　SQL Server 的恢复技术

1. 建立数据库备份

在 SQL Server 系统中，建立数据库备份是一项重要的数据库管理工作。

（1）备份内容

数据库中数据的重要程度决定了数据恢复的必要性与重要性，也就决定了数据是否及如何备份。数据库需备份的内容可分为系统数据库、用户数据库和事务日志三部分。

系统数据库记录了重要的系统信息，主要包括 Master、Msdb、Model 数据库，是确保系统正常运行的重要数据，必须完全备份。用户数据库是存储用户数据的存储空间集，通常用户数据库中的数据依据其重要性可分为非关键数据和关键数据。非关键数据通常能够很容易地从其他来源重新创建，可以不备份；关键数据则是用户的重要数据，不易甚至不能重新创建，对其需进行完全备份。事务日志记录了用户对数据的各种操作，平时系统会自动管理和维护所有的数据库事务日志。事务日志备份所需时间较少，但恢复需要的时间比较长。

（2）备份类型

数据库备份常用的两类方法是完全备份和差异备份。完全备份每次都备份整个数据库或事务日志。差异备份则只备份自上次备份以来发生过变化的数据库的数据，差异备份也称为增量备份。当数据库很大时，也可以进行个别文件或文件组的备份，从而将数据库备份分割为多个较小的备份过程。这样就形成了以下 4 种备份方法。

① 完全数据库备份。这种方法按常规定期备份整个数据库，包括事务日志。当系统出现故障时，可以恢复到最近一次数据库备份时的状态，但自该备份后所提交的事务都将丢失。完全数据库备份的主要优点是简单，备份是单一操作，可按一定的时间间隔预先设定，恢复时只需一个步骤就可以完成。若数据库不大，或者数据库中的数据变化很少甚至是只读的，那么就可以对其进行全量数据库备份。

② 数据库和事务日志备份。这种方法不需要很频繁地定期进行数据库备份，而是在两次完全数据库备份期间，进行事务日志备份，所备份的事务日志记录了两次数据库备份之间所有的数据库活动记录。当系统出现故障后，能够恢复所有备份的事务，而只丢失未提交或提交但未执行完的事务。执行恢复时需要两步，首先恢复最近的完全数据库备份，然后恢复在该完全数据库备份以后的所有事务日志备份。

③ 差异备份。差异备份只备份自上次数据库备份后发生更改的部分数据库，它用来扩充完全数据库备份或数据库和事务日志备份的方法。对于一个经常修改的数据库，采用差异备份策略可以减少备份和恢复时间。差异备份比全量备份工作量小，而且备份速度快，对正在运行的系统影响也较小，因此可经常备份以减少丢失数据的危险。

使用差异备份方法执行恢复时，若是数据库备份，则用最近的完全数据库备份和最近的差异数据库备份来恢复数据库；若使用差异数据库和事务日志备份的方法，则需用最近的完全数据库备份和最近的差异备份后的事务日志备份来恢复数据库。

④ 数据库文件或文件组备份。这种方法只备份特定的数据库文件或文件组，同时还要定期

备份事务日志，这样在恢复时可以只还原已损坏的文件，而不用还原数据库的其余部分，从而加快了恢复速度。对于被分割在多个文件中的大型数据库，可以使用这种方法进行备份。例如，如果数据库由几个在物理上位于不同磁盘上的文件组成，则当其中一个磁盘发生故障时，只需还原发生了故障的磁盘上的文件。文件或文件组备份和还原操作必须与事务日志备份一起使用。文件或文件组备份能够更快地恢复已隔离的媒体故障，迅速还原损坏的文件，在调度和媒体处理上具有更大的灵活性。

（3）备份操作

在 SQL Server 中，固定的服务器角色 sysadmin、固定的数据库角色 db_owner 和允许进行数据库备份角色 db_backupoperator 的成员都可以做备份操作，通过授权允许其他角色进行数据库备份。

在 SQL Server Management Studio 中创建数据库备份的方法是在需备份的数据库对象的快捷菜单中选择"任务"→"备份"，进入"备份数据库"窗口，如图 7.14 所示。

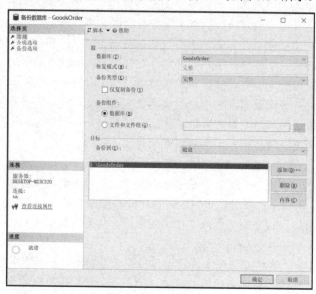

图 7.14　备份数据库

然后，在"备份数据库"窗口中，选择要备份的数据库、备份模式、备份设备，输入备份名称后，单击"确定"按钮，即可开始数据库备份。

也可使用 BACKUP DATABASE 语句创建数据库备份。T-SQL 语句的备份命令 BACKUP DATABASE 很复杂，这里只给出该语句的最基本格式：

```
BACKUP DATABASE { database_name | @database_name_var }          --备份的数据库名
TO < backup_device > [ ,...n ]                                    --指出备份目标设备
```

例如，以下语句将数据库 GoodsOrder 完全备份到逻辑设备名为 GoodsOrder 的备份设备上。

```
BACKUP DATABASE GoodsOrder TO GoodsOrder
```

2. 数据库还原

与备份类似，在 SQL Server 2019 中，还原数据库可使用 SQL Server Management Studio 以图形化的方式进行备份，也可使用 RESTORE DATABASE 语句创建数据库备份。在 SQL Server Management Studio 中进行数据库还原的操作方法是在需还原的数据库对象的快捷菜单中选择"任务"→"备份"，进入"备份数据库"窗口，如图 7.15 所示。选择还原的"设备"或文件等即可实现数据库还原。

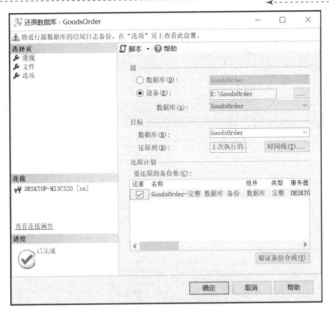

图 7.15　还原数据库

与备份命令一样，T-SQL 语句的还原命令 RESTORE DATABASE 也很复杂，这里只给出该语句的最基本格式：

RESTORE DATABASE { database_name | @database_name_var }　　　　--被还原的数据库名
[FROM < backup_device > [,...n]]　　　　　　　　　　　　--指定备份设备

例如，以下 RESTORE 语句从一个已存在的备份设备 GoodsOrder 中恢复整个数据库 GoodsOrder。

RESTORE DATABASE GoodsOrder FROM GoodsOrder

本章小结

数据库中的数据均由 DBMS 统一管理与控制。数据库的数据保护主要包括数据安全性和数据完整性，DBMS 必须提供数据安全性保护、数据完整性检查、并发访问控制和数据库恢复功能，来实现对数据库中数据的保护。安全性、完整性、数据库恢复和并发控制这四大基本功能，也是数据库管理员和数据库开发人员为更好地管理、维护和开发数据库系统所必须掌握的数据库知识。

数据库的安全性是指保证数据不被非法访问，保证数据不会因非法使用而被泄密、更改和破坏。数据库的安全性机制建立在操作系统的安全机制之上，包括用户标识与鉴别、访问控制、视图机制和安全审计机制。

数据库的完整性是指数据库中的数据在逻辑上的正确性、有效性和相容性，其主要目的是防止错误的数据进入数据库，保证数据库中的数据质量。DBMS 的完整性控制机制提供了三个功能，① 定义功能：为数据库用户提供定义完整性约束条件的机制。② 检查功能：检查用户发出的操作请求是否违背了完整性约束条件。③ 违约处理：DBMS 如果发现用户的操作请求使数据违背了完整性约束条件，则执行相应的处理（如拒绝执行该操作），以保证数据库中数据的完整性。

事务是一系列数据库操作的有限序列，是数据库的基本执行单元。DBMS 在数据管理中需要保证事务本身的有效性，维护数据库的一致状态事务，所以对事务的处理必须满足 ACID 原则，

即原子性（A）、一致性（C）、隔离性（I）和持久性（D）。

　　数据库的并发控制以事务为单位，通常使用封锁技术实现并发控制。本章介绍了最常用的封锁方法。对数据对象实施封锁可能会带来活锁和死锁问题，并发控制机制必须提供解决活锁和死锁问题的方法。

　　由于各类硬件、软件故障、误操作或故意破坏等原因会影响数据的正确性，甚至会破坏数据库。因此数据库管理系统都提供了数据库恢复机制。数据库恢复机制包括两个方面：一是建立冗余数据，即进行数据库备份；二是在系统出现故障后，利用冗余数据将数据库恢复到某个正常状态。

　　本章还对 SQL Server 的数据库安全保护机制、数据完整性机制、并发控制机制及数据库恢复机制进行了讨论。

习题 7

1. 什么是数据库保护？它有哪些内容？
2. 什么是数据库的安全性？常用的保护措施有哪些？
3. 有哪些常用的数据库完整性保护措施？
4. 什么是事务？事务的 ACID 性质是指什么？
5. 事务并发执行时的数据访问冲突主要表现为哪些问题？并简要分析。
6. 什么是并发调度的可串行化？
7. 简述封锁的基本思想。DBMS 通常提供的封锁类型主要有哪些？
8. 什么是活锁？什么是死锁？解决死锁的策略主要有哪些？
9. 什么是数据库恢复？数据库管理系统中采用的恢复机制是什么？

第 8 章

数据库新进展——领域知识拓展

学习目标

1. 了解数据库技术的发展和研究方向；

2. 了解数据仓库和数据挖掘；

3. 理解 XML 数据管理和 SQL Server 中的 XML 数据处理；

4. 了解 NoSQL 数据库、NewSQL 数据库和大数据处理。

数据库技术从 20 世纪 60 年代中期至今仅有几十年的历史，但发展速度之快，使用范围之广，影响力之大是其他技术远不能及的。数据库技术的研究发展了以数据建模和 DBMS 核心技术为主、内容丰富、领域宽广的一门学科；造就了 4 位图灵奖得主：C. W. Bachman（1973 年）、E. F. Codd（1981 年）、James Gray（1998 年）和 Michael StoneBraker（2014 年）；诞生了一个巨大的软件产业——数据库管理系统产品及其相关工具与解决方案。从 20 世纪 80 年代起，数据库技术在商业领域取得了巨大的成功，刺激了其他领域对数据库技术需求的迅速增长。一方面，新的数据库应用领域，如工程数据库、时态数据库、统计数据库、科学数据库、空间数据库等，为数据库应用开辟了新天地。另一方面，计算机技术的不断发展也促进了新的数据库技术不断诞生，如分布式数据库、多媒体数据库、模糊数据库、并行数据库等。21 世纪进入了 Web 2.0 时代，传统关系型数据库对于日新月异的互联网应用表现出了诸多的不适应，因而非关系型数据库（NoSQL）出现并得到了迅速发展。

本章首先总结数据库技术的研究与发展，包括数据库领域近年的发展特点和研究方向，并对数据仓库、数据挖掘和 XML 数据管理技术进行简述，最后介绍数据库领域的一些新进展。

8.1 数据库技术的研究与发展

数据库技术的广泛应用，不断促进新的数据库应用需求的产生，促使诸多大学、科研机构和世界著名的数据库公司，不断地从事各类新型的数据库技术研究，在许多领域都取得了令人瞩目的研究成果。

8.1.1 数据库技术的发展

经过 40 多年的发展，数据库的核心技术已很成熟，各类商业数据库系统日益完善，且功能强大。数据库技术在以下几个时期都有突破性的进展。

（1）20 世纪 60 年代后期，人们主要利用文件系统来生成各种报告。大量的文件使得维护和开发的复杂性提高，数据同步困难，对数据库技术的研究要求迫切。在科研人员的努力下推出了第一代数据库系统，即层次数据库和网状数据库。

（2）20 世纪 70 年代，关系型数据库之父 E. F. Codd 提出了关系型数据模型。此后，关系型数据库技术日趋成熟，并开始商业应用。70 年代后期，高性能的联机事务处理（On-Line Transaction Processing，OLTP）开始应用。

（3）20 世纪 80 年代，随着数据库技术的成熟，联机事务处理 OLTP、管理信息系统（Management Information System，MIS）和决策支持系统（Decision Support System，DSS）不断发展，对数据集成和数据分析的要求越来越高，逐步提出了"数据仓库"（Data Warehouse）思想，代表是 IBM 公司的"Information Warehouse"。

（4）20 世纪 90 年代，数据库应用领域不断拓展，新概念和新技术不断涌现，有面向对象数据库、分布式数据库、并行数据库、主动数据库、知识库、模糊数据库、工程数据库等。数据仓库成为研究热点，有力地推动了相关研究的进展，如联机分析处理（On-Line Analytical Processing，OLAP）、数据挖掘（Data Mining，DM）和联机分析挖掘（On-Line Analytical Mining，OLAM）。

（5）进入 21 世纪后，数据仓库与数据挖掘研究领域发展迅速。数据类型日益复杂，日益进步的硬件和网络环境，特别是 Internet 和 Web 技术的迅速发展，拓展了数据库的研究领域。Web 数据管理、流数据管理、智能数据库、内存数据库、无线传感器网络数据管理、移动数据库等成为新的研究领域。

（6）进入 21 世纪后，互联网应用从以获取信息为主的 Web 1.0 时代，发展到更注重用户交互的 Web 2.0 时代。用户规模发展到百万级别以上，应用内容从严谨的业务流程发展到如今的购物、娱乐、社交等各领域，数据量也从 TB 级升至 PB 级、EB 级甚至更高，并仍在持续爆炸式增长，互联网应用进入大数据时代。传统关系型数据库难以满足现代互联网应用的高并发读/写、海量数据处理、高扩展性和可用性等需求，而很多互联网应用对于事务一致性、读/写实时性和复杂查询的需求又表现了较传统企业业务更宽松的要求。NoSQL 就是在解决这样的应用需求下产生的一种非关系型数据库技术的总称，近年来它发展迅猛。一方面，已出现多种流行的 NoSQL 数据库产品，如 BigTable、Cassandra 和 MongoDB 等，广泛使用在互联网应用中。另一方面，为适应既有传统关系型数据库强一致性和标准化，也有 NoSQL 数据库海量数据处理和高扩展性等特性的应用需求，人们通过设计全新架构或扩展原有关系数据库系统，形成了 NewSQL 数据库。

8.1.2　数据库发展的特点

当今的数据库是一个大家族，数据模型丰富多样，新技术层出不穷，应用领域十分广泛。按照数据库技术的脉络，可从数据模型、与其他计算机技术的结合、应用领域这三个角度来总结当前数据库技术发展的特点。

1. 数据模型丰富多样

数据模型是数据库的核心与基础。数据模型的发展经历了最初的层次模型、网状模型到关系数据模型。关系数据模型的提出是数据库发展史上具有划时代意义的重大事件。至今，关系型数据库系统仍是数据库领域应用最普遍的。随着数据库应用领域的扩展，数据库管理的数据类型越来越复杂，传统关系数据模型暴露出许多不足之处，如对复杂对象表示能力不足、语义表达能力较弱、缺乏灵活的建模能力等，对文本、时间、空间、多媒体、半结构化的 HTML 和 XML 等类型的数据处理能力差等。为此，一些新的数据模型被提出，形成了当今数据库领域丰富多样的数据模型。

（1）复杂数据模型。对传统关系数据模型（1NF）扩充，使其能表达比较复杂的数据类型，支持"表中表"，这样的数据模型称为复杂数据模型。如 U. C. Berkeley 研制的 POSTGRES 系统，它支持关系之间的继承，也支持在关系上定义函数和运算符。

（2）语义数据模型。提出全新的数据构造器和数据处理原语，以表达复杂的结构和丰富的语义。其特点是蕴含了丰富的语义关联，能更自然地表示客观世界实体间的联系。这类模型较有代表性的有函数数据模型（FDM）、语义数据模型（SDM）等。由于这类模型比较复杂，在程序设计语言和其他技术方面缺乏相应支持，因此都没有在 DBMS 实现方面有重大突破。

（3）面向对象数据模型。面向对象数据模型吸收了面向对象方法学的核心概念和思想，用面向对象方法来描述现实世界中实体的逻辑组织、对象间限制、联系等。面向对象数据模型是具有丰富语义的数据模型，可描述对象的语义特征，包括命名、标识、联系、对象层次结构、对象的继承和多态特性等。面向对象数据库早期的标准化组织是 ODMG（Object Data Management Group），ODMG 推出了 1.0~3.0 标准。目前，OGM（Object Management Group）继续进行对象数据库标准的研究工作。

（4）对象关系数据模型。它是关系数据模型与面向对象模型的结合，在关系型数据库的基础上扩展了面向对象模型的某些特征。因此，既保持了关系型数据库的数据存取特性和其他优势，又能支持对象数据管理，得到了多数数据库厂商的支持。SQL3 标准也提出了面向对象的扩展，引入了面向对象的数据类型，如 ROW TYPE 和抽象数据类型等。

（5）XML 数据模型。随着 Internet 和 Web 应用的普及，越来越多的应用都将数据表示为 XML 形式，XML 已成为网络数据交换的标准。因此，当前 DBMS 都扩展了对 XML 的处理，支持 XML 数据类型，以及 XML 与关系数据之间的相互转换。XML 数据模型不同于关系数据模型和对象模型，其灵活性和复杂性导致了许多新问题的出现。XML 数据管理技术已成为数据库、信息检索等领域的研究热点。XML 模型包括 XPath Data Model、DOM Model、XML Information Set 和 XML Query Data Model。

（6）半结构数据模型。在 Web 中大多数数据都是半结构化或无结构的。随着 Web 的迅速发展，海量的 Web 数据已成为一种新的重要信息资源，对 Web 数据进行有效的访问与管理成为数据库领域面临的新课题。半结构化数据存在一定的结构，但这些结构或者没有被清晰地描述，或者是经常动态变化的，或者过于复杂不能被传统的模式定义表示。所以，必须针对半结构化数据的特点，研究其数据模型和描述方式。目前，对半结构化数据的描述方式主要有基于逻辑的描述和基于图的描述两种。

2. 数据库技术与相关学科技术的有机结合

各种学科技术与数据库技术的有机结合，使数据库领域中新内容、新应用、新技术层出不穷，涌现了各种新型的数据库，极大地丰富和发展了数据库技术，包括数据库技术与分布处理技术相结合，出现了分布式数据库；数据库技术与并行处理技术相结合，出现了并行数据库；数据库技术与人工智能技术相结合，出现了知识库和主动数据库；数据库技术与多媒体技术相结合，出现了多媒体数据库；数据库技术与模糊技术相结合，出现了模糊数据库；数据库技术与移动通信技术相结合，出现了移动数据库等。

3. 数据库技术与特定应用领域的有机结合

数据库技术应用到特定领域中，与应用领域有机结合，出现了数据仓库、工程数据库、演绎数据库、统计数据库、空间数据库和科学数据库等多种数据库，使数据库的应用范围不断扩大，为数据库技术增添了新的技术内涵。这些数据库带有明显的领域应用需求特征。面向特定领域的数据库，也称为特种数据库或专用数据库。这些数据库虽然采用不同的数据模型，但都带有明显的对象模型特征。在具体实现时，有的是对关系数据库进行扩充，有的则是重新设计与开发。

8.1.3　数据库技术的研究方向

随着计算机软/硬件技术的进步、Internet 和 Web 技术的发展，数据库所管理的数据及应用环境发生了很大变化，数据库技术面临着新的挑战。主要表现为新的数据源不断出现，数据类型越来越多、数据结构越来越复杂、数据量越来越大，对数据使用的安全性提高，对数据库理解和知识获取的要求增加。这些新的挑战性问题必将推动数据库技术的进一步发展。以下是数据库技术的一些研究方向。

1. 面向对象数据库

面向对象方法和技术对数据库发展产生了较大影响。面向对象数据库系统支持面向对象数据模型，可以将一个面向对象数据库系统看作一个持久的、可共享的对象库的存储者和管理者。面向对象数据库支持面向对象技术中的对象与类、继承和多态特性。它将数据作为能自动重新得到和共享的对象存储，包含在对象中的是完成每项数据库事务的处理指令。这些对象可能包含不同类型的数据，既有传统的数据和处理过程，也有声音、图像和视频等数据。对象可以共享和重用。

面向对象数据库提供了优于层次、网状和关系型数据库的模型，能够支持复杂应用，增加导航访问能力，简化并发控制，可很好地支持数据完整性。与关系型数据库相比，面向对象数据库更符合人们的思维习惯，特别是在非数字领域，面向对象模型提供了较为自然和完整的模型。

2. 分布式数据库

分布式数据库是分布式处理技术与数据库相结合的产物。分布式数据库的研究始于 20 世纪 70 年代中期。世界上第一个分布式数据库 SDD-1 是由美国计算机公司（CCA）于 1979 年在 DEC 计算机上实现。20 世纪 90 年代以来，分布式数据库进入商品化应用阶段。

分布式数据库是指物理上分散在网络各节点上，而逻辑上属于同一个系统的数据集合。它具有数据的分布性和数据库间的逻辑协调性两大特点。分布性是指数据不是存放在单个计算机的存储设备上，而是按全局需要将数据划分为一定结构的数据子集，分散地存储在各个节点上。逻辑协调性是指各节点上的数据子集相互间由严密的约束规则加以限定，而逻辑上是一个整体。分布式数据库强调节点的自治性，且系统应保持数据分布的透明性，使应用程序可完全不考虑数据的分布情况。

分布式数据库系统有两种：一种在物理上是分布的，但逻辑上是集中的。这种分布式数据库适用于用途比较单一、规模不大的单位或部门。另一种在物理和逻辑上都是分布的，也就是联邦式分布数据库系统。这种系统可容纳多种不同用途的、差异较大的数据库，比较适合大范围内数据库的集成。

3. 并行数据库

并行数据库是数据库技术与并行处理技术相结合的产物，其目标是提供高性能、高可用性、高扩展性的数据库系统。并行数据库发挥多个处理机结构的优势，将数据库分布存储，通过多个处理节点并行执行数据库任务，从而解决 I/O 瓶颈问题。通过采用先进的并行查询技术，可以大大提高查询效率。

并行数据库系统还有很多问题需要深入研究，包括并行体系结构、并行数据库物理结构、节点通信机制、并行处理算法、并行处理优化、并行数据库的加载和重构技术等。可以预见，由于并行数据库能充分利用并行计算机系统的强大计算能力，将会成为并行计算机最重要的支撑软件。

4. 多媒体数据库

多媒体是指多种媒体，如数字、字符、文本、图形、图像、声音和视频等的有机集成，其中数字、字符等称为格式化数据，文本、图形、图像、声音和视频等称为非格式化数据。多媒体数据具有数据量大、处理复杂等特点。

多媒体数据库实现对格式化和非格式化的多媒体数据的存储、管理和查询，使数据库能够表示和处理多媒体数据。多媒体数据库系统应提供更适合非格式化数据的查询功能，如对多媒体数据按知识或其他描述符进行确定或模糊查询。

多媒体数据库要解决三个难题。第一个是信息媒体的多样化，要解决多媒体数据的存储组织、使用和管理的问题。当前已有的多媒体技术侧重解决信息压缩和实时处理问题，并没有解决多媒体数据的组织结构和管理等问题，这就需要提出一套新的理论。第二个是多媒体数据集成，实现多媒体数据之间的交叉调用和融合的问题。集成粒度越细，多媒体一体化表现越强，应用价值才越大。第三个是多媒体数据与用户之间实时交互的问题。传统的数据库查询往往是被动式的，而多媒体则需要主动表现。从数据库中查询出图片、声音或一段视频，仅是多媒体数据库应用的初级阶段。通过交互特性使用户介入到多媒体的特定条件的信息过程中，才是多媒体数据库交互式应用的高级阶段。

5. 知识数据库

知识库是专家系统的核心组成部分，它把知识以一定的形式存入计算机，实现有效的使用和管理。因此，知识数据库是知识、经验、规则和事实的集合。知识数据库系统的功能是把大量的事实、规则和概念组成的知识存储起来，进行管理，并向用户提供方便快速的查询手段。

知识数据库系统应具备对知识的表示方法、知识系统化的组织管理、知识库的维护、知识的获取与学习、知识库的查询等功能。知识数据库系统是数据库技术与人工智能的结合。

6. 模糊数据库

数据库技术与人工智能相结合的另一个产物是模糊数据库。模糊性是客观世界的一个重要特征。传统数据库描述与处理的往往是精确的或确定的数据，不能描述和处理模糊性和不完全性等概念。为此，人们提出了模糊数据库理论和实现技术，其目标是使数据库能够存储以各种形式表示的模糊数据。模糊数据库系统是数据库技术与模糊技术的结合。由于理论和实现技术上的困难，模糊数据库技术近年来发展得不太理想，但仍在一些领域得到了一定的应用，如医疗诊断、工程设计、过程控制、案情侦破等，显示了其良好的应用前景。

7. 主动数据库

主动数据库（Active Database）是相对传统数据库系统而言的。传统数据库系统是按照用户的要求提供数据服务，它所提供的服务是被动的，即只有当用户给出操作要求时才进行响应。但很多应用场景希望数据库能够主动发出提示、警告等信息，如在校学生学习出现学分差距大、成绩过差等问题时，教务管理系统能够主动提示。传统数据库一般很难充分适应这些应用的主动要求。因此，人们在传统数据库基础上，结合人工智能技术，提出了主动数据库概念。主动数据库是指能根据各种事件的发生或环境的变化，主动提供服务的新型数据库系统。

主动数据库通常在传统数据库中嵌入支持主动服务的规则。具体来说，主要在四个方面构造主动服务模型：一是在数据模型方面增加知识模型；二是构建处理和执行主动规则的执行模型；三是增加主动服务规则的条件检测，即事件监视器；四是事务调度，满足数据库完整性要求。

8. 移动数据库

移动计算环境由于存在计算平台的移动性、连接的频繁性、网络条件的多样性、网络通信的非对称性、系统的高伸缩性和低可靠性，以及电源能力的有限性等因素，比传统计算环境更为复杂与灵活。这使得传统的分布式数据库技术不能有效地支持移动计算环境。于是，移动数据库（Mobile Database）技术应运而生。

移动数据库是指支持移动计算环境的数据库。它使得计算机或其他信息设备在没有固定的物理连接设备相连的情况下能够传输数据。移动数据库包括两方面含义：一是指人在移动时可以存取数据库中的数据；二是指人可以带着数据的副本移动。与传统数据库相比，移动数据库具有移动性、位置相关性、频繁断接性、网络条件多样性、网络通信的非对称性、资源有限性等特征。

移动数据库涉及数据库技术、分布式计算技术和移动通信技术等多个领域，关键技术包括复制和缓存技术、位置管理、查询处理及优化、移动事务处理等，将在 8.4 节做进一步阐述。

9. 专用数据库

在地理、气象、科学、统计、工程等应用领域，数据库要适用不同的环境，解决不同的问题。在这些领域应用的数据管理完全不同于商业事务管理，并日益显示其重要性和迫切性。工程数据库、科学数据库、统计数据库、空间数据库等专用数据库近年来得到了很大发展，在相应的应用领域已得到较好的应用。

10. 内存数据库

内存数据库（Main Memory DataBase，MMDB）是指将数据库的全部或大部分数据存放在内存中的数据库系统。由于内存的数据读/写速度要高出磁盘几个数量级，因此将数据保存在内存中相比从磁盘上访问能够极大地提高应用的性能。

大容量存储、闪存、多核/众核 CPU、高性能网络等硬件技术的发展，为内存数据库提供了硬件技术保证。内存数据库的关键技术包括数据存储模型、查询处理及优化、事务管理、并发控制与恢复机制等。

11. 数据库中的知识发现

人工智能与数据库技术相结合，促进了数据库中知识发现（Knowledge Discovery in Database，KDD）的研究。从 20 世纪 80 年代末开始，知识发现已形成一个非常重要的研究方向。用数据库作为知识源，把逻辑学、统计学、机器学习、模糊数学、数据分析、可视化计算等学科成果综合在一起，进行从数据库中发现知识的研究，使得数据库不仅能查询存放在数据库中的数据，而且可上升到对数据库中数据整体特征的认识，获得与数据库中数据相吻合的中观或宏观的知识。这大大提高了数据库的利用率，使数据库能发挥更大的作用。

8.2　数据仓库与数据挖掘

数据库中的知识发现充分利用了现有数据库的技术成果，形成了用数据库作为知识源的一整套新的策略和方法。该领域的研究热点集中在数据仓库和数据挖掘上。

8.2.1　数据仓库

20 世纪 80 年代中期，数据仓库之父 William H. Inmon 在其《建立数据仓库》中提出了数据仓库的概念。他对数据仓库的定义如下：数据仓库是面向主题的、集成的、相对稳定的、反映历史变化的数据集合，用于支持管理决策的决定过程。

数据仓库的建立能充分利用已有的数据资源，把数据转换为信息，从中挖掘出知识，创造效益，因此越来越多的企业开始认识到数据仓库的重要性。

1. 数据仓库的特点

（1）数据仓库是面向主题（Subject Oriented）的。数据仓库中的数据是面向主题的，主题是归类的标准。每个企业都有特定的、需要考虑的问题，这就是企业的主题。数据仓库应按主题来组织，典型的主题包括客户主题、产品主题、学生主题等。通过对主题数据的分析，可帮助企业决策者制定管理措施，做出正确的决策。

传统的联机事务处理（OLTP）系统是针对特定应用设计且面向应用的，如教学管理、人事管理、财务管理等。这与面向主题是不同的。

（2）数据仓库中的数据是集成（Integrated）的。数据仓库中的主题数据是在对原有各应用系统中的数据通过数据抽取、清理的基础上，经过系统加工、汇总和整理得到的。要将原有各应用系统的数据转移到数据仓库中，必须采用统一的形式，消除源数据中的不一致性，以保证数据仓库内的信息是关于整个企业一致的全局信息。

（3）数据仓库中的数据是相对稳定（Non-Volatile）的。数据仓库的数据主要供企业决策分析之用，所涉及的数据操作主要是数据查询。一旦某个数据进入数据仓库以后，通常情况下将被长期保留，一般只做大量的查询操作，而修改和删除操作很少，只需要定期地加载和更新。这一特点与目前数据库应用系统有很大不同。

（4）数据仓库反映历史变化（Time Variant）。数据仓库中的数据包含历史信息，系统记录了企业从过去某个时刻到当前各个阶段的信息。通过这些信息可以对企业的发展历程和未来趋势做出定量分析和预测。

总之，数据仓库是一种语义上一致的数据存储，它充当决策支持数据模型的物理实现，并存放企业战略决策所需的信息。

2. 数据仓库与传统数据库系统的比较

数据仓库与传统数据库系统相比，存在多方面的不同，如表 8.1 所示。

表 8.1　数据仓库与传统数据库系统的比较

类别 / 项目	数据仓库	传统数据库系统
数据模型	关系数据模型、对象模型（多维模型）	关系数据模型为主（平面模型）
数据内容	与决策主题相关的支持信息	与日常事务处理有关的数据
数据特性	集成、详细和综合数据	详细数据
数据来源	数据来源多，内外皆有	以内部数据为主
数据稳定性	较稳定，极少更新	频繁更新
性能度量	查询吞吐量	事务吞吐量
开发方法	利用迭代的开发方法，按系统结构和交叉功能的定制形式集成，以数据驱动为主	利用规范的开发方法，按功能分项和具体事务管理功能集成，以事件驱动方式为主

3. 数据仓库的应用

数据仓库应用于以下三个方面。

信息处理指支持查询和基本的统计分析，并使用图、表等多种形式进行报告。数据仓库信息处理的当前趋势是构造低代价的基于 Web 的访问工具，并与 Web 浏览器集成。

分析处理指支持基本的联机分析处理（OLAP）操作。与信息处理相比，联机分析处理的主要优势是支持数据仓库的多维数据分析。

数据挖掘指支持知识发现，包括找出隐藏在数据仓库中的模式和关联，构造分析模型，进行分类和预测，并使用可视化工具提供挖掘结果。

4. 数据仓库的构建

数据仓库的构架由三部分组成，即数据源、数据源转换/装载形成新数据库、联机分析处理。数据仓库的实施过程大体可分为三个阶段：数据仓库的项目规划、设计和实施、维护调整。

数据仓库的建立要用到很多类型的数据源，历史数据可能很"老"，数据库会变得非常大。数据仓库相对于联机事务处理来说，是业务驱动而不是技术驱动的，需要不断地和最终用户交流。

8.2.2　数据挖掘

在 20 世纪 80 年代，随着计算机和通信技术的迅速发展，大型数据库系统得到了广泛应用，企业积累的数据量急剧增加。据有关统计资料显示，企业数据量以每月 15%、每年 5.3 倍的速度增长。在这些海量数据中，往往蕴涵着丰富的、对人类活动有着指导意义的知识。然而，现有数据库系统主要进行的是事务性的处理，不能发现数据内部隐藏的规律或模式。因此，人们亟须一种能从海量数据中发现潜在知识的工具，以解决数据爆炸与知识贫乏的矛盾。数据挖掘（Data Mining，DM）技术就是在这样的背景下产生的。

1. 数据挖掘的概念

数据挖掘是从大量的、不完全的、有噪声的、模糊的、随机的数据中，提取潜在的、有价值的模式和数据间关系（或知识）的过程。

数据挖掘是一门交叉性学科，涉及机器学习、模式识别、归纳推理、统计学、数据库、数据可视化及高性能计算等多个领域。知识发现的方法可以是数学的，也可以是非数学的；可以是演绎的，也可以是归纳的。数据挖掘把人们对数据的应用从简单查询提升到从数据中挖掘知识，以提供决策支持。

2. 数据挖掘的数据对象

数据挖掘可以在任何类型的数据上进行。数据对象可以是结构化的数据源，包括关系数据库、数据仓库及各类专业数据库；也可以是半结构化的数据源，如文本数据、多媒体数据库和 Web 数据。复杂多样的数据类型给数据挖掘带来了巨大的挑战。

3. 数据挖掘发现的知识模式

数据挖掘发现的知识模式有多种类型，常见的知识模式有以下 5 类。

（1）分类模式。分类模式是反映同类事物间的共性、异类事物间的差异特征的知识。构造某种分类器，将数据集中的数据映射到特定的类上。分类模式可用于提取数据类的特征，进而预测事物发展的趋势。

（2）聚类模式。聚类模式事先并不知道分组及如何分组，只知道划分数据的基本原则。在这些原则指导下，把一组个体按照个体间的相似性划分成若干类，划分的结果称为聚类模式。它的目的是使属于同一类别的数据间相似性尽可能大，而不同类别的数据间相似性尽可能小。

（3）关联模式，也称为关联规则。通过数据将事物关联起来。关联模式挖掘是数据挖掘领域开展比较早且研究较为深入的一个分支。

（4）时间序列模式。通过把数据之间的关联性与时间联系起来，可将其看成一种增加了时间属性的关联模式。时间序列模式根据数据随时间变化的趋势，发现某个时间段内数据间的相关性处理模型，预测将来可能出现值的分布情况。

（5）回归模式。回归模式与分类模式类似，差别在于分类模式预测值是离散的，而回归模式预测值是连续的。

4. 数据挖掘的主要技术

对数据挖掘技术有多种分类方法，分类依据主要有数据源类型、挖掘方法、被发现知识的种类。根据数据源类型可分为关系型、事务型、面向对象型、时间型、空间型、文本型、多媒体型等；根据发现知识的种类可分为关联规则挖掘、分类规则挖掘、特征规则挖掘、聚类分析、数据总结、趋势分析、偏差分析、回归分析、序列模式分析、离群数据挖掘等。它的主要数据挖掘技术（挖掘方法或建模工具）可分为以下 7 类。

（1）统计分析方法。通过统计方法归纳提取有价值的规则，如关联规则。

（2）决策树方法。利用一系列规则划分，建立树状图，可用于分类和预测。大部分数据挖掘工具采用规则发现技术或决策树分类技术来发现数据模式和规则，其核心是某种归纳算法，如 ID3 及其发展 C4.5。这类工具通常先对数据库的数据进行采集，生成规则和决策树，然后对新数据进行分析和预测。

（3）人工神经网络方法。模拟人的神经元功能，经过输入层、隐藏层、输出层等，对数据进行调整、计算，最后得到结果，用于分类和回归。基于神经网络的挖掘过程是将数据聚类，然后分类计算权值。神经网络很适合非线性数据和含噪声数据，所以在对市场数据库的分析和建模方面应用广泛。

（4）遗传算法。基于自然进化理论，模拟基因联合、突变、选择等过程的一种优化技术。

（5）模糊技术。利用模糊集理论，对实际问题进行模糊评判、模糊决策、模糊模式识别和模糊聚类分析。模糊集理论采用隶属度来描述事物的不确定性，它为数据挖掘提供了一种概念和知识表达、定性和定量转换，以及概念的综合和分解的新方法。

（6）粗糙集（Rough Set）方法。粗糙集方法基于等价类思想，等价类中的元素在粗糙集中被视为不可区分的。它的基本过程是首先用粗糙集近似的方法，将信息系统关系中的属性值进行离散化，然后对每个属性划分等价类，再利用集合的等价关系进行关系约简，最后得到一个最小决策关系，从而便于获得规则。

（7）可视化技术。用图表等方式把数据特征直观地表述出来，如直方图等。数据可视化工具大大扩展了传统商业图形的能力，支持多维数据的可视化，从而提供了多方向同时进行数据分析的图形方法。有些工具还能提供动画能力，使用户可以观看不同层次的细节。

上述数据挖掘技术各有特点和适用范围，它们发现的知识种类也不尽相同。其中，统计分析法一般适用于关联模式、序列模式、特征规则等的挖掘；决策树方法、遗传算法和粗糙集方法适用于分类模式的构造；人工神经网络方法较适用于分类、聚类等多种数据挖掘；模糊技术常用来挖掘模糊关联、模糊分类和模糊聚类规则。

5. 数据挖掘的应用

（1）金融行业。金融事务需要收集和处理大量数据，对这些数据进行分析，发现其数据模式及特征，然后可能发现某个客户、消费群体或组织的金融和商业兴趣，并可观察金融市场的变化趋势。数据挖掘在金融领域应用广泛，包括数据清理、金融市场分析和预测；账户分类、银行担保和信用评估。

（2）医疗保健。医疗保健行业有大量数据需要处理，但这个行业的数据由不同的信息系统管理，数据以不同的格式保存。数据挖掘的主要任务是进行数据清理，预测医疗保健费用等。

（3）市场零售行业。市场业应用数据挖掘技术进行市场定位和消费者分析，辅助制定市场策略。零售业是最早应用数据挖掘技术的行业，目前主要应用于销售预测、库存需求、零售点选择和价格分析。

（4）制造业。制造业数据挖掘技术进行零部件故障诊断、资源优化、生产过程分析等。

（5）科学研究领域。数据挖掘在科学研究中是必不可少的，从大量有时真假难辨的科学数据中提炼出对科研工作者有用的信息。例如，在数据量极其庞大的天文、气象、生物技术等领域，对所获得的实验和观测数据，仅靠传统的数据分析工具已难以满足要求，迫切需要功能强大的智能分析工具。这种需求推动了数据挖掘技术在科学研究领域的应用发展，取得了一些重要的成果。

此外，数据挖掘技术还广泛应用于保险业、电信网络管理、司法等行业或领域。

8.2.3　数据仓库和数据挖掘的联系

数据仓库和数据挖掘是作为两种独立的信息技术出现的。数据仓库是不同于数据库的数据组织和存储技术，它从数据库技术发展而来并为决策服务。数据挖掘通过对各类数据源的数据进行分析，获得具有一定可信度的知识。它们从不同侧面完成对决策过程的支持，相互间有一定的内在联系。因此，将它们集成到一个系统中，形成基于数据挖掘的 OLAP 工具，可以更加有效地提高决策支持能力。

数据仓库和数据挖掘作为决策支持的新技术，自出现后得到了迅速发展和应用。作为数据挖掘对象，数据仓库技术的产生和发展为数据挖掘技术开辟了新领域，也提出了新的要求和挑战。数据仓库和数据挖掘是相互影响、相互促进的。两者之间的联系可总结为以下 4 点。

（1）数据仓库为数据挖掘提供了广泛的数据源。数据仓库中集成了来自异质信息源的数据，存储了大量长时间的历史数据，可进行数据长期趋势分析，为决策者的长期决策提供了支持。

（2）数据仓库为数据挖掘提供了支持平台。数据仓库的建立充分考虑了数据挖掘的要求。用户通过数据仓库服务器得到所需数据，形成开采中间数据库，利用数据挖掘技术获得知识。数据仓库对查询的强大支持，使数据挖掘效率更高，有可能挖掘出更深入、更有价值的知识。

（3）数据挖掘为数据仓库提供了决策支持。数据挖掘能对数据仓库中的数据进行模式抽取和知识发现，因此，基于数据仓库的数据挖掘，能更好地满足决策支持的要求。

（4）数据挖掘为数据仓库提供了广泛的技术支持。数据挖掘的可视化技术、统计分析技术等，都为数据仓库提供了强有力的技术支持。

总之，数据仓库和数据挖掘技术要充分发挥作用就必须结合起来。数据仓库完成数据的收集、集成、存储及管理，数据挖掘专注于知识的发现，提供更全面的决策支持。

8.3　XML 数据管理

可扩展标记语言 XML（eXtensible Markup Language）是 W3C 组织于 1998 年 2 月发布的标

准。随着 XML 的广泛应用，对 XML 数据的有效管理也随之成为数据库领域研究的热点。

8.3.1　XML 概述

XML 起源于标记语言。早在 20 世纪 60 年代末，为解决不同计算机系统之间无法通信的问题，IBM 公司的研究小组开发了一种通用标记语言 GML，该语言于 1986 年正式成为 ISO 国际标准，命名为"标准通用标记语言"（Standard Generalized Markup Language，SGML）。SGML 虽然功能强大，但是过于庞杂，使用也很复杂。1989 年，欧洲原子能研究机构的研究员 Tim Berners-Lee 与其同事在 SGML 基础上开发了超文本标记语言（HyperText Markup Language，HTML），用于设计 Web 网页。HTML 简单易用，但也有不足之处：首先，HTML 的标签是固定的，不允许用户创建自己的标签；其次，HTML 中标签的作用是描述数据的显示方式，并且只能由浏览器进行处理。另外，在 HTML 中，所有标签都独立存在，无法显示数据之间的层次关系。

XML 是在克服了 HTML 缺乏灵活性和伸缩性的缺点，以及 SGML 过于复杂、不利于软件应用的缺点的基础上，发展起来的一种元标记语言。它继承了 HTML 和 SGML 的优点，已成为互联网标准的重要组成部分。XML 的用途主要有两个：一是作为元标记语言，定义各种实例标记语言标准；二是作为标准交换语言，用于描述交换数据。

由 XML 产生的历程可以看出，它最初并不是作为一种数据库技术出现的，其主要用于信息的表示与交换。但 XML 不仅能够表示结构化数据，而且能够表示半结构化数据。所谓结构化数据是指具有固定模式结构的数据，一般可理解为关系数据库中的数据；非结构化数据是指没有固定模式组织的数据，如文本、音频、视频数据等；半结构化数据是指具有基本固定结构模式的数据，但不同记录包含的字段允许不同，如 HTML、XML 等。

XML 用于在应用程序之间进行数据交换时，会出现一系列与数据库技术类似的问题，包括 XML 数据的模型、存储、查询和更新等，因此，也将其纳入数据库范畴。

8.3.2　XML 数据模型

1. XML 文档

XML 数据的基本形式是 XML 文档。XML 是一种定义"标签"（Markup）的规则，即 XML 定义了标签文本或文档的一套规则，用户使用这些规则定义所需要的标签。XML 标签是可以扩展的，用户可以根据需要定义新的标签。并且，用户也可以根据需要给标签取任何名字，如 \<persons\>、\<name\>、\<birth\> 等。

注意：XML 标签用来描述文本的结构，而不是描述如何显示文本（这与 HTML 标签是不同的）。

XML 数据存储的最基本形式是 XML 文档（Document）。一个文档就是一个连续的字符流。字符流中的标记将它们分割为更小的语义单位。XML 的标记分为 5 种类型：元素、属性、注释、处理指令和实体。

【例 8.1】　创建一个用于保存个人信息的 XML 文档（文件名为 person.xml）。注意，每行前面的序号是为了便于说明而加的，不是 XML 文档的内容。

```
1.  <?xml version="1.0" encoding="GB2312"?>
2.  <!DOCTYPE person SYSTEM "..\person.dtd">
3.  <person>
4.     <name native="江苏">李平</name>
5.     <birthday>1986-11-10</birthday>
6.     <telephone>13033300110</telephone>
7.  </person>
```

该 XML 文档中定义了<person>、<name>等标签来表示数据的真实含义。XML 标签就是由定界符（<>）括起来的文本。在 XML 中，标签是成对出现的。位于前面的（如<name>）是开标签，而位于后面的（如</name>）是闭标签。

XML 元素指由一对开标签和闭标签界定的文字所构成的信息单元。例如，"<name>李平</name>"称为一个元素，标签之间的数据"李平"为元素内容。

所有元素都可以有自己的属性，属性采用"属性/值"对的方式写在标记中。例如，<name native="江苏">李平</name>，其中"native="江苏""即为元素的属性和值。

例 8.1 的解释如下。

① 第 1 行语句为<?xml version="1.0" encoding="GB2312"?>，该句是 XML 声明，表明这个文档是一个 XML 文档，指定了 XML 的版本（1.0）和编码格式（GB2312）。本条语句是可选的，其中"xml"应小写，并且"？"与"xml"之间不能有任何字符（包括空格）。

② 第 2 行指明 DTD 文档的位置。

③ 第 3 行开始是 XML 的主体部分，采用树状结构，以元素的形式存储数据，每个元素可以依次包含一个或多个元素。在第 3 行和第 7 行使用了<person>开标签和</person>闭标签。这是根元素，该文档中的所有数据都包含在根元素中。一个 XML 文档只能有一个根元素，其他元素分层嵌套，从而形成一棵树。

④ 在第 4 行和第 6 行使用<name>元素表示姓名；用<birthday>元素表示出生日期；用<telephone>元素表示电话号码。

创建 XML 文件需注意以下 5 点。

① XML 标签的名称可包含字母、数字及其他字符。不能以数字或标点符号开始；不能以字符"xml""XML"或"Xml"等开始；不能包含空格。

② XML 语法是区分大小写的，例如，<person>和<Person>是两个不同的标签。

③ XML 必须正确嵌套，例如，以下标签嵌套关系是错误的：

<tag1><tag2>Content</tag1></tag2>

必须修改为：

<tag1><tag2>Content</tag2></tag3>

④ XML 可以在 XML 文档中加入注释，格式为：

<!--comment-->

⑤ XML 中的实体引用。由于 XML 中某些符号具有预定义的特殊意义，如标签采用符号"<"和">"表示，那么如果这些符号出现在 XML 文档内容中将会出错，因为解析器会将它们按预定义信息进行解析。为避免错误，需要用其对应的实体引用来表示（类似于程序语言中的转义符）。XML 中有 5 个预定义的实体引用，如表 8.2 所示。

表 8.2　XML 的实体引用

符　号	实 体 引 用	说　明
>	&gt;	大于
<	&lt;	小于
&	&amp;	连接符
'	&apos;	单引号
"	&quot;	双引号

2. XML 文档模式

XML 文档模式用于描述 XML 的逻辑结构，其有两种描述 XML 逻辑结构的方式：文档类型定义（Document Type Definition，DTD）和 XML 模式（XML Schema）。

（1）文档类型定义

DTD 定义了文档的逻辑结构，规定了文档中所使用的元素、实体、属性、元素与实体间的关系等。使用 DTD 可验证数据的有效性，保证数据交换与共享的要求。

DTD 是一组声明，这组声明通过定义一些规则来界定 XML 数据需要满足的结构和内容的要求。

【例 8.2】　对于例 8.1 中的 XML 文档，其 DTD 文档如下：

```
<!ELEMENT person (name, birth, telephone)>
<!ELEMENT name(#PCDATA)>
<!ELEMENT birth (#PCDATA)>
<!ELEMENT telephone (#PCDATA)>
```

该 DTD 文档表明了 person 根标签的结构（包含哪些子标签，以及每个子标签内容的数据类型）。关于 DTD 详细的语法说明，感兴趣的读者可参考 XML 相关的资料。

（2）XML 模式

XML Schema 是在 DTD 之后的第二代用于描述 XML 逻辑结构的标准。XML Schema 用一套预先定义的 XML 元素和属性创建，这些元素和属性定义了 XML 文档的结构和内容模式。例如，对于例 8.1 中的 XML 文档，其 XML Schema 如下：

```
<?xml version="1.0" encoding="GB2312" standalone="yes"?>
<xsd:schema xmlns:xsd="http://www.w3.org/2001/XMLSchema">
<xsd:element name="person">
    <xsd:complexType>
    <xsd:sequence>
        <xsd:element name="name" type="xs:string" />
        <xsd:element name="birth" type="xs:date" />
        <xsd:element name="telephone" type="xs:string" />
    </xsd:sequence>
</xsd:complexType>
</xsd:element>
</xsd:schema >
```

XML Schema 描述文件称为 XSDL（XML Schema Definition Language）文档。一个 XSDL 文档由元素、属性、名称空间和 XML 文档中的其他节点构成。关于 XML Schema 详细的语法说明，感兴趣的读者可参考 XML 相关的资料。

8.3.3　XML 数据查询

数据查询是数据库的重要功能。XML 数据查询的描述形式较多，包括 Lorel、XML-QL、XML-GL、Quilt、XPath、XQuery 等，其中 XPath 和 XQuery 是 W3C 组织推荐的 XML 数据查询语言，是这类处理中的代表性语言，在 XML 数据查询中处于重要位置。

XPath 将 XML 文档看成树，将元素、属性、注释和文本看成树的节点。从根到每个节点都存在一个节点序列，称为节点的路径表达式。XPath 以"/"分隔路径表达式中的各个节点，并允许加入路径操作符和查询谓词。这样 XPath 路径表达式就可以进行导航式访问。

XQuery 是 W3C 开发的与 SQL 风格接近的 XML 数据查询语言。它是一种非过程语言，其中引进了变量，使用较为灵活。它可查询各种 XML 数据源，包括 XML 文档、XML 数据库和基于对象的存储等。

8.3.4　XML 数据库

XML 数据库可定义为相互关联的 XML 文档的集合，这些文档是持久存储的，可以进行查询和更新。XML 数据库有三种类型。

1. NXDB（Native XML DataBase）

NXDB 是专门针对 XML 格式文档进行存取管理和数据操作的数据库，可称之为纯 XML 数据库或原生 XML 数据库。NXDB 中的数据和元数据完全采用 XML 结构表示，其逻辑模型是建立在 XML 文档之上的，数据存取必须采用 XML 及其相关标准。主流的 NXDB 产品有 Tamino、eXcelon、TEXTML server、Lore 等，主要用于以数据和文档为中心的应用。

2. XEDB（XML Enabled DataBase）

XEDB 是在关系型数据库基础之上扩展了 XML 支持模块，从而实现 XML 数据和数据库之间的格式转换和传输，支持对 XML 数据的相关操作。

通常的做法是在传统的关系型数据库之上增加 XML 映射层，因此，XEDB 的核心仍然是关系型数据库。映射层管理 XML 数据的存储和检索等操作，并把 XML 查询要求转换为数据库的查询表达形式。IBM、Oracle、Microsoft 等主流关系型数据库厂商都推出了 XEDB 系统。

3. HXDB（Hybrid XML DataBase）

HXDB 可称为混合式 XML 数据库。它并非由传统型数据库扩展而来，但能够存储和处理 XML 文档集合。例如，开源 Ozone 数据库系统就是一个面向对象的数据库管理系统。它采用 Java 实现，可以用来存储 XML 文档，也可以用于 XML 工具访问。

8.3.5　SQL Server 中 XML 数据处理

本节将介绍 SQL Server 中 XML 数据处理的基本方法。自 SQL Server 2000 开始，SQL Server 就支持 XML 数据处理，而从 SQL Server 2005 起开始支持 XML 数据类型字段，并提供一系列相关的处理方法。

1. 定义 XML 字段

在进行数据库设计时，可以在 SQL Server 表设计器中方便地将一个字段定义为 XML 类型，也可以使用 SQL 语句创建 XML 字段的数据表。用以下语句创建一个名为"xmlDocs"的表，该表包含字符型主键"xmlDocName"和 XML 数据类型列"xmlContent"：

```
CREATE TABLE xmlDocs
  (
    xmlDocName    varchar(20)    PRIMARY KEY,
    xmlContent    xml            NOT NULL
  )
```

SQL Server 中对 XML 数据类型的使用有如下限制。

① XML 数据类型实例所占据的存储空间大小不能超过 2 GB；

② XML 列不能指定为主键或外键的一部分；

③ 不支持转换为 text 类型或 ntext 类型；

④ 不能用在 GROUP BY 语句中；

⑤ 不能作为系统标量函数的参数（除 ISNULL、COALESCE 和 DATALENGTH 外）。

2. 导入 XML 数据

导入 XML 数据的方法有两种，即使用 INSERT 语句和使用行集函数 OPENROWSET 语句。

（1）使用 INSERT 语句

使用 INSERT 语句可将 XML 数据以字符串形式直接插入 XML 类型的列中。

【例 8.3】　以下 INSERT 语句将向 xmlDocs 中插入一行包含 XML 数据的记录：

```
INSERT INTO xmlDocs VALUES
    ( 'persons.xml', '<company><department><person><name>李平</name><birthday>
1986-11-10</birthday><telephone>13033300110</telephone></person><person><name>
赵宏</name><birthday>1983-2-10</birthday><telephone>85567890</telephone></person>
</department></company>' )
```

（2）使用行集函数 OPENROWSET 语句

当 XML 文件的内容很多时，直接插入 XML 内容的 INSERT 语句过于冗长。此时可以使用行集函数 OPENROWSET 导入 XML 数据。OPENROWSET 函数的语法格式如下：

```
OPENROWSET
(   BULK 'data_file' , { FORMATFILE = 'format_file_path' [ <bulk_options> ]
    | SINGLE_BLOB | SINGLE_CLOB | SINGLE_NCLOB }
)
```

OPENROWSET 函数返回一个表，其中包含的是文件内容。将其作为 INSERT 语句或 MERGE 语句的源表，即可将文件中的数据导入 SQL Server 表中。

【例 8.4】　设 person.xml 文件保存在 D 盘根目录下，使用 OPENROWSET 函数将该文件导入数据表 xmlDocs 中。使用如下语句：

```
INSERT INTO xmlDocs ( xmlDocName, xmlContent )
SELECT 'person.xml' AS filename, *
    FROM OPENROWSET(BULK 'D:\person.xml', SINGLE_BLOB)   AS person
```

XML 数据插入后可以使用 SELECT 语句查看 xmlDocs 表中数据状态，如图 8.1 所示。

图 8.1　查询 XML 字段

XML 类型除可以在表中使用外，还可以在存储过程、事务、函数等中出现。

【例 8.5】　创建一个 XML 类型的变量 docxml，并将上述 persons.xml 文件的 XML 数据分配给该 xml 变量。

```
declare @docxml xml;
set @docxml='<company><department><person><name>李平</name><birthday>
1986-11-10</birthday><telephone>13033300110</telephone></person><person><name>
赵宏</name><birthday>1983-2-10</birthday><telephone>85567890</telephone></person>
</department></company> '
```

3. 查询操作

T-SQL 中提供了两个对 XML 类型数据进行查询的函数，分别是 Query(xquery)和 Value(xquery, dataType)，其中，Query(xquery)得到的是带有标签的数据，而 Value(xquery, dataType)得到的则是标签的内容。

（1）Query(xquery)

参数 xquery 为一个字符串，用于指定查询 XML 实例中的 XML 节点（如元素、属性）表达式，Query()方法返回一个 XML 类型的结果。

【例 8.6】 创建一个 XML 变量 xmldoc，并将 xmlDocs 表中查询"persons.xml"文件的有关人员信息的 XML 数据分配给该 xml 变量，再使用 query()方法对文档指定 XQuery 来查询<person>子元素。使用语句如下：

```
DECLARE @xmldoc xml;
SELECT @xmldoc=(SELECT xmlContent FROM xmlDocs WHERE xmlDocName='persons.xml');
SELECT @xmldoc.query('/company/department/person') AS 人员信息;
```

上述语句的执行结果如图 8.2 所示。

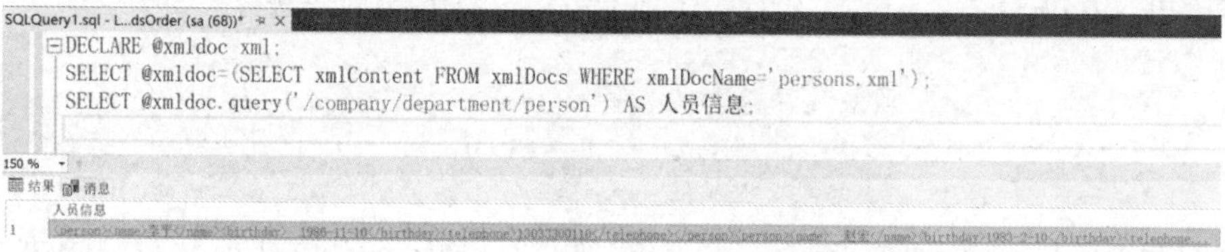

图 8.2　使用 Query 函数查询 XML 数据

（2）Value(xquery, dataType)

参数 xquery 的含义与 Query 函数相同，dataType 为返回值的数据类型。Value 函数对 XML 执行 xquery 查询，并返回 SQL 类型的标量值。通常使用该方法从 XML 类型列或变量存储的 XML 实例中提取值。

【例 8.7】 使用 Value 函数从 xmlDocs 表中提取 persons.xml 文件中的人员姓名，语句如下：

```
DECLARE @xmldoc xml
SELECT @xmldoc=(SELECT xmlContent FROM xmlDocs WHERE xmlDocName='persons.xml')
SELECT @xmldoc.value('(/company/ department/person/name)[1]','char(6)') AS 人员姓名
```

上述语句执行结果如图 8.3 所示。

图 8.3　使用 Value 函数查询 XML 数据

8.4 移动数据库

随着无线通信技术和计算机软/硬件技术的发展，以及各种智能化移动终端的普及，以计算机网络为中心的移动计算技术得到了广泛应用和快速发展，使人们在任何时间、任何地点访问任何所需信息的愿望成为可能。移动计算技术的应用促进了无线通信技术与数据库技术的融合，推动了移动数据库技术的发展。

8.4.1 移动数据库概念

移动数据库是指能够支持移动计算环境的分布式数据库，其数据在物理上（或地理上）分散而在逻辑上集中。它涉及数据库技术、分布式计算技术、移动通信技术等多个学科领域。

移动数据库是传统分布式数据库的扩展，典型的移动数据库系统环境由固定主机（Fixed Hosts，FH）、移动主机（Mobile Hosts，MH）、移动支持站点（Mobile Support Stations，MSS）和通信网络（包括有线和无线）组成。FH 是通常含义上的计算机，它们之间使用高速固定网络连接，可以通过设置来实行对移动设备的管理。MSS 和 FH 之间的通信是通过可靠的固定通信网络来完成的。一个 MSS 覆盖的地理区域被称为信元（Cell）。每个 MSS 有移动数据库管理系统（Mobile DataBase Management System，MDBMS）和局部数据库（Local DataBase，LDB），负责其信元内各 MH 的数据管理。在一个信元内的 MH 可以通过无线通信网络与覆盖这个区域的 MSS 进行通信，完成数据信息的检索。各 MH 有自己的数据，且越来越多的数据会放在这些 MH 上（而不是 MSS 管理的数据库中）。当一个 MH 从一个信元移动到另一个信元时（过区切换），原 MSS 要将该 MH 的信息传到目的信元的 MSS，以保证信息检索的连续性。

移动数据库在移动计算环境中有许多重要应用，如移动办公、数字战场、公共信息（如天气预报、旅游交通信息、股市行情）发布等，拥有广泛的应用前景。

8.4.2 移动数据库的特点

由于移动计算环境比传统的计算环境更为复杂和灵活，因此对移动数据库提出了更高的要求。与传统分布式数据库相比，移动数据库具有如下特点。

（1）移动性

移动数据库可在无线通信单元内及单元间自由移动，而且在移动的同时仍可能保持通信连接。

（2）位置相关性

移动数据库管理的数据、支持的应用及数据查询都可能是位置相关的。

（3）频繁断接性

移动数据库与固定网络之间经常处于主动或被动的断接状态，这就要求移动数据库中的事务在断接的情况下能继续运行，或者自动进入休眠状态，不会因为网络断接而撤销。

（4）网络条件的多样性

在移动计算环境下，各地通信网络的带宽、通信代价、延时等状态是不同的。移动数据库应提供充分的灵活性和适应性，以及多种系统运行方式和资源优化方式来适应网络条件的变化。

（5）网络通信的非对称性

上行链路的通信代价和下行链路有很大差异，这就要求在移动数据库的实现中要充分考虑到这种差异，并采用合适的方式（如数据广播）传递数据。

（6）资源的有限性

电池电源对移动设备来说是有限的资源，通常只能维持几个小时。此外，移动设备还受通信带宽、存储容量、处理能力等的限制。移动数据库必须充分考虑这些限制，在查询优化、事务处理、存储管理等环节提高资源的利用率。

（7）系统规模庞大

在移动计算环境下，用户规模比常规网络环境要庞大，采用普通的处理方法将导致移动数据库的效率十分低下。

（8）安全性和可靠性较差

由于移动计算平台可以远程访问系统资源，从而带来新的不安全因素。此外，移动主机遗失、失窃等现象也容易发生，因此移动数据库应提供比传统数据库更强的安全机制。

8.4.3　移动数据库的关键技术

移动数据库的系统环境比传统数据库更为复杂和多变，因此，移动数据库必须解决若干关键技术问题，如数据的一致与可复制性、移动事务处理、位置相关查询处理、数据广播及数据安全性等。移动数据库的关键技术包括以下内容。

（1）复制和缓存技术

数据复制是保证移动数据库可用性与可靠性的关键技术。移动数据库的一个显著特点是 MH 和 MSS 之间的连接是一种弱连接，即低带宽、长延迟、不稳定和经常断开。

为了支持用户在弱连接环境下对数据库的操作，现在普遍采用乐观复制方法，允许用户对本地缓存上的数据副本进行操作，待网络重新连接后再与数据库服务器或其他终端交换数据修改信息，并通过冲突检测机制来协调和恢复数据的一致性。

此外，人们还开发出了许多复制策略与方法，如两极复制算法、虚拟主副本方法、多版本冲突消解法和三级复制体系结构等。

（2）数据广播技术

MSS 将大多数 MH 频繁访问的数据组织起来，以周期性的广播形式主动发布，使 MH 无须发送请求就能获取所需数据。这样既节省了 MH 发送请求的开销，还充分利用了无线网络带宽的非对称性，对提高系统性能、减少系统资源开销有很大的好处。

（3）查询处理优化

移动查询往往是与位置相关的。MH 位置管理主要集中在两个方面：一个是如何确定 MH 的当前位置；另一个是如何存储、管理和更新位置信息。

在移动数据库环境中，由于 MH 的移动性和快速的资源变化，查询优化变得更复杂。当查询结果返回到 MH 时，这些 MH 可能正处于移动当中，或正在穿越信元边界，但用户接收到的查询结果必须是正确而完整的。

移动查询优化必须采用动态策略，以适应不断变化的情境。同时还要考虑连接时间、资源（如内存空间、电源能量等）限制等问题。

（4）移动事务处理

移动事务处理要考虑在移动环境中资源有限、频繁断接、过区切换等因素，必须设计和实现新的事务管理策略与机制，包括合适的事务模型、有效的事务处理策略和完善的日志记录策略。

移动事务处理的关键是体现移动特性和长事务特性，ACID 特性也需要进行修正。

移动事务处理策略主要包括根据网络连接情况来确定事务处理的优先级，如网络连接速度高的事务请求优先处理；根据操作时间来确定事务的迁移，将长操作则迁移到服务器上执行，无须保证网络的一直畅通；根据数据量的大小来确定事务是上传执行还是下载数据副本执行后再上传；事务处理过程中，网络断接处理时采用服务器发现或客户端声明机制。

还需要考虑事务执行过程中 MH 的移动问题，如位置信息的实时更新、过区切换处理等。

通过采用完善的日志记录策略，包括日志复制（在 MSS 上），支持移动事务的恢复。

（5）数据的安全性

移动性、便携性和非固定的工作环境带来潜在的安全隐患。为了防止碰撞、磁场干扰、遗失、失窃等对个人数据安全造成威胁，应采取一定的数据安全保证措施。如对 MH 进行认证，防止非法 MH 的欺骗性接入；对无线通信进行加密，防止数据信息泄露；对下载的数据副本加密存储，以防移动终端物理丢失后的数据泄密。

此外，移动数据库还必须解决地址错误、介质失效、事务和通信失效所导致的问题。

8.5 NoSQL 数据库和 NewSQL 数据库

NoSQL 数据库是一种新兴的数据库技术，它在数据模型、可靠性、一致性等众多数据库核心机制方面与关系型数据库有着显著的不同。而 NewSQL 数据库是对各种新的可扩展和高性能数据库的简称，这类数据库不仅具有海量数据的存储管理能力，还保持了传统数据库支持 ACID 和 SQL 等特性。本节将介绍 NoSQL 数据库和 NewSQL 数据库。

8.5.1 NoSQL 数据库的概念

NoSQL 数据库起源于互联网应用发展带来的海量数据新的管理需求。进入 21 世纪后，Web 2.0 兴起，海量的半结构化和非结构化数据每天源源不断地产生。更高的并发读/写、海量数据的存取，以及高扩展和高可用性要求，都对数据管理技术提出了新的挑战。传统关系型数据管理系统已无法满足这些需求。依靠不断增加更多的计算资源进行系统扩展，使得运行成本急剧上升。因此，人们开始考虑采用新的数据存储和管理策略。

从 2007 年开始，NoSQL 数据库作为一种新型技术的统称开始被业界广泛关注。"NoSQL"这个名称最初的含义是说明这些数据库不支持 SQL 查询语言，不是当时在数据库领域占绝对统治地位的关系型数据库。而现在对 NoSQL 数据库的解释是 "Not Only SQL"。它代表一个新的思想，即现代的应用场景已经不是单一的关系型数据库能够完全适应的了，数据库领域要开始新的变革。

关于 NoSQL 数据库现在还没有一个公认的权威定义。InfoSys Technologies 的首席技术架构师 Sourav Mazumder 对 "NoSQL" 提出了一个较为严谨的描述。

（1）使用可扩展的松耦合类型数据模式来对数据进行逻辑建模；

（2）为遵循 CAP 定理的跨多节点数据分布模型而设计，支持水平伸缩；

（3）拥有在磁盘和（或）内存中的数据持久化能力；

（4）支持多种 "Non-SQL" 接口来进行数据访问。

可以看出，NoSQL 数据库相对于传统的关系型数据库在两个方面做出了重大变革。一是数据模式，NoSQL 数据库使用松耦合类型、可扩展的数据模式，如 key-value 键值对、列、文档、图表等。NoSQL 数据库的数据模式没有严格的定义，不要求在存储数据前就确定数据模式，在系统运行中也可以动态更改。这非常有利于存储现代 Web 应用中占绝大部分的半结构化和非结构化数据。二是水平伸缩，NoSQL 数据库本质上就是为分布式系统设计的，支持横向扩展，能够适应现代 Web 应用飞速增长的海量数据，并且在分布式架构下可以达到很好的性能。

8.5.2 CAP 理论

NoSQL 数据库的三大基石是 CAP 理论、BASE 原则和最终一致性。

传统关系型数据库通常都支持 ACID 的强事务机制。而与之不同的是，NoSQL 数据库系统通常注重性能和扩展性，而非事务机制。对很多 NoSQL 数据库系统来说，对性能的考虑远在 ACID 的保证之上。通常 NoSQL 数据库系统仅提供对行级别的原子性保证，即同时对同一个 Key 下的数据进行的两个操作，在实际执行中是串行执行的，保证了每个 Key-Value 对不会被破坏。对绝大多数应用来说，此策略并不会引起较大问题，但其换来的执行效率却非常可观。当然使用这样的系统需要在应用层的设计上多做容错和修正机制的考虑。

NoSQL 数据库通常有两个层次的一致性：第一个是强一致性，即集群中的所有机器状态同步保持一致；第二个是最终一致性，即可以允许短暂的数据不一致，但数据最终会保持一致。NoSQL 数据库允许削弱数据一致性的原因是 CAP 理论。CAP 理论首先把分布式系统中的三个特性进行了如下归纳。

- 一致性（Consistency）：系统中的所有数据备份，在同一时刻都是同一值。
- 可用性（Availability）：每个操作总能在确定的时间内返回，即系统随时都是可用的。
- 分区容错性（Tolerance to network Partitions）：在出现网络分区的情况下，如断网，分离的系统也能正常运行。

CAP 理论指出，在分布式存储系统中最多只能同时满足以上两个特性。

要保证数据一致性，最简单的方法是令写操作在所有数据节点上都执行成功才返回。而这时若某个节点出现故障，那么写操作就需要一直等到这个节点恢复才能返回成功，从而影响可用性，即要保证强一致性，就无法提供 7×24 的高可用性。要保证可用性就意味着节点在响应请求时，不用完全考虑整个集群中的数据是否一致，只需要以自己当前的状态进行回复。由于并不能保证写操作在所有节点都写成功，这会导致各个节点的数据状态不一致。CAP 理论导致分布式系统需要在一致性和可用性之间进行权衡，从而产生了最终一致性和强一致性两种选择。

8.5.3　BASE 原则

NoSQL 数据库的另一个基础是 BASE 原则，也称 BASE 理论。BASE 是 Basically Available（基本可用）、Soft state（软状态）和 Eventually consistent（最终一致性）三个短语的简写。BASE 原则是对 CAP 中一致性和可用性权衡的结果，是基于 CAP 定理逐步演化，并由大规模互联网系统分布式实践总结而来的。它的核心思想是，既使无法做到强一致性，每个应用也要根据自身业务特点，采用适当的方式使系统达到最终一致性。

- 基本可用（Basically Available）：允许分布式系统中某些部分出现故障时，系统的其余部分依然可用。
- 软状态（Soft State）：允许数据库在一定时间内存在数据状态暂时不一致的情况。
- 最终一致性（Eventually Consistent）：指系统中所有的数据副本，在经过一段时间的同步后，最终能够达到一致的状态。它的本质是需要系统保证最终数据能够达到一致，而无须实时保证系统数据的强一致性。所以这是一种特殊的弱一致性，系统能够保证在没有其他新的更新操作的情况下，数据最终可达到一致的状态。

CAP、BASE 和最终一致性被认为是 NoSQL 数据库的三大基石，它们推动了 NoSQL 数据库的不断发展。虽然 BASE 已包含了最终一致性，但学术界还是将其作为一块独立基石，其主要原因是一致性是数据库管理系统中的重要指标。随着并行计算和分布式计算的发展，以及微博、社会网络等 Web 2.0 新的应用复杂场景的不断演变，原有 ACID 事务系统的强一致性要求越来越难以实现。而弱一致性是指用户更新某数据后，后续操作不保证能正确更新。这个弱一致性是绝大多数应用场景下用户不能接受的，因此最终一致性实际上是在强一致性和弱一致性之间的一种平衡，它保证了系统的高效率和高可用性。

8.5.4　NoSQL 数据库的架构

Sourav Mazumder 提出了 NoSQL 数据库的一般架构，如图 8.4 所示。

NoSQL 数据库分为以下四层。

（1）接口层指数据库面向编程语言的接口，包括当前流行的大规模并行计算 MapReduce、键值存储中基本的 GET/PUT 操作等。

（2）数据逻辑模型层指数据库的逻辑模型，包括键值存储、列簇存储、文档存储，以及图结构存储。

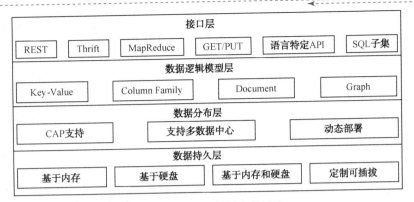

图 8.4　NoSQL 数据库的架构

（3）数据分布层指数据库的分布式架构。NoSQL 数据库支持多数据中心、动态部署，并遵循分布式系统的 CAP 支持理论。

（4）数据持久层指数据库的持久化存储，包括基于内存、基于硬盘和基于内存和硬盘的持久化存储，同时还包括定制可插拔的持久化。

*8.5.5　NoSQL 数据库的分类

NoSQL 数据库已经形成了一个大家族，根据采用的数据模型可分为键-值数据库、列族数据库、文档数据库、图数据库和对象数据库 5 类，其中对象数据库已在 8.1.3 节做过介绍，下面说明另外 4 类的内容。

1. 键-值数据库

键-值（Key-Value）数据库是最简单的一类 NoSQL 数据库。它以"键/值（Key/Value）"对的形式组织和存储数据，建立"键-值"的关联关系，每个 key 值对应一个任意的数据值，可以是任何结构化、半结构化或非结构化数据。用户要根据应用需求自行定义"值"的数据格式，并进行解析。通常键-值数据库支持基于"键"的查询操作，查询效率高。

键-值数据库具有良好的扩展性、高可靠性和高可用性，适用于有时效要求的高负载业务，常用于社交媒体、电子商务等领域。典型的键-值数据库有 Redis、Memcached、Riak 和 Berkeley DB 等，其中最著名的是 Redis 系统。Redis 系统是一款开源键-值数据库系统，支持 list、set、zset、hash 等多种数据结构，支持数据持久化和数据的主-从同步。Redis 系统在很多场合下可对关系型数据库起到很好的补充作用。新浪微博、知乎、Github、StackOverflow 等都采用了 Redis 系统。

2. 列族数据库

列族（Column family）数据库的数据模型是列式存储，即每一行数据的各项都被存储到不同的列中，这些列的集合称为列族。访问数据库的单位是列，因此每个列族可看作是一个键-值对，且允许一个键-值项有多个值。列族数据库的优点在于查询速度快、扩展性强，便于进行数据压缩和高效聚集计算。

列族数据库的代表有 BigTable、HBase、Cassandra 等，其中，BigTable 数据库是 Google 为其内部海量数据开发的云存储技术。HBase 数据库是一个分布式面向列的开源数据库，它以 BigTable 数据库的技术论文为基础研制。HBase 数据库建立在 Hadoop 分布式文件系统（HDFS）之上，提供高可靠、高性能、可伸缩、实时读/写等能力。百度、阿里巴巴、Facebook 等都采用了 HBase 数据库。国产自主可控的南大通用 GBase 8a 也是列族数据库，采用了列存储、自适应压缩、智能索引等技术，支持海量数据查询与分析，应用于互联网、移动互联网、电信、物联网等领域。

3. 文档数据库

文档（Document）数据库中的术语"文档"，不是指一般意义上的文本或其他形式的文件，而是指具有结构的数据，通常是 JSON（JavaScript Object Notation）格式或类似文档，可以存储列表及复杂层次结构数据。文档数据库将"键"映射到包含一定结构的"文档"（值）中。文档数据库可认为是一种特殊的键-值数据库，其"值"是 JSON 等半结构化数据，且可以嵌套。这种结构对于需要灵活架构的应用是非常理想的。例如，常见的互联网讨论板记录，不同记录之间的数量和类型差异很大，有的没有跟帖，而有的跟帖很多，使用文档数据库就可以有效地进行存储与检索。但文档型存储的灵活性和复杂性是一把双刃剑，即一方面开发者可以任意组织文档结构，另一方面应用层的查询需求会变得比较复杂。

文档数据库的代表有 MongoDB、CouchDB 和 DynamoDB 等。MongoDB 数据库是 10gen 公司在 2009 年 2 月推出的第一版，因其高效的性能和丰富的功能得到广泛应用。MongoDB 数据库使用数据结构松散的 BSON（Binary JSON）格式，面向文档存储数据，使用自动分片（Auto-Sharding）实现海量数据存储，支持全类型索引，使用的查询语言语法类似面向对象查询语言，可以实现类似关系数据库单表查询的绝大部分功能，支持主/从（Master/Slave）和复制集（Replica Set）两种数据复制机制。淘宝、大众点评、视觉中国等都采用了 MongoDB 数据库。

4. 图数据库

图（Graph）数据库采用图结构存储数据，即采用结点、边和属性表示和存储数据。结点表示实体，边则表示联系。图数据库适用于社交网络、推荐系统等应用场景。典型的图数据库有 Neo4j 和 FlockDB。Neo4j 数据库是开源的图数据库，基于 Java 实现，兼容 ACID 特性，也支持其他编程语言，如 Ruby 和 Python。Neo4j 数据库还提供了非常快的图操作算法和推荐系统。但从 Neo4j 3.5 版开始，企业版将仅在商业许可下提供，不再提供源码。微软、IBM、沃尔玛、思科、惠普、埃森哲等知名企业都使用过 Neo4j 数据库。

8.5.6 NewSQL 数据库

NoSQL 数据库虽然具有良好的可扩展性、数据存储的灵活性和低成本等优势，但也存在标准化程度不高、不支持 SQL 和应用开发复杂等缺点。而传统关系型数据库标准化程度高、支持 ACID 和强一致性，长期依赖一直是机构和企业业务信息化系统的核心和基础，但它存在扩展性差、成本高等不足，难以满足大数据的管理要求，有人也将传统关系型数据库称为 OldSQL。为了既能满足传统业务的强一致性和 ACID 需求，又能应对大数据管理的挑战，人们将关系型数据库与 NoSQL 数据库的优势结合起来，充分利用计算机软/硬件的新架构和新技术，研究和开发了若干创新的实现技术，称之为 NewSQL 数据库。NewSQL 数据库系统大致有两类：一类是扩展 OldSQL 数据库的 NewSQL 数据库，另一类是全新设计的 NewSQL 数据库。

NewSQL 数据库主要通过增加数据库中间件，对数据库进行分片，将数据库分布在多个节点上运行，这里数据库中间件是一个逻辑部件，对于开发人员来说如同使用单节点数据库，而在物理上数据库的存储则分布在多个服务器上。这种扩展技术被称为数据分片中间件扩展，采用这种技术的 NewSQL 数据库代表有 Google 的 MySQL 集群、eBay 的 Oracle 集群等。

全新设计的 NewSQL 数据库采用不同于传统关系型数据库的全新结构，直接从支持 SQL、ACID、横向扩展性和高并发读/写等大数据管理需求出发，采用分布式结构进行设计。这类系统的功能，包括数据分布式存储和查询、分布式事务处理、节点间通信和数据传输等，都是根据分布式环境特点设计的，其典型系统有 Google Spanner、VoltDB 和 NuoDB 等。

*8.5.7　数据库云平台

数据库云平台是数据库与云计算相结合产生的概念。数据库云平台是一个较宽泛的概念，它是指面向云计算环境要求的分布式数据库平台。数据库云平台既具有传统关系数据库的 ACID 特性，又具有 NoSQL 数据库的可扩展性，可以管理结构化数据、半结构化数据和非结构化数据，可以满足大数据时代各种应用模式对数据存储和管理的需要。

从功能上来看，数据库云平台类似于 NewSQL 数据库，但数据库云平台更侧重于服务提供模式。它不同于传统的数据库服务自主建设与管理的模式，而是采用云服务模式。数据库即服务（DataBase as a Service，DBaaS）将数据库资源以标准服务的形式提供给一个或多个用户。DBaaS 为用户提供统一的数据库访问服务，它屏蔽了底层的异构数据库，为上层应用提供了简单方便的数据库访问接口，将应用和数据库隔离开来，降低了耦合性，增强了系统的灵活性和健壮性。

数据库云平台有以下特点。

（1）动态可扩展：数据库云平台具有良好的可扩展性，可满足不断变化的数据需求。用户的需求变化时，数据库云平台能表现出很好的弹性，可以按需分配资源。

（2）高可靠性：数据库云平台可有效解决单点失效问题，若一个节点失效，则其他节点会自动接管事务。数据通常保存副本，在地理上也是分布的，可大大提高其可靠性。

（3）降低成本：数据库云平台通常采用资源和服务租用方式，可为用户节省建设和维护成本，有效避免资源浪费。

（4）高可用性：数据库云平台可根据用户需求支持多类型的高性能应用，包括面向用户的实时应用、信息管理、科学应用，以及各类新型应用。

*8.6　大数据

随着云计算、物联网等技术的发展，各类新兴应用（如社交网络、智慧城市、共享单车等）不断涌现，数据的种类和规模以前所未有的速度爆发式增长，人们正被数据洪流所包围，大数据（Big data）时代已经到来。

大数据已被广泛应用于诸多领域，如推荐系统、商业智能、决策支持等。大数据的规模效应给数据存储、管理和分析带来了极大的挑战，数据管理方式上的变革正在酝酿和发生。

8.6.1　大数据概念

对于"大数据"尚未有一个公认的定义，不同的组织（机构）试图从归纳大数据的特征出发，给出其定义。研究机构 Gartner 给出了这样的定义，即大数据是需要新处理模式才能具有更强的决策力、洞察发现力和流程优化能力来适应海量、高增长率和多样化的信息资产。

麦肯锡（McKinsey）给出的定义是一种规模大到在获取、存储、管理、分析方面大大超出了传统数据库软件工具能力范围的数据集合，具有海量的数据规模、快速的数据流转、多样的数据类型和价值密度低四大特征。

概括地说，大数据是指无法在一定时间范围内用常规软件工具进行捕捉、管理和处理的数据集合，是需要新处理模式才能具有更强的决策力、洞察发现力和流程优化能力的海量、高增长率和多样化的信息资产。

总结现有的文献资料，大数据应该具备如下特点。

（1）规模性（Volume）：指数据规模庞大。

（2）多样性（Variety）：指数据类型的多样性，也包括数据来源的多样性。

（3）高速性（Velocity）：指获得数据及数据流转的速度很快。

（4）价值性（Value）：大数据的价值往往呈现出稀疏性的特点（低价值密度）。

以上特性也被称为大数据的"4V"特征。后来有些学者又提出增加"4V"特征，即真实性（Veracity）、变化性（Variable）、波动性（Volatility）和可视化（Visualization）。但大多数文献中都重点强调前面的"4V"特征。

大数据来源于海量用户的一次次的行为数据，是一个数据集合。但大数据的战略意义不在于掌握庞大的数据信息，而在于对这些含有意义的数据进行专业化处理。

大数据并不在于数量"大"，而在于"有用"。它的价值含量、挖掘成本比数量更为重要。对于很多行业而言，如何利用这些大规模数据是赢得竞争的关键。

从数据库到大数据，看似只是一个简单的技术演进，但两者之间有着本质上的差别。大数据的出现必将颠覆传统的数据管理方式，在数据来源、数据处理方式和数据思维等方面都会带来革命性的变化。

8.6.2　大数据处理

在大数据时代，数据已经从简单的处理对象转变为一种基础性资源。大数据包括结构化、半结构化和非结构化数据，且非结构化数据越来越成为数据的主要部分，传统的数据处理方式已经无法满足应用需求，大数据处理吸引了越来越多的关注。

1. 大数据的处理模式

大数据主要的处理模式可以分为批处理（Batch Processing）和流处理（Stream Processing）两种。批处理模式是先存储后处理（Store-then-processing），而流处理模式是直接处理（Straight-through processing）。

（1）批处理

Google 公司在 2004 年提出的 MapReduce 编程模型是最具代表性的批处理模式。MapReduce 模型首先将原始的数据源进行分块，然后分别交给不同的 Map 任务去处理，得到中间结果，并写入本地硬盘。利用这些中间结果，由用户自定义的 Reduce 函数得到并输出最终结果。

MapReduce 的设计思想在于其将问题分而治之，并把计算推向数据而不是把数据推向计算，从而有效避免了大量的数据传输开销。

（2）流处理模式

流处理模式将数据视为流，源源不断的数据组成了数据流。当新的数据到来时就立刻处理并返回所需的结果。流处理模式的基本理念是数据的价值会随着时间的流逝而递减，因此尽可能快地对最新的数据做出分析并给出结果是所有流数据处理模式的共同目标。

数据的实时处理很有挑战性，由于数据流本身具有持续到达、速度快且规模巨大等特点，而且数据环境在不断变化，系统很难准确掌握整个数据的全貌。因此流处理系统通常不会对所有的数据进行持久化存储，处理过程基本在内存中完成，其处理方式更多地依赖于在内存中设计巧妙的概要数据结构，内存容量是限制流处理模型的一个主要瓶颈。

批处理模式和流处理模式都是大数据处理的可行思路。大数据的应用类型很多，在实际的大数据处理中，常常将两者结合起来使用。

2. 大数据的处理流程

大数据的数据来源广泛，应用需求和数据类型也不尽相同，但最基本的处理流程是一致的。

整个大数据的处理流程可以定义为在合适工具的辅助下，对广泛异构的数据源进行抽取和集成，结果按照一定的标准统一存储。利用合适的数据分析技术对存储的数据进行分析，从中提取有用的知识，并利用恰当的方式将结果展现给终端用户。

（1）数据抽取与集成

大数据的一个重要特点是多样性，这意味着数据来源极其广泛，数据类型极为繁杂。要想处理大数据，首先必须对所需数据源的数据进行抽取和集成，从中提取出关系和实体，经过关联和聚合之后采用统一定义的结构来存储。在这个过程中需要对数据进行清洗，以保证数据的质量及可信性。

（2）数据分析

数据分析是整个大数据处理流程的核心。从异构数据源抽取和集成的数据构成了数据分析的原始数据。根据不同应用的需求可以从这些数据中选择全部或部分进行分析。

由于大数据的特点，传统的数据分析算法需要根据实际需求进行调整。首先，大数据的应用常常有实时性要求，算法的准确率不再是大数据应用的最主要指标，很多应用场景需要在处理的实时性和准确率之间进行权衡；其次，云计算是进行大数据处理的有力工具，这就要求很多算法必须做出调整以适应云计算的框架，因此算法需要具备可扩展性。

对大数据分析结果好坏的衡量也是大数据时代数据分析的一个难点。

（3）数据解释

在大数据处理流程中，用户更关心数据分析结果的展示。即使分析的结果正确但没有采用适当的解释方法，也可能让用户很难理解，极端情况下甚至会误导用户。

数据解释的方法很多，但大数据时代的数据分析结果往往也是海量的，同时结果之间的关联关系极其复杂，采用传统的解释方法基本不可行。

引入可视化技术是最有效的方法。通过对分析结果的可视化用形象的方式向用户展示结果，图形化的方式比文字更易理解和接受。还可以采用人机交互技术，让用户在一定程度上了解和参与具体的分析过程。利用交互式的数据分析过程来引导用户逐步地进行分析，使得用户在得到结果的同时更好地理解分析结果。

3. 大数据处理的关键技术

大数据处理需要多种技术的协同：文件系统提供底层存储能力的支持；为了便于数据的管理和操纵，需要在文件系统之上建立数据库系统；通过构建有效的索引，对外提供高效的数据查询等常用功能，以及通过数据分析技术从大数据中提取出有用的知识。

从技术上看，大数据与云计算就像一枚硬币的正反面一样密不可分。正是云计算技术在数据存储、管理、分析等方面的支撑，才使得大数据有用武之地。在云计算领域，Google 公司无疑走在前列。面对海量的 Web 数据，Google 公司于 2006 年首先提出了云计算的概念，并逐步以论文的形式公开其研发的一系列云计算技术和工具，从而使得以 GFS、MapReduce、Bigtable 为代表的一系列大数据处理技术被广泛了解并得到应用，同时还催生出以 Hadoop 为代表的一系列云计算开源工具。

（1）文件系统

文件系统是支撑上层应用的基础。Google 公司的文件系统 GFS 是构建在大量廉价服务器之上的一个可扩展的分布式文件系统，主要针对文件较大且读远大于写的应用场景，采用主/从结构。通过数据分块、追加更新等方式可实现海量数据的高效存储。之后又对 GFS 进行了改进。

除了 Google 公司，众多企业和学者也从不同方面对满足大数据存储需求的文件系统进行了详尽的研究。如 Cosmos、HDFS、CloudStore 等。国内的淘宝集团也推出了自己的文件系统 TFS，通过将小文件合并成大文件、文件名隐含部分元数据等方式实现了海量小文件的高效存储。

（2）数据库系统

原始的数据存储在文件系统中，但是用户习惯通过数据库系统来存取数据。关系型数据库在很长的时间里成为数据管理的最佳选择，但是在大数据时代，数据管理、分析等需求的多样化使得关系型的分布式数据库不再适用。很多应用场景并不能满足关系型数据库的强一致性要求，这种情况下出现了新的 BASE 特性，即只要求满足 Basically Available（基本可用）、Soft State（软状态）和 Eventually Consistent（最终一致性）。

面对这些挑战，以 Google 为代表的一批技术公司纷纷推出了自己的解决方案，如 Google 的 Bigtable、Amazon 的 Dynamo 和 Yahoo 的 PNUTS 都是非常具有代表性的系统。同时也产生了一批未采用关系数据模型的数据库，这些方案现在被统一称为 NoSQL 数据库。

（3）索引与查询技术

数据查询是数据库最重要的操作之一，而索引是提高数据查询效率的有效方案。关系型数据库也是利用对数据构建索引的方式较好地解决了数据查询问题。不同的索引方案使得关系型数据库可以满足不同场景的要求。但这些成熟的索引方案基本无法直接应用于大数据。

NoSQL 数据库针对主键的查询效率较高，因此有关的研究集中在 NoSQL 数据库的多值查询优化上。针对 NoSQL 数据库上的查询优化主要有两种思路：①采用 MapReduce 并行技术优化多值查询；②采用索引技术优化多值查询，即尝试从添加多维索引的角度来加速 NoSQL 数据库的查询速度。

（4）数据分析技术

图是真实社会中广泛存在的事物之间联系的一种有效表示手段，因此对图的计算是一种常见的计算模式。而图计算会涉及在相同数据上的不断更新，以及大量的消息传递，如果直接采用 MapReduce 去实现，会产生大量不必要的序列化和反序列化开销。基于此，包括 Google 在内的很多公司都提出了自己的图计算模型，如 Pregel、 Dryad、Cascading 等。

4. 大数据处理平台

Hadoop 是目前最为流行的大数据处理平台。Hadoop 最初是模仿 GFS、MapReduce 实现的一个云计算开源平台，目前已经发展成为包括文件系统、数据库、数据处理等功能模块在内的完整生态系统。

对 Hadoop 改进并将其应用于各种场景的大数据处理是过去 10 年的研究重点，主要的成果包括对 Hadoop 平台性能的改进、高效的查询处理、索引的构建和使用、在 Hadoop 之上构建数据仓库、Hadoop 和数据库系统的连接、数据挖掘、推荐系统等。

除了 Hadoop，还有很多针对大数据的处理平台或工具，其中绝大部分都在 Hadoop 基础上进行功能扩展，或者提供与 Hadoop 对接的数据接口。

8.6.3　大数据管理面临的挑战

大数据时代的数据在数据来源、数据分布、数据类型等多个方面与传统数据有着迥然不同的特点，这使得大数据时代的数据管理面临着新的挑战。

1. 大数据集成

数据集成是数据分析的基础，本身并不是一个新问题。但大数据时代数据的来源多样性、广泛存在性和异构性，导致数据质量很难保证。这给数据集成带来了新的挑战。

（1）数据产生方式的多样性带来数据源的变化。传统的电子数据主要由位置相对固定的服务器或个人计算机中产生，而大数据时代的大量数据由移动终端产生。这使得数据量呈爆炸式增长，且产生的数据都带有明显的时空特性。

（2）数据类型从以结构化数据为主转向结构化、半结构化、非结构化三者的融合，且半结构化和非结构化数据所占比重越来越大。

（3）数据存储方式的变化。传统数据主要存储在关系型数据库中，但越来越多的数据开始采用新的存储方式来应对大数据，如采用 Hadoop 的 HDFS。这就要求在数据集成过程中进行数据转换，而这种转换是非常复杂和难以管理的。

（4）大数据具有数据规模庞大，但价值密度低的特点，一些相对细微的有用信息混杂在庞大的数据中。这就给数据清洗带来新的挑战，必须在数据的质与量之间进行仔细的权衡。

2. 大数据的分析

传统意义上的数据分析已经形成了一整套行之有效的流程体系，但随着大数据时代的到来，应用场景的变化，半结构化和非结构化数据量的迅猛增长，给传统的分析技术带来了巨大的冲击和挑战。

（1）数据处理的实时性。数据中蕴含的知识价值往往随着时间的流逝而不断衰减，因此很多应用场景对于数据的实时处理都有一定的需求，数据分析从离线（offline）方式转向了在线（online）方式。这给实时处理的模式选择及工具实现带来了新的挑战。目前已有很多的研究成果，但仍缺乏一个通用的大数据实时处理框架，这导致实际应用中往往需要根据具体的业务需求和应用场景对现有的技术和工具进行改造。

（2）动态变化环境中索引的设计。索引可以显著提高查询的效率，传统的数据管理中数据模式基本不会发生变化，因此构建索引主要考虑的是索引创建和更新效率。大数据时代的数据模式随着数据量的不断增长可能会处于不断变化之中，这就要求索引结构的设计简单、高效，能够很快地进行调整以适应数据模式的变化。

（3）先验知识的缺乏。传统的关系数据在存储时就隐含了这些数据内部关系等先验知识，如待分析的数据对象有哪些属性、属性可能的取值范围等。这些知识使得人们在数据分析之前就对数据有了一定的理解，而在面对大数据分析时，则难以构建或很难有足够的时间去建立这些先验知识。

3. 大数据的隐私保护

隐私保护问题由来已久，在大数据时代，数据隐私问题越来越严重。大数据时代的隐私保护面临着技术和人力的双重考验。

（1）隐性的数据暴露问题。社交网络的出现使得人们在不同的地点产生越来越多的数据足迹，这类数据具有累积性和关联性。单个地点的信息可能不会暴露用户的隐私，但将用户的很多行为数据从不同的独立地点聚集在一起时，其隐私就很可能会暴露，这是个人无法预知和控制的。

（2）数据公开与隐私保护之间的矛盾。如果为了保护隐私将所有的数据都加以隐藏，那么数据的价值就无法体现。数据公开是必要的，政府、企业、研究者都可以从公开的数据中获得自己想要的信息。因此，大数据时代的隐私性主要体现在不暴露用户敏感信息的前提下进行有效的数据挖掘。这方面的研究主要集中在新型的数据发布技术上，尝试在尽可能少损失数据信息的同时最大化地隐藏用户隐私。

（3）数据动态性带来新的问题。传统的隐私保护技术主要是基于静态数据集，大数据时代的数据模式和数据内容一直会发生快速变化，在这种更加复杂的环境下实现对动态数据的利用和隐私保护更具挑战性。

本章小结

总结了近年来数据库领域发展的特点，对数据库领域的发展方向进行了综述，并对数据仓库与数据挖掘、XML 数据管理、NoSQL 数据库和 NewSQL 数据库，以及大数据管理等研究热点进行了简要介绍，为读者在数据库领域从事研究和应用开发提供参考。

习题 8

1. 什么是 OLTP？什么是 OLAP？
2. 简述数据仓库的特点。
3. 简述数据挖掘的含义。
4. 什么是 XML？XML 文档有什么特征？
5. SQL Server 中如何定义 XML 字段？如何导入和查询 XML 数据？
6. 简述移动数据库的概念和特点。
7. 简述 NoSQL 数据库的概念、CAP 理论、BASE 原则。
8. NoSQL 数据库分为哪几类？分别是什么？
9. 简述 NewSQL 数据库的概念。

附录 A

实 验 指 导

实验 1 SQL Server Management Studio 管理工具的使用

实验目的

1. 了解 SQL Server Management Studio 的界面结构和基本功能；
2. 掌握 SQL Server Management Studio 的基本使用方法；
3. 了解资源管理器中目录树的结构；
4. 了解 SQL Server 数据库及其对象；
5. 掌握查询分析器的启动方法；
6. 掌握在查询分析器中执行 SQL 语句的方法。

实验内容

1. 利用 SQL Server Management Studio（SSMS）了解 SQL Server 数据库对象。

（1）启动 SSMS，并以系统管理员身份登录 SSMS。

（2）在"对象资源管理器"中选择已注册的服务器，分别展开数据库→系统数据库图标，将观察到 master、model、msdb、tempdb 这 4 个系统数据库，如图 A1.1 所示。它们是安装 SQL Server 数据库时自动安装的。展开 master 数据库图标，可见数据库对象包括表、视图、同义词、可编程性、存储和安全性等几类对象，如图 A1.2 所示。展开各类对象图标并列出相应对象的名称。

图 A1.1　系统数据库

图 A1.2　数据库包含的对象

2. 启动查询分析器，并在其中执行 SQL 语句。

（1）在 SSMS 的工具栏上单击"新建查询"图标，将启动查询分析器。

（2）在查询分析器中输入以下 SQL 语句：

```
CREATE DATABASE test
GO
```

单击工具栏上的 ▶ 执行(X) 图标执行语句，在消息窗口中将弹出相应的提示，如图 A1.3 所示。

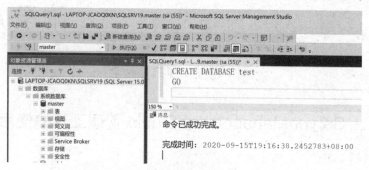

图 A1.3　在查询分析器中执行 SQL 语句

思考与练习

1. 在 SSMS 中查看系统数据库下的 master、model、msdb、tempdb 等数据库，了解各数据库的作用和组成。

2. 熟悉 SSMS 的菜单构成，并了解常用菜单项的功能。

实验 2　数据库、表的创建

实验目的

1. 了解在 SSMS 中创建数据库的要求；
2. 了解 SQL Server 数据库的逻辑结构和物理结构；
3. 掌握表的结构特点；
4. 掌握 SQL Server 的基本数据类型；
5. 掌握空值概念；
6. 掌握在 SSMS 界面和使用 T-SQL 的 CREATE DATABASE 语句创建数据库的方法。

实验内容

1. 在 SSMS 中创建数据库的要求如下。

（1）能创建数据库的用户必须是系统管理员，或者被授权使用 CREATE DATABASE 语句的用户。

（2）创建数据库必须确定数据库名、所有者（创建数据库的用户）、数据库大小（最初大小、增长方式）和存储数据库的文件。

（3）确定数据库包含哪些表，以及所包含的各表的结构，还要了解 SQL Server 的常用数据类型，以创建数据库的表。

2. 定义数据库结构。创建学生成绩数据库，数据库名为 StudentCourse，包含下列 3 个表。

（1）学生表：表名为 Student，描述学生信息。

（2）课程表：表名为 Course，描述课程信息。

（3）学生选课表：表名为 StuCourse，描述学生选课及成绩信息。

各表的结构分别如表 A2.1、表 A2.2 和表 A2.3 所示。

表 A2.1 学生情况表（表名 Student）

列　名	数据类型	是否允许为空值	默认值	说明
学号	char(6)	否	无	主码
姓名	char(12)	否	无	
专业名	varchar(20)	是	无	
性别	char(2)	否	无	
出生时间	smalldatetime	是	无	
总学分	int	是	无	
备注	text	是	无	

表 A2.2 课程表（表名 Course）

列　名	数据类型	是否允许为空值	默认值	说明
课程号	char(4)	否	无	主码
课程名	varchar(40)	否	无	
开课学期	int	是	无	
学时	int	是	无	
学分	int	是	无	

表 A2.3 学生选课表（表名 StuCourse）

列　名	数据类型	是否允许为空值	默认值	说明
学号	char(6)	否	无	主码
课程号	char(4)	否	无	主码
成绩	real	是	无	

3. 在 SSMS 控制台上创建 StudentCourse 数据库。

要求：数据库 StudentCourse 初始大小、日志文件初始大小、增长方式均采用默认值。数据库的逻辑文件名和物理文件名分别为 StudentCourse 和 D:\programs\SQLSRV2019\ MSSQL15. SQLSRV2019\MSSQL\DATA\StudentCourse.mdf，其中，D:\programs\SQLSRV2019\ MSSQL15.SQLSRV 2019\MSSQL\DATA\为 SQL Server 2019 的系统安装目录；事务日志的逻辑文件名和物理文件名分别为 StudentCourse_LOG 和 D:\programs \SQLSRV2019\MSSQL15.SQLSRV2019\MSSQL\DATA\ StudentCourse_Log.ldf。

注意：不同的安装系统安装目录有可能不相同。

启动 SSMS，以系统管理员或被授权使用 CREATE DATABASE 语句的用户登录 SQL Server 2019 服务器。在"对象资源管理器"中"数据库"图标上单击鼠标右键，并在快捷菜单上选择"新建数据库"命令，出现如图 A2.1 所示的"新建数据库"窗口。在"数据库名称"文本框中输入数据库名"StudentCourse"，单击"确定"按钮，即可创建 StudentCourse 数据库。在"对象资源管理器"中展开"数据库"图标，将看到新增了"StudentCourse"图标。

4. 将新创建的 StudentCourse 数据库删除。在"对象资源管理器"中选择数据库 StudentCourse，并在 StudentCourse 上单击鼠标右键，选择"删除"命令。

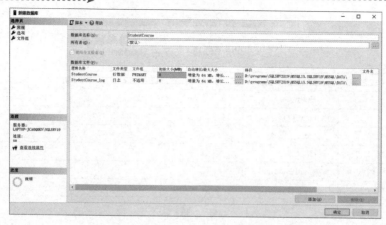

图 A2.1 "新建数据库"窗口

5. 使用 T-SQL 语句创建 StudentCourse 数据库。启动查询分析器，在查询分析器中输入以下语句：

```
CREATE  DATABASE  StudentCourse
ON
(NAME='StudentCourse_Data', FILENAME=' D:\programs\SQLSRV2019\ MSSQL15.SQLSRV
                 2019\MSSQL\DATA\StudentCourse.mdf',
 SIZE=5MB)
LOG ON
(NAME=' StudentCourse_Log',
FILENAME=' D:\programs\SQLSRV2019\ MSSQL15.SQLSRV
                 2019\MSSQL\DATA\StudentCourse_Log.ldf')
GO
```

执行上述 T-SQL 语句，并在"对象资源管理器"中查看执行结果。

6. 在 SSMS 控制台上创建 StudentCourse 数据库的 3 个表。选择数据库 StudentCourse，展开

StudentCourse 数据库，并在"表"图标上单击鼠标右键，新建表，将出现如图 A2.2 所示的"表设计器"窗口。输入 Student 表各字段信息，将"学号"字段设为主键（在该字段上单击鼠标右键，在快捷菜单上选择"设置主键"），单击工具栏上的 🖫（保存）图标，输入表名为 Student，即创建了表 Student。按同样的操作过程创建表 Course 和 StuCourse。

7. 在 SSMS 控制台上删除 StudentCourse 数据库的 3 个表。在"对象资源管理器"中选择数据库 StudentCourse 的表 Student，在 Student 上单击鼠标右键，选择"删除"命令，即可删除表 Student。按同样的操作过程删除表 Course 和 StuCourse。

图 A2.2 表设计器

8. 使用 T-SQL 语句创建 StudentCourse 数据库的 3 个表。启动查询分析器，在查询分析器窗口中输入以下语句：

```
USE StudentCourse
CREATE TABLE Student
(    学号        CHAR(6) PRIMARY KEY,
     姓名        CHAR (12) NOT NULL,
     专业名       VARCHAR(20),
```

```
    性别      CHAR (2) NOT NULL,
    出生时间   SMALLDATETIME,
    总学分     INT,
    备注      TEXT
)
GO
```

执行上述 T-SQL 语句，并在"对象资源管理器"中查看执行结果。

思考与练习

1. 若数据库 StudentCourse 初始大小为 3MB，最大大小为 30MB，数据库自动增长，增长方式是按 5%比例增长；日志文件初始为 1MB，最大可增长到 5MB，按 1MB 增长，写出创建该数据库的 T-SQL 语句，并在查询分析器中执行，观察执行结果。

2. 写出创建表 Course 和 StuCourse 的 T-SQL 语句，并在查询分析器中执行。

实验 3　表数据插入、修改和删除

实验目的

1. 学会在 StudentCourse 中对表进行数据插入、修改和删除操作；
2. 学会使用 T-SQL 语句对表进行数据插入、修改和删除操作。

实验内容

1. 在 SSMS 中向 StudentCourse 数据库的 3 个表中添加数据。分别向 Student、Course 和 StuCourse 这 3 个表中加入分别如表 A3.1、表 A3.2 和表 A3.3 所示的数据记录。向表中加入记录的方法是在"对象资源管理器"中选择表名（如 Student），并在其上单击鼠标右键，选择"编辑前 200 行"命令后，逐字段输入各记录值，输入完，关闭表窗口即可。

表 A3.1　Student 表数据

学　号	姓　名	专 业 名	性　别	出生时间	总 学 分	备　注
070101	丁一平	计算机科学与技术	男	1989-5-1	80	三好生
070102	王红	计算机科学与技术	女	1988-12-20	80	
070105	朱江	计算机科学与技术	男	1990-1-10	78	有补考科目
070201	王燕燕	电子信息工程	女	1988-11-19	74	
070202	王波	电子信息工程	男	1989-2-18	76	多次获奖学金
070206	赵红涛	电子信息工程	男	1989-3-20	72	
070207	朱平平	电子信息工程	女	1990-1-10	74	
070208	李进	电子信息工程	男	1989-9-12	74	

表 A3.2　Course 表数据

课 程 号	课 程 名	开课学期	学　时	学　分
1001	高等数学 1	1	80	5
1002	高等数学 2	2	80	5
2001	程序设计基础	1	64	4
3001	电路基础	2	48	3

表 A3.3 StuCourse 表数据

学　号	课 程 号	成　绩	学　号	课 程 号	成　绩
070101	1001	98	070201	1002	80
070101	1002	95	070201	3001	85
070101	2001	88	070202	1001	96
070102	1001	97	070202	1002	95
070102	1002	75	070202	3001	98
070102	2001	82	070206	1001	72
070105	1001	78	070206	1002	70
070105	1002	55	070206	3001	80
070105	2001	81	070206	2001	98
070201	1001	82			

注：表中的空白项表示记录的该字段取空值。

2. 在 SSMS 中修改和删除 StudentCourse 数据库的表数据。

（1）将 Student 表的第 5 行"总学分"字段值修改为 74。在"对象资源管理器"中选择表 Student，并选择"编辑前 200 行"命令，选择需要修改的单元格后，删除原值 76，输入值 74，关闭表窗口即可。

（2）删除 StuCourse 表的最后一行。在表窗口中定位到需要删除的行，单击鼠标右键，选择"删除"命令，在弹出的对话框中单击"确定"按钮，关闭表窗口即可。

3. 使用 T-SQL 语句操作 StudentCourse 数据库的表数据。

（1）使用 T-SQL 语句分别向 Student、Course、StuCourse 3 个表中插入记录。

在查询分析器中输入以下 T-SQL 语句并执行：

```
USE StudentCourse
INSERT INTO Student
    VALUES('070205', '李冰', '电子信息工程', '男', '1988-10-15',74,NULL)
INSERT INTO Course
    VALUES('2002', '面向对象程序设计', 2, 48, 3)
INSERT INTO StuCourse
    VALUES('070207', '1001',70)
INSERT INTO StuCourse
    VALUES('070207', '1002',80)
INSERT INTO StuCourse
    VALUES('070207', '2001',88)
INSERT INTO StuCourse
    VALUES('070208', '1001',89)
INSERT INTO StuCourse
    VALUES('070208', '1002',92)
INSERT INTO StuCourse
    VALUES('070208', '2001',92)
GO
```

执行完这些语句后，可在"对象资源管理器"中再次打开表，观察各表数据的变化情况。

（2）使用 T-SQL 语句修改表记录。

在查询分析器中输入以下 T-SQL 语句并执行：

```
USE StudentCourse
UPDATE StuCourse
```

```
            SET 成绩=成绩+2
            WHERE 课程号='1001'
```

该语句将"1001"号课程的所有学生成绩都增加 2 分。

注意： 修改表数据时要保持数据完整性。

（3）使用 T-SQL 语句删除表记录。

在查询分析器中输入以下 T-SQL 语句并执行：

```
    USE StudentCourse
    DELETE FROM StuCourse
            WHERE 学号='070208'
```

该语句将学号为"070208"学生的选课记录和成绩都删除。

思考与练习

1. 在查询分析器中执行如下 T-SQL 语句，观察执行结果并分析。

```
    INSERT INTO StuCourse
            VALUES('090207', '1001',70)
    GO
```

2. 写出实现以下要求的 T-SQL 语句，并在查询分析器中执行。

（1）将学号为"070101"学生的总学分增加 10 分；

（2）将课程名为"程序设计基础"的学时修改为 80 学时；

（3）将学号为"070102"学生的"1001"号课程成绩增加 5 分。

实验 4 数据查询

实验目的

1. 掌握 SELECT 语句的基本语法和查询条件的表示方法；
2. 掌握连接查询的表示方法；
3. 掌握嵌套查询的表示方法；
4. 掌握数据汇总的方法；
5. 掌握 GROUP BY 子句的作用和使用方法；
6. 掌握 ORDER BY 子句的作用和使用方法；
7. 掌握 HAVING 子句的作用和使用方法。

实验内容

使用 SELECT 查询语句，在数据库 StudentCourse 的 Student 表、Course 表和 StuCourse 表上进行各种查询，包括单表查询、连接查询、嵌套查询，并进行数据汇总，以及使用 GROUP BY 子句、ORDER BY 子句和 HAVING 子句对结果进行分组、排序和筛选处理。

1. SELECT 语句的基本使用。

以下的所有查询都在查询分析器中执行，在查询分析器中将当前数据库设为 StudentCourse。以下 SQL 语句均在查询分析器中输入并执行。

（1）根据实验 3 给出的数据库表结构，查询每个学生的所有数据。

```
    SELECT *
        FROM Student
```

（2）查询每个学生的专业名和总学分。

```
SELECT 专业名, 总学分
FROM Student
```

（3）查询学号为"070101"学生的姓名和专业名。

```
SELECT 姓名, 专业名
FROM Student
WHERE 学号='070101'
```

（4）查找所有的专业名。

```
SELECT DISTINCT 专业名
FROM Student
```

（5）查询 Student 表中计算机科学与技术专业学生的学号、姓名和总学分，将结果中各列的标题分别指定为 number、name 和 mark。

```
SELECT 学号 AS number,姓名 AS name, 总学分 AS mark
FROM Student
WHERE 专业名='计算机科学与技术'
```

（6）找出所有在 1989 年出生的"电子信息工程"专业学生的信息。

```
SELECT *
FROM Student
WHERE 专业名='电子信息工程' AND
      出生时间 BETWEEN '1989-1-1' AND '1989-12-31'
```

（7）找出所有姓"王"的学生信息。

```
SELECT *
FROM Student
WHERE 姓名 LIKE '王%'
```

2. 连接查询。

（1）查询每个学生的情况和其选修课程的课程号及成绩。

```
SELECT Student.*, 课程号, 成绩
FROM Student , StuCourse
WHERE Student.学号 = StuCourse.学号
```

（2）查找计算机科学与技术专业学生的情况和其选修课程的课程号及成绩。

```
SELECT Student.*, 课程号, 成绩
FROM Student , StuCourse
WHERE Student.学号 = StuCourse.学号 AND 专业名='计算机科学与技术'
```

（3）查找成绩低于 60 分的学生的情况和不及格课程的课程号及成绩。

```
SELECT Student.*, 课程号, 成绩
FROM Student , StuCourse
WHERE Student.学号 = StuCourse.学号 AND 成绩<60
```

（4）查询每个学生的情况和其选修课程的课程名及成绩。

```
SELECT a.*, 课程名, 成绩
FROM Student a, StuCourse b, Course c
WHERE a.学号 = b.学号 AND b.课程号= c.课程号
```

（5）查询每个学生的情况和其选修课程的课程名及成绩。其中输出的成绩用等级代替：≥90 分为优，≥80 分且<90 分为良，≥70 分且<80 分为中，≥60 分且<70 分为及格，<60 分为不及格。

```
SELECT a.*, 课程名, 成绩等级=
       CASE
```

```
            WHEN 成绩>=90 THEN '优'
                WHEN 成绩>=80 AND 成绩< 90 THEN '良'
                WHEN 成绩>=70 AND 成绩< 80 THEN '中'
                WHEN 成绩>=60 AND 成绩< 70 THEN '及格'
                ELSE '不及格'
            END
        FROM Student a, StuCourse b, Course c
        WHERE a.学号 = b.学号 AND b.课程号= c.课程号
```

（6）查询所有学生及其选课情况，若学生未选课程，也要将该学生的信息输出。

```
    SELECT a.*, 课程号, 成绩
        FROM Student a LEFT JOIN StuCourse b ON a.学号=b.学号
```

3. 嵌套查询。

（1）查找与"丁一平"在同一年出生的学生情况。

```
    SELECT *
    FROM Student
    WHERE 出生时间 =
                ( SELECT 出生时间
                    FROM Student
                    WHERE 姓名='丁一平')
```

（2）查询未选修任何课程的学生情况。

```
    SELECT *
    FROM Student
        WHERE 学号 NOT IN
                ( SELECT 学号
                    FROM StuCourse)
```

（3）查找选修了"电路基础"课程的学生学号和姓名。

```
    SELECT 学号, 姓名
        FROM Student
        WHERE EXISTS
        ( SELECT *
            FROM StuCourse a, Course b
        WHERE x.学号=a.学号 AND a.课程号=b.课程号 AND 课程名='电路基础')
```

（4）查找至少选修了学号为"070101"学生选修的全部课程的学生学号和姓名。

```
    SELECT 学号, 姓名
        FROM Student
        WHERE 学号 IN
        ( SELECT 学号
            FROM StuCourse x
            WHERE NOT EXISTS
            ( SELECT *
                FROM StuCourse y
                WHERE y.学号='070101'  AND NOT EXISTS
                ( SELECT *
                    FROM StuCourse z
                    WHERE z.学号= x.学号 AND z.课程号=y.课程号)))
```

（5）查找未选修"程序设计基础"课程的学生情况。

```
            SELECT *
               FROM Student
               WHERE  学号  NOT IN
                   ( SELECT 学号
                        FROM StuCourse
                        WHERE 课程号  =
                           ( SELECT  课程号
                           FROM Course
                           WHERE  课程名  = '程序设计基础' ))
```

4. 数据汇总。

（1）计算所有课程的总学时，使用 AS 子句将结果列的标题指定为总学时。

```
            SELECT SUM(学时) AS  总学时
               FROM Course
```

（2）求计算机科学与技术专业学生所有课程的平均成绩。

```
            SELECT AVG(成绩) AS  计算机专业学生平均成绩
               FROM StuCourse
               WHERE  学号  IN
                   ( SELECT  学号
                        FROM Student
                        WHERE  专业名='计算机科学与技术')
```

注意：也可用连接查询，请读者自行练习。

（3）计算电子信息工程专业的"高等数学 1"课程的平均成绩。

```
            SELECT AVG(成绩) AS  电子信息工程专业高等数学 1 课程的平均成绩
               FROM StuCourse
               WHERE  课程号=
                   (SELECT  课程号
                        FROM Course
                        WHERE  课程名='高等数学 1')
                   AND  学号  IN
                   ( SELECT  学号
                        FROM Student
                        WHERE  专业名='电子信息工程')
```

或者

```
            SELECT AVG(成绩) AS  电子信息工程专业高等数学课程的平均成绩
               FROM StuCourse a, Student b, Course c
               WHERE a.课程号=c.课程号 AND a.学号=b.学号 AND  课程名='高等数学 1'
                   AND  专业名='电子信息工程'
```

（4）查询电子信息工程专业的"高等数学 1"课程的最高成绩和最低成绩。

```
            SELECT MAX(成绩) AS '电信高数 1 最高成绩', MIN(成绩) AS '电信高数 1 最低成绩'
               FROM StuCourse a, Student b, Course c
               WHERE a.课程号=c.课程号 AND a.学号=b.学号 AND  课程名='高等数学 1'
                   AND  专业名='电子信息工程'
```

（5）查询电子信息工程专业的学生总数。

```
            SELECT COUNT(*) AS  总人数
               FROM Student
               WHERE 专业名='电子信息工程'
```

5. 使用 GROUP BY 子句对结果分组。

（1）查询各专业的学生数。

```
SELECT 专业名, COUNT(学号) 学生数
    FROM Student
    GROUP BY 专业名
```

（2）求被选修课程的名称和选修该课程的学生数。

```
SELECT 课程名, COUNT(学号) AS '选修人数'
    FROM StuCourse a, Course b
    WHERE a.课程号 = b.课程号
    GROUP BY 课程名
```

（3）统计各专业、各课程的平均成绩。

```
SELECT 专业名, 课程名, AVG(成绩) 平均成绩
    FROM StuCourse a, Student b, Course c
    WHERE a.课程号=c.课程号 AND a.学号=b.学号
    GROUP BY 专业名, 课程名
```

6. 使用 ORDER BY 子句对结果排序。

（1）将学生数据按出生时间排序。

```
SELECT *
    FROM Student
    ORDER BY 出生时间
```

（2）将计算机科学与技术专业的"程序设计基础"课程按成绩由高到低排序。

```
SELECT a.学号, 姓名, 成绩
    FROM StuCourse a, Student b, Course c
    WHERE a.学号=b.学号 AND a.课程号=c.课程号 AND 课程名='程序设计基础'
    ORDER BY 成绩 DESC
```

（3）将各课程按平均成绩由高到低排序。

```
SELECT 课程号, AVG(成绩)
    FROM StuCourse
    GROUP BY 课程号
    ORDER BY AVG(成绩) DESC
```

7. 使用 HAVING 子句对分组结果进行筛选。

（1）查找平均成绩在 85 分以上学生的学号和平均成绩。

```
SELECT 学号, AVG(成绩) AS '平均成绩'
    FROM StuCourse
    GROUP BY 学号
    HAVING AVG(成绩) >=85
```

（2）查找选修人数超过 3 人的课程名和选修人数。

```
SELECT 课程名, COUNT(学号) AS '选修人数'
    FROM StuCourse a, Course b
    WHERE a.课程号 = b.课程号
    GROUP BY 课程名
    HAVING COUNT(学号)>3
```

思考与练习

1. 用 SELECT 语句查询 Course 表和 StuCourse 表中的所有记录。

2. 用 SELECT 语句查询 Course 表和 StuCourse 表中满足指定条件的一列或若干列。

3. 查询所有姓名中包含有"红"的学生的学号及姓名。

4. 用连接查询的方法查找所有选修了"2001"或"1002"号课程的学生学号和姓名。

5. 用子查询的方法查找所有选修了"2001"或"1002"号课程的学生学号和姓名。

6. 用子查询的方法查找"计算机科学与技术"专业"1001"号课程成绩比所有"电子信息工程"专业"1001"号课程成绩都高的学生学号和姓名。

7. 查询每个学生的情况及其选修课程的情况。

8. 查询"计算机科学与技术"专业学生姓名及其选修课程详情。

9. 查询"计算机科学与技术"专业学生的最高成绩和最低成绩。

10. 统计"计算机科学与技术"专业各学生的平均成绩。

11. 统计各专业平均成绩在 80 分以上的学生人数。

12. 将各学生的学号和姓名按平均成绩降序排列。

实验 5　索引

实验目的

1. 掌握使用对象资源管理器创建索引的方法；
2. 掌握 T-SQL 创建和删除索引语句的使用方法；
3. 掌握查看索引的系统存储过程的用法。

实验内容

1. 在"对象资源管理器"中创建索引。

要求：在 StudentCourse 数据库的 Student 表的"学号"列上建立非聚簇索引 StuNo_ind。

在"对象资源管理器"中，选择 StudentCourse 数据库的 Student 表，展开 Student 表，在"索引"节点上单击鼠标右键，并在弹出的快捷菜单上选择"新建索引"命令，打开如图 A5.1 所示的"新建索引"窗口。

在"索引名称"文本框中输入新建索引的名称 StuNo_ind。单击"添加"按钮，出现如图 A5.2 所示的选择列对话框，在其中勾选用于创建索引的列"学号"复选框，单击"确定"按钮。

图 A5.1　"新建索引"窗口

图 A5.2　选择索引列

索引创建完成后，可在"对象资源管理器"中展开表的"索引"节点，查看该表上的所有索引。

2. 使用 T-SQL 语句创建和删除索引。

（1）在 StudentCourse 数据库 Course 表的"课程号"列上建立非聚簇索引 CourseNo_ind。

在查询分析器中输入以下 T-SQL 语句并执行：

```
USE StudentCourse
IF EXISTS(SELECT name FROM sysindexes
        WHERE name='CourseNo_ind')
    DROP INDEX Course.CourseNo_ind              --删除索引
GO
CREATE INDEX CourseNo_ind ON Course(课程号)
GO
```

（2）删除 Course 表上的索引 CourseNo_ind。

```
USE StudentCourse
DROP INDEX Course.CourseNo_ind
GO
```

注意： 应使用表名.索引名的形式。

3. 使用系统存储过程 sp_helpindex 查看索引。

要求： 使用系统存储过程 sp_helpindex 查看 Student 表上的索引信息。

在查询分析器中输入以下 T-SQL 语句并执行：

```
USE StudentCourse
EXEC sp_helpindex Student
GO
```

思考与练习

1. 在 Student 表的"学号"列上创建一个唯一非聚簇索引 S_ind。
2. 在 StuCourse 表上创建一个按"学号"升序、按"课程号"降序的非聚簇索引 SC_ind。

实验 6   视图

实验目的

1. 掌握使用对象资源管理器创建视图的方法；
2. 掌握 T-SQL 语句创建和修改视图的使用方法；
3. 掌握视图的查询方法。

实验内容

1. 在"对象资源管理器"中创建视图。

要求： 创建一个名为 Student_male 的视图，包含所有男生的信息。

在"对象资源管理器"中选择 StudentCourse 数据库，展开 StudentCourse 数据库，在"视图"节点上单击鼠标右键，并在弹出的快捷菜单上选择"新建视图"命令，打开如图 A6.1 所示的"添加表"对话框。选中"Student"表，单击"添加"按钮，然后再单击"关闭"按钮，将出现如图 A6.2 所示的创建视图窗口。

图 A6.1 "添加表"对话框

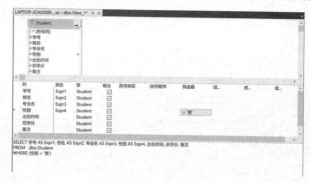

图 A6.2 创建视图窗口

在"Student"窗格中选择所有列，并在中间的条件窗格的"列"一栏中选择"性别"项，不勾选"输出"栏，在"筛选器"栏中输入"男"。单击工具栏的"保存"按钮，如图 A6.3 所示，在"选择名称"对话框中输入视图的名称 Student_male，按回车键进行保存。

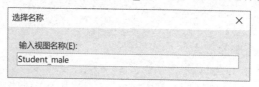

图 A6.3 输入视图名称

2. 使用 T-SQL 语句创建视图。

要求：创建名为 Student_Computer 的视图，包含计算机科学与技术专业的学生信息。

在查询分析器中输入以下 T-SQL 语句并执行：

```
USE StudentCourse
GO
CREATE VIEW Student_Computer
    AS
    SELECT *
    FROM Student
    WHERE  专业名='计算机科学与技术'
GO
```

3. 视图查询。

（1）查询 Student_male 视图。

在查询分析器中输入以下 T-SQL 语句并执行：

```
SELECT * FROM Student_male
```

（2）在 Student_Computer 视图上查询计算机科学与技术专业在 1989 年出生的学生信息。

```
SELECT *
    FROM Student_Computer
    WHERE YEAR(出生时间)='1989'
```

4. 使用 T-SQL 语句修改视图定义。

要求：将 Student_male 视图定义更改为包含计算机科学与技术专业所有男生的信息。

```
ALTER VIEW Student_male
AS
SELECT *
FROM Student
WHERE  性别='男' AND  专业名='计算机科学与技术'
```

可用 SELECT * FROM Student_male 语句检查对视图的修改。

思考与练习

1. 创建第一学期（"开课学期"字段值为 1 ）开设课程视图。
2. 通过查询 Student_male 视图统计各专业男生的人数。

实验 7　T-SQL 编程

实验目的

1. 了解 T-SQL 语句中变量的使用方法；
2. 掌握 T-SQL 语句中各种运算符、控制语句的功能及使用方法；
3. 掌握常用系统函数的调用方法；
4. 掌握用户自定义函数的使用。

实验内容

1. 局部变量的使用。

要求：创建一个名为 Spec 的局部变量，并在 SELECT 语句中使用该局部变量查找 Student 表中所有计算机科学与技术专业的学生学号、姓名。

在查询分析器中输入以下 T-SQL 语句并执行：

```
USE StudentCourse
DECLARE @Spec VARCHAR(20)
SET @ Spec ='计算机科学与技术'
SELECT 学号,姓名
        FROM Student
        WHERE 专业名=@Spec
GO
```

2. T-SQL 流程控制。

要求：编写求 1+2+…+100 的程序。

在查询分析器中输入以下 T-SQL 语句并执行：

```
DECLARE @CNT INT, @SUM INT
SET @CNT=1
SET @SUM=0
WHILE @CNT<=100
    BEGIN
        SET @SUM=@SUM+@CNT
        SET @CNT=@CNT+1
    END
PRINT @SUM
GO
```

3. 使用系统函数。

（1）输出当前系统的日期和时间。

```
SELECT GETDATE()
```

（2）输出当前版本的安装信息。

```
SELECT @@VERSION
```

（3）统计学生所选课程的总数。

```
USE StudentCourse
SELECT COUNT(DISTINCT 课程号)
    FROM StuCourse
GO
```

（4）输出一个 0～1 的随机数。

```
SELECT RAND()
```

（5）查询 Student 表，输出每个学生的学号、姓名和专业名，如果专业名中包含"计算机科学与技术"，则以"计算机"代替。

```
SELECT 学号, 姓名, REPLACE(专业名,'计算机科学与技术', '计算机')
    FROM Student
```

（6）查询 Student 表，输出每个学生的学号、姓名和总学分，若总学分为 NULL 则输出 0。

```
SELECT 学号, 姓名, ISNULL(总学分, 0) AS 总学分
    FROM Student
```

4. 使用自定义函数。

（1）定义一个函数，查询某个学号的学生信息是否存在，若存在则返回 0；若不存在则返回 -1。学号作为输入参数传入。

```
USE StudentCourse
GO
IF EXISTS ( SELECT name FROM sysobjects
                WHERE type='FN' AND name='Check_Sno')
    DROP FUNCTION Check_Sno
GO
CREATE FUNCTION Check_Sno             --函数名
(@Sno char(6))                        --输入参数
RETURNS INT                           --返回值类型
AS
BEGIN
DECLARE @flag INT
SELECT @flag =
( SELECT COUNT(*)
FROM Student
WHERE 学号=@Sno
)
IF @flag >0
SET @flag = 0
    ELSE
        SET @flag = -1
        RETURN @flag
END
GO
```

（2）对 Check_Sno 函数进行调用。

在 SELECT 语句中调用：

```
USE StudentCourse
GO
DECLARE @Sno1 CHAR(6) , @flag INT
SET @Sno1 = '070101'
```

```
SELECT @flag=dbo.Check_Sno (@Sno1)
SELECT @flag AS '学生是否存在'
GO
```

利用 EXEC 语句执行：

```
DECLARE @flag INT
EXEC @flag = dbo.Check_Sno    @Sno = '070101'
SELECT @flag AS '学生是否存在'
GO
```

思考与练习

1. 用 T-SQL 编程输出 1～100 能被 4 整除的数。

2. 使用系统函数，计算今天距"2025-1-1"还剩多少天。

3. 定义 QryCourse 函数：根据输入的课程号查询课程名。调用此函数。

实验 8　存储过程和触发器

实验目的

1. 掌握存储过程的定义和执行方法；

2. 了解触发器的定义和执行方法。

实验内容

1. 不带参数的存储过程。

（1）定义存储过程 Stu_Query，从 StudentCourse 数据库的 3 个表中查询，返回学号、姓名、专业名、选修课程名及成绩。

```
USE StudentCourse
IF EXISTS (SELECT name FROM sysobjects
            WHERE name = 'Stu_Query' AND type = 'P')
        DROP PROCEDURE Stu_Query
GO
CREATE PROCEDURE Stu_Query
AS
SELECT a.学号, 姓名, 专业名, 课程名, 成绩
    FROM Student a LEFT JOIN StuCourse b ON a.学号 = b.学号
        LEFT JOIN Course c ON b.课程号 = c.课程号
GO
```

（2）执行存储过程 Stu_Query。

```
EXEC Stu_Query
```

2. 带参数的存储过程。

（1）定义存储过程 Query_Stu，接收输入的学生姓名、课程名，从 StudentCourse 数据库的 3 个表中查询该学生的课程成绩。

```
USE StudentCourse
IF EXISTS (SELECT name FROM sysobjects
        WHERE name = 'Query_Stu' AND type = 'P')
        DROP PROCEDURE Query_Stu
```

```
        GO
        CREATE PROCEDURE Query_Stu
            @name char (12),@cname char(40)
        AS
        SELECT a.学号, 姓名, 课程名, 成绩
            FROM Student a LEFT JOIN StuCourse b ON a.学号 = b.学号
        LEFT JOIN Course c ON b.课程号= c.课程号
            WHERE a.姓名=@name and c.课程名=@cname
        GO
```

（2）执行存储过程 Query_Stu。

```
        EXECUTE Query_Stu '丁一平','程序设计基础'
```

（3）定义存储过程 Proc_Student，接收输入的学号、姓名、专业名、性别、出生时间、总学分、备注字段值。在 Student 表中查询该学号是否存在。若不存在，则向 Student 表中插入以参数值为各字段值的新记录；若存在，则将该记录的姓名、专业名、性别、出生时间、总学分、备注字段值修改为输入的各参数值。

```
        USE StudentCourse
        IF EXISTS (SELECT name FROM sysobjects
                    WHERE name = 'Proc_Student' AND type = 'P')
            DROP PROCEDURE Proc_Student
        GO
        CREATE PROCEDURE Proc_Student
            @xh char(6), @xm char(12), @zym varchar(20), @xb char(2), @cssj datetime,
            @zxf integer, @bz text
        AS
        DECLARE @cn integer
        SELECT @cn=count(学号) FROM Student WHERE  学号=@xh
        BEGIN TRANSACTION
        IF @cn=0
        BEGIN
            INSERT INTO Student(学号,姓名,专业名,性别,出生时间,总学分,备注)
                VALUES(@xh,@xm,@zym,@xb,@cssj,@zxf,@bz)
        END
        ELSE
            IF @cn>0
            BEGIN
                UPDATE Student
                SET 姓名=@xm, 专业名=@zym, 性别=@xb, 出生时间=@cssj, 总学分=@zxf, 备注=@bz
                WHERE  学号=@xh
            END
        IF @@Error=0
            COMMIT TRANSACTION
        ELSE
            ROLLBACK TRANSACTION
        GO
```

（4）执行存储过程 Proc_Student。

> EXEC Proc_Student '070501', '张林', '通信工程', '男', '1988-10-10', 80, '成绩优秀'

上述语句执行完成后，用 SELECT * FROM Student 查看 Student 表数据的变化情况。

3. 触发器的定义。

（1）定义触发器 SC_trig。在向 StuCourse 表中插入一条记录时，通过触发器检查记录的学号值在 Student 表是否存在，若不存在，则取消插入或修改操作。

```
USE StudentCourse
IF EXISTS (SELECT name FROM sysobjects
                WHERE name = 'SC_trig' AND type = 'TR')
    DROP TRIGGER SC_trig
GO
CREATE TRIGGER SC_trig on StuCourse
FOR INSERT
AS
IF((SELECT a.学号  FROM INSERTED a) NOT IN (SELECT b.学号  FROM Student b))
BEGIN
    RAISERROR ('插入操作违背数据的一致性', 16, 1)
     ROLLBACK TRANSACTION
END
GO
```

（2）执行表插入操作，对触发器进行测试。在查询分析器中输入以下语句并执行：

> INSERT INTO StuCourse VALUES('070110','2001',70)

记录上述语句的运行结果并分析。

思考与练习

1. 创建存储过程 Stu_course，根据指定的学号查询该学生所修课程的课程信息，输出课程号和课程名，并使用 EXEC 语句执行存储过程。

2. 创建存储过程 Stu_course1，根据指定的学号统计该学生选修所有课程的平均成绩和选课门数，输出统计结果，并使用 EXEC 语句执行存储过程。

3. 定义触发器 SC_trig 实现约束：课程的学分不能小于 2，如果小于则自动改为 2。

实验 9 数据库完整性

实验目的

1. 掌握 SQL Server 2019 中 6 类约束：NOT NULL、PRIMARY KEY、CHECK、FOREIGN KEY、DEFAULT 和 UNIQUE 的使用方法，在创建表时用相应的约束描述实体完整性、参照完整性和用户定义完整性；

2. 掌握增加和删除约束的方法。

实验内容

1. 创建数据库 StudentCourse1，包含的表及其结构与 StudentCourse 数据库完全相同。

2. 分别按表 A9.1、表 A9.2 和表 A9.3 所示的结构和约束条件写出创建 3 个表的 CREATE 语句。

表 A9.1　学生情况表（表名 Student）

列　名	数 据 类 型	是否允许为空值	默 认 值	说　明
学号	char(6)	否	无	主码，表 StuCourse 的外码
姓名	char(12)	否	无	无学生同名
专业名	varchar(20)	是	无	
性别	char(2)	否	无	'男' | '女'
出生时间	smalldatetime	是	无	
总学分	int	是	无	必须为正值
备注	text	是	无	

表 A9.2　课程表（表名 Course）

列　名	数 据 类 型	是否允许为空值	默 认 值	说　明
课程号	char(4)	否	无	主码，表 StuCourse 的外码
课程名	varchar(40)	否	无	
开课学期	int	是	无	只能为1～8
学时	int	是	无	必须为正值
学分	int	是	无	必须为正值

表 A9.3　学生选课表（表名 StuCourse）

列　名	数 据 类 型	是否允许为空值	默 认 值	说　明
学号	char(6)	否	无	主码
课程号	char(4)	否	无	主码
成绩	real	是	无	必须为正值

```
USE StudentCourse1
GO
    CREATE TABLE Student
    (学号        CHAR(6) PRIMARY KEY,
    姓名        CHAR (12) NOT NULL CONSTRAINT name_unique UNIQUE,
    专业名      VARCHAR(20),
    性别        CHAR (2) NOT NULL CONSTRAINT gen_Check CHECK (性别='男' OR 性别='女'),
    出生时间  SMALLDATETIME,
    总学分      INT CONSTRAINT tot_Check CHECK (总学分>=0),
    备注        TEXT
    )
GO

CREATE TABLE Course
(    课程号    CHAR(4)   PRIMARY KEY,
    课程名    VARCHAR(40) NOT NULL,
    开课学期  INT CONSTRAINT Sem_Check CHECK (开课学期  BETWEEN 1 AND 8),
    学时        INT CONSTRAINT Tm_Check CHECK (  学时>=0),
```

```
        学分         INT CONSTRAINT Score_Check CHECK ( 学分>=0)
)
GO

CREATE TABLE StuCourse
(   学号         CHAR(6)    NOT NULL,
    课程号       CHAR(4)    NOT NULL,
    成绩         INT CONSTRAINT Grade_Check CHECK ( 成绩>=0),
    PRIMARY KEY (学号, 课程号),
    FOREIGN KEY(学号) REFERENCES Student(学号),
    FOREIGN KEY(课程号) REFERENCES Course(课程号)
)
GO
```

3. 在"对象资源管理器"中查看约束。单击要查看约束的表,打开该表的"约束"节点将显示该表上的每个约束。

4. 修改约束定义。将 Course 表的 Tm_Check 约束修改为大于或等于 0,且小于或等于 120。

```
USE StudentCourse1
ALTER TABLE Course
    DROP CONSTRAINT Tm_Check        --先删除 Tm_Check 约束
GO
ALTER TABLE Course
    ADD CONSTRAINT Tm_Check         --再增加 Tm_Check 约束
    CHECK (学时>=0 AND 学时<=120)
GO
```

思考与练习

1. 为 StudentCourse1 的 Course 表中学分字段增加"默认值为 2"的约束。

2. 将 StudentCourse1 的 StuCourse 表中 Grade_Check 约束的取值范围修改为 0~100。

实验 10 数据库安全性

实验目的

1. 加深对数据库安全性的理解;

2. 掌握 SQL Server 中有关登录、(数据库)用户和权限的管理方法。

实验内容

1. 将 SQL Server 服务器的身份验证模式设置为"SQL Server 身份验证模式"。

设置方法 1:在启动窗口中选择,如图 A10.1 所示。

设置方法 2:在"对象资源管理器"中,单击鼠标右键在弹出的快捷菜单中选择"属性"的"安全性"命令进行选择,如图 A10.2 所示。

2. 创建两个登录名:stuUsrLogin 和 stuUsrLogin2。

创建方法 1:以 sa 登录,在"对象资源管理器"中单击"安全性"节点前的"+"图标,展开安全节点,如图 A10.3 所示。在"登录名"上单击鼠标右键,在弹出的快捷菜单上选择"新建登录名"命令，如图 A10.4 所示。选择身份验证模式，输入登录名、密码、确认密码等，单击"确定"按钮，即可创建登录。展开"安全性"节点即可查看到新建的登录名。

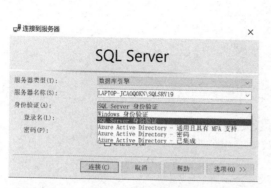

图 A10.1　启动窗口中设置身份验证模式

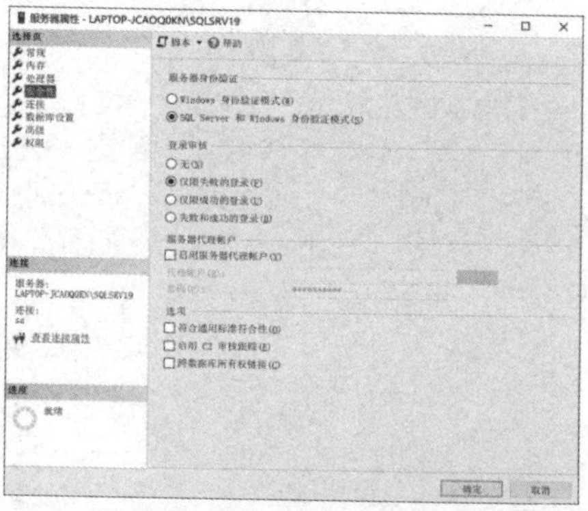

图 A10.2　在服务器属性中设置身份验证模式

图 A10.3　新建登录名菜单项

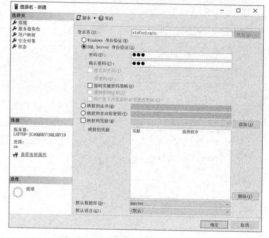

图 A10.4　输入登录名及密码

创建方法 2：以 sa 登录，在查询分析器中输入如下命令，即可创建登录名 stuUsrLogin2。

```
CREATE LOGIN stuUsrLogin2 WITH PASSWORD='123'
```

3. 以 sa 登录，分别为登录名 stuUsrLogin 和 stuUsrLogin2 映射两个数据库用户 stuUsr 和 stuUsr2，使这两个登录名可访问 StudentCourse 数据库，并授予其查询 Student 表的权限，语句如下：

```
USE StudentCourse
CREATE USER stuUsr FOR LOGIN stuUsrLogin
CREATE USER stuUsr2 FOR LOGIN stuUsrLogin2
GRANT SELECT ON Student TO stuUsr, stuUsr2
GO
```

4. 验证第 3 步的授权。以 stuUsrLogin 登录，查看数据库、表信息，如图 A10.5 所示，可见 stuUsr 用户仅可以查询 Student 表，类似可验证 stuUsr2 用户的权限。

5. 以 sa 登录，将对 Student 表的 INSERT 权限授予 stuUsr，并允许它将此权限再授予其他用户。语句如下：

```
USE StudentCourse
GRANT INSERT ON Student TO stuUsr WITH GRANT OPTION
GO
```

6. 以 stuUsrLogin 登录，向 Student 表中插入一条记录，能够正常插入记录，则表明权限授予正确，如图 A10.6 所示，语句如下：

INSERT INTO Student Values('070210','张红红','电子信息工程','女','1991-2-10',76,'三好生')

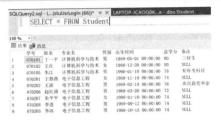

图 A10.5　验证对 stuUsr 用户的表查询授权　　　图 A10.6　验证对 stuUsr 用户的表插入授权

7. 将 Student 表的插入权限授予 stuUsr2，语句如下：

GRANT INSERT ON Student TO stuUsr2

8. 验证对 stuUsr2 用户的授权。以 stuUsrLogin2 登录，向 Student 表中插入一条记录，能够正常插入记录，则表明权限授予正确，语句如下：

INSERT INTO Student Values('070120','李小力','计算机科学与技术','男','1990-5-1',78,'三好生')

9. 把授予 stuUsr2 用户对 Student 表插入的权限收回，并进行验证。以 stuUsrLogin 登录，在查询分析器中输入以下语句将收回授权。

REVOKE INSERT ON Student FROM stuUsr2

以 stuUsrLogin2 登录，向 Student 表中插入一条记录，若不能插入记录，则表明权限回收正确。

注意：授权或回收权限命令通常需要重新连接数据库后方可验证生效。

思考与练习

1. 将 Student 表的修改、删除权限授予 stuUsr 用户，并进行验证。
2. 由 stuUsr 用户将 Student 表的修改、删除权限再授予 stuUsr2 用户，并进行验证。
3. 采用 CASCADE 级联回收，将 stuUsr、stuUsr2 对 Student 表的修改、删除权限全部回收。

实验 11　C#数据库访问

实验目的

1. 了解 ADO.NET 体系结构及相关的类；
2. 掌握使用 ADO.NET 访问数据库的过程；
3. 掌握 Visual C#开发数据库应用程序的方法。

实验内容

1. 采用 StudentCourse 数据库，设计并实现"学生信息显示模块"，界面如图 A11.1 所示。

（1）打开 VS2015，新建项目，在新建项目对话框中，模板选择"Windows 窗体应用程序"，解决方案名称为"StuGradeMgr"，选择存放的路径后，单击"确定"按钮。

（2）修改默认的窗体对象名为"FrmStuInfo"，Text 属性值设为"学生信息查看"。

（3）在"解决资源管理器"的"StuGradeMgr"中，单击鼠标右键，在弹出的菜单中，选择"添加"的"类"命令，名称为"DBConnect.cs"，如图 A11.2 所示。

图 A11.1   学生信息显示   图 A11.2   向项目中添加 DBConnect 类

```
class DBConnect
    { public static SqlConnection con()
    {   String ConStr = "server = LAPTOP-JCAOQ0KN\\SQLSRV19;
                          uid=sa;pwd=***;database= StudentCourse;";
        return new SqlConnection(ConStr);        //创建连接并返回
    }
}
```

（4）设计界面。

FrmStuInfo 窗体及窗体中各控件的属性设置如下：Label 和 Text 的属性值设为"学生信息"；DataGridView 控件和 Name 的属性设为"dgStu"。

（5）设计窗体加载事件程序代码如下：

```
private void FrmStuInfo_Load(object sender, EventArgs e)
{   SqlConnection con = DBConnect.con();
    String sql = "SELECT * FROM Student";
    SqlDataAdapter Adpt = new SqlDataAdapter(sql, con);    //执行 SQL 语句
    DataSet ds = new DataSet();                            //创建 DataSet 对象
    Adpt.Fill(ds, "Student");                              //填充数据集
    dgStu.DataSource = ds.Tables[0];                       //数据表绑定到显示控件
    con.Close();
}
```

2. 基于 StudentCourse 数据库，设计并实现"学生信息维护"模块，该模块可进行学生信息的增、删、改操作，如图 A11.3 所示。

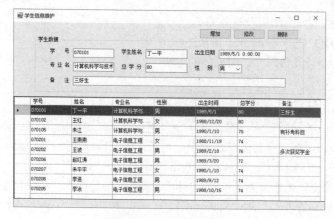

图 A11.3   学生信息维护

请参照 6.5.3 节设计"学生信息维护"模块界面，并编写有关学生数据的增、删和改程序。

思考与练习

1. 基于 StudentCourse 数据库，在 VS 中设计并实现“学生信息查询”模块，查询条件可根据 Student 表的字段进行设计。

2. 基于 StudentCourse 数据库，在 VS 中设计并实现“课程信息维护”模块，该模块可进行课程信息的增、删、改操作。

实验 12　Java 数据库访问

实验目的

1. 了解 JDBC 体系结构、接口和类；
2. 掌握使用 JDBC 访问数据库的过程；
3. 掌握 Java 开发数据库应用程序的方法。

实验内容

1. 基于 StudentCourse 数据库，设计并实现“学生信息显示”模块，如图 A12.1 所示。

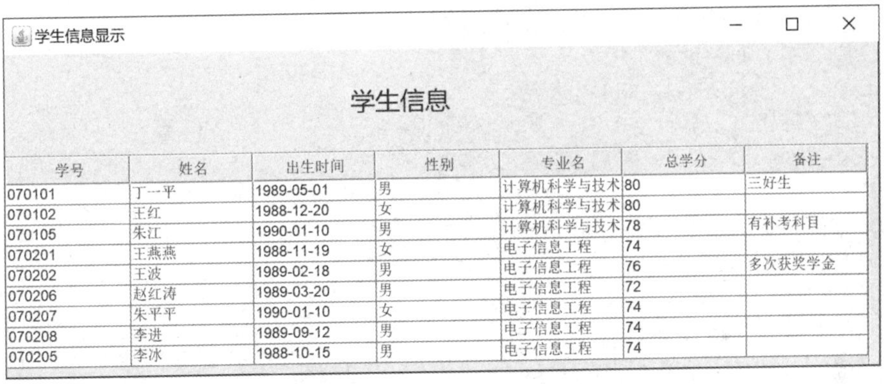

学号	姓名	出生时间	性别	专业名	总学分	备注
070101	丁一平	1989-05-01	男	计算机科学与技术	80	三好生
070102	王红	1988-12-20	女	计算机科学与技术	80	
070105	朱江	1990-01-10	男	计算机科学与技术	78	有补考科目
070201	王燕燕	1988-11-19	女	电子信息工程	74	
070202	王波	1989-02-18	男	电子信息工程	76	多次获奖学金
070206	赵红涛	1989-03-20	男	电子信息工程	72	
070207	朱平平	1990-01-10	女	电子信息工程	74	
070208	李进	1989-09-12	男	电子信息工程	74	
070205	李冰	1988-10-15	男	电子信息工程	74	

图 A12.1　学生信息显示

（1）打开 Eclipse，新建项目（项目命名为“studentCourse”）→ 创建类（类命名为“StudentInfo”）。为调试方便起见，本项目采用默认包，将设计的每个类存放于同一文件 StudentInfo.java 中。

（2）导入外部包文件。

```
import java.sql.*;
import java.util.ArrayList;
import java.util.List;
import javax.swing.*;
import javax.swing.JOptionPane;
import javax.swing.table.DefaultTableModel;
import java.awt.*;
```

（3）添加 JDBC 包引用。在项目文件上单击鼠标右键，在快捷菜单上选择构建路径，添加外部归档，并选择 JDBC 驱动程序路径，将 JDBC 驱动程序路径配置到项目中，如图 A12.2 所示。

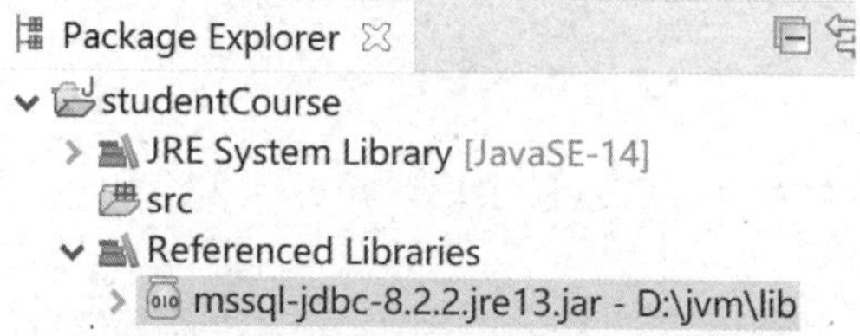

图 A12.2　将 JDBC 驱动程序路径配置到项目中

（4）设计数据库连接类 GetConnection。

```
class GetConnection {
private String classname = "com.microsoft.sqlserver.jdbc.SQLServerDriver";
private String url = "jdbc:sqlserver://localhost:1433;DatabaseName=StudentCourse";
private String userName = "sa";
private String pswd = "***";
public Connection getConnection() { //创建数据库连接
    Connection conn;
    try{
        Class.forName(classname);
        conn = DriverManager.getConnection(url, userName,pswd);
        }catch(Exception e){
            System.out.println("连接失败...");
            conn = null;
            e.printStackTrace();
            }
    return conn;
    }
public void closed(ResultSet rs,PreparedStatement pstm,Connection conn){ //关闭数据库连接
    try{
        if(pstm!=null) pstm.close();
        }catch(SQLException e){
            System.out.println("关闭 pstm 对象失败！ ");
            e.printStackTrace();
            }
    try{
        if(conn!=null){ conn.close();}
        }catch(SQLException e){
            System.out.println("关闭 conn 对象失败！ ");
            e.printStackTrace();
            }
    }
}
```

（5）设计数据模型类 StuModel。

```
class StuModel{
private String XH;        //学号
private String XM;        //姓名
private Date CSSJ;        //出生时间
private String XB;        //性别
private String ZYM;       //专业名
private String ZXF;       //总学分
```

```
private String BZ;              //备注
public KHBModel(){}      //构造方法
public StuModel(String xh,String xm,Date rq,String xb,String zy,String xf, String bz){    //构造方法
    XH=xh; XM=xm;CSSJ=rq;XB=xb;ZYM=zy;ZXF=xf;BZ=bz;
}
String getXH(){return XH;}         //获取相应字段值
String getXM(){return XM;}
Date getCSSJ(){return CSSJ;}
String getXB(){return XB;}
String getZYM(){return ZYM;}
String getZXF(){return ZXF;}
String getBZ(){return BZ;}
}
```

（6）设计学生信息表数据访问类 StuDao。

```
class StuDao {
 private Connection conn;
 private GetConnection connection = new GetConnection();
 public List<StuModel> selectStu () {    //查询 Student，将结果集转换到 list 中返回
     List<StuModel> list = new ArrayList<StuModel>();
     conn = connection.getConnection();
     try {
         String sql="select * from Student";
         PreparedStatement pstm = conn.prepareStatement(sql);    //预编译语句
         ResultSet rs = pstm.executeQuery();    //查询数据库并返回到结果集
         while (rs.next()) {
             //将结果集中每条记录封装为 StuModel 对象，存入 list 表
             String xh=rs.getString("学号");
             String xm=rs.getString("姓名");
             Date rq=rs.getDate("出生时间");
             String xb=rs.getString("性别");
             String zy=rs.getString("专业名");
             String xf=rs.getString("总学分");
             String bz=rs.getString("备注");
             StuModel Stu=new StuModel(xh,xm,rq,xb,zy,xf,bz);
             list.add(Stu);
         }
         }catch (SQLException e){
             e.printStackTrace();
         }finally {
             connection.closed(rs, pstm, conn);
         }
     return list;    // 返回 list
   }
}
```

（7）创建控制类 MyJDBC，包含构造方法和 getJtable()方法。MyJDBC 类的构造方法创建界面，调用 getJtable()方法获取结果表并显示。getJtable()方法调用 StuDao 类的 selectStu()方法，将获得的查询结果表 list 转换到 JTable 中返回。

```
class MyJDBC extends JFrame{
```

```
DefaultTableModel dm = new DefaultTableModel();        //默认表模型
JScrollPane scrollPane = new JScrollPane();            //滚动条
private JTable StuTable = new JTable(dm);              //JTable 对象
JLabel lblInfo=new JLabel("学生信息");
public MyJDBC()     //构造方法
{
    this.setSize(720,400);                    //设置窗口大小
    this.setTitle("学生信息显示");           //设置窗口标题文字
    Container container=this.getContentPane();  //窗口容器初始化
    scrollPane.setViewportView(StuTable);       //表格显示设置
    this.setDefaultCloseOperation(JFrame.EXIT_ON_CLOSE);        //设置默认窗口关闭属性
    this.add(scrollPane);
    lblInfo.setBounds(230, 30, 150, 20);
    lblInfo.setFont(new   java.awt.Font("微软雅黑", 0, 20));
    scrollPane.setBounds(0, 80, 700, 400);
    this.setLayout(null);
    container.add(lblInfo);
    container.add(scrollPane);
    this.setVisible(true);
    StuTable = getJtable();   //获取查询结果
}
public JTable getJtable() { //调用 StuDao 类的 selectStu()方法，将所得的 list 装入 JTable 并返回
    StuDao dao = new StuDao();
    List<StuModel> list = dao.selectStu();
    int n=list.size();
    Object[][] data=new Object[n][7];
    String[] ColName={"学号","姓名","出生时间","性别","专业名","总学分","备注"};
    int i=0;
    for(StuModel stu:list){
        data[i][0]= stu.getXH();
        data[i][1]= stu.getXM();
        data[i][2]= stu.getCSSJ();
        data[i][3]= stu.getXB();
        data[i][4]= stu.getZYM();
        data[i][5]= stu.getZXF();
        data[i][6]= stu.getBZ();
        i++;
    }
    StuTable.setModel(new DefaultTableModel(data,ColName));
    return StuTable;
}
}
```

（8）创建类 StudentInfo，其中包含 main()方法。

```
public class StudentInfo {
 public static void main(String args[]){
    MyJDBC frame = new MyJDBC();
 }
}
```

（9）运行程序，查看结果。

2. 基于 StudentCourse 数据库，设计并实现"学生信息录入"模块，该模块可增加学生信息，如图 A12.3 所示。

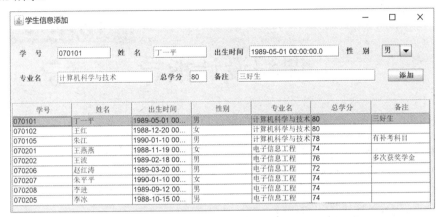

图 A12.3　学生信息录入

请参照 6.6.5 节设计"学生信息录入"模块界面并编写增加学生数据程序。

思考与练习

1. 基于 StudentCourse 数据库，在 Eclipse 中设计并实现"学生信息查询"模块，查询条件可根据 Student 表的字段进行设计。

2. 基于 StudentCourse 数据库，在 Eclipse 中设计并实现"学生信息维护"模块，该模块可进行学生信息的修改和删除。

附录 B

课程设计指导

课程设计目的

数据库在信息系统中处于基础与支撑的地位，而数据库技术起源于实际应用，它的强大生命力在于应用，其特点是理论性和实践性的有机结合。仅学习理论而不实践，难以扎实掌握数据库理论，更不能应用数据库理论解决实际应用问题。而实验往往只针对某个或某些知识点，难以从数据库应用系统的全局来达到实践目的。

课程设计的目的是训练学生将理论与实际相结合，以数据库设计理论与方法为指导，规范、科学地完成小型数据库应用系统的设计与实现,使学生初步具备进行数据库应用系统开发的能力。达到培养查阅文献、分析问题、解决问题的能力，提高系统设计与开发能力、文档编写能力，为进一步从事软件技术工作打好基础。

课程设计任务

1. 以数据库设计方法为指导，对选题项目进行需求分析、概念设计和逻辑设计，并用关系数据理论对逻辑模式进行优化。

2. 在 SQL Server 中创建所用的数据库和表，并视需要建立视图、索引、存储过程、触发器；加载初始数据。

3. 采用系统开发工具（.NET/C#、Java、Python、VC++等）完成系统开发，C/S 架构和 B/S 架构均可。要求开发出有相当完善功能并有一定规模的数据库应用系统，系统中要能实现对数据的插入、删除、修改、简单查询、复杂查询、数据的统计等操作。

课程设计选题

既可从下面题目中选择一个完成，也可自选课题。自选课题要求难易适中，业务情况容易了解，涉及其他专业的"专业性"不要太强；自选课题原则上必须经任课教师审核同意。

1. 教务管理系统

通过对学校日常教学管理中的课程、选课、学生、教师、成绩等相关工作内容进行分析，完成具有教师管理、学生管理、成绩管理、课程管理、选课管理等功能的小型数据库管理应用系统。

基本要求如下。

（1）基础数据维护：包括学生、课程、教师、选课等信息的维护。

（2）教师管理：包括课程设置申请和课程管理。课程设置申请可以增加新的课程信息（课程号，课程名称、学分、课时、课程简介等信息）；删除旧的课程信息；修改已有的课程信息。课程管理可以实现期末成绩的录入和学生名单的打印。

（3）教务处管理：包括课程设置审批和教学安排。课程设置审批可以根据申请内容通过申请或拒绝申请。教学安排分为选课结果管理，成绩单（学号、学生姓名、课程名称、成绩等信息）生成，并能统计选课人数、最高成绩、最低成绩、平均成绩和及格人数。

（4）学生管理：包括选课、学生课程表和成绩查询（可以查询本课程的最高成绩、平均成绩、最低成绩和名次）。

（5）系统管理：包括用户注册、角色设置等。

（6）其他扩展功能。

其中，系统面向的用户包括三类：管理教务的工作人员、任课教师和学生，不同的身份对数据库的操作权限不同。为了避免管理的混乱，需要针对不同的用户角色分别设计客户端应用程序，当输入用户名和密码登录系统后，才可以进行相应权限的操作。

2. 车辆租赁管理系统

通过对车辆租赁部门的业务流程分析，完成具有对车辆租借使用情况进行全面管理功能的小型数据库管理应用系统。

基本要求如下。

（1）基础信息管理：包括车辆信息、司机信息、客户信息的维护和查询。

（2）综合业务管理：对综合业务进行管理和查询，包括汽车出租、续租、催车还交、还车结算等。

（3）租金统计：对当天的租金统计和一定时间段的租金统计。

（4）用户管理：包括权限设置、更改密码等。

（5）系统设置：包括超期罚款金额、车辆类型、租赁费用、租赁模式等设置。

（6）其他扩展功能。

其中，基础信息管理包括车辆、司机、客户信息的录入、修改、删除、查询；汽车出租包括租车信息的录入、修改及相关信息查询统计等；续租包括延长还车时间等；催车还交包括提醒客户租用的车辆即将到期；还车结算包括车辆归还和超期信息的录入、修改以及相关信息查询统计等，结算时根据租用时间收取费用，如果超期归还应根据规定罚款；用户管理包括用户、用户组、权限的录入、修改、删除、查询及权限分配、用户登录等功能。

3. 图书管理系统

通过对高校图书馆里的业务分析，完成图书资料的管理，处理的信息包括图书信息、读者信息、出版社信息、图书的分类管理和图书借阅管理等。

基本要求如下。

（1）读者、图书及相关信息的维护。

（2）实现读者的借书、还书的操作。

（3）借书时需要根据读者的类别对于借书的数量及期限自动进行限制。

（4）还书时根据以上限制显示是否超期，超期罚款金额应为多少。

（5）可进行各种查询操作，以方便读者查找图书。

（6）可进行查询统计操作，以方便工作人员统计借阅情况。

（7）权限控制功能。

（8）其他扩展功能。

其中，基础数据维护包括读者、图书及相关信息的录入、修改、删除、查询；借书管理包括借书信息的录入、删除、修改、查询及相关统计查询等；还书管理包括还书和超期信息的录入、删除、修改、查询及相关统计查询等；用户管理包括用户、用户组、权限的录入、修改、删除、查询及权限分配、用户登录等功能。

4. 校园小商品交易系统

通过对高校校园小商品交易的业务流程进行分析，完成具有商品信息维护、用户维护和商品交易等相关功能的小型数据库应用系统。

基本要求如下。

（1）管理员功能：自身密码修改、其他用户添加删除、用户信息修改和统计。商品信息添加、修改、删除、查找、统计。

（2）商品发布者功能：注册、登录、注销、自身密码修改、自身信息修改。商品信息发布，自身商品信息统计。查找浏览其他商品。

（3）向注册用户（无商品出售权限）提供以下功能：注册、登录、注销、自身密码修改、自身信息修改。商品浏览、查找、获知商家联系方式、订购商品。

（4）访客功能：商品浏览、查找、获知商家联系方式。

（5）商品销售采用虚拟货币的形式。

（6）其他扩展功能。

其中，系统包含四类用户：管理员、注册用户（商品发布者）、注册用户（无商品出售权限）和访客。基础数据维护包括商品、虚拟货币及相关信息的录入、修改、删除、查询；商品发布管理包括商品信息的录入、删除、修改、查询及相关统计查询等；订购管理包括订单信息的录入、删除、修改、查询及相关统计查询等；用户管理包括用户、用户组、权限的录入、修改、删除、查询及权限分配、用户登录等功能。

5. 医药进销存管理系统

通过对医药产品零售、批发等业务流程分析，完成具有药品进货、销售和库存管理等功能的小型数据库管理应用系统。

基本要求如下。

（1）基础信息管理：包括药品信息、客户信息、供应商信息等。

（2）进货管理：包括入库登记、入库历史记录查询、入库报表等。

（3）库存管理：包括库存历史记录查询、库存盘点、库存上下限报警等。

（4）销售管理：包括销售订单登记、销售退货处理、销售报表及相应查询等。

（5）财务统计：包括当日统计、当月统计及相应的报表等，确定指定时间所有药品成本的进、销、结存情况，为财务管理提供数据。

（6）系统设置：包括参数设置、权限设置等。

（7）其他扩展功能。

其中，基础信息管理包括药品信息、客户信息和供应商信息的录入、修改、删除、查询；进货管理包括药品入库信息的录入、查询及相关统计报表等；销售管理包括订单信息的录入、退货数据处理，及相关查询统计报表等；库存管理包括以往库存操作历史数据查询、库存盘点、对达到给定临界点的药品及时警告等。

6. 高校就业管理系统

通过对本学校毕业生的就业管理办法进行分析，完成具有提供可靠就业信息、跟踪毕业生就业去向、获取用人市场需求形势的小型数据库管理应用系统。

基本要求如下。

（1）基础数据信息管理：包括对用人单位信息、毕业生基本信息，以及院系信息的增加、删除、修改等。

（2）就业信息管理：包括对每个毕业生的就业情况进行登记、维护。

（3）招聘信息管理：包括定时发布、维护用人单位的需求信息。

（4）各类信息的查询与统计：包括查看各种人才需求信息；对历年的毕业需求信息进行统计、分析；对就业率、已就业、未就业等情况进行统计和分析。

（5）用户信息管理：包括用户注册、更改密码以及权限设置等。

（6）其他扩展功能。

其中，基础数据信息管理、就业信息管理和招聘信息管理包括各类相关信息的录入、修改、删除、查询。系统分为两类用户，即负责管理就业工作的教师和应届毕业生。教师可以管理基础信息、就业信息、招聘信息和用户信息等，并对各类信息进行查询和统计。应届毕业生可以搜索和查看企业基本信息、招聘信息和个人相关信息，也可以更改自己的登录密码。

7. 服装销售系统

通过对单门店服装销售管理的业务流程分析，完成具有服装信息维护、查询与统计等功能的小型数据库管理应用系统。

基本要求如下。

（1）管理员功能：包括自身密码修改，用户及权限管理，商品信息管理。

（2）店长功能：包括登录、注销、自身密码修改、自身信息修改。商品信息的修改、统计。查询日报表、月报表、商品销售量报表、营业员业绩报表。

（3）销售员功能：包括登录、注销、自身密码修改、自身信息修改。商品信息查询、出售商品，查询自己的日报表、月报表。

（4）其他扩展功能。

其中，系统包含三类用户：管理员、店长和销售员。商品信息管理功能包括商品信息的添加、修改、删除、查找、统计。销售管理包括售货信息的录入、删除、修改、查询和相关统计查询等；用户管理包括用户、用户组、权限的录入、修改、删除、查询，以及权限分配、用户登录等功能。

8. 酒店客房管理信息系统

通过对酒店客房管理的业务流程分析，完成具有酒店客房信息维护、查询与统计等功能的小型数据库管理应用系统。

基本要求如下。

（1）用户管理：包括录入、修改与删除用户信息以及对用户授权的管理。

（2）客房基本信息的管理：包括添加、修改、删除客房的基本信息。

（3）客人住宿登记信息的管理：包括添加、修改、删除客户住宿登记的基本信息。

（4）客人预订管理：包括对预订客房的基本信息进行管理。

（5）客人退房处理：包括对退房信息进行管理。

（6）各类信息的查询与统计：包括按不同的条件对各类信息进行查询与统计。

（7）其他扩展功能。

其中，基础数据维护包括客房及相关信息的录入、修改、删除、查询；住宿登记管理包括住宿信息的录入、删除、修改、查询及相关统计查询等；预订管理包括客人预订住宿信息的录入、删除、修改、查询及相关统计查询等；退房管理包括客人退房结算等信息的录入、删除、修改、查询及相关统计查询等；用户管理包括用户、用户组、权限的录入、修改、删除、查询，以及权限分配、用户登录等功能。

任务流程和设计步骤

1．任务流程

（1）学习研究课程设计选题要求，确定设计题目。

（2）确定开发目标及初步方案；选择、准备及使用开发平台。

注意：需求分析、概念结构设计、逻辑结构设计、数据库实施、应用开发等阶段，在设计过程中都要体现。

（3）学习与搜集素材，练习编程：每位学生根据自己选题的任务利用各种途径（图书馆、因特网、书店、同学等）进行针对性的学习（包括学习开发框架和语言）并收集相关素材，包括精选、购置必要的书籍，收集网络资料，练习编程。

（4）数据库与系统设计及实现（按理论课所讲的步骤、参照第 7 章的开发实例）。

本课程设计可按小组进行，一个小组完成一个课题；也可单独完成。流程（1）～（3）应在开始理论课程学习时同步进行，流程（4）集中 1～2 周实施。

2．设计步骤

（1）需求分析：根据设计任务书的要求，查阅资料，对系统进行功能分析和数据分析，以 DFD 和数据字典描述。

（2）数据库概念结构设计：设计系统的 E-R 模型，描述实体的属性和实体之间的联系，消除不必要的冗余。

（3）数据库逻辑结构设计：实现 E-R 图向关系数据模型的转换，优化数据模型。

（4）数据库的实施：创建数据库、表、视图等，并设计表的完整性约束。

（5）应用程序开发：创建新的工程——连接数据库——编写程序代码。所开发的数据库应用系统应具有可运行、功能完整、界面美观、操作方便等特点。

3．课程设计交付成果说明

（1）课程设计报告：　每组（人）提交一份课程设计报告。

（2）软件与电子文档：包括设计文档、设计报告及程序、数据库备份文件等。

4．课程设计报告撰写提纲

（1）课程设计的题目、系统的总体功能描述；

（2）需求分析（概括描述、DFD、DD）；

（3）应用系统功能结构设计（模块结构图及其说明）；

（4）各功能模块流程设计（功能流程图及其说明）；

（5）数据库概念结构设计（局部 E-R 图、基本 E-R 图及其说明）；

（6）数据库逻辑结构设计（列表形式、存储过程、触发器、视图等）；

（7）各功能模块实现（界面功能及数据操作处理说明、界面截图、主要程序代码）；

（8）总结（课程设计中遇到的主要问题和解决方法；创新和亮点；课程设计中存在的不足，需进一步改进的设想；课程设计的感想和心得体会等）；

（9）参考文献。

考核方式与成绩评定

　　课程设计的目标是锻炼学生综合运用所学知识分析问题和解决问题的能力，考核需要全面反映过程和结果，包括平时学习与实践表现、所完成的项目质量和报告撰写质量，以及进行项目汇报时的汇报与答辩情况等。

　　考核方式：考察平时表现，注重设计结果演示和实习报告的书写（特别是需求分析和概念设计表达的规范性、逻辑设计的科学合理性，以及数据完整性、安全性、性能效率等方面的综合考量），同时结合项目汇报情况综合评判。

　　成绩评定：可按百分制或等级制评定。

附录 C

T-SQL 常用语句
与内置函数

1. T-SQL 常用语句

表 C1.1　数据库管理

名　称	说　明
CREATE DATABASE	创建数据库
ALTER DATABASE	更改数据库名、文件组名及数据文件和日志文件的逻辑名
USE	打开指定数据库
DBCC SHRINKDATABASE	压缩数据库和数据文件
BACKUP DATABASE	备份整个数据库，或者备份一个或多个文件或文件组
BACKUP LOG	备份数据库事务日志
RESTORE DATABASE	恢复数据库
RESTORE LOG	恢复数据库事务日志
DROP DATABASE	删除数据库

表 C1.2　表管理

名　称	说　明
CREATE TABLE	创建数据库表
ALTER TABLE	修改数据表的定义
INSERT	插入一行数据行
UPDATE	用于更改表中的现有数据
DELETE	删除表中数据，可包含删除表中数据行的条件
DROP TABLE	删除数据库表

表 C1.3　索引管理

名　称	说　明
CREATE INDEX	创建数据库表索引
DBCC SHOWCONTIG	显示表的数据和索引的碎块信息
DBCC DBREINDEX	复建表的一个或多个索引
SET SHOWPLAN	分析索引和查询性能
SET STATISTICS IO	查看用来处理指定查询的 I/O 信息
DROP INDEX	删除数据库表索引

表 C1.4　视图管理

名　称	说　明
CREATE VIEW	创建数据库表视图
ALTER VIEW	更改视图定义
DROP VIEW	删除数据库表视图

表 C1.5　触发器管理

名　称	说　明
CREATE TRIGGER	创建数据库触发器
ALTER TRIGGER	修改数据库触发器
DROP TRIGGER	删除数据库触发器

表 C1.6　存储过程管理

名　称	说　明
CREATE PROC	创建存储过程
ALTER PROC	修改存储过程
EXEC	执行存储过程
DROP PROC	删除存储过程

表 C1.7　用户自定义函数

名　称	说　明
CREATE FUNCTION	创建用户定义函数
ALTER FUNCTION	更改用户定义函数
DROP FUNCTION	删除用户定义函数

表 C1.8　数据查询

名　称	说　明
SELECT	数据检索

表 C1.9　游标管理

名　称	说　明
DECLEAR CURSOR	声明游标
OPEN	打开游标
FETCH	读取游标数据
CLOSE	关闭游标
DEALLOCATE	删除游标

表 C1.10　许可管理

名　称	说　明
GRANT	授予语句或对象许可
REVOKE	收回语句或对象许可
DENY	否定语句或对象许可

表 C1.11 事务管理

名 称	说 明
BEGIN TRANSACTION	标记一个显示本地事务的起始点
COMMIT TRANSACTION	事务提交
ROLLBACK TRANSACTION	事务回滚

表 C1.12 流程控制及其他语句

名 称	说 明
DECLEAR	声明语句
SET	变量赋值
IF/ELSE	条件语句
GOTO	跳到标签处
CASE	多重选择
WHILE	循环
BREAK	退出本层循环
CONTINUE	一般用在循环语句中，结束本次循环，转到下一次循环条件的判断
RETURN	从过程、批处理或语句块中无条件退出
WAITFOR	指定触发语句块、存储过程或事务执行的时刻或需等待的时间间隔
BEGIN/END	定义 T-SQL 语句块
GO	通知 SQL Server T-SQL 批处理结束

2. T-SQL 常用内置函数

表 C2.1 T-SQL 标量函数分类

标量函数类别	说 明
配置函数	返回有关当前配置的信息
数学函数	对输入数值进行计算
字符串函数	对字符串进行处理
日期时间函数	对日期时间数据进行处理
文本或图像函数	对文本或图像进行处理
元数据函数	返回数据库和数据对象的信息
系统函数	用于对 SQL Server 中的值、对象和设置进行操作并返回有关信息
安全函数	返回用户和角色的信息

表 C2.2 T-SQL 常用配置函数

函 数	说 明
@@DATEFIRST	返回 SET DATAFIRST 参数的当前值；SET DATAFIRST 指定每周的第一天。返回值为短整型；返回值为 1，说明每周第一天为星期一；返回值为 2，说明每周第一天为星期二；以此类推。默认为 7，即每周第一天为星期日
@@LANGUAGE	返回当前使用的语言名称
@@LOCK_TIME	返回当前的锁定超时设置，单位为毫秒
@@MAX_CONNECTIONS	返回 SQL Server 允许同时连接的最大用户数
@@NESTLEVEL	返回当前存储过程的嵌套层数
@@OPTIONS	返回当前 SET 选项的信息

续表

函　　数	说　　明
@@SERVERNAME	返回运行 SQL Server 的本地服务器名称
@@SPID	返回服务器处理标识符
@@TEXTSIZE	返回当前 TEXTSIZE 选项的设置值,该数值指定 SELECT 语句返回 text 和 image 的类型数据的最大长度
@@VERSION	返回当前 SQL Server 服务器的日期、版本和处理器类型

表 C2.3　T-SQL 常用数学函数

函　　数	说　　明
ABS(<numeric_expression>)	求<numeric_expression>的绝对值
ACOS(<float_expression>)	求<float_expression>的反余弦
ASIN(<float_expression>)	求<float_expression>的反正弦
ATAN(<float_expression>)	求<float_expression>的反正切
CEILING(<numeric_expression>)	求大于或等于<numeric_expression>的最小整数
COS(<float_expression>)	求<float_expression>的余弦
COT(<float_expression>)	求<float_expression>的余切
EXP(<float_expression>)	求<float_expression>的指数
FLOOR(<numeric_expression>)	求小于或等于<numeric_expression>的最大整数
LOG(<float_expression>)	求<float_expression>的自然对数
LOG10(<float_expression>)	求<float_expression>以 10 为底的对数
PI()	表示π（3.14159265358979）
POWER(<numeric_expression,y>)	求 numeric_expression 的 y 次方
RAND([seed])	返回 0~1 的随机浮点数,可用整数 seed 来指定初值
SIGN(<numeric_expression>)	求<numeric_expression>的符号值
SIN(<float_expression>)	求<float_expression>的正弦
SQUARE(<float_expression>)	求<float_expression>的平方
SQRT(<float_expression>)	求<float_expression>的平方根
TAN(<float_expression>)	求<float_expression>的正切

表 C2.4　T-SQL 常用字符串函数

函　　数	说　　明
ASCII(character_expression)	返回 character_expression 最左端字符的 ASCII 值
CHAR(integer_expression)	将 ASCII 码转换为字符
LEFT(character_expression,int_expression)	返回从字符串左边开始指定个数的字符
LEN(string_expression)	返回 string_expression 字符串的长度
LOWER(string_expression)	将 string_expression 中的所有大写字母转换为小写字母
LTRIM(character_expression)	删除 character_expression 中的前导空格,并返回字符串
REPLACE('string_expression1', 'string_expression2','string_expression3')	用第三个字符串表达式替换第一个字符串表达式中包含的第二个字符串表达式,并返回替换后的表达式
RIGHT(character_expression,int_expression)	返回从字符串右边开始指定个数的字符
RTRIM(character_expression)	删除 character_expression 中的尾部空格,并返回字符串
STR(float_expression[,length [,decimal]])	将数字数据转换为字符数据
SUBSTRING(expression,start,length)	返回 expression 中指定的部分数据
UPPER(string_expression)	将 string_expression 中的所有小写字母转换为大写字母

表 C2.5　T-SQL 常用日期时间函数

函　　数	说　　明
GETDATE()	返回系统当前的日期和时间
DATENAME(datepart,date_expr)	以字符串形式返回 date_expr 中的 datepart 指定部分
DATEPART(datepart,date_expr)	以整数形式返回 date_expr 中的 datepart 指定部分
DATEADD(datepart,number, date_expr)	返回以 datepart 指定方式表示的 date_expr 加上 number 后的日期
DAY(date_expr)	返回 date_expr 中的日期值
MONTH(date_expr)	返回 date_expr 中的月份值
YEAR(date_expr)	返回 date_expr 中的年份值

表 C2.6　T-SQL 部分系统函数

函　　数	说　　明
CAST(expression AS data_type)	将 expression 的数据类型转换为 data_type 的数据类型
CONVERT(data_type[(length), expression[,style]])	与 CAST 功能类似，将 expression 的数据类型转换为 data_type 的数据类型
CURRENT_TIMESTAMP()	返回系统当前日期和时间，相当于 GETDATE()
CURRENT_USER()	返回当前用户名称
HOST_NAME()	返回主机名称
ISDATE(expression)	判断 expression 是否是有效的日期类型
ISNULL(check_expression,replace_value)	用 replace_value 来代替 check_expression 中的空值
ISNUMERIC(expression)	判断 expression 是否是有效的数值数据类型

参 考 文 献

[1] 王珊，萨师煊. 数据库系统概论（第 5 版）[M]. 北京：高等教育出版社，2014.

[2] Abraham Silberschatz，Henry F. Korth，S. Sudarshan. 数据库系统概念（第 6 版）[M]. 杨冬青，李红燕，唐世渭，等，译. 北京：机械工业出版社，2012.

[3] 施伯乐，丁宝康，汪卫. 数据库系统教程（第 3 版）[M]. 北京：高等教育出版社，2008.

[4] David M. Kroenke，David J. Auer. 数据库处理——基础、设计与实现（第 13 版）[M]. 孙未未，陈彤兵，张健，等，译. 北京：电子工业出版社，2016.

[5] 《数据库百科全书》编委会. 数据库百科全书[M]. 上海：上海交通大学出版社，2009.

[6] Jeffrey D. Ullman，Jennifer Widom 等. 数据库系统基础教程[M]. 岳丽华，金培权，万寿红，等，译. 北京：机械工业出版社，2010.

[7] 黄雪华，徐述，曹步文，黄静. 数据库原理及应用[M]. 北京：清华大学出版社，2018.

[8] C. J. Date. 深度探索关系数据库[M]. 熊建国译. 北京：电子工业出版社，2007.

[9] 何玉洁，刘福刚. 数据库原理及应用（第 2 版）[M]. 北京：人民邮电出版社，2012.

[10] 倪春迪，殷晓伟. 数据库原理及应用[M]. 北京：清华大学出版社，2015.

[11] 陈志泊. 数据库原理及应用教程（第 4 版，微课版）[M]. 北京：人民邮电出版社，2017.

[12] 孟凡荣，闫秋艳. 数据库原理与应用（MySQL 版）[M]. 北京：清华大学出版社，2019.

[13] 汪建，向华. 数据库企业项目实战[M]. 北京：清华大学出版社，2015.

[14] 邓立国，佟强. 数据库原理与应用 SQL Server 2016[M]. 北京：清华大学出版社，2017.

[15] 赵刚. 大数据技术与应用实践指南[M]. 北京：电子工业出版社，2013.

[16] Wes McKinney. 利用 Python 进行数据库分析[M]. 唐学韬，等，译. 北京：机械工业出版社，2014.

[17] 李德伟，顾煜，王海平，徐立. 大数据改变世界[M]. 北京：电子工业出版社，2013.

[18] 王珊，张俊. 数据库系统概论（第 5 版）习题解析与实验指导[M]. 北京：高等教育出版社，2015.

[19] 黄德才. 数据库原理及其应用教程（第四版）[M]. 北京：科学出版社，2018.

[20] 肖海蓉. 数据库原理与应用[M]. 北京：清华大学出版社，2016.

[21] 马献章. 数据库云平台理论与实践[M]. 北京：清华大学出版社，2016.

[22] C. J. Date. SQL 与关系数据库理论——如何编写健壮的 SQL 代码（第 2 版）[M]. 单世民，等，译. 北京：机械工业出版社，2014.

[23] Kristina Chodorow，Michael Dirolf. MongoDB 权威指南[M]. 程显峰译. 北京：人民邮电出版社，2011.

[24] 郑阿奇，梁敬东. C#实用教程（第 3 版）[M]. 北京：电子工业出版社，2018.

[25] 郝晓玲. 信息系统开发——方法、案例与实验[M]. 北京：清华大学出版社，2012.

[26] 叶核亚. Java 程序设计实用教程（第 4 版）[M]. 北京：电子工业出版社，2013.

[27] 孟小峰，慈祥. 大数据管理：概念、技术与挑战[J]. 计算机研究与发展，2013，50(1): 146-169.

[28] 张雪萍，刘鹏，张燕，等. Python 程序设计[M]. 北京：电子工业出版社，2019.

[29] 郑阿奇. Java 实用教程（第 3 版）[M]. 北京：电子工业出版社，2015.

反侵权盗版声明

电子工业出版社依法对本作品享有专有出版权。任何未经权利人书面许可，复制、销售或通过信息网络传播本作品的行为，歪曲、篡改、剽窃本作品的行为，均违反《中华人民共和国著作权法》，其行为人应承担相应的民事责任和行政责任，构成犯罪的，将被依法追究刑事责任。

为了维护市场秩序，保护权利人的合法权益，我社将依法查处和打击侵权盗版的单位和个人。欢迎社会各界人士积极举报侵权盗版行为，本社将奖励举报有功人员，并保证举报人的信息不被泄露。

举报电话：（010）88254396；（010）88258888

传　　真：（010）88254397

E-mail：　 dbqq@phei.com.cn

通信地址：北京市海淀区万寿路 173 信箱

　　　　　电子工业出版社总编办公室

邮　　编：100036